ENCYCLOPÉDIE-RORET.

BOULANGER

TOME PREMIER

EN VENTE A LA MÊME LIBRAIRIE

— **Alimentation**, par M. W. Maigne. 2 vol. 6 fr.

— *Première Partie*. Substances alimentaires, leur origine, leur valeur nutritive, falsifications qu'on leur fait subir et moyens de les reconnaître. 1 vol. . . 3 fr.

— *Deuxième partie*. Conserves alimentaires, contenant tous les procédés en usage pour conserver les Viandes, le Poisson, le Lait, les Œufs, les Grains, les Légumes verts et secs, les Fruits, les Boissons, etc., suivi du Bouchage des Boîtes, des vases et des bouteilles. 1 vol. orné de figures . . . . 3 fr.

— **Amidonnier et Fabricant de Pâtes alimentaires**, traitant de la Fabrication de l'Amidon et des Produits obtenus des Fruits et des Plantes qui renferment de la Fécule, par MM. Morin, F. Malepeyre et Alb. Larbalétrier. 1 vol. avec figures et planches . . 3 fr.

— **Confiseur et Chocolatier**, contenant les derniers perfectionnements apportés à ces Arts, par Cardelli et Lionnet-Clémandot. Nouvelle édition complètement refondue par A.-M. Villon, ingénieur-chimiste. 1 vol. avec nombreuses illustrations. . . . . 4 fr.

— **Froid artificiel** (Applications du), par A. Blanchet, directeur du frigorifique des Halles centrales. 1 vol. orné de 74 figures dans le texte . . . . 4 fr.

— **Levure** (Fabricant de), traitant de sa composition chimique, de sa production et de son emploi dans l'industrie, principalement dans la Brasserie, la Distillation, la Boulangerie, la Pâtisserie. l'Amidonnerie, la Papeterie, par M. Malepeyre. Nouvelle édition revue et corrigée par R. Brunet, ingénieur agronome. 1 vol. orné de figures . . . . 2 fr. 50

— **Meunier, négociant en grains et constructeur de moulins**, par N. Chryssochoïdès. 2 vol. ornés de 140 figures dans le texte. . . . . 7 fr.

— **Pâtissier**, ou Traité complet et simplifié de Pâtisserie de ménage, de boutique et d'hôtel, par M. Leblanc. 1 vol. orné de figures. . . . . 3 fr.

MANUELS-RORET

NOUVEAU MANUEL COMPLET DU BOULANGER

OU

TRAITÉ PRATIQUE

DE LA

PANIFICATION FRANÇAISE ET ÉTRANGÈRE

CONTENANT

La connaissance des farines ;
les moyens de reconnaître leur Mélange et leur Altération ;
les principes de la Boulangerie ;
la construction des Pétrins et des Fours ;
la fabrication de toute espèce de Pains et de Biscuits

PAR

J. FONTENELLE et F. MALEPEYRE

NOUVELLE ÉDITION
entièrement refondue et mise au courant de l'état actuel de cette industrie

Par **SCHIELD-TREHERNE**
Ingénieur E. C. P., Expert
Commandeur du Mérite agricole

Ouvrage orné de 220 figures dans le texte

TOME PREMIER

PARIS
ENCYCLOPÉDIE-RORET
L. MULO, LIBRAIRE-ÉDITEUR
12, RUE HAUTEFEUILLE, 12
1914

AVIS

Le mérite des ouvrages de l'**Encyclopédie-Roret** leur a valu les honneurs de la traduction, de l'imitation et de la contrefaçon. Pour distinguer ce volume, il porte la signature de l'Éditeur, qui se réserve le droit de le faire traduire dans toutes les langues, et de poursuivre, en vertu des lois, décrets et traités internationaux, toutes contrefaçons et toutes traductions faites au mépris de ses droits.

PRÉFACE

Dans cette nouvelle édition, nous avons ajouté toutes les améliorations apportées à l'art de la boulangerie depuis l'apparition de l'édition précédente en 1898.

Entre autres :

1° Le compte rendu des décisions prises au Congrès de l'aliment pur, *en 1908 à Genève et en 1909 à Paris, et ayant trait surtout à la répression des fraudes dans la fabrication des produits alimentaires.*

2° Quelques documents récents sur les fermentations, l'étude de la levure, son rôle dans la panification. Une conférence sur le pain.

3° Une étude des appareils nouveaux. Pétrins mécaniques, appareils à levains et levures, fours, appareils à buée, etc.

En résumé, nous pouvons dire qu'elle est actuellement au niveau de tous les progrès réalisés dans la boulangerie.

S. T.

INTRODUCTION

Du Commerce de la boulangerie.

« Nous pouvons, nous dit l'Encyclopédie du XIXe siècle, connaître l'origine de la *boulangerie* chez les Romains, par le passage suivant de Pline le naturaliste : il n'y a pas eu de *boulangerie* à Rome avant la guerre de Persée, c'est-à-dire pendant 580 ans depuis la fondation de cette ville. Chacun faisait soi-même son pain : c'était l'ouvrage des femmes, comme ce l'est encore chez beaucoup de nations. Plaute, dans sa comédie intitulée : *Aulularia*, emploie le mot *artopta* (boulangère) et les savants disputent si ce vers appartient à Plaute, puisqu'il est constant, selon Ateius Capiton, qu'alors, dans les maisons opulentes, c'étaient les cuisiniers qui faisaient le pain, et qu'on appelait *pistores* (boulangers) ceux qui pilaient le blé. Toutefois, on n'avait pas encore d'esclaves qui fussent cuisiniers ; on allait en louer au marché. Les Gaulois ont inventé le tamis de crin ; les Espagnols, les sacs et les bluteaux de lin ; les Egyptiens ceux de papyrus et de jonc. » Les maisons romaines avaient, en effet, une salle spéciale appelée *pistrine*, dans laquelle on pilait le blé après l'avoir préalablement torréfié, comme nous le faisons pour notre café. Bientôt ce mot ne fut plus vrai ; l'usage de la meule remplaça celui du pilon, et des découvertes faites à Pompéi nous ont appris d'une manière positive la façon de faire le pain à l'époque où cette ville fut engloutie. Dans la rue d'*Herculanum*, une maison déterrée en 1810 porte le nom de *four public*, et elle est voisine d'une autre qui avait été appelée la *boulangerie* : dans toutes deux, on avait trouvé des amphores pleines de blé et de farine, des vases pour l'eau et des moulins de diverses grandeurs. Ces moulins consistaient en deux pierres de lave : l'inférieure était solidement établie sur le sol, elle était conique et s'adaptait à un cône creusé dans la pierre supérieure. Celle-ci, qui avait la forme d'un sablier, était étranglée au milieu, et présentait deux cavités coniques à chacune de ses extrémités. La cavité supérieure recevait le grain, qui, en passant à travers quatre trous pratiqués à la partie la plus étroite de la pierre, était écrasé entre la pierre inférieure et la pierre supérieure. Pour diminuer le frottement, cette dernière portait sur un pivot de fer placé au sommet de la pierre inférieure. Une tige en fer permettait de rapprocher ou d'écarter les deux pierres. La pierre supérieure était cerclée au milieu et recevait des leviers de bois, au moyen desquels elle était mise en mouvement. Quelquefois c'était un âne qui était attelé à ces morceaux de bois ; on le faisait tourner sans cesse, comme dans un manège, tout autour du moulin, et pour cela on avait grand soin de lui mettre devant les yeux des plaques de cuir qui l'empêchaient de voir. Dans une des pièces de la maison du four public, à Pompéi, on a trouvé un squelette d'âne. Sur une muraille on avait vu dessiné un âne tournant la meule avec cette inscription, gravée peut-être par un esclave qui avait fini sa peine :

Labora, aselle, quomodo laboravi, et proderit tibi

c'est-à-dire : « Travaille, ânon, comme j'ai travaillé, et cela te fera du bien. » C'étaient, en effet, des esclaves qui, la plupart du temps, étaient condamnés à ces travaux pénibles, qu'on leur imposait comme châtiment ; c'était même une des peines qu'ils redoutaient le plus. L'usage d'employer des hommes au lieu d'animaux, pour faire tourner ces moulins si incommodes et si peu perfectionnés, subsista longtemps encore, comme on peut le voir dans l'anecdote suivante, arrivée à la fin du IVe siècle. Les entrepreneurs de la fabrication du pain pour le peuple, ne sachant comment se procurer des bras pour tourner les meules, établirent à côté de leurs vastes manutentions des cabarets où les femmes attiraient les passants, qui, par une trappe, tombaient dans des souterrains où ils restaient captifs. Un soldat qui s'était laissé prendre parvint à s'échapper et alla en instruire l'empereur, qui détruisit cette *tour de Nesle*. Il y avait aussi des moulins à eau, mais ils étaient moins nombreux, quoique l'industrie hydraulique eût pris une grande extension chez les Romains. C'étaient également des esclaves qui, les jambes entravées dans des anneaux de fer chargés de chaînes, pétrissaient la pâte et faisaient cuire le pain.

L'industrie des boulangers devait être assez compliquée, à en juger par les diverses sortes de pain en usage chez les Romains, et que Pline énumère ainsi : « Il est inutile, ce me semble, d'entrer ici dans de longs détails sur les différentes sortes de pain ; disons seulement qu'ils portent divers noms, suivant les mets avec lesquels on les mange, tels sont les pains appelés *ostrearii*, qu'on sert avec les huîtres ; ou suivant qu'ils sont propres à flatter le goût, comme ceux qu'on appelle *artolagani* ; ou selon la promptitude qu'on met à les faire, comme ceux qu'on nomme *speustici* ; ou enfin, selon la manière dont on les fait cuire, comme les pains cuits au four, ou dans une tourtière. Depuis peu, on a introduit du pays des Parthes la recette pour faire le pain dit *aquatique*, parce qu'en le pétrissant on étend la pâte avec beaucoup d'eau. Il est très spongieux et très léger. D'autres le nomment *parthique*. Le meilleur pain est fait de fleur de farine, de *siligo* ; mais elle doit être blutée très fine. Quelquefois on pétrit la pâte avec des œufs et du lait ; d'autres fois on y ajoute du beurre ; ce dernier raffinement est dû aux nations qui, dans les loisirs de la paix, ont tourné toute leur attention du côté de la pâtisserie. Le pain d'*alica*, qui fut inventé dans le Picenum, conserve toujours sa réputation. On fait tremper l'alica pendant neuf jours ; le dixième, on la pétrit avec du jus de raisins secs, on l'étend en long, et on la met cuire au four, dans des pots de terre qui s'y rompent facilement. Ce pain se mange toujours trempé, le plus souvent dans du lait miellé. »

Quoi qu'il en soit, il est certain que, quelques années avant l'ère chrétienne, on comptait dans la ville de Rome plus de 300 boulangers (*pistores*, de *pinsere*, piler, parce que ceux qui convertissaient le grain en farine se chargeaient de transformer la farine en pain). Cette profession fut encouragée par les empereurs, qui la regardèrent comme une des plus utiles de l'Etat, et presque comme un service public. Les *pistores* furent formés en corporation, et de grands privilèges leur furent attribués. Dispensés des charges qui pesaient sur les autres citoyens, et notamment de la tutelle et de la curatelle, ils devaient veiller à ce que l'alimentation publique fût toujours assurée. Ils recevaient le blé des greniers publics, et ne pouvaient vendre le pain au-dessus du prix fixé par les magistrats. Les enfants des *pistores* étaient obligés de suivre la carrière paternelle ; ils faisaient de droit partie des corporations, dont étaient sévèrement exclus les esclaves.

En France, l'exercice public de la profession de boulanger est de peu antérieur au règne de Charlemagne. Il paraît résulter des documents mérovingiens et carlovingiens que, pendant plusieurs siècles, la transformation de la farine en pain a été considérée comme une opération domestique, que chacun accomplissait chez soi. Peu à peu, cette profession prit faveur : beaucoup de particuliers trouvèrent plus économique d'acheter du pain tout fait que de le confectionner chez eux.

Voici ce que dit M. Depping de l'industrie de la *boulangerie* au XIIIe siècle dans une préface du *Livre des Métiers* d'Etienne Boileau : « Dans le temps où la ville avait été confinée dans l'île de la Cité, un marché approvisionné par la Beauce avait suffi aux habitants ; un four appartenant à l'évêque, et établi sur la rive droite de la Seine, cuisait leur pain. Depuis que Philippe-Auguste avait compris dans l'enceinte les bourgs voisins de Paris, et depuis que la population et l'importance de la ville s'étaient considérablement accrues, cette simplicité rustique était abandonnée ; les champeaux ou halles, étant devenus le marché principal, attiraient les grains de la Brie, de la Picardie et d'autres provinces, tandis que celui de la Cité conservait le nom de marché de la Beauce. Une classe de bourgeois, celle des blâtiers, trouvait une occupation suffisante dans le commerce des grains. Le prévôt des marchands gardait, au nom du roi, les étalons des mesures, et les mesureurs jurés, nommés par le corps des marchands, étaient institués pour la garantie des ventes. Les moulins pour moudre les grains étaient amarrés sous le Grand Pont de Paris. Enfin, les talemeliers ou boulangers, qui achetaient du grand panetier du roi le droit d'exercer leur métier, cuisaient le pain dans des fours qui n'étaient plus, comme autrefois, des fours banaux ou seigneuriaux. Cependant les abbayes de Saint-Germain, de Saint-Marcel, de Saint-Martin, continuaient chacune d'avoir un four banal, et forçaient les habitants d'y faire cuire leur pain. Cela ne fut plus praticable quand la population de leurs terres se confondit avec celle de la ville. Quelques abbés eurent néanmoins beaucoup de peine à renoncer à leur ancien droit féodal.

« Les talemeliers ou boulangers, après quatre ans d'apprentissage, pouvaient obtenir la maîtrise, en payant, comme il vient d'être dit, une somme d'argent au grand panetier ou à son délégué, qui avait le titre de maître des talemeliers, et en se soumettant à l'impôt hebdomadaire qui pesait sur les boulangers. Il n'y avait que cette profession qui eût un cérémonial particulier pour la maîtrise, du moins autant que nous le savons par les registres de la ville. Le récipiendaire portait dans la maison du maître des talemeliers un pot rempli de noix et de nieules (espèce de dragées ou de pâtisseries), et jetait le pot contre le mur, après quoi les maîtres et les valets ou compagnons du métier entraient et recevaient à boire de la part du chef du métier. Il se pourrait que cet usage fût d'une grande antiquité, et remontât bien haut dans les fastes de la talemelerie en France, ou même en Gaule. Dans la suite, il tomba en désuétude. Cependant les boulangers de Paris n'en perdirent pas le souvenir, et lorsque, au XVIIe siècle, ils proposèrent un règlement à l'autorité publique, ils n'omirent pas le pot d'installation des temps féodaux, en l'accommodant toutefois au progrès de la civilisation. Ils demandèrent, en conséquence, que le candidat à la maîtrise présentât à l'avenir un vase avec une branche de romarin, à laquelle seraient attachés des pois sucrés, des oranges et d'autres fruits. Mais le temps où l'on recevait l'investiture par le pot était entièrement passé ; l'usage féodal ne put être rétabli et la maîtrise continua d'être accordée sans la cérémonie du pot, des nieules et du romarin. Ce qui dura plus longtemps, ce fut la juridiction du grand panetier sur les boulangers. Malgré le conflit entre la prévôté de Paris et la grande paneterie, cette juridiction subsista pendant des siècles, et si la charge de grand panetier n'eût été supprimée, peut-être la *boulangerie* y fût-elle restée soumise jusqu'à la Révolution de 1789.

« Il était interdit aux talemeliers de Paris de cuire les dimanches et fêtes, en sorte que pendant plus de soixante jours par an les fours chômaient, et la population était privée de pain frais. C'était probablement pour cette raison que, le samedi, le marché au gros pain se tenait aux halles, accessibles aussi bien aux marchands forains qu'aux talemeliers de Paris. Quoique, sous le règne de Louis IX, les talemeliers aient obtenu un statut très détaillé, plus détaillé même que celui d'aucune autre profession, on ne leur prescrivit pourtant rien sur la qualité et le poids du pain. Ce ne fut que longtemps après qu'on fut obligé, pour obvier aux plaintes du peuple, de régler le poids et les qualités des diverses sortes de pain ; auparavant, on suivait sans doute les vieux usages et la routine ; on avait des pains de deux deniers, d'un denier et même d'une obole. La pâtisserie était encore dans l'enfance. La première corporation de pâtissiers que l'on voit se former au XIIIe siècle à Paris est celle des *oubliers* ou *oublayers*, qui faisaient des gaufres, des nieules et les feuilles légères appelées *oublies*. On criait celles-ci dans les rues de Paris, comme on crie aujourd'hui les *plaisirs*. Le roi avait son *oublier* d'office ; c'était, à ce qu'il paraît, un personnage assez considérable des cuisines royales, puisque, dans la maison de Louis IX, dont l'état nous a été conservé, il lui est accordé un cheval et une ration de fourrage ».

Nos chansonniers se sont exercés plus d'une fois sur les boulangers et plus souvent sur les boulangères ; tout le monde connaît la fameuse ronde *la Boulangère a des écus*. Les trouvères, de leur côté, n'ont pas oublié ces importants industriels, mais ils les ont chantés à un point de vue un peu différent. Dans le *Dictionnaire des boulenguiers*, on compare l'industrie de la *boulangerie* à toutes les autres, et l'on montre sa supériorité comme nourrissant le genre humain et faisant gagner le ciel par l'aumône. L'auteur était peut-être un pauvre gueux qui plaidait pour son saint, c'est-à-dire pour son estomac. La pièce, selon l'usage du temps, se termine par un sermon et le souhait de la vie éternelle à ceux qui la liront, et surtout mettront en pratique ses enseignements. Les vers suivants contiennent les diverses opérations de la fabrication du pain, opérations qui ressemblent fort à celles d'aujourd'hui :

Or, vous dirai qui en auront :
Cil qui les couches estendront,
Guillaume qui buletera,
Jehans qui le saachera,
Jofroi et Raoul son cousin.
Cil pestriront bien par matin.
Li boulenguiers le pain fera
Et li forniers l'enfornera.
Tortel aura et son fornage.

LÉGISLATION. — La *boulangerie*, en France, a été réglementée dès qu'elle s'y est montrée comme industrie publique. Dès les commencements, on a cru, non sans raison à cette époque, que l'alimentation publique était intéressée à la réglementation sévère de cette profession. Réunis en confrérie ou corporation dès le règne de Philippe-Auguste, les boulangers furent de bonne heure investis, dans le but de rendre la surveillance plus facile, d'un monopole exclusif : un édit de 1217 interdit à tous autres qu'aux boulangers de vendre du pain à Pontoise, et l'on ne put exercer cette profession sans acheter une autorisation : « Nuz ne peut être *talemelier* dedans la banlieue de Paris, se il n'achate le mestier du roy. » Tel est le premier article des statuts recueillis dans les *Registres des Métiers* (1260), qu'Étienne Boileau a conservés. Les boulangers de Paris furent assujettis en 1305 à des règlements, renouvelés ou aggravés en 1419, en 1573, en 1635 et en 1783. « Cette réglementation, écrit Dalloz (*Répertoire alphab.*, t. VI,

p. 358), se pouvait réduire à huit points : 1° la distinction des boulangers en quatre classes : ceux qui ont leur demeure dans les villes, les boulangers des faubourgs et banlieues, les privilégiés, les forains ; 2° la discipline qui devait être observée en chacune de ces classes, et les règlements qui avaient établi entre elles les bornes de leur commerce ; 3° la juridiction du grand panetier de France sur les boulangers de Paris, abolie sous Louis XIV ; 4° l'achat des blés ou farines dont ils avaient besoin pour leur commerce : 5° la façon, la qualité et le prix du pain ; 6° l'établissement et la discipline des marchés où le pain devait être exposé en vente ; 7° les droits que payaient les boulangers de Paris ; 8° l'incompatibilité de certaines professions avec celle de boulanger. » Les boulangers ne pouvaient être ni mesureurs de grains ni meuniers (ord. fév. 1415), ni marchands de grains (arrêt du Parl. 1476), et cela sous des peines sévères.

En lisant ces règlements édictés sous l'ancienne monarchie, on voit combien le pouvoir souverain tend de plus en plus à se substituer à l'individu, et dans quels détails cette réglementation ne craint pas d'entrer pour mieux assurer la fidélité du débit et l'alimentation publique. Un jugement rendu en 1666 déclara l'emploi de la levure de bière nuisible à la santé, et mit fin à un procès fort comique, dit *Procès du pain mollet*, dont

M. Edouard Fournier a entretenu les lecteurs de la *Revue française*.

Les corporations de boulangers furent abolies par l'édit de février 1776, rétablies au mois d'août de la même année, et définitivement supprimées comme toutes les autres le 2 mars 1791. Ces corporations exigeaient un apprentissage de cinq années et quatre années de compagnonnage, avant de permettre à un ouvrier d'exercer comme maître. Celui qui n'était pas fils de maître devait produire un *chef-d'œuvre*, et payer, outre 40 livres pour le brevet, une somme déterminée pour la maîtrise.

A Paris, la vente du pain, avant même le XVIIIe siècle, se faisait dans quinze marchés, qui attiraient 500 ou 600 boulangers de la ville et des faubourgs, et 900 ou 1.000 de Gonesse, Corbeil ou Saint-Germain-en-Laye. En dehors des maîtres privilégiés qui avaient le monopole de la vente de ces marchés, un certain nombre de boulangers avaient le droit d'exercer le métier sans être pourvus de la maîtrise ; c'étaient ceux qui habitaient les enclos du Temple, de Saint-Jean-de-Latran, de la Châtre, etc.

La Révolution de 1789, qui détruisit tant d'abus, se montra sur ce point d'une circonspection outrée. L'Assemblée constituante, qui n'avait pas osé appliquer le principe de la liberté industrielle et commerciale à la boucherie, fut encore plus timide pour la *boulangerie*. C'est en vertu des lois des 14 août 1789, 16 août 1790 et 2 mars 1791, qu'ont été rendus tous les décrets, ordonnances et règlements généraux ayant pour objet de limiter le nombre des boulangers, de les placer sous l'autorité des syndicats, de les soumettre aux formalités des autorisations préalables pour la fondation et la fermeture de leurs établissements, de leur imposer des réserves de farines ou de grains, des dépôts de garantie ou des cautionnements en argent, de régler la fabrication, le transport ou la taxe du pain, etc. A Paris et dans cent soixante-cinq villes, cette réglementation a eu jusqu'à ces derniers temps la sanction de l'intervention de l'Etat. Par le décret du 22 juin 1863, l'Etat a commencé à se dégager de toute participation aux restrictions qui pèsent sur cette industrie, et inauguré ce qu'on est convenu d'appeler la liberté de la *boulangerie*. Des mesures qui sont du ressort du pouvoir législatif doivent compléter ce nouveau régime. Les restrictions apportées à l'exercice de la profession de boulanger ont toujours été d'une exécution difficile. La plupart du temps, il a fallu reculer devant l'application des sanctions pénales de cette réglementation, notamment devant la confiscation des approvisionnements, l'emprisonnement des boulangers et même la limitation de leur nombre. Cependant, cette limitation s'est établie de fait, directement ou indirectement dans la plupart des villes réglementées.

Légalement parlant, la *boulangerie*, partout ailleurs qu'à Paris et dans les cent soixante-cinq villes réglementées, n'eût dû être soumise à aucune autre restriction que celle qui résultait de la faculté accordée aux autorités municipales de taxer le pain ; mais, dans beaucoup de localités, les maires, se fondant sur les dispositions des lois qui leur confèrent l'inspection sur la fidélité du débit et la salubrité des denrées livrées à la consommation, et le soin de prévenir par des précautions convenables les fléaux calamiteux, au nombre desquels figurent les disettes, ont soumis le commerce de la *boulangerie* à des conditions très restrictives. Souvent, à l'imitation de ce que le gouvernement avait fait pour un certain nombre de villes, ils ont imposé à ceux qui veulent s'établir l'obligation d'obtenir une permission de l'autorité municipale, et sont arrivés ainsi à limiter le nombre des boulangers. D'autres ont expressément établi cette limitation, et quelques-uns ont soumis les boulangers à l'obligation d'avoir un approvisionnement. Enfin, dans les localités où aucune réglementation spéciale n'a été établie par l'autorité supérieure ou appliquée par l'autorité locale, le commerce de la *boulangerie* est encore presque partout assujetti à la taxe.

Par le décret du 22 juin 1863, le gouvernement a pris l'initiative de la liberté, et voici par quelles conditions il s'est dirigé : Dégagé de toutes ses dispositions secondaires, l'organisation de la *boulangerie* se résume en quatre grandes questions : 1° les approvisionnements de réserve ; 2° la limitation du nombre des boulangers ; 3° l'institution à Paris du service de la caisse de la *boulangerie*, et le système de compensation ; 4° la taxe du pain.

La mesure des approvisionnements de réserve avait, à son origine, été imposée par des vues d'ordre et de sûreté générale ; elle avait eu pour but de prévenir, ou tout au moins d'atténuer considérablement, les disettes ou les chertés excessives. Le gouvernement et l'administration avaient, à cet effet, constitué pour la ville de Paris des réserves de grains et de farines. Cette opération, ayant toujours abouti à des pertes sérieuses et à des résultats fâcheux, avait dû être abandonnée. L'action directe du gouvernement ainsi écartée, on avait ensuite obligé les boulangers à constituer eux-mêmes l'approvisionnement de réserve destiné à subvenir à leur fabrication journalière pendant un temps déterminé. On pensait que cet approvisionnement se trouverait ainsi dans les meilleures conditions de conservation possible ; on croyait que ces réserves acquises en temps de bas prix et utilisées en temps de cherté ne constitueraient jamais une charge sérieuse pour les boulangers. On comptait aussi que ces approvisionnements auraient pour effet d'empêcher efficacement les spéculations à la hausse. Mais on reconnut bientôt que la libre initiative du commerce pouvait, bien mieux que toute intervention administrative, subvenir partout aux exigences de la consommation. On s'aperçut que la présence de ces réserves dans les magasins, loin d'exercer une influence utile sur le commerce, avait pour résultat de l'inquiéter et d'entraver ses opérations. On reconnut aussi que ces approvisionnements entraînaient, en perte d'intérêts, en chances de détérioration, en frais incessants de manipulation et de magasinage, des charges qui, en définitive, se traduisaient par une augmention du prix du pain.

La limitation du nombre des boulangers, imaginée pour assurer à ces industriels une clientèle suffisamment nombreuse, une fabrication toujours légale et des bénéfices certains, a été enfin reconnue comme une dérogation flagrante aux principes de liberté commerciale résultant de notre législation, comme la négation du droit reconnu à tout citoyen d'exercer librement son commerce ou son industrie, moyennant le paiement des impôts légalement établis en pareille matière. Il a été aussi reconnu que ce monopole ne réalisait aucun des avantages qu'on en avait attendus. Le prix du pain était toujours aussi élevé à Paris que dans les autres capitales. Cette cherté relative du pain à Paris était le résultat forcé du monopole lui-même. En donnant aux boulangers un privilège, en leur garantissant un débit assuré, le monopole attribue à leurs établissements une valeur vénale considérable, et il faut que les boulangers se compensent aux dépens du public des sacrifices que leur impose l'achat de ces établissements. Le monopole avait encore pour conséquence de mettre en grande partie le commerce de la *boulangerie* entre les mains de personnes n'ayant d'autre aptitude que la possession du capital nécessaire à l'acquisition du privilège, et ne se soutenant qu'en vertu du pouvoir qu'ils avaient de conserver, malgré leur incapacité réelle, une clientèle plus ou moins considérable. Ce même régime empêchait la formation de grands établissements dirigés par des hommes possédant à un degré éminent les aptitudes de la profession, ainsi que la concurrence de ces petits boulangers qui, partout ailleurs, pourvoient, par leur activité personnelle, aux besoins de toutes les classes de consommateurs. L'établissement de grandes manutentions à appareils mécaniques rencontrait aussi là des obstacles insurmontables.

Quant aux services de la caisse de la *boulangerie*, et de la compensation organisée par l'administration, à la suite de la mauvaise récolte de 1853, le gouvernement a reconnu que les combinaisons destinées à donner, en temps de cherté, du pain à prix réduit aux consommateurs, sans imposer de lourds sacrifices aux finances municipales, n'avaient en somme abouti qu'à imposer à la ville de Paris un surcroît de dépenses de 70 millions de francs, dont 53 millions seulement avaient été employés à des réductions dans le prix du pain. On avait, en outre, été obligé, pour assurer l'exécution pratique de ces combinaisons, d'interdire la circulation du pain sur les limites des départements voisins de la Seine, souvent même dans des communes dont les habitations se confondent, et de s'exposer ainsi à des plaintes très vives et à des réclamations très légitimes.

A l'égard de la taxe du pain, tout en concédant qu'elle était une conséquence forcée du monopole, le gouvernement reconnaissait également que cette taxe avait eu pour résultat d'entraver toute amélioration, tout progrès dans la fabrication, et de placer tous les boulangers sous un niveau uniforme, qu'ils n'avaient aucun intérêt à élever. « Dans le système de la liberté, au contraire, la taxe du pain n'aurait plus, disait-il, de raison d'être ; la lutte de tous les intérêts produirait immédiatement une concurrence, dont les effets pourraient se produire par la diminution du prix, la variété des produits et l'amélioration de la qualité. » Ces deux dernières prévisions tendent chaque jour à se réaliser de plus en plus. On a vu également que l'ordre public, cause de toute la réglementation du passé, a aussi beaucoup à gagner à la liberté. Le libre accroissement du nombre des *boulangeries* écartera tout danger d'une entente préjudiciable aux intérêts du public ; on peut raisonnablement espérer que les populations s'habitueront bien vite à ne voir dans les variations du prix du pain que les conséquences de faits commerciaux et de lois naturelles, sur lesquelles les gouvernements n'ont aucune action. La liberté aurait aussi pour effet de dégager les administrations municipales de la responsabilité qui pèse sur elles, et des embarras que leur occasionne l'établissement d'un tarif, qu'aucune autorité n'a jamais pu régler sans soulever des récriminations incessantes.

Tout le rôle de l'autorité publique doit se borner à ce qui est strictement nécessaire pour assurer la fidélité du débit et la salubrité des produits mis en vente. Néanmoins, la taxe résultant d'un article de la loi du 19 juillet 1791, le gouvernement n'a pas cru devoir obliger les administrations à y renoncer. Tout ce qu'il a pu faire, c'est d'inviter les maires à y substituer le régime de la *taxe officieuse*, déjà adoptée à Bruxelles. Ainsi l'autorité continue à prescrire aux boulangers, dans un intérêt d'ordre public, d'afficher ostensiblement le prix qu'il leur convient de fixer chaque jour. Un relevé de ces indications est ensuite régulièrement fait, et on publie, à des époques périodiques, les noms des boulangers qui vendent au-dessous du cours, tel qu'il aurait été fixé par la continuation du régime de la taxe officielle.

Parmi les mesures qui ont paru les plus propres à faire produire de bons effets au décret du 22 juin 1863, nous citerons l'admission libre des boulangers forains sur les marchés urbains, prescrite par une circulaire de M. Béhic, ministre du commerce (3 août 1863).

La liberté de la *boulangerie* peut avoir d'excellents résultats sur l'alimentation des populations agricoles : nous trouvons cette opinion exprimée fort nettement dans un discours du 10 mars 1866 d'un membre de la majorité du Corps législatif, M. le baron de Benoist ; nous la reproduisons textuellement d'après le *Moniteur* du 11 mars : « Nous avons la liberté de la *boulangerie*, évidemment. On sait cependant qu'elle n'est pas définitivement établie ; cette liberté n'a pas donné tous les résultats qu'on en attendait : mais faites attention à ceci : c'est que la *boulangerie* était autrefois dans une situation véritablement déplorable ; je ne connais pas de boulanger qui ait fait fortune sous le régime de la taxe ; j'en connais beaucoup qui ont fait faillite. (Interruption.) L'administration municipale était, à cet égard, dans une situation très difficile : quand le pain était cher, elle était sollicitée par le cri des populations à abaisser le prix du pain, elle ne savait comment faire. Elle était souvent entraînée à trop baisser le prix du pain, au détriment des boulangers. Il faut que la liberté règne dans l'agriculture française ; et d'ailleurs, quand la *boulangerie* pénètre dans nos campagnes, — et elle n'y a pas encore assez pénétré, — elle rend un immense service. Quand même, dans les campagnes, nous payerions le pain un peu plus cher qu'à la ville, il y aurait encore un immense avantage à le prendre chez le boulanger : là, au moins, nos populations agricoles auraient du pain frais tous les jours, au lieu d'avoir du pain moisi qu'elles gardent un mois chez elles. Elles préfèrent, dans l'intérêt de leur santé, avoir du pain frais à 1 ou 2 centimes de plus la livre, que du pain moisi à 1 ou 2 centimes plus bas. Voilà pourquoi il faut favoriser l'établissement de la *boulangerie* dans les campagnes ; il y aura en même temps une amélioration notable au point de vue de la santé. »

Droit pénal. — Les boulangers, sous le régime de la taxe officielle, ne pouvaient vendre au-dessus du cours sans encourir l'amende de 11 à 15 fr., et même la prison (art. 479, § 6 du C. pén.). L'infraction aux règlements que les administrations, soit préfectorales, soit municipales, ont le droit de faire pour assurer la fidélité du débit et la salubrité publique, est punie d'une amende de 1 à 5 fr. (C. pén., art. 471, § 15.) Les boulangers, dans certains départements, sont astreints à peser le pain qu'ils livrent, et commettent une contravention quand ils négligent d'obéir à cette prescription, qui a pour but de les obliger à donner à leurs pratiques la quantité réclamée par celles-ci. Il est évident qu'ils doivent fournir, non pas un pain ayant la forme indicative d'un poids quelconque, et pesant 10, 15, 25 et même 100 grammes de moins, mais une quantité de pain d'un poids égal à celui qu'indique sa forme. En agissant autrement, les boulangers se rendent coupables de tromperie sur la quantité des choses livrées, *par des indications frauduleuses tendant à faire croire à un pesage antérieur et exact*, délit prévu par la loi du 27 mars 1851, et puni sévèrement par l'art. 423 du Code pénal.

La liberté relative rendue au commerce de la boulangerie n'entraîne pas nécessairement la faculté de fabriquer le pain suivant le bon vouloir du boulanger. Celui-ci est toujours soumis, dans la fabrication de cette denrée alimentaire de première nécessité, au contrôle de l'administration, relativement à la pureté et la salubrité des matières dont il fait usage, et à leur bonne manipulation ou mise en œuvre, et sous ce rapport cette industrie a besoin d'être surveillée par l'autorité, comme toutes celles qui préparent ou débitent nos aliments, afin de s'opposer aux fraudes, sophistications, ventes à faux poids, introduction de substances dangereuses pour la santé publique auxquelles pourraient se livrer certains spéculateurs peu scrupuleux. A cet égard, cette autorité est armée de moyens puissants de répression. Mais, sauf ces cas exceptionnels, la boulangerie est parfaitement libre dans ses spéculations, dans son mode de travail et dans le débit de ses produits.

Comme principes économiques généraux dans l'exploitation d'une boulangerie, on doit reconnaître qu'il est indispensable de manipuler de bonnes matières, de n'y faire entrer que la proportion d'eau rigoureusement nécessaire, d'opérer avec toute l'économie réalisable, tout en préparant de bons produits, d'apporter dans toutes les branches du service une propreté irréprochable qui, non seulement contribue à donner des produits plus délicats et plus salubres, mais en outre, prévient les pertes que la négligence, sous ce rapport, rend inévitables et souvent très lourdes.

NOUVEAU MANUEL COMPLET
DU
BOULANGER

TOME PREMIER

CHAPITRE PREMIER

Des farines de céréales.

On donne plus spécialement le nom de *farine* au produit de la mouture des céréales, débarrassées par des blutages appropriés, des matières cellulaires qui constituent l'enveloppe (son), produit qui est réduit en poudre. La farine est donc le produit épuré de la mouture des céréales.

FARINE DE FROMENT

D'après les travaux de M. Mège-Mouriès, confirmés par ceux de M. Trécul, le noyau farineux du grain de froment est recouvert de deux enveloppes spéciales. La partie interne du noyau est la plus tendre, elle donne une farine très blanche et très fine (*fleur*), mais pauvre en gluten, et, partant, peu nourrissante. La zone qui enveloppe le noyau est plus dure; elle donne, à la mouture, le gruau blanc. Ce gruau, réduit en poudre et mélangé à la fleur, constitue la farine ordinaire pour pain blanc. La zone externe du noyau à farine est encore plus dure et constitue le gruau gris. Comme il est mélangé à plus ou moins de son, il fournit, par les procédés ordinaires de panification, du pain bis.

La farine de céréales est un mélange d'un grand nombre de principes immédiats :

Substances organiques neutres, azotées : Glutine, albumine, fibrine et caséine ;

Substances organiques non azotées : Amidon, dextrine, glucose et cellulose (débris des cellules du périsperme) ;

Matières grasses et huile essentielle ;

Substances minérales : Phosphates de magnésie et de chaux ; sels de potasse et de soude, silice.

D'après Wurtz, la proportion des principes immédiats de la farine serait :

	Farine fine	Farine grossière
	—	—
Eau	14.540	14.250
Albumine	1.340	1.457
Glutine végétale . . .	0.760	0.470
Caséine	0.370	0.280
Fibrine végétale . . .	5.190	5.340
Sucre	2.335	2.350
Gomme	6.250	6.510
Graisse	1.070	1.268
Amidon	63.642	61.794
Gluten non séparable par la trituration . .	3.503	6.601
	100	100
Azote	1.730	2.045

D'autre part, et d'après Boussingault, 100 parties de cendres contiennent, en matières minérales :

Potasse	30.12
Magnésie	16.26
Chaux	3 »
Acide phosphorique	48.30
Acide sulfurique	1.01
Silice	1.31
Oxyde de fer	traces

Quant au son, Poggiale en donne la composition suivante :

Eau		12.669
Sucre		1.909
Dextrine		7.709
Albumine		5.615
Matière albumineuse insoluble assimilable		3.867
Matière azotée insoluble non assimilable		3.516
Graisse		2.877
Amidon		21.692
Cellulose		34.575
Matières minérales et sels		5.514
Azote total	2.780	

M. Balland, pharmacien principal de l'armée, chef du laboratoire d'expertises du Comité de l'Intendance militaire, a fait, sur les blés, les farines et le pain, des recherches très suivies et très importantes, dont nous donnons ici les résultats.

En ce qui concerne les farines surtout, ces recherches présentent un intérêt très appréciable pour la boulangerie.

DE LA PROPORTION D'EAU CONTENUE DANS LES FARINES

1° La proportion d'eau contenue dans les divers produits des moutures par cylindres ou par meules est sensiblement la même ;

2° Il y a une relation constante entre l'état hygrométrique de l'air et le degré d'humidité d'une farine ; les farines renferment généralement 1 à 2 o/o d'eau de plus en hiver qu'en été ;

3° La moyenne de l'eau dans les farines premières du commerce est de 14 o/o et le minimum de 11,10. — Dans les farines des manutentions militaires, le minimum est le même, mais le maximum n'est que de 13,80 ; la moyenne est, par suite, moins élevée ; on peut la fixer à 12,80 o/o. Ces différences proviennent du *mouillage* des blés (et aussi en partie de l'habitude que l'on a de n'examiner les farines militaires qu'après un mois de ressuage). Cette opération, qui rend les farines plus blanches et qu'il importerait de réglementer, n'est pratiquée qu'exceptionnellement dans les meuneries militaires où l'on s'attache, avant tout, à produire des farines nutritives et de longue et facile conservation ;

4° Le dosage de l'eau dans les farines est une opération délicate ; on doit toujours faire connaître à quel degré de chaleur on a soumis la farine et pendant combien de temps on l'a chauffée ; on doit aussi, dans certains cas, tenir compte de son acidité et du degré hygrométrique de l'air.

RÉPARTITION DES MATIÈRES SALINES

1° Les matières salines sont réparties différemment dans les divers produits des moutures.

Dans la mouture par cylindres, comme dans la mouture par meules, les farines retirées des gruaux contiennent moins de cendres que les farines sur blé.

Dans la mouture par cylindres, les farines sont plus pauvres en cendres que dans la mouture par meules ; les issues, au contraire, sont plus riches.

2° Plus le taux de blutage diminue, plus la proportion des matières salines augmente.

3° Les perfectionnements réalisés dans la meunerie ont eu pour résultat de déplacer les matières salines et de modifier sensiblement les chiffres donnés par les ouvrages classiques : les farines ont perdu et les issues ont gagné.

Les farines premières des cylindres donnent généralement 0,30 à 0,50 0/0 de cendres ; les farines premières de meules 0,50 à 0,75 ; les farines tendres des manutentions militaires blutées à 20 0/0, 0,60 à 0,90 et les farines dures blutées à 12 0/0, 1,10 à 1,30.

4° La composition de ces cendres paraît identique ; elle peut être modifiée dans certains cas par les poussières terreuses accumulées dans le sillon du grain de blé.

RÉPARTITION DE LA MATIÈRE GRASSE

1° Les divers produits que l'on retire de la mouture, contiennent des proportions variables de matières grasses.

2° Ces matières sont moins élevées dans les farines que dans les issues.

3° Les farines premières du commerce renferment 0,75 à 1,10 0/0 de matière grasse, et les farines des manutentions militaires 1 à 1,40 0/0.

RÉPARTITION DU LIGNEUX

1° Le ligneux est en moins forte proportion dans les farines que dans les issues ; il est en moins forte proportion dans les farines de cylindres que dans les farines de meules ; il est en plus forte proportion dans les issues des cylindres que dans les issues des meules : le maximum se trouve dans les gros sons.

2° Les farines premières du commerce renferment 0,11 à 0,35 0/0 de ligneux et les farines des manutentions militaires 0,50 à 0,90 0/0.

RÉPARTITION DE L'ACIDITÉ

1° L'acidité est inégalement répartie dans les divers produits des moutures. Les farines en contiennent toujours moins que les issues. Les farines retirées des gruaux en contiennent moins que les farines sur blé ; les rebulets et les petits sons plus que les gros sons ; le maximum se trouve dans les germes.

2° L'acidité normale des farines représentée en acide sulfurique monohydraté paraît osciller entre 0gr,015 et 0gr,040 0/0, soit 15 à 40 grammes par quintal métrique. Ces données correspondent à des farines provenant de blés sains et ayant moins de trois mois de mouture (lorsque le blé est germé ou lorsque la farine est ancienne, l'acidité peut s'élever à 120 grammes).

RÉPARTITION DES MATIÈRES SUCRÉES

Les matières sucrées sont en plus forte proportion dans les issues que dans les farines. Dans les farines de mouture récente elles atteignent, suivant le taux du blutage, 0gr,80 à 2gr,20 0/0.

RÉPARTITION DU GLUTEN

1° Le gluten, de même que le ligneux et la matière grasse, est inégalement réparti dans les divers produits des moutures.

2° Dans les farines premières du commerce, la moyenne du gluten est de 25 0/0, le minimum est de 22 0/0 et le maximum de 35 0/0.

Les farines des manutentions militaires en renferment de 30 à 42 0/0.

CONCLUSIONS GÉNÉRALES

1° Lorsqu'on fait une coupe d'un grain de blé suivant le sillon qui le traverse dans sa longueur, on aperçoit un épisperme assez mince, formé de plusieurs membranes superposées, une amande farineuse très développée, et, vers le bas, un tout petit embryon.

Chacune de ces parties présente une composition chimique différente.

L'amande renferme l'amidon et le gluten ; l'amidon y occupe surtout la portion centrale et va en décroissant à mesure qu'on se rapproche de l'enveloppe extérieure, tandis que le gluten suit une marche inverse.

L'embryon est particulièrement riche en matières grasses et en matières minérales ; l'épisperme fournit du ligneux, de la matière grasse, des sels minéraux, et, en plus faible quantité, de la matière colorante et des principes aromatiques (1).

Par le fait de la mouture, tous ces principes sont plus ou moins mélangés et passent finalement dans les issues et dans les farines, où on les retrouve en proportions qui varient suivant que l'on a recours aux cylindres ou aux meules.

2° La mouture par cylindres donne des farines généralement plus pauvres en ligneux, en matières grasses et en matières salines que la mouture par meules ; ces matières, par contre, sont en plus grande quantité dans les issues des cylindres que dans les issues des meules.

(1) D'après M. Lucas, l'essence odorante qui communique aux farines leur bouquet résiderait surtout dans l'embryon.

La mouture par cylindres donne en moyenne :

	Pour 100 de farine	Pour 100 d'issues
	—	—
Eau	14	14
Cendres (*matières minérales*)	0.30 à 0.50	4 à 6
Acidité . . .	0.015 à 0.025	0.090 à 0.150
Sucre	0.95	2.9
Ligneux . . .	0.110 à 0.250	8 à 11
Matières grasses	0.85	2 à 4
Gluten humide.	25 à 27	»

La mouture par meules donne en moyenne :

	Pour 100 de farine	Pour 100 d'issues
	—	—
Eau	14	14
Cendres . . .	0.50 à 0.75	2.5 à 5.5
Acidité . . .	0.020 à 0.035	0.070 à 0.110
Sucre	1.0	2.5
Ligneux . . .	0.180 à 0.350	4.5 à 9.5
Matières grasses	0,95	2.5
Gluten humide.	25 à 27	»

Les germes contiennent, en dehors d'autres matières azotées ou non azotées :

	Pour 100
	—
Eau.	12.70
Cendres	5.14
Acidité	0.178
Ligneux	4.35
Matières grasses	11.20

3° La relation qui existe entre les matières salines, l'acidité, le sucre, le ligneux et les matières grasses et aromatiques est manifeste. C'est par l'embryon et l'épisperme, qui sont, comme on le sait, plus intimement attaqués par les meules que par les cylindres, que ces divers facteurs passent dans les farines. L'acidité et le sucre se rattachent plus directement aux ferments localisés dans les membranes qui entourent l'embryon.

4° Dans les différents systèmes de mouture, le rendement en farines n'est pas le même ; tandis que pour les meules, les granulateurs Rose frères, les désintégrateurs Hignette et Bordier, il est, en moyenne, de 75 o/o du blé nettoyé ; pour les cylindres, il n'est que de 65 à 68 o/o.

5° Les meules et les autres appareils produisent deux sortes de farines différentes par leur teinte mais assez rapprochées par leur composition chimique.

Avec les cylindres, on peut retirer d'un même blé jusqu'à dix variétés de farines ; il suffit de recueillir séparément les divers passages. Les variétés ainsi obtenues sont très différentes ; à côté de farines relativement pauvres en matières azotées, mais d'une blancheur parfaite, on a des farines plus ou moins colorées, mais extrêmement riches en matières nutritives et particulièrement propres aux fabriques de gluten.

6° Dans un récent mémoire sur la valeur alimentaire du grain de froment, M. Aimé Girard (1) admet que l'on ne doit utiliser pour la

(1) D'après M. Aimé Girard, le grain de froment

panification que l'amande farineuse, et rejeter d'une façon absolue l'enveloppe et l'embryon.

L'enveloppe du grain de blé, contrairement à l'avis de quelques observateurs, n'apporte presque rien à l'alimentation ; les expériences de M. Aimé Girard sont décisives : il y a intérêt à l'écarter. Mais en est-il de même de l'embryon ? On a vu qu'il ne renferme pas moins de 11^{gr},20 o/o de matières grasses et de 5^{gr},14 o/o de cendres. En admettant, avec M. Aimé Girard, qu'il représente 1,43 o/o du poids du grain et qu'il contienne 42,50 o/o de matières azotées, la ration journalière du soldat *(750 grammes pour pain de repas et 250 grammes pour pain de soupe)*, se trouverait augmentée, par l'apport seul de l'embryon, d'environ 3 grammes de matières azotées, 1 gramme de matières grasses et 0,40 de matières salines.

Ce dernier chiffre, qui correspond à 12 grammes par mois, est particulièrement éloquent, si l'on songe que ces matières salines sont presque entièrement constituées par des phosphates très assimilables.

doit, en moyenne, être considéré comme formé de :

Enveloppe.	14.36
Germe	1.43
Amande farineuse	84.21

	Enveloppe	Germe
Matières azotées.	18.75 0/0	42.5 0/0
— grasses. . . .	5.60	12.5
— minérales. . .	4.68	5.3

Les matières grasses, il est vrai, sont altérables, mais moins rapidement qu'on ne le suppose. Ce ne sont pas elles qui favorisent le plus le développement des ferments contenus dans les farines ; la principale cause de l'altération vient de la pratique du mouillage.

L'élimination de l'embryon a pour effet, non seulement de priver les farines d'une grande partie de leurs phosphates, mais encore de leur enlever la souplesse et l'arome apportés par les matières grasses.

Si l'on veut admettre cette élimination pour certaines farines destinées au pain de luxe, je ne pense pas qu'on puisse la conseiller d'une manière générale, car, comme le disait excellemment Mège-Mouriès, le pain normal, le vrai pain de l'avenir, sera celui qui contient *tous les agents assimilables* du grain de blé.

On a aujourd'hui beaucoup trop de tendance à tout sacrifier à la blancheur ; de là le mouillage exagéré du blé avant de le livrer à la mouture ; de là l'entraînement vers les cylindres, qui donnent des farines extrêmement blanches, mais incontestablement moins complètes que les autres appareils de mouture. Pour les farines destinées au pain ordinaire, il y a lieu de réagir contre cette tendance extrême.

FARINES DIVERSES

Après nous être occupé des farines de froment, nous devons parler un peu de celles provenant des autres céréales, lesquelles contribuent aussi, dans certaines proportions, à l'alimentation dans certaines contrées.

Nous devons citer le seigle, l'orge, l'avoine, l'épeautre, le maïs, le riz et le sarrasin, car il est utile de connaître quelques-unes des propriétés des autres matières qui servent à la fabrication du pain. Ces matières diffèrent, la plupart du temps, de la farine du froment par l'absence du gluten dans leurs principes azotés immédiats, par une moindre proportion de ces principes, par des quantités plus ou moins fortes d'amidon, et quelques-unes d'entre elles par l'abondance des matières grasses quelquefois odorantes qu'elles renferment.

La farine de seigle diffère de la farine de froment en ce qu'elle est, en général, moins riche en gluten extensible et qu'elle renferme, en outre, une plus forte proportion de matières solubles et d'une matière qui peut se colorer en brun, qui donne au pain une nuance brune, et une substance d'une odeur spéciale. Il en résulte que le pain de seigle lève moins bien que le pain de froment, qu'il a toujours une couleur brune et une saveur particulière, et enfin qu'il peut se conserver plus longtemps.

La farine d'orge, que la plupart du temps on livre à l'état de mouture imparfaite, ne donne qu'un pain mat et d'une saveur peu agréable.

Cette farine est d'un blanc jaunâtre, moins douce au toucher et collant moins dans la bouche; elle a une saveur particulière; le son s'en détache aisément, il est jaune et très dur, et elle se rapproche de la farine de féveroles et de pois.

La farine d'avoine contient une forte proportion de matières grasses et de principes odorants qui, avec l'absence de gluten, donnent au pain d'avoine un aspect peu agréable et un goût peu flatteur.

Elle a presque l'aspect de la farine de seigle ; elle est douce au toucher, d'un blanc grisâtre, d'une saveur qui lui est propre, un peu sucrée et se dépouillant difficilement des particules du son.

La farine d'épeautre est d'un blanc jaunâtre, douce au toucher, un peu rêche, un peu moins riche en gluten que celle du froment et exige, par conséquent plus de soin pour sa panification. Le pain que fournit cette céréale est léger, blanc, savoureux et se conserve frais pendant assez longtemps ; il a, toutefois, moins de corps que celui de froment.

La farine de maïs est de couleur jaune, parfois de couleur blanche avec un léger reflet jaune quand elle provient de variétés blanches de maïs. La proportion de matières grasses y est forte, et cette matière, quand on n'a pas eu soin de l'extraire, fait rancir la farine et en détermine l'altération.

La farine de riz est blanche, fine et d'une saveur agréable, mais les substances azotées, grasses et minérales y étant en proportions plus faibles que dans les autres céréales, et l'absence de gluten ne permettent pas, si ce n'est en mélange avec de la farine de froment, d'en préparer un pain nutritif et réparateur.

La farine de sarrasin, quand elle est pure, est

blanche et agréable au goût ; mais, en général, la mouture de ce grain se fait d'une manière si imparfaite, que le pain qu'on en fabrique est compact, grossier et plus ou moins brun.

Nous donnons ci-après la composition en principes immédiats qui sont contenus dans ces différentes farines :

Suivant Payen :

Céréales	Matières azotées	Amidon	Dextrine	Matières grasses	Cellulose	Matières minérales
Seigle	12 50	67.65	11.90	2.25	3.10	2.60
Orge	12.96	66.43	10.00	2.76	4.75	3.10
Avoine	14.39	60.59	9.25	5.50	7.06	3.25
Maïs	12.50	67.55	4.00	8.80	5.90	1.25
Riz	7.05	89.15	1.00	0.80	1.10	0.90
Sarrasin . . .	6.84	»	»	1.51	»	1.75

Suivant Boussingault :

Céréales	Matières azotées	Amidon	Dextrine	Matières grasses	Cellulose	Matières minérales
Seigle	9.0	17.5	16.6	2.0	3.0	1.8
Orge	13.4	63.7	13.0	2.8	2.6	4.5
Avoine	11.9	61.5	14.0	5.5	5.5	3.0
Maïs	12.8	60.5	17.1	7.0	1.5	1.1
Riz	7.8	76.0	16.6	0.5	0.9	0.5
Sarrasin . . .	»	»	»	»	»	»

En examinant ces tableaux, on remarque que l'avoine et le maïs sont les plus abondants en substances grasses, que le riz et le sarrasin sont les plus pauvres en principes azotés, en matières grasses comme en sels minéraux.

De ces céréales, deux seulement servent à faire le pain : le seigle et l'orge. Les autres ne peuvent être mises sous cette forme, parce qu'elles ne donnent que des galettes lourdes et compactes, faute du principe élastique ou *gluten*, qui communique aux farines la propriété de faire avec de l'eau et du ferment une pâte susceptible de *lever* ou de se boursoufler par la fermentation.

CHAPITRE II

Qualité et caractères des diverses farines de blé.

La qualité de la farine diffère suivant la qualité du blé, sa préparation et sa bonne conservation.

Les premières qualités bien blutées sont sèches, pesantes, d'un blanc qui a une teinte paille, si elles proviennent de la mouture par meules, granulateurs ou désintégrateurs ; d'un blanc mat et bleuté si elles sont produites par les cylindres.

Une bonne farine est d'un blanc jaunâtre,

douce, sèche et pesante ; elle s'attache aux doigts ; pressée dans la main, elle forme une pelote ; elle n'a aucune odeur ; la saveur qu'elle laisse dans la bouche est celle de la colle de pâte fraîche.

La farine de moyenne qualité a un œil moins vif, elle est d'un blanc plus mat, elle contient un peu de son. Si on la serre entre les mains, elle échappe entièrement, à moins qu'elle ne provienne d'un blé humide.

Les petits blés, parmi lesquels se trouvent beaucoup de semences étrangères, fournissent des farines qui ont des nuances différentes, et qui se distinguent par la couleur, l'odeur ou la saveur.

Quant aux farines altérées, elles se reconnaissent facilement à leur odeur et à leur aspect. Elles sont quelquefois aigres, ont parfois subi la fermentation putride, ont alors une odeur infecte, et sont d'un blanc terne ou rougeâtre. Placées sur la langue, elles y laissent un goût âcre, piquant, plus ou moins prononcé, suivant qu'elles sont plus ou moins gâtées.

Les blés ne fournissent pas seulement de la farine blanche, l'art a su en tirer celle qui, étant la plus voisine de l'écorce, en conserve l'odeur, la saveur et la couleur. On la caractérise ordinairement par le nom de *farine bise* ; sa bonne qualité est marquée par une couleur jaune plus ou moins foncée, lorsqu'elle n'est pas piquée ou mêlée de petit son. Les qualités inférieures de farine bise se connaissent en ce qu'elles sont un peu rudes au toucher, par leur couleur rougeâtre, par du petit son qui s'y trouve mêlé en si grande abondance, qu'elles se rapprochent de très près du remoulage, c'est-à-dire de l'écorce qui revêt le gruau.

Les boulangers et les personnes qui achètent des farines doivent examiner si elles ont les caractères qui viennent d'être indiqués, c'est-à-dire consulter l'odeur, la saveur, l'aspect, le toucher, mais en même temps ne pas s'arrêter à ces moyens, et avoir recours à d'autres, employés généralement par les boulangers et que nous allons faire connaître.

MOYENS D'ÉPREUVE

1° On met dans le creux de la main une pincée de farine, dont on unit la surface avec la lame d'un couteau ; en la regardant ensuite horizontalement et au grand jour, on reconnaît si elle contient du son, ainsi que sa finesse et sa blancheur. Parmentier assure que plus elle est douce au toucher et plus elle s'allonge, plus l'on doit espérer d'en obtenir une bonne qualité de pain.

2° L'on remplit le creux de la main de farine, et l'on en fait avec de l'eau une boule pas trop ferme. Si cette farine a absorbé le tiers de son poids d'eau, et que la pâte obtenue, lorsqu'on la tire en divers sens, s'allonge bien sans se déchirer, et qu'exposée à l'air elle prenne du corps et s'y affermisse promptement, on peut en conclure que le blé est de bonne qualité, et la farine bien préparée ; le contraire a lieu si cette pâte mollit, si elle s'attache aux doigts en la maniant, si elle est courte, ou, si l'on veut, se déchire lorsqu'on la tire en divers sens.

3° On mêle 500 grammes de farine avec 250 grammes d'eau froide ; on la pétrit bien pour en faire une pâte ferme, sur laquelle on fait tomber ensuite un filet d'eau ; en la malaxant sur un tamis jusqu'à ce que l'eau passe claire ; ce qui reste est le gluten.

Si la farine, dit Parmentier, appartient à un blé de bonne qualité, elle fournira, par kilogramme, de 120 à 150 grammes de matière glutineuse, molle, d'un jaune clair, et sans mélange de son. Si elle provient, au contraire, d'un blé humide ou mal moulu, ou tamisé par un bluteau trop ouvert (à mailles trop larges), elle n'en donnera que 90 à 120 grammes au plus, dont la couleur sera d'un gris cendré et qui contiendra des particules de son.

Si la farine provient d'un blé gâté, elle ne contiendra que très peu ou point de matière glutineuse, qui alors n'est ni aussi tenace, ni aussi élastique, attendu que les altérations qu'éprouve le grain détruisent en partie le gluten.

Cette épreuve est très bonne pour distinguer aussi la farine du blé de celle des autres céréales qui, ainsi que nous l'avons montré, ne contiennent que très peu ou point de gluten.

EXAMEN COMPARATIF DES NUANCES DES FARINES

Quand il ne s'agit que d'examiner la blancheur des farines, on se sert du procédé PÉKART, qui consiste à étendre sur une planchette, en bandes de 4 à 5 centimètres, les échantillons des farines qu'il s'agit de comparer. On les tasse fortement en passant dessus une épaisse lame de verre taillée en biseau, de façon à obtenir une surface bien unie de 2 à 5 millimètres d'épaisseur. On intro-

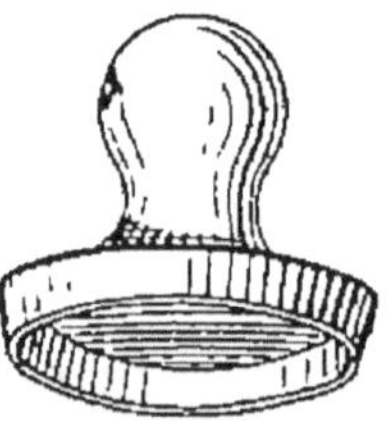

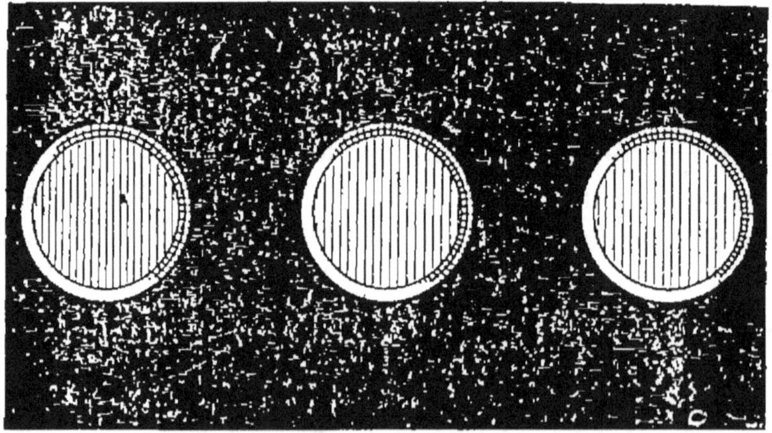

Fig. 1. — Appareil à déterminer la nuance des farines.

duit progressivement la planchette, tenue obliquement, dans une cuve remplie d'eau ; on la retire dès que l'eau a pénétré la farine, puis on la laisse égoutter et sécher à l'air. Les piqûres des farines, de même que la nuance spéciale à chacune d'elles, apparaissent alors très nettement.

En Amérique, on emploie un système qui se

rapproche beaucoup du procédé Pékart, mais qui est plus simple et plus pratique.

L'appareil, dont nous donnons le dessin ci-contre (*fig.* 1) consiste dans un simple emporte-pièces tourné au tour, dans lequel se moule un pâton de farine. Ce dernier se détache en frappant sur les parois du métal. On obtient ainsi un ou plusieurs pâtons que l'on place sur une planchette, ainsi que l'indique notre dessin.

On passe le tout à l'eau, comme pour le Pékart, et l'on a les nuances différentes pour chaque échantillon examiné.

FARINE DE BLÉ AVARIÉ

Une instruction ministérielle de l'année 1825 a prétendu qu'on pouvait obtenir du pain de bonne qualité des farines de blés rouges et moisis, en les mélangeant avec moitié et plus de bonnes farines. Cette assertion d'une plume inexpérimentée, est dénuée de tout fondement ; malheur à qui s'y fierait ! Il est de toute impossibilité de faire un pain passable avec ces farines, même en les additionnant à deux tiers de leur poids de farine choisie. La pâte préparée avec les farines avariées a, si on ne lui fait pas subir un traitement préalable, une saveur désagréable et une odeur souvent cadavérique ; elle se délite dans le bouillon et cause de grands dérangements dans les estomacs faibles. La santé publique exige que tout grain rongé de vétusté, moisi ou fortement piqué des insectes, soit rejeté de la consommation comme essentiellement insalubre.

Les blés légèrement germés donnent un pain d'assez bonne qualité, mais qui ne vaut jamais, comme aliment, celui obtenu de la farine ordinaire. Il existe un procédé pour l'emploi de cette farine, que nous ferons connaître plus loin.

FARINE PROVENANT DU BLÉ COUPÉ AVANT SA MATURITÉ

Le blé coupé avant sa maturité est inférieur au blé récolté en temps opportun, tant sous le rapport de sa conservation que sous celui des semences et de la panification. Il restait à comparer, par l'analyse chimique, les farines provenant du même blé recueilli avant et à son point de maturité.

1° Les matériaux les plus abondants dans la farine du blé non parvenu à maturité, c'est l'amidon, mais dans des proportions inférieures à celles de la farine mûre ; celle-ci en contient 75 o/o, et l'autre 60 ;

2° Une des principales substances contenues dans cette dernière est, après l'amidon, une matière extractive muqueuse qui fait environ un quart de son poids ;

3° Le gluten est, dans cette dernière, dans les proportions d'environ un vingtième, tandis qu'il est de près de 25 o/o dans la farine du blé mûr ;

4° L'albumine ne varie pas beaucoup dans les deux farines ;

5° Dans la farine du blé non mûr, existe une résine verte d'environ un vingtième du poids de la farine, qui probablement, pendant la maturité, se convertit en gluten avec une partie de la substance extracto-gommeuse.

M. Lavini a fait une opération sur la farine des blés non mûrs, recueillis de 20 à 25 jours avant que les épis eussent acquis cette couleur blonde qui est l'indice de leur maturité. Il a recueilli alors, dans le même champ, de ce blé, et l'a fait réduire de suite en farine ; il a obtenu de celle-ci :

Gluten de Beccaria, composé, suivant Berzélius et Einhoff, de gluten proprement dit	25
Et d'albumine végétale et de substance amylacée	75
	100

Il en résulterait que, dans l'espace de 25 jours au plus, qui ont précédé la maturité parfaite du grain, il se forme la plus grande partie du gluten, c'est-à-dire environ 20 0/0.

CONSERVATION DES FARINES

Les farines provenant d'un blé ou de toute autre céréale légumineuse, récoltés dans leur état de maturité et de siccité parfaites, se conservent bien mieux que celles qu'on obtient des blés verts ou humides.

On peut les conserver de six manières différentes : en *rame*, en *garenne*, *étuvées*, en *sacs empilés*, en *sacs isolés*.

FARINE CONSERVÉE EN RAME

Ce moyen consiste à répandre la farine qui sort du moulin, sur le plancher, et à ne la bluter qu'un mois et demi après ; par ce moyen la farine perd de son humidité. Nous blâmerons ce procédé, attendu que la farine reste ainsi exposée à l'action des rats, des chats, ainsi qu'à la poussière, et qu'elle peut contracter ce goût qu'on nomme *du sol*.

FARINE EN GARENNE

Cette méthode diffère de la précédente en ce qu'on blute la farine avant de la répandre sur le plancher, et qu'on la remue plus ou moins souvent, d'après la température atmosphérique. Nous regardons ce mode comme vicieux, d'après les raisons précitées.

FARINES ÉTUVÉES

Lorsqu'on garde les farines plus ou moins longtemps en magasin, elles sont exposées à éprouver spontanément un mouvement ou des réactions qui en altèrent la qualité. Ce mouvement ou ces réactions sont dues souvent à l'état où se trouvait le grain au moment de la récolte, par exemple à des blés non mûrs, germés, chancis, à l'humidité que la farine contenait au moment de son emmagasinage, à la température extérieure ou à celle qui se développe dans la farine accumulée, à l'état hygrométrique de l'air, etc.

Quoi qu'il en soit, un des moyens qui réussit le mieux pour conserver les farines consiste à réduire à 6, 7, 8, 9 ou 10 centièmes au moins les quantités de 15 à 20 centièmes d'eau qu'elles renferment habituellement. Ce moyen doit surtout être employé quand on se propose de les envoyer au loin, et celui auquel on doit avoir recours avant de les exposer, pendant le voyage, aux variations de la température et à l'échauffement que peuvent déterminer les réactions dont il a été question.

On a proposé plusieurs appareils pour soumettre les farines à la chaleur ou, comme on dit, pour les étuver, afin de pouvoir les conserver plus longtemps ou les faire voyager ; mais, en général, ces étuves sont d'une construction dispendieuse, et on ne peut guère s'attendre à ce que la boulangerie ou l'économie domestique en fassent construire pour leur usage spécial. Il n'y a guère que les négociants qui conservent des farines en magasin qui peuvent chercher par ce moyen à préserver leurs marchandises contre le développement des réactions chimiques, la végétation des mucédinées, les dangers de l'humidité et l'attaque des insectes.

M. Touaillon est l'inventeur d'une étuve à l'aide de laquelle il est parvenu à dessécher les farines plus simplement et plus économiquement qu'on ne l'avait fait avant lui. Après avoir reconnu, d'après les analyses et ses expériences propres, que l'eau hygroscopique contenue dans les farines pouvait varier de 12 à 25 o/o, ce qui devait faire osciller leur rendement en pain entre 110 et

133 o/o, il s'est proposé de réduire cette proportion d'eau de 6 centièmes seulement et de les maintenir à ce taux uniforme auquel correspond un rendement régulier de 140 de pain o/o des farines étuvées de blés demi durs.

L'inventeur a reconnu que la farine qui renfermait encore 8 o/o d'eau se conservait parfaitement et que les anciens procédés d'étuvement, dans des appareils et des locaux hermétiquement clos, ne pouvaient produire ce résultat. En effet, la vapeur s'y condense contre les parois internes ; elle y forme des gouttelettes qui retombent dans les farines et produisent des pâtons, germes de fermentations. L'étuvement par les différents autres moyens est irrégulier et le plus souvent illusoire.

Les étuves fermées ont d'autres inconvénients que nous devons signaler : elles ne permettent pas de varier à volonté le degré de chaleur ; or, on sait que les matières amylacées, lorsqu'elles ne sont pas soumises graduellement à la température nécessaire pour les sécher, se décomposent et se transforment en gomme. La farine de froment est également exposée à se détériorer lorsqu'elle est saisie par une chaleur trop forte qui cuit le gluten et lui fait perdre son élasticité et son extensibilité ; en cet état, la farine ne peut plus donner qu'un pain plat mal levé. Les ouvriers, forcés d'entrer continuellement dans ces étuves, y souffrent de la haute température et des transitions continuelles du chaud au froid.

L'étuve de M. Touaillon n'a aucun de ces inconvénients ; elle est composée, comme le montrent la fig. 2 ci-contre, et la légende qui l'accompagne, de cinq plateaux munis chacun d'un robinet qui introduit la vapeur dans un serpentin de forme particulière placé à l'intérieur. Ce robinet permet de régler à volonté la température indiquée par un thermomètre fixé sur chaque plateau. Ainsi, on peut tenir le 1er plateau à 40 degrés centigrades, le 2e à 50°, le 3e à 60°, le 4e à 70°, le 5e à 80°, limite qu'il ne faut pas dépasser.

La farine arrive d'abord au centre du plateau le plus élevé ; elle y est promenée sur la surface chaude en tôle galvanisée, au moyen d'un râteau à quatre branches munies de palettes excentriques, partie en peau de buffle et partie en bois garni de poils de sanglier, qui conduisent la farine à l'extrémité de la circonférence, où elle tombe dans une manche communiquant avec le 2e plateau. Les palettes du râteau de ce 2e plateau étant inclinées dans un sens inverse à celles du 1er plateau, poussent la poudre au centre où se trouve une manche qui la descend sur le 3e plateau.

Il en est de même pour le 4e et le 5e plateau. La farine parcourt donc les surfaces chaudes des cinq plateaux ayant chacun 2 mètres de diamètre. Lorsqu'elle sort du dernier, elle ne contient plus que la quantité d'eau qu'on veut lui laisser et elle va se refroidir dans une chambre à ensacher.

Si on veut refroidir la farine au fur et à mesure de l'étuvement, sans l'envoyer dans une chambre spéciale, on introduit de l'eau froide au lieu de vapeur entre les fonds du plateau inférieur, qu'on

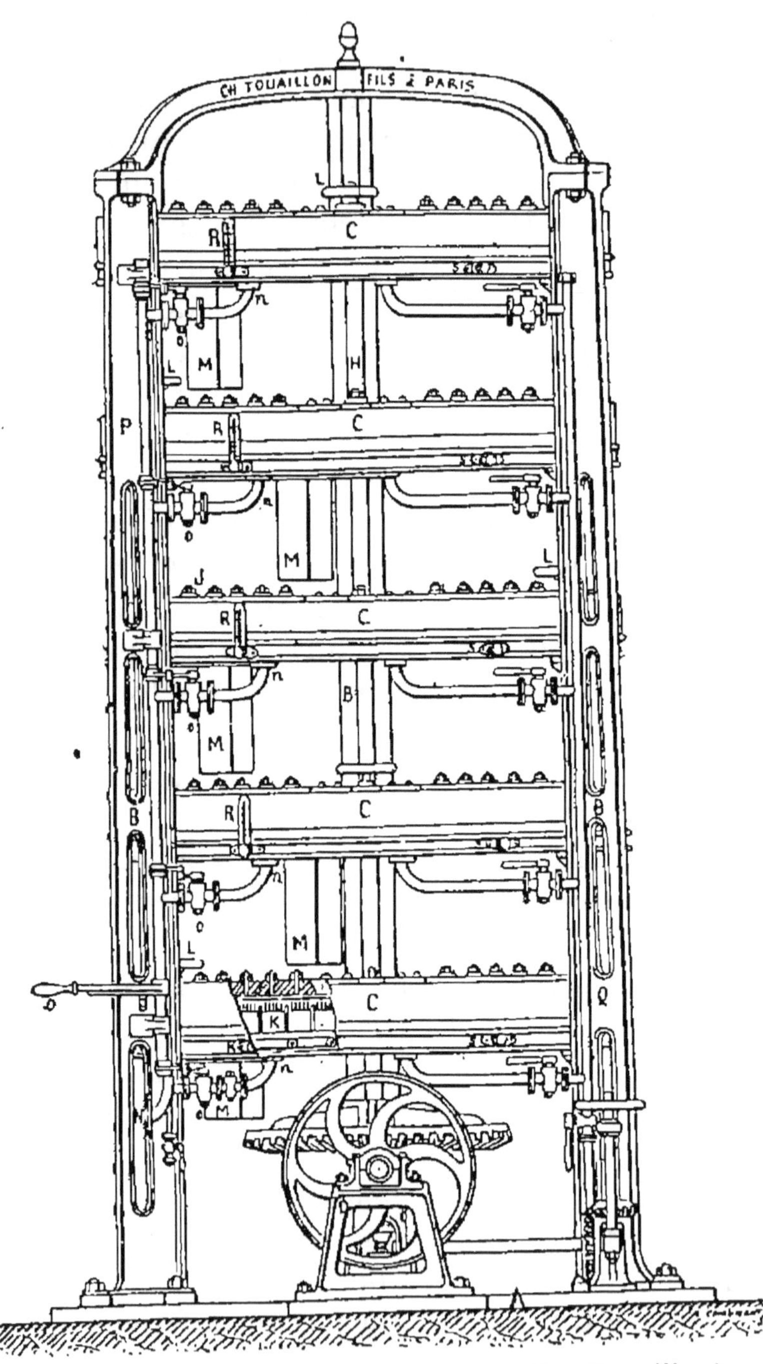

Fig. 2. — Etuve à farine (système Ch. Touaillon).

Légende.

A Chaise ou bâti en bois sur lequel sont boulonnés les trois montants en fonte B, la chaise centrale C et les chaises des mouvements intermédiaires.

F. Croisillon reliant les montants B.

C. Cinq plateaux à double fond chauffés par la vapeur au moyen de tuyaux intérieurs.

H. Arbre vertical servant d'axe aux croisillons I des râteaux J.

J. Râteaux dont les palettes K sont maintenues dans des chaperons qui pivotent à volonté sous l'impulsion des volants L., de telle sorte que la farine est poussée vers la circonférence du plateau lorsqu'elle arrive à son centre, et, au contraire, vers le centre lorsqu'elle arrive à sa circonférence.

M Manches par lesquelles la farine tombe d'un plateau supérieur sur celui qui est placé directement au-dessous.

N Prise principale de vapeur alimentant les plateaux par les branchements *n*.

O Levier fixe sur un arbre vertical P et servant à ouvrir ou à fermer simultanément les robinets de vapeurs O.

Q Tuyau de retour d'eau recevant la condensation de chaque plateau.

R Thermomètres pénétrant dans les plateaux et indiquant la température de la vapeur qui circule intérieurement.

S. Soupapes de sûreté.

T. Volant destiné à régler le jeu entre les palettes des râteaux et la surface de chaque plateau.

transforme ainsi en réfrigérant. Quand la farine est refroidie, on la met dans des caisses métalliques, dans des barils ou dans des sacs de toile imperméable, semblable à celle qui sert à fabriquer les bâches de voitures, et on l'expédie.

L'appareil fournit de 400 à 600 kilogrammes de farine par heure, en état d'être conservée et de supporter les plus longs voyages.

M. Touaillon a apporté récemment à son étuve des perfectionnements qui assurent la régularité de son fonctionnement et en rendent la manœuvre très facile, même par des ouvriers inexpérimentés.

Désormais, on pourra exporter nos farines sur les points les plus éloignés, qui ne produisent pas de grains et où il n'est pas possible d'établir des moulins. Dans ces contrées, le goût du pain se développe rapidement ; nos farines y trouveront des débouchés considérables au bénéfice de la marine, de la meunerie et de l'agriculture. Les subsistances militaires n'auront plus besoin de faire des approvisionnements de grains qui s'échauffent promptement et dont la mouture n'est pas toujours facile ; elles se borneront à des dépôts de farines à la place des moulins très coûteux.

Enfin, ce procédé rendra de grands services à l'alimentation publique, le consommateur aura un aliment plus agréable au goût et plus salubre, il ne subira plus les résultats des fermentations auxquelles sont exposées les farines en magasin, lesquelles occasionnent un véritable déficit dans les quantités et la valeur nutritive de cette substance alimentaire ; le développement de ces fermentations cessera, comme ses effets, du même coup, par l'élimination de l'eau hygroscopique en excès. On a constaté que l'eau évaporée pendant l'étuvement rentre dans la pâte lors du pétrissage, et, qu'en conséquence le déchet se trouve compensé. Cette invention est intéressante à plus d'un titre, car elle résout à la fois deux grands problèmes qui préoccupent en ce moment l'administration ainsi que les industries de la mouture et de la boulangerie.

Cette étuve convient également pour le séchage des blés récoltés pendant les années humides : elle en facilite beaucoup la mouture.

FARINES EN SACS EMPILÉS

C'est ainsi qu'on les conserve dans la halle de Paris et dans les dépôts particuliers. Cette méthode est vicieuse, attendu que les parties de ces sacs superposées les unes sur les autres, n'ayant point le contact de l'air, la farine s'échauffe à la surface et se pelotonne. Cette altération s'étend peu à peu à l'intérieur. M. Delacroix ajoute un fait bien remarquable : dans les grandes chaleurs, dit-il, il suffit d'un orage pour que le fluide électrique les pénètre et les détériore : c'est quelquefois l'affaire de vingt-quatre heures.

FARINES EN SACS ISOLÉS

Ce moyen nous paraît préférable à tous ceux que nous venons d'exposer. On doit placer les sacs sur un sol parqueté, ou sur des planches, et les isoler les uns des autres ; par ce moyen l'air circulant autour d'eux, la farine ne s'échauffe pas aussi aisément, et perd même une partie de son humidité. De cette manière, on peut les visiter souvent, les changer de place, et les retourner, comme on dit, *cul sur gueule*. Les greniers où l'on dépose ces sacs doivent être bien secs et bien aérés. Dans le midi de la France, principalement dans les départements de l'Aude, de l'Hérault, des Pyrénées-Orientales, etc., où chacun pétrit chez soi son pain, l'on conserve ainsi sa provision de farine pendant un an, et même un an et demi, sans en prendre aucun soin, et quoique cette farine ne soit blutée qu'au fur et à mesure qu'on veut la pétrir, elle ne prend nullement la couleur, l'odeur et le goût du son, comme l'a fait pressentir Parmentier. Dans les pays précités, tous ceux qui ont quelque aisance font leur provision de farine pour au moins quinze mois ; ils mangent rarement de la farine nouvelle, qui, d'après leur expérience, donne moins de pain que la farine ancienne. Julia-Fontenelle a vu, chez quelques propriétaires, des farines ainsi bien conservées, et sans aucun soin, depuis plus de deux ans.

Ces farines avaient une très belle apparence, mais le pain qu'elles donnaient avait une saveur qu'on nomme de *viellun*, ce qu'on peut traduire par le mot de vétusté.

La ville de Paris a également adopté cette méthode de conserver les farines en sacs isolés, et dans des greniers disposés de manière à ce que l'air circule tout autour. L'on conserve ainsi celles de première qualité dix-huit mois et même deux ans.

Pour empêcher la fermentation des farines ou leur échauffement, on est dans l'habitude de constater d'abord cet échauffement à l'aide d'un thermomètre (*fig.* 3) ; puis d'y pratiquer des cheminées pour permettre la circulation de l'air ; mais il arrive souvent, quand on se borne à plonger le thermomètre dans un sac de farine ou dans la cheminée qu'on a pratiquée au moyen d'un arbre pour y donner de l'air qu'on est exposé à voir cet instrument accuser une température moindre que celle du sac. En conséquence, MM. Chevrier et Ledier ont, dans ce cas, proposé un tube de fer blanc qui entoure le thermomètre en grande partie et l'empêche de se briser ; ils introduisent le système dans la cheminée du sac, et l'y laissent pendant quelque temps après avoir fermé l'ouverture. Pour éviter que l'arbre en fer, qui pratique la cheminée dans le sac, ne tasse la farine en masse très compacte jusqu'à une certaine distance de l'arbre, ce qui arrive ordinairement, ils remplissent le vide avec un long boyau en forte toile rempli de son, et roulent ensuite le sac. La masse qui formait les parois de la cheminée se divise et devient perméable à l'air. On retire d'ailleurs à volonté le boyau de son.

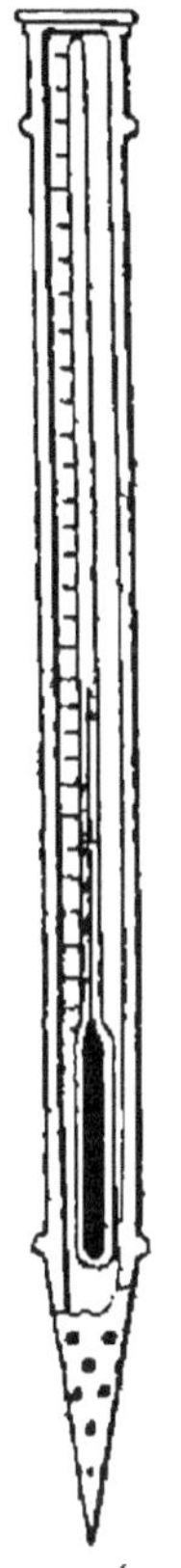

Fig. 3. Thermomètre

MOYEN D'ASSURER LA CONSERVATION DES FARINES

La farine est en général d'une conservation très difficile, dit un ancien administrateur, et c'est presque toujours une mauvaise spéculation de la garder en magasin. Pendant les mois d'hiver, c'est-à-dire d'octobre à avril, elle n'éprouve aucune altération ; mais une fois le printemps arrivé, et jusqu'à la fin d'août, elle est sujette à fermenter, à prendre un mauvais goût et à perdre beaucoup de sa valeur. Il paraît même que la farine peut encore fermenter dans une saison assez froide. Mais, comme il peut arriver qu'on soit forcé par les circonstances de conserver des farines pendant un laps de temps assez long, nous allons rappeler quelques-unes des règles prescrites pour éviter, autant que possible, les détériorations que nous venons de signaler.

Le magasin où l'on place les farines au printemps doit être bien sec. Il faut éviter d'empiler les sacs les uns sur les autres. Il faut les placer debout, par rangées et de manière qu'ils ne se touchent pas. Dans le moment des fortes chaleurs on doit avoir soin de placer dans les sacs une sonde de fer, comme une baguette de fusil, pour vérifier si l'intérieur du sac ne prend pas de chaleur. Si on s'aperçoit que la farine pelote, ou qu'elle commence à devenir chaude, il faut la vider aussitôt et la remettre en sac après vingt-quatre heures, ou jeter les sacs sur le dessus et diviser ainsi les parties qui tendraient à s'agglomérer et à fermenter.

Ces précautions sont indispensables, car dès que la fermentation commence, en quelques jours le sac de farine ne forme qu'un seul morceau : on est obligé alors de le battre pour le vider et de passer les blocs de farine qu'on en retire sous des rouleaux, ou des meules, pour les diviser et les pulvériser, opération coûteuse et qui ne rend jamais à la farine sa qualité primitive ; elle est alors comme de la cendre, conserve un goût alcalin et ne peut plus s'employer seule.

On conçoit facilement que, dans cet état, la farine, malgré son mélange, doit communiquer au pain ce goût aigre qu'elle conserve, mais ce qui est le plus déplorable, c'est qu'elle a perdu sa qualité nutritive, puisque le *gluten* a été détruit. L'amidon reste toujours intact ; c'est pour cette raison que, dans les farines entièrement viciées, on peut toujours en tirer parti.

Si, au lieu de mettre les farines en sacs, on les mettait en barils, ces avaries seraient plus rares, Car les connaisseurs n'ignorent pas que les farines exposées dans un lieu humide ne tardent pas à s'échauffer et à acquérir en peu de temps un surpoids de 12 à 15 o/o ce qui est énorme. Arrivées à ce point, elles se gâtent promptement.

PROCÉDÉS POUR FAIRE USAGE DE LA FARINE DE BLÉ GERMÉ OU AVARIÉ

Dans tous les temps, principalement lorsque les subsistances sont hors de prix, la ménagère use de tous les moyens économiques que l'expérience a justifiés. En voici un qu'elle accueillera sans doute ; son objet est de rendre la farine des blés germés ou tarés propre à être facilement employée dans la fabrication du pain. L'essai public a eu lieu à Blois, en décembre et janvier 1828 et 1829 en présence des commissaires nommés par la Société d'Agriculture de Loir-et-Cher et devant plusieurs citoyens, tous intéressés à connaître et à pratiquer un procédé devenu malheureusement quelquefois nécessaire.

Première expérience. — La farine du grain germé ou taré, rapportée du moulin, est préalablement soumise à l'opération du blutage ; avant de l'employer, on la place dans des corbeilles et on la met sécher pendant 4 à 5 heures dans un four, à un degré de chaleur du tiers de celle convenable pour la cuisson du pain. Par cette dessiccation, la farine perd nécessairement une grande partie de son poids : mais elle retrouve presque les qualités que l'avarie lui avait enlevées. Sortie du four, on la laisse refroidir et on la pétrit comme de coutume. Le pain est, assure-t-on, aussi bon que celui provenant des meilleures récoltes.

Deuxième expérience. — Trois kilogrammes de farine de blé germé ou avarié ont été mis dans un plat creux de terre vernissée, et renfermés dans le four pendant cinq heures. Retirés ensuite, la surface de la farine était couverte d'une croûte légère un peu jaune, ayant une faible consistance de cuisson. Rompue, il en sortit une vapeur considérable et fétide qui s'éleva à plus de 65 centimètres de haut durant l'espace de cinq à six minutes. La farine se soulevait par petites masses. Refroidie, elle ne pesait plus que $1^{kg},84$. Le lendemain matin elle fut écrasée avec les mains, le soir on l'a pétrie ; la pâte a été un peu plus longue à lever, et le pain qu'elle a donné était bon. Il y en avait $2^{kg},60$.

CHAPITRE III

Sophistication des farines.

La farine étant une denrée de première nécessité et donnant lieu à d'immenses transactions, son commerce a dû, dans tous les temps, exciter la cupidité des fraudeurs, soit en l'allongeant avec des matières d'une valeur moindre et même des matières inertes, soit en y mélangeant des substances qui peuvent en masquer les défauts ou lui donner quelques propriétés qui lui permettent, quand elle est avariée, de présenter tous les caractères d'une farine pure et de qualité irréprochable. Enumérer toutes les ruses qui ont été mises en usage pour tromper l'acheteur sur la qualité de la marchandise, ou toutes les matières étrangères qu'on a fait entrer dans la farine, serait une chose à peu près impossible. Il y aurait encore bien plus de difficulté à exposer tous les procédés physiques ou chimiques auxquels on a cru nécessaire d'avoir recours pour constater la présence ou l'introduction de ces matières ; nous sommes donc obligé, dans ce Manuel, de nous borner à faire connaître les fraudes les plus généralement usitées pour falsifier la farine et les moyens qu'on a cru devoir employer pour les découvrir. Nous pensons que, renfermé dans ce cadre, nous parviendrons encore à éclairer le boulanger sur une question qui mérite toute son attention et qu'il ne doit jamais perdre de vue.

Nous savons déjà que les farines de blé, de seigle, d'orge, etc., diffèrent les unes des autres par divers caractères physiques et chimiques, mais des espèces de farines assez différentes peuvent être produites par une seule et même céréale suivant l'ancienneté, la nature du sol, le mode de mouture et le système de blutage. La quantité d'humidité contenue dans les farines exerce une très grande influence sur leur qualité, et à ces variations dans la qualité se joignent celles qui sont dues aux falsifications de ce produit. L'essai d'une farine comporte donc, suivant M. A. Bolley, la solution de plusieurs questions, dont voici les plus importantes :

1° La farine n'est-elle pas altérée (elle pouvait être à l'origine d'une bonne qualité)?

2° Quelle quantité d'humidité renferme-t-elle ?

3° A combien s'élève la proportion du son ?

4° Contient-elle des matières terreuses en proportion plus considérable que celle naturellement contenue dans la céréale ?

5° Renferme-t-elle de la fécule ou des espèces de farines autres que celle pour laquelle elle a été livrée ?

Toute farine, comme nous le savons déjà, se compose essentiellement d'amidon, de gluten, de cellulose, de matières grasses, de substances minérales et d'eau. En partant de cette composition, nous allons reprendre la solution des questions posées ci-dessus.

I. La farine altérée a une odeur fort différente de celle qu'on lui connaît à l'état normal. Il arrive souvent qu'elle a une couleur virant au rougeâtre terne et ordinairement une saveur piquante désagréable. Si on l'examine à la loupe, elle contient des spores de champignons. Cette altération provient ordinairement de ce que le grain a été trop mouillé à la mouture ou qu'on a conservé la farine dans un lieu humide ou mal aéré.

II. La proportion d'humidité que renferment les bonnes espèces de farines, descend rarement au-dessous de 12 o/o en poids, mais elle peut aller jusqu'à 25 o/o, sans qu'il soit permis d'en conclure qu'il y a addition d'eau. Tout ce qui dépasse ce dernier chiffre peut être attribué à un mouillage de la céréale lors de la mouture. Une dessiccation à 100° paraît suffire dans la pratique pour constater l'excès de l'humidité.

III. Le son renferme toujours une certaine portion des principes constituants de la farine. Mais dans les procédés suivis ordinairement pour la détermination de la proportion du son, on ne détermine que les parties corticales sèches ; on doit par conséquent connaître la richesse moyenne des espèces de son normales en substance corticale sèche et en humidité, afin de pouvoir, d'après celle-là, déduire la quantité du son.

Welzel et Haas ont trouvé en moyenne que 100 parties de substance corticale sèche de seigle correspondaient à 269 parties de son de cette céréale, et que 100 parties de la matière corticale sèche du froment représentaient 200 parties de son de blé ordinaire.

Pour déterminer les parties corticales, on pèse 100 grammes de farine, on arrose avec de l'eau dans une capsule de porcelaine et on chauffe au bain-marie ; on verse la partie dissoute sur un tamis de crin, on ajoute une nouvelle quantité d'eau chaude, on chauffe, on décante et on continue jusqu'à ce que le liquide s'écoule tout à fait clair ; on rassemble le résidu et on le dessèche à 100°.

Welzel et Haas ont trouvé que 100 parties d'une bonne farine de seigle laissaient 13 parties de substance corticale sèche, ce qui, d'après les indications précédentes, correspond à 35 o/o de son ordinaire. Mais comme les procédés de mouture peuvent, dans beaucoup de localités, faire varier cette quantité de son, on conseille, lorsqu'il s'agit d'une recherche de ce genre, de faire une expérience parallèle avec une farine normale.

Le son de froment est d'ailleurs jaune clair après la dessiccation ; le son de seigle est plus foncé.

IV. On détermine assez généralement les substances terreuses par l'incinération d'une quantité pesée de farine ; mais il ne faut pas oublier qu'indépendamment des matières minérales que renferment les cendres des céréales, la farine peut renfermer accidentellement des particules sableuses et siliceuses provenant de la pierre meulière ou d'une purification imparfaite. En général, 100 kilogrammes de farine ne renferment guère de ce chef plus de 30 grammes de matière siliceuse, qui n'indiquent pas une addition frauduleuse : seulement il faut se rappeler que les matières minérales, dans les cendres de froment et de seigle, s'élèvent à peine au-dessus de 1 0/0, que dans le son avec la farine elles s'élèvent au double, que dans la farine d'orge cette proportion va jusqu'à environ 1 1/2 0/0, et dans la farine d'avoine dépouillée de son jusqu'à 2 0/0. Ainsi, au total, une farine qui ne fournit pas plus de 2 0/0 de matières fixes minérales, ne peut être considérée comme frelatée.

On opère l'incinération de la farine dans une capsule en platine à fond plat au-dessus d'une lampe à gaz ou à alcool, on pèse la farine et le résidu dans la capsule même.

Quant à l'amidon, au gypse, à l'albâtre, à la craie, au spath pesant, à l'argile, à la chaux en poudre, on en recherche le poids par le moyen indiqué, et on peut, si on veut, les doser qualitativement avec des réactifs appropriés.

V. On falsifie la farine des céréales avec de la fécule, des farines de légumineuses, de sarrasin, de maïs, de riz, de graine de lin ou de la farine.

Les falsifications de la farine de froment avec la fécule de pommes de terre, les farines de légumineuses, de sarrasin, de maïs, de riz, de graine de lin, ou d'autres céréales, par exemple celle d'orge, sont les plus communes, et l'on a proposé un assez grand nombre de méthodes pour constater cette présence.

Mais ce qui permet surtout de constater qu'on

a affaire à une farine avariée, c'est la considération des modifications que le gluten peut avoir éprouvées. Il est vrai que ces modifications ne sont pas toujours dues à l'humidité et qu'elles prennent parfois naissance par une mouture trop vive et une température trop élevée à la mouture, et qu'il y a des farines qui, sans être falsifiées et avec une richesse normale en gluten, sont cependant impropres à la panification ; alors, dans les cas de ce genre, ce n'est pas sur la quantité de gluten, mais sur la qualité que la recherche doit être dirigée.

Nous connaissons les propriétés du gluten, nous savons qu'il perd en partie ses propriétés lorsque la farine s'altère, et nous avons décrit dans le chapitre précédent la manière de constater la qualité des farines par un moyen physico-mécanique et en se basant sur l'élasticité du gluten. On sait, par exemple, que le gluten de froment est plus élastique que celui de seigle, et par conséquent qu'une moindre élasticité dans le gluten qu'on recueille provient, d'une part, d'une farine altérée ou d'un mélange de farine de seigle. Il convient donc, au moyen d'un essai de la ténacité et de l'élasticité du gluten, de s'assurer de la qualité de la farine.

On y parvient à l'aide d'un appareil imaginé par M. Boland, auquel il a donné le nom d'*aleuromètre*, et dont nous allons donner la description.

ALEUROMÈTRE POUR RECONNAITRE ET APPRÉCIER LES PROPRIÉTÉS PANIFIABLES DE LA FARINE DE FROMENT.

M. Boland, boulanger à Paris, a publié sur les moyens de reconnaître et d'apprécier les propriétés panifiables de la farine au moyen d'un instrument de son invention qu'il nomme *aleuromètre*, une notice pleine d'intérêt que nous croyons devoir reproduire ici.

« La Boulangerie en général et particulièrement celle de Paris, dit M. Boland, tributaire de la meunerie, est exposée à recevoir de cette dernière des produits imparfaits, falsifiés ou altérés, surtout depuis que la mouture américaine, dite *anglaise*, a remplacé victorieusement l'ancienne mouture, dont les boulangers avaient au moins la facilité d'apprécier à peu près les produits en farine au simple toucher. La partie gruauteuse du blé que la meule à la française n'avait pu atteindre roulait sous leurs doigts exercés et était pour eux le caractère certain que le blé n'avait passé sous la meule que le nombre de fois nécessaire et dans des conditions qui n'eussent pas produit un trop grand dégagement de chaleur ; mais maintenant, avec la mouture par les cylindres, le blé est divisé également et presque réduit en poudre impalpable, de manière à rendre la farine propre à une panification plus facile, il est vrai, mais plus propre aussi à mettre en défaut, sur sa qualité apparente, l'expérience du praticien le plus exercé.

« Pour apprécier et constater la qualité panifiable de la farine de froment, il est non seulement indispensable de bien connaître la nature et les propriétés des corps qui la composent, mais encore la manière dont l'eau se comporte avec eux pour former la pâte.

« L'amidon et le gluten composent presque à eux seuls la totalité de la farine de froment, et participent simultanément aux phénomènes et à l'accomplissement de la panification.

« Si les propriétés de ces deux corps sont aujourd'hui à peu près bien connues, il en est cependant de certaines qui, n'ayant pas encore été assez sérieusement examinées, n'en jouent pas moins un rôle très important dans la panification par leur mélange ou combinaison avec l'eau.

« L'amidon, d'abord, est insoluble dans l'eau, quelle que soit la température de cette dernière ; seulement, à plus de 70°, l'amidon se dilate et change de forme, qui, de régulière qu'elle était, devient très irrégulière et affecte celle d'une espèce de végétation : c'est ainsi qu'apparaissent l'empois et particulièrement la mie du pain vus au microscope. Ainsi l'empois n'est pas une dissolution, mais bien une dilatation de l'amidon dans l'eau saturée des matières solubles qu'il contient, de même que la mie du pain, laquelle pourrait être regardée comme de l'empois concentré et contracté ; car le maximum de dilatation de l'amidon n'a lieu que dans quinze fois son poids d'eau et même plus, puisque l'amidon peut augmenter jusqu'à trente fois son volume ; mais, dans la panification, l'amidon, qui, par sa nature, n'absorbe pas d'eau, en étant simplement entouré et ne se conservant ainsi humide que parce que le gluten qui l'enveloppe complètement, et dont il forme les cellules dans lesquelles il est enfermé, lui cède l'excès d'eau dont il est lui-même saturé, sa dilatation ne peut que médiocrement se développer : aussi l'amidon ne joue-t-il qu'un rôle passif dans l'accomplissement de la panification.

« Le gluten, au contraire, se combine avec l'eau sans se dissoudre, à la température ordinaire, dans une grande proportion, que nous fixerons plus loin ; c'est à l'aide de cette combinaison qu'il acquiert le caractère particulier d'élasticité qui le rend entièrement propre à la panification : mais encore faut-il que le gluten, pour obtenir, sous l'influence de l'eau, ces propriétés élastiques, se trouve, dans la farine, dans des conditions d'agrégation complète que diverses circonstances peuvent altérer sensiblement, telles qu'une mouture trop accélérée ou quand les meules ou les cylindres sont trop rapprochés. Dans ces circonstances, le gluten s'échauffe, abandonne l'eau de végétation qui lui donne sa cohésion, se divise en se désagrégeant, et perd en partie son élasticité, ou bien, dans la panification, lorsque la fermentation a passé sa limite alcoolique ; une partie du gluten se dissout dans l'acide acétique qui en est résulté, et l'autre partie, qui a échappé à la décomposition, n'offre plus assez de résistance au dégagement de l'acide carbonique : le développement de la pâte ne s'effectue pas alors convenablement.

« Il est donc important, pour le succès de la panification, qu'aucune cause ne modifie l'élasticité du gluten.

« Lorsqu'il est abandonné, libre et hydraté, en une couche mince au contact de l'air, il perd son eau de combinaison et de végétation, se colore en gris-jaune et prend l'aspect de la colle de poisson ; dans cet état, il est comme auparavant, insoluble dans l'eau, et après un long séjour dans ce liquide, il s'amollit, mais ne peut reprendre qu'imparfaitement son élasticité première : par conséquent, il devient, dans cet état, moins propre à la panification et peut-être à la nutrition, car il a été reconnu que, de toutes les substances immédiates, le gluten hydraté était le plus nutritif. Mais la chaleur propre à la cuisson du pain fait subir au gluten une modification d'après laquelle il abandonne une partie de son eau de combinaison. Ne pourrait-il plus jouer alors dans l'estomac qu'un rôle purement mécanique, c'est-à-dire que, en retenant dans cet organe les autres corps qui composent la farine, il donnerait à ceux-ci, à l'amidon par exemple, sous l'influence de la chaleur, des sucs gastriques et de l'acide lactique qui s'y forment, le temps de se transformer en dextrine et de s'assimiler ?

« Cependant le gluten auquel on a ajouté environ 30 o/o d'amidon, pour le sécher à l'étuve sans qu'il éprouve de fermentation, conserve ses propriétés élastiques quand il est réduit en gruau ; celui qui provient des amidonneries par le lavage mécanique jouit de cette faculté et peut être employé avec avantage, soit dans la panification, en le mêlant à la farine après l'avoir converti lui-même en farine, soit dans la préparation des pâtes alimentaires ; mais, pour constater ses propriétés élastiques, qui peuvent encore varier selon l'état dans lequel il a été préparé, il devient indispensable de le soumettre aux épreuves dont nous nous occuperons plus loin.

« Ainsi, des deux corps principaux qui composent la farine, le gluten seul possède la propriété de se combiner avec l'eau dans des proportions qui varient suivant sa nature, et c'est de cette combinaison que résulte son élasticité, sans laquelle la panification est impraticable.

« Le gluten divisé ou désagrégé se combine peu avec l'eau, ne se dilate pas et se conduit à peu près comme l'amidon simplement enveloppé d'eau ; dans cet état, il ne peut plus servir que d'élément à la fermentation et nuire, par conséquent, à la panification, puisqu'il augmente les produits de la fermentation en détruisant la résistance élastique, sans laquelle, comme je l'ai déjà dit, la pâte ne se développe pas suffisamment.

« L'absorption de l'eau dans la farine est la formation la plus importante aux intérêts du boulanger, puisqu'elle concourt simultanément à la fabrication du pain et à la quantité que la farine en peut produire. Cependant il ne faut pas confondre l'eau que la farine retient mécaniquement et celle qu'elle absorbe à l'état de combinaison : la première ne modifie en rien les propriétés des corps qui constituent la farine ; elle les abandonne promptement par évaporation, tandis que l'eau de combinaison acquiert et donne des propriétés nouvelles aux corps auxquels elle s'assimile.

« Le gluten élastique se combine non seulement avec l'eau, mais il en retient encore mécaniquement, qu'il cède à l'amidon pour favoriser la dilatation de ce dernier, laquelle se borne cependant à des limites très restreintes, puisque son maximum de dilatation ne s'effectue que dans un grand excès d'eau.

« Plusieurs expériences ont démontré que, dans 25 grammes de farine composée de :

Amidon, sucre, albumine, etc. . .	19 gr.	09
Gluten sec	2	64
Eau de végétation.	3	27
	25 gr.	00

et 12gr50 d'eau pour former la pâte, les 19gr,09 d'amidon, sucre, etc.. n'absorbaient que 7gr,74 d'eau, tandis que 2gr,64 seulement de gluten sec en absorbaient 14gr,76, dont 4gr,01 à l'état de combinaison et 0gr,75 à l'état libre : c'est cette dernière que le gluten cède à l'amidon au fur et à mesure que celui-ci en perd par évaporation.

« Les farines qui ont subi un commencement de fermentation, celles dont on a retiré une partie de leur eau de végétation par dessiccation, comme cela se pratique pour les expéditions maritimes, et celles qui proviennent d'une mouture pendant laquelle la température s'est trop élevée, quoique sèches, retiennent moins d'eau de combinaison, parce que le gluten en a été désagrégé et qu'il a perdu une partie de son élasticité.

« Il résulte donc de la combinaison de l'eau avec le gluten que la farine acquiert toutes les propriétés panifiables qui lui sont nécessaires, surtout la résistance élastique à l'aide de laquelle la pâte se développe sous l'influence des produits de la fermentation, mais de la fermentation arrêtée assez à temps pour ne pas produire la décomposition du gluten : c'est, arrivée à ce terme, que les savants ont donné à cette réaction le nom de la *fermentation panaire*, nom bien vague qui n'explique aucune théorie, mais que la science formulera peut-être un jour d'une manière plus absolue.

« Ainsi, pour apprécier les propriétés panifiables de la farine de froment, il faut non seulement constater la quantité du gluten que celle-ci contient, afin de juger la nature du blé d'où elle provient, mais encore comparer l'élasticité de ce gluten, pour s'assurer s'il n'a pas été altéré par la mouture, la dessiccation, la fermentation, ou par toute autre cause que ce soit. C'est pour arriver à ce dernier et important résultat que je propose l'instrument que j'ai l'honneur de soumettre à l'examen du jury de l'exposition de l'industrie nationale.

Description sommaire de l'Aleuromètre.

« Cet instrument (*fig.* 4), se compose de quatre pièces distinctes. La première, le fourneau A, est une espèce d'enveloppe légèrement conique et ouverte, à sa partie supérieure, pour recevoir l'étuve ; sa partie inférieure est terminée par un fond sur lequel on place une cuvette à alcool. La seconde est l'étuve ; celle-ci est un cylindre

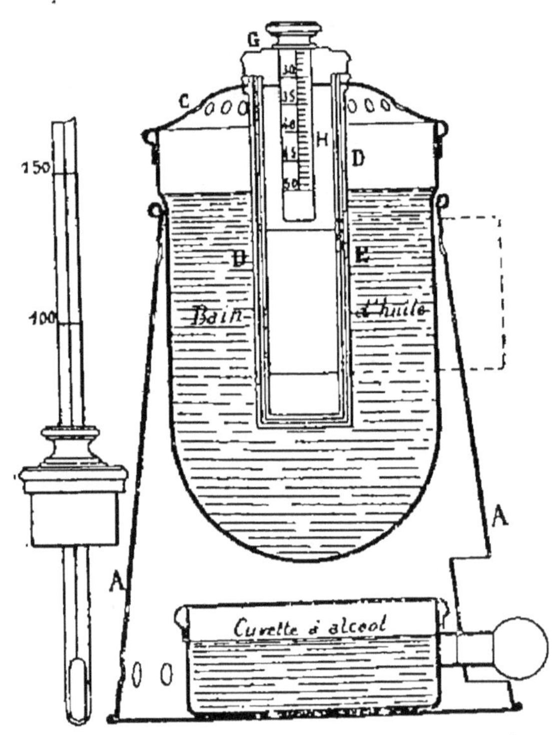

Fig. 4. — Aleuromètre de Boland.

terminé par un fond sphérique, dans lequel on met de l'huile de pied de bœuf de préférence, ou toute autre huile, jusqu'à la partie élargie qui ser à l'appuyer sur le fourneau. Sa partie supérieur est terminée par un couvercle C qui s'enlève à volonté et au centre duquel est fixé un fourreau D fermé seulement à sa base, lequel plonge dan l'huile en fermant l'étuve ; ce fourreau sert à re cevoir alternativement le thermomètre ou l'aleuromètre E.

« La troisième partie est un thermomètre ordinaire, marquant au moins 200 degrés gravés sur verre, de 50 en 50 degrés.

« *Manière de procéder.* — On prépare une pâte composée de 30 grammes de farine et 15 grammes d'eau ; on se sert, à cet effet, afin de ne pas perdre un atome de farine, d'un bol de verre ou de porcelaine et d'un tube de verre plein, appelé dans les laboratoires, *tube à agiter.* On malaxe cette pâte dans le creux de la main en la pressant légèrement avec les doigts et en la retournant sans cesse dans une cuvette remplie d'eau ; on termine la malaxation sous un filet d'eau, pour s'assurer, lorsque celle-ci s'échappe limpide, que le gluten est débarrassé de tout l'amidon qui l'accompagnait ; alors on le serre fortement dans la main pour en exprimer une partie de l'eau qu'il retient encore mécaniquement. Dans cet état, on le pèse ; puis on en extrait 7 grammes dont on réunit toutes les parties déchirées ou qui tendent à se désunir, afin d'en former une petite boule que l'on roule dans de l'amidon sec et pulvérisé, ou, mieux encore, de la fécule de pommes de terre, pour lui ôter toute adhérence avec la paroi de l'aleuromètre, et enfin on dépose cette boule de gluten ainsi préparée, les aspérités réunies en dessous, dans la cuvette de l'aleuromètre, graissé légèrement, à l'avance, dans toutes ses parties intérieures. La tige seule n'a pas besoin d'être graissée.

« Pendant la malaxation du gluten, on chauffe

l'étuve à l'aide de l'alcool enflammé, et, lorsque le thermomètre placé dans le fourreau qui plonge dans l'huile annonce une température de 150°, on remplace celui-ci immédiatement par l'aleuromètre, dans la cuvette duquel on vient de déposer le gluten. On laisse encore brûler la lampe à alcool pendant dix minutes, puis on la retire et on l'éteint ; dix autres minutes après, ce qui fait vingt minutes, on retire le gluten de l'aleuromètre, après avoir constaté, toutefois, le nombre de degrés que la tige, en s'élevant, met à découvert.

« Le gluten, sous l'influence de l'eau qu'il contient et qui se forme en vapeur, laquelle remplace ici l'acide carbonique de la fermentation comme effet mécanique, se dilate, se soulève et se solidifie en se moulant sous la forme intérieure de l'aleuromètre. Dans son développement il parcourt d'abord l'espace vide de 25° qui le séparait de la tige, en acquérant assez de force pour soulever celle-ci jusqu'à quelquefois son maximum de dilatation, laquelle est exprimée par les degrés mis à découvert au-dessus du chapiteau.

« Il peut arriver que le gluten, dans son développement, n'atteigne pas la tige, c'est-à-dire qu'il n'ait pas 25° de dilatation ; alors la farine d'où proviendrait un pareil gluten devra être considérée comme impropre à aucune panification.

« L'intérieur du cylindre de gluten retiré de l'aleuromètre représente exactement le squelette du pain.

Essais de diverses farines par l'aleuromètre.

Farines	Gluten hydraté	Dilatation de 7 grammes de gluten
	0/0	degrés
Farines d'Etampes . . .	33	29
— id. . . .	33	35
— de Chartres . . .	33	36
— de Brie	35	32
— id.	38	29
— de blé de Berg . .	30	39
— id. . .	32	50

« Gluten d'amidonnier séché et réduit en gros gruaux, 38°.

« Gluten d'amidonnier séché et réduit en fins gruaux, 50°.

« Dans le tableau ci-dessus, le maximum de gluten hydraté pour 100 de farine est de 37, 7 ; le minimum, de 20,26.

« Le maximum de dilatation est de 50° et le minimum de 18°

« Ainsi on voit que le gluten des amidonniers extrait par le lavage, séché et bien divisé, peut conserver indéfiniment toutes ses propriétés élastiques, par conséquent panifiables.

« Dans le tableau qui précède, la quantité de gluten hydraté représente exactement la nature et la qualité des blés, et la dilatation exprime fidèlement les altérations plus ou moins profondes que leur mouture ou d'autres circonstances leur ont fait subir. »

FARINOMÈTRE R.-W KUNIS

Le docteur Kunis a, lui aussi, imaginé un appareil d'essai de farines, auquel il a donné le nom de *Farinomètre*.

L'appareil se compose en principe d'un récipient en cuivre B (*fig.* 5[1]), contenant un cylindre D ou chambre de cuisson. Le réservoir B est chauffé par une lampe à alcool F placée à sa partie inférieure. La chambre de cuisson D (*fig.* 5[2]) se compose de quatre parties distinctes : la base *a*, la partie centrale du tube *b*, d'une pièce *c* et, enfin de la partie supérieure *d*. La partie centrale *b* est seulement destinée à contenir la pâte, la partie *c* sert à mesurer l'effet de la cuisson, tandis que la base *a* et la pièce supérieure *d* ne sont employées que pour fermer l'appareil.

L'avertisseur de chaleur (*fig.* 5[3]) consiste en un tube *a* renfermant à son extrémité inférieure un métal très fusible, alors que le reste du tube est occupé par la tige du piston *b* dont la tête *c* est dentée. Cette dernière s'appuie sur l'extrémité d'un levier *d* relié à une sonnette *e*. Quand la chaleur voulue est atteinte, le métal fond et, le piston descendant lentement, fait sonner la sonnette quatre fois (à 10 secondes d'intervalle) à chaque rencontre d'une dent avec le levier.

Comme nous l'avons dit, la chaleur est fournie

par une lampe à alcool, mais comme la température qu'elle est appelée à développer est assez forte pour vaporiser l'alcool renfermé dans la lampe, cette dernière présente une construction spéciale. Dans le farinomètre de petite dimension,

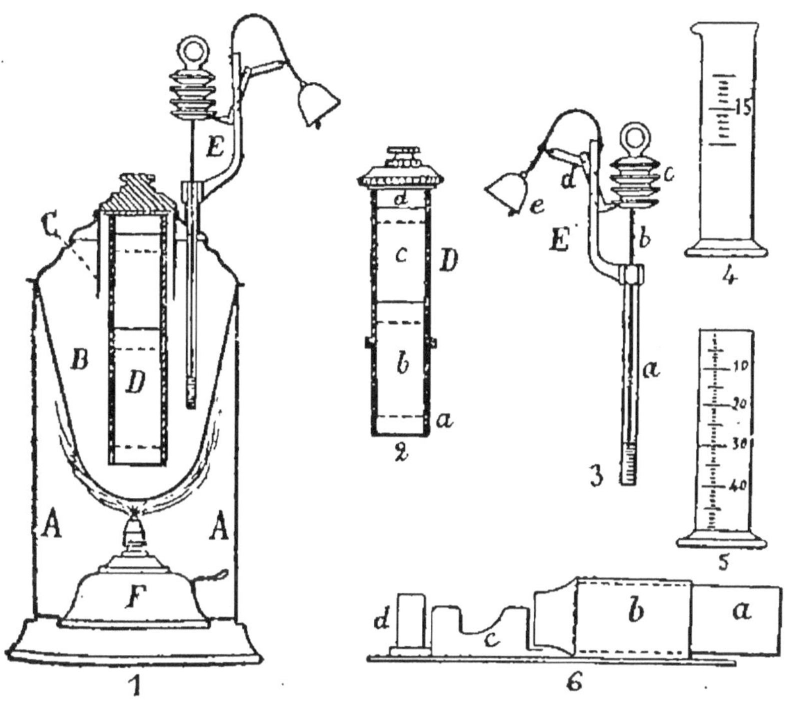

Fig. 5. — Farinomètre R. W. Kunis.

la vapeur alcoolique est envoyée dans la flamme et consumée ainsi ; dans les grands appareils, cette vapeur est recueillie, renvoyée par un conduit spécial à la lampe, laquelle brûle alors sans mèche.

La fig. 5[4] représente une éprouvette graduée en centimètres cubes ; c'est avec elle qu'on mesure exactement le liquide employé.

L'éprouvette représentée par la fig. 5[5] sert à mesurer l'accroissement de volume de la pâte après cuisson, ainsi que nous le montrerons plus loin.

Enfin la fig. 5[6] représente le chargeur fixé sur sa planchette. Il se compose d'une partie cylindrique pleine *a*, d'un tronc de cône creux *b* et de parois *c* (contre lesquelles la partie centrale de la chambre de cuisson est insérée), enfin d'une dernière pièce *d* qui sert de plateau de base.

Tel est le farinomètre dans ses principes essentiels. Il en existe plusieurs modèles permettant de faire simultanément l'essai de 3 et même de 6 échantillons de farine.

Maintenant, voici comment on opère pour effectuer les essais :

On prend 30 grammes de farine que l'on verse dans un mortier et qui est réduite en pâte par l'addition de 10 à 20 grammes d'eau, suivant la viscosité que présente la pâte. Le meilleur moyen d'opérer, dit M. Kunis, consiste à pétrir d'abord la pâte avec une petite quantité d'eau (10 à 12 grammes), puis à y ajouter de l'eau gramme par gramme à l'aide de l'éprouvette graduée. Plus l'absorption d'eau par la farine aura été considérable et plus la pâte une fois cuite aura augmenté de volume, plus grandes seront les qualités de panification de la farine.

Pendant cette opération la chambre de cuisson aura été tenue à part et les pièces *a*, *c* et *d* soigneusement huilées.

L'appareil chargeur, également huilé avec soin,

reçoit alors la pièce *b* du cylindre de cuisson qu'on place dans l'intervalle compris entre les parties *d* et *b*, alors que de chaque côté il est retenu par les parois *c*, de manière à ce que le tout ne fasse plus qu'un seul tube. La pâte est alors introduite dans le chargeur en *b* et poussée par le piston *a* ; on emplit ainsi la partie *b* de la chambre de cuisson et cette dernière, une fois toutes ses parties assemblées, est portée dans le récipient B. On allume alors la lampe à alcool et l'appareil est abandonné à lui-même.

Dès que la sonnette d'alarme retentit, avertissant que le degré de chaleur nécessaire est obtenu, on éteint la lampe et on laisse le cylindre de cuisson dans le récipient B pendant dix minutes environ ; après ce temps, il est retiré et laissé à refroidir dehors. Quand la température s'est suffisamment abaissée pour rendre le cylindre maniable le bouchon est enlevé, la pâte apparaît alors emplissant toute la partie *b* et une partie de la portion *c*.

Pour mesurer exactement la place qu'occupe la pâte, on emplit bien exactement le cylindre avec du gruau, puis on verse ce dernier avec soin dans l'éprouvette graduée (*fig.* 5[5]). Le nombre qu'on lira sur l'éprouvette devra être recherché dans la table dont est accompagné l'appareil et, en se reportant à la quantité d'eau employée pour cette espèce de panification, la table dressée par M. Kunis donnera le pourcentage de la puissance expansive de la farine essayée.

Le Dr Kunis insiste sur les précautions à prendre

dans toutes les manipulations. C'est ainsi qu'il faut absolument que le cylindre reçoive bien toujours une quantité parfaitement égale de pâte. Il est important aussi que la farine soit bien exactement pesée, que l'eau qui sert à la pétrir soit bien à la même température et rigoureusement mesurée, en un mot que tous les soins les plus minutieux soient apportés à l'opération. C'est seulement à ces conditions que les résultats obtenus seront concordants et dignes de foi.

Il va sans dire que toutes ces manipulations exigent une certaine habileté qu'on ne saurait acquérir du premier coup ; mais un peu de pratique donne bien vite une grande sûreté de main.

Le réglage de la lampe ne manque pas d'importance. Il faut en effet que la lampe ne soit ni trop basse, ni trop haute. Dans le premier cas on arriverait à une cuisson trop longue, tendant à dessécher le produit ; dans le second cas la chaleur finale serait trop vite atteinte et la cuisson mal faite. Il est nécessaire que cette cuisson s'opère dans un délai de 15 à 20 minutes après l'allumage de la lampe. C'est là une habitude rapidement acquise par les praticiens.

Si l'on doit faire plusieurs essais de suite, il faut laisser refroidir complètement l'appareil entre chaque expérience, de façon à opérer toujours dans des conditions identiques.

MOYEN DE RECONNAITRE LA FARINE DE FROMENT, FRELATÉE PAR LA FÉCULE DE POMME DE TERRE, PAR M. HENRY FILS

« M. Henry père avait déjà indiqué un moyen d'apprécier cette fraude ; mais ce travail ne pouvait servir qu'à déterminer la présence d'une fécule quelconque, sans en indiquer l'espèce ; nous avons été obligés, dit M. Henry fils, de recourir à des essais nombreux pour parvenir à résoudre une question que la justice nous avait fait l'honneur de nous adresser. Quelques mois après, M. Rodriguez avait aussi publié, dans le 45e volume des *Annales de Chimie et de Physique*, une note sur le moyen de reconnaître le mélange de la farine du froment avec d'autres farines ; l'auteur de ce dernier Mémoire avait employé l'analyse mécanique et l'analyse par le feu. Le premier de ces moyens, tout en étant propre à faire connaître la quantité de fécule qu'on a introduite dans la farine de froment, par une moindre proportion de gluten, n'indiquait point l'espèce de fécule qui avait été employée.

« Le second moyen mis en pratique par M. Rodriguez, était l'analyse par le feu, mais il n'est pas plus propre que le précédent à indiquer l'origine de la fécule. Le procédé analytique de M. Rodriguez est fondé sur la propriété que possède la farine de froment, de donner à la distillation un liquide constamment neutre, tandis qu'il est acide si la farine renferme une fécule.

« Nous avons rejeté ce moyen, qui a été loin de

nous offrir les résultats qu'a obtenus ce chimiste ; ainsi nous avons introduit de la farine de blé, exempte de mélange, dans une cornue de verre, et nous avons chauffé de manière à rompre l'équilibre de ces éléments ; au lieu d'obtenir un produit neutre comme nous l'avait annoncé ce chimiste, nous n'avons obtenu qu'un produit acide. Cette expérience, répétée plusieurs fois, nous a constamment donné les mêmes résultats. De la farine de froment mêlée à de la fécule de pomme de terre nous a fourni un produit également acide.

« L'analyse par le feu ne pouvait donc nous être d'aucune utilité dans le travail qui nous était demandé ; de là la nécessité pour nous de recourir à d'autres moyens ; en conséquence, nous mîmes à profit l'action qu'exerce l'acide sulfurique concentré sur plusieurs substances animales en dégageant une odeur caractéristique.

« Après avoir employé l'analyse mécanique, nous avons obtenu des quantités de gluten variables, suivant la proportion de fécule qui avait été introduite dans la farine, ayant toujours eu la précaution de peser le gluten après la dessiccation, car nous avions remarqué qu'une quantité donnée de gluten retenait plus ou moins d'eau d'hydratation, après avoir été malaxé. L'analyse mécanique ne peut alors servir à établir rigoureusement la proportion de fécule qui existe dans la farine de blé, puisque les quantités de gluten sont variables dans les farines réputées de bonne qualité, de même aussi, elle ne peut faire connaître l'espèce de fécule employée pour la sophistication.

« Un procédé dû à M. Gay-Lussac est devenu plus exact et plus sensible à l'aide des modifications suivantes, qui y ont été introduites récemment par un boulanger instruit, M. Boland, qui a reconnu qu'il fallait d'abord séparer le gluten de la farine.

« On traite 20 grammes de farine, comme pour en extraire le gluten, mais en ayant soin de recueillir tout le liquide amylacé dans un grand verre conique à pied ; on laisse déposer pendant deux heures et demie ou trois heures, puis on décante tout le liquide surnageant le dépôt.

« On enlève à l'aide d'une cuillère à café, toute la couche supérieure, molle, grisâtre, qui contient de l'amidon, de l'albumine et du gluten sans cohésion.

« La petite masse tassée au fond du verre offre cette consistance caractéristique des dépôts d'amidon pur ou de fécule ; on laisse dessécher en repos jusqu'à ce qu'elle soit devenue assez solide pour être enlevée d'un bloc en la poussant du doigt vers la paroi du verre. La portion arrondie qui forme le sommet du petit pain conique, contenant les premières parties déposées, sera la plus riche en fécule, s'il y a mélange de celle-ci dans l'échantillon essayé. On sépare avec le tranchant du couteau environ 1 gramme de cette partie, puis, après l'avoir broyée dans un mortier d'agate, avec un peu d'eau, on l'étend, on filtre, et le liquide filtré clair se colorera en bleu, par une solution d'iode s'il y a de la fécule. Suivant que ce phénomène se reproduit sur une deuxième couche d'un gramme, enlevée parallèlement à la première couche, puis une troisième, etc., on en conclut que la farine contenait à peu près un, deux ou trois vingtièmes de son poids de fécule.

« Si la première couche enlevée au sommet du petit cône donnait, après la trituration, un liquide qui, filtré, ne fût pas coloré sensiblement en bleu par l'iode, ou qui prît une légère teinte violacée rougeâtre, disparaissant bientôt spontanément, on en conclurait que la farine n'est pas mélangée de fécule.

« Les moyens qui viennent d'être indiqués, et quelques autres encore, permettent bien de constater la présence de la fécule de pommes de terre dans la farine ; mais, quant aux proportions de ce mélange, l'on n'a encore trouvé aucun procédé tout à fait sûr pour l'indiquer avec précision.

« Relativement au gluten, le mode d'essai proposé par M. Boland permet d'examiner facilement et sûrement sa proportion et ses qualités principales, ce qui lui donne un grand intérêt (1). »

M. Robine, boulanger à Paris, et M. V. Parisot, pharmacien, ont, dans un ouvrage publié en 1840 sur les falsifications que l'on fait subir aux farines et sur les moyens de les reconnaître, proposé un autre mode d'essai des farines dont nous allons dire un mot.

S'appuyant sur la connaissance qu'on a de la solubilité du gluten dans l'acide acétique, MM. Robine et Parisot ont construit un instrument, qui

(1) Voyez plus haut la description de l'aleuromètre de M. Boland.

n'est autre chose qu'un aréomètre, pour déterminer le nombre de pains qu'une farine doit fournir. Un sac de farine pesant 159 kilogrammes doit fournir de 101 à 104 pains de 2 kilogrammes. L'aréomètre dont il s'agit marque le nombre de pains au-dessus ou au-dessous de ce terme. On opère à 15 degrés centigrades avec de l'eau chargée d'acide acétique, distillée jusqu'à marquer 93 degrés à l'aréomètre spécial. Si la farine est belle, on en prend 24 grammes et 6/32 de litre du liquide acétique, on délaie et on laisse déposer dans un vase conique. Si elle est pauvre, on opère sur 32 grammes de farine et 8/32 de litre d'eau vinaigrée.

Au bout d'une heure, la fécule s'est réunie au fond du vase ; le son produit une couche par-dessus. Le liquide laiteux qui surnage contient le gluten. Il est lui-même recouvert de quelques écumes qu'on enlève avec une cuiller.

APPRÉCIATEUR ROBINE, SERVANT A DÉTERMINER LA QUANTITÉ DE GLUTEN CONTENUE DANS LES FARINES.

Cet appareil (*fig.* 6) a une certaine analogie avec les précédents, mais comme il est souvent employé, il est utile de le faire connaître à nos lecteurs.

Il se compose de *l'appréciateur* proprement dit à tube gradué B' ;

d'une éprouvette ;

d'un thermomètre A' ;
d'un mortier en verre et son pilon ;
d'un flacon d'acide acétique étendu, à 93° de l'appréciateur.

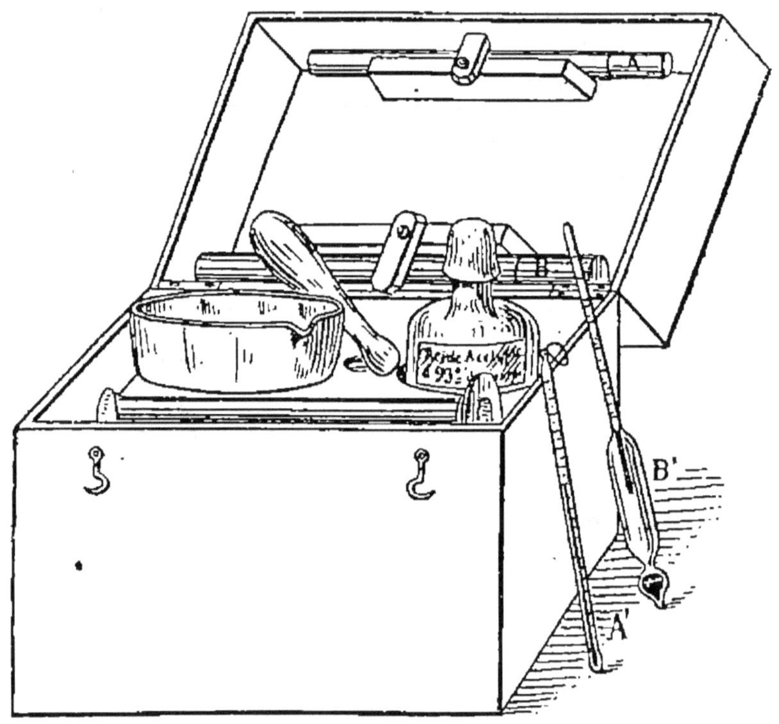

Fig. 6. — Appareil Robine (complet).

Pour employer cet appareil, on prend de l'acide acétique cristallisable et on l'étend d'eau distillée jusqu'à ce que l'acide étendu marque 93° de *l'appréciateur*, en ayant soin d'opérer à la température de 15 degrés centigrades.

L'échelle divisée est teintée en bleu à sa partie supérieure ; la limite de cette teinte est justement le degré que doit peser la dissolution d'acide.

On prend ensuite 24 grammes de belle farine, ou 32 grammes de farine de 2e ou de 3e, on place cette farine dans le mortier et on la divise au moyen du pilon; on prend ensuite 183 gr. d'acide acétique préparé ainsi qu'il a été dit plus haut, si l'on a employé 24 grammes de farine, ou 244 grammes si l'on a employé 32 grammes.

(Il faut toujours que la proportion d'acide étendu soit de 1/32 de litre, ou 30gr,5 pour 4 grammes de farine.)

On verse une portion de l'acide dans le mortier en agitant pour délayer la farine sans laisser de grumeaux et en triturant pendant environ 5 à 6 minutes, afin que la dissolution du *gluten* et de la matière albumineuse soit complète, puis on ajoute le reste de l'acide. On jette le tout dans un verre à expériences et on laisse reposer pendant une heure la solution qui est laiteuse.

Il se produit alors un précipité qui est composé de deux couches bien distinctes, l'une inférieure formée d'amidon, l'autre supérieure formée de son; le liquide qui surnage est laiteux, il tient le *gluten* en dissolution. On remarque à la partie supérieure du liquide une écume que l'on enlève avec une cuiller. On décante dans une éprouvette le liquide clair qui est mucilagineux, on y plonge l'appréciateur B (*fig.* 7) après avoir eu soin toutefois d'amener le liquide à 15 degrés centigrades. La division à laquelle l'instrument s'enfonce indique la quantité de pains de 2 kilogrammes que doit donner un sac de 159 kilogrammes de cette farine.

Une farine de bonne qualité ordinaire doit marquer de 101 à 104° à *l'appréciateur* ; c'est-à-dire qu'un sac de farine pesant 159 kilogrammes doit fournir de 101 à 104 pains de 2 kilogrammes.

Si l'on veut pousser plus loin l'expérience, on peut reconnaître la nature du *gluten*, sa qualité et la quantité dissoute. On verse le liquide dans un vase, on le sature de sous-carbonate de potasse en ayant soin d'ajouter ce sel petit à petit pour éviter l'effervescence, et l'on agite avec une baguette de verre. Le gluten dissous par l'acide acétique se sépare et vient nager à la surface du liquide ; on le recueille sur une toile serrée ou sur un morceau de soie de bluterie et on lave à l'eau froide ; on obtient ainsi le gluten jouissant de toutes ses propriétés et tout à fait semblable à celui que l'on extrait en malaxant la farine dans l'eau.

L'extensibilité du gluten sera reconnue à l'aleuromètre Boland ou au farinomètre Kunis.

Fig. 7. Appréciateur Robine.

En plongeant l'aréomètre de MM. Robine et Parisot, auquel les auteurs ont donné le nom d'*appréciateur des farines* (voir dessin et description), dans le liquide décanté et maintenu à 15°, l'instrument indiquera le nombre de pains que le sac de farine devra fournir.

Ce procédé offre quelques chances d'erreur provenant de la présence de sels ou de matières solubles, telles que la dextrine qu'on aurait ajoutée dans la farine, ou de l'altération du gluten.

« Tous les moyens indiqués précédemment seraient en tous cas insuffisants, dit M. Dumas, pour déterminer la valeur ou la pureté d'une farine, essayée sans objet de comparaison, car dans les différentes espèces de blés ou variétés de blés, *blancs* ou *tendres*, *demi-durs* et *durs* ou *cornés*, le gluten varie de 0,08 à 0,20 et au-delà.

« Mais la nature du gluten peut, dans tous les cas, fournir d'utiles indications sur la qualité de la farine ; plus il est souple, élastique, tenace, extensible, homogène, exempt de mauvaise odeur et de coloration brune, plus il se soulève par la dessiccation rapide au four, et plus il est probable que la farine dont il provient est de bonne qualité.

« C'est qu'effectivement, plusieurs altérations des blés et des farines, notamment celles qui ont lieu par suite de la germination dans les gerbes, de la fermentation du grain humide ou de celle de la farine elle-même, changent les caractères du gluten. Sans que sa composition chimique soit changée à peine, il est devenu moins élastique, en partie soluble ; il se soulève alors bien moins par le dégagement de la vapeur ; sa couleur est ou paraît plus brune ; son odeur est souvent désagréable.

« Dans les farines avariées, le gluten a pu disparaître, et se trouve remplacé par des sels ammoniacaux. Dans un état d'altération moins avancé, le gluten est seulement dépourvu d'élasticité, sa mollesse est plus ou moins grande.

« Il importe donc beaucoup d'exécuter l'essai du gluten indiqué par M. Boland, et qui consiste à placer le gluten au fond d'un tube de cuivre qu'on porte au four. La longueur du cylindre de gluten boursouflé qui se développe, en détermine la qualité. A défaut d'un four, on peut faire cet essai au moyen d'un bain d'huile à 140°.

« Cet essai est de la plus grande utilité, car il démontre à la fois la proportion du gluten et sa valeur réelle comme aliment et comme agent de panification.

« Le moyen le plus direct pour apprécier la qualité des farines, consisterait à les soumettre à la panification régulière, et en quelque sorte mécanique, à laquelle on est parvenu aujourd'hui, et qui est assez constante pour faciliter la comparaison entre les résultats obtenus de différentes matières premières. On jugerait ainsi leur rendement et la qualité du pain produit ; mais on conçoit qu'il faudrait faire plusieurs fournées, tant pour diminuer l'influence des levains, que pour obtenir une moyenne suffisamment exacte.

« Peut-être parviendrait-on à des résultats aussi sûrs, plus prompts et avec de plus petites quantités, en prenant bien égales les doses d'eau et de farine, les pétrissant au même point et à la même température, dans un petit pétrisseur mécanique, déterminant le soulèvement de la pâte par d'égales quantités de bicarbonate de soude dissous dans l'eau, et décomposé, au moment de mettre au four, par une addition déterminée d'alun, rapidement mélangé dans la pâte ; enfin, soumettant celle-ci à la cuisson dans un petit four, à la température constante d'un bain d'huile.

« Voici, comme exemple, les résultats des essais de quelques farines :

Noms des blés	Poids de la farine employée	Équivalent sec	Gluten humide	Gluten sec
Taganrock .	100	87.36	45.00	22 67
Odessa . . .	100	86.90	33.33	15.00
Saissette . .	100	84.92	30.00	12.66
Richelle . .	100	87.15	27.35	11.17
Brie . . .	100	86.55	26.00	10.66
Touselle . .	100	87.01	22.06	8.03

« Toutes ces farines converties en pains dans les mêmes circonstances, ont présenté des rendements assez rapprochés. On en jugera par le produit de deux farines très différentes entre elles (la première et l'avant-dernière du tableau), sous le rapport des proportions de gluten. La farine de blé de Taganrock a donné 1,430 de pain, pesé deux heures après la cuisson, tandis que la farine de Brie a donné 1,415 ; mais, le premier pain, dans lequel le gluten avait augmenté bien peu le rendement, contenait à peu près, dans le même rapport, une plus grande quantité d'eau, ainsi qu'on le verra dans le tableau suivant, où l'on a, du reste, compris plusieurs résultats obtenus sur d'autres pains.

Désignation des pains	Poids des pains essayés	Temps écoulé depuis leur sortie du four	Equivalent en substance sèche	Proportion d'eau
	kil.	heures		
Pain de munition . .	1.5	2	48.50	61.50
id. . .	1.5	6	38.93	51.07
id. . .	1.5	10	48.89	51.11
id. . .	1.5	18	49.14	50.86
Moyenne . . .	1.5	9	48.86	51.14
Pain de ménage avec farine de blé de Taganrock	3	12	52.02	47.08
Pain de farine de blé de Brie	3	12	52.56	47.44
Moyenne . . .	3	12	52.27	47.71
Pain blanc ord^re de Paris	2	12	54.50	45.42
id. id. . .	2	6	55.10	44.90
id. id. . .	»	»	»	»
id. cuit au four aérotherme	1	2	54.05	45.69
id. id. . .	1	4.5	55.65	45.33
id. id. . .	1	10	55.97	43.03
id. id. . .	1	24	56.55	43.45
Moyenne . . .	1	9,6	55.00	45.00
Pâte du pain de munition	»	»	49.10	50.90
Pâte du pain aérotherme	»	»	54.64	42.40
Farine du pain de munition	»	»	84.10	15.90
Farine du pain au four aérotherme	»	»	83 45	16.55

« Ce tableau montre que la quantité d'eau ajoutée dans la farine par le pétrissage de la pâte à pain de munition, a dû être en moyenne de 105 0/0 (sauf une faible quantité évaporée avant l'enfournement), qu'en conséquence 100 de farine sèche représenteraient 205 de pâte. Cette grande quantité d'eau rend le travail de la pâte beaucoup plus facile, mais elle ralentit la cuisson, augmente l'épaisseur de la croûte, et laisse la mie plus hydratée, en quelque sorte pâteuse, puisqu'elle contient en moyenne 0,5114 d'eau.

« Dans les pains blancs ordinaires de Paris, et ceux des collèges, cuits au four aérotherme, la proportion d'eau ajoutée pour confectionner la pâte avait dû être 52,27 pour 100 parties employées, 181 de pâte obtenue.

« En comparant entre eux les nombres qui précèdent, on reconnaîtra que pour un poids égal de la mie de pain de munition, la substance réelle se trouve moindre que dans les pains au four aérotherme, et que la différence s'élève à 14 0/0.

« Le rendement de la farine blanche ordinaire varie assez habituellement à Paris entre les limites de 102 à 106 pains de 2 kilogrammes par sac de 159 kilogrammes. Il est porté en général à 104 pains. On peut déduire, de ces données, le tableau page suivante :

« Ainsi l'on voit que le rendement moyen de la farine correspondrait à 130 kilogrammes de pain pour 100 de farine employée ; or, en admettant que celle-ci contînt 0,17 d'eau, le produit équivaudrait à 150 de pain obtenu pour 100 de farine réelle ou privée d'eau.

Poids du sac de farine	Nombre de pains	Poids du pain	Augmentation, le poids de la farine ordinaire étant 1.	Rapport du poids de la farine sèche au poids du pain
kg.		kg.		
159	102	202	1 283	
159	104	208	1 300	:: 1 : 1 60
159	106	212	1.333	

« Il en résulterait encore que ce pain tout entier contenant 0,53 de substance sèche, et la mie, 0,44, le rapport du poids de la croûte à la mie serait 25 à 75 dans les pains longs de Paris qui ont été essayés. »

Voici un moyen que nous avons employé pour déceler la fécule de pomme de terre dans la farine de froment :

Nous avons trituré dans un mortier de verre 1 gramme environ de la farine frelatée, avec quelques gouttes d'acide sulfurique pur ; bientôt il s'est dégagé une odeur qui rappelle celle qu'exhale la fécule de pomme de terre placée sous l'influence de cet acide et qu'on peut rapporter à l'odeur de la pomme de terre cuite sous la cendre. Quelles que soient les quantités de fécule dans la farine de froment, il est impossible que le nez le moins exercé ne puisse parvenir à en reconnaître la présence. Par ce moyen nous avons reconnu la fécule de pomme de terre dans dix-huit cents échantillons de farines, qui nous ont été soumis par la plus grande partie des boulangers de Rouen. On peut encore reconnaître la présence de la fécule de pomme de terre à l'aide d'une légère torréfaction de la farine frelatée. Le mélange, après avoir subi cette modification, présente tout à fait la saveur de ce tubercule cuit sous la cendre, tandis que la farine pure, soumise à la même expérience, ne laisse dégager aucune odeur.

Les farines de riz, de maïs, de pois, de lentilles, ne donnent point d'odeur qui puisse être comparée à celle que fournit ce mélange placé sous l'influence de l'acide sulfurique.

SIMILAMÈTRE DE M. LEGRIP, POUR RECONNAITRE LES FALSIFICATIONS DES FARINES DE FROMENT

« De fréquentes falsifications de la farine de froment, entre autres celle par la fécule de pomme de terre, qu'à cause de son prix moins élevé on y introduit en plus ou moins grande quantité, ont été reconnues ou soupçonnées.

« Selon plusieurs observateurs qui se sont occupés de cette fraude, on n'a pu jusqu'alors assurer que telle farine fût falsifiée par la fécule, à moins qu'elle n'en contînt 0,20 de son poids ; encore n'a-t-on pu le prouver d'une manière suffisamment évidente, pour qu'un différend né d'une telle fraude ne fût toujours terminé à l'avantage du vendeur.

« C'est pour y obvier que nous avons construit un instrument auquel nous avons donné le nom de *similamètre*. On pourra, en s'en servant avec toute la précision qu'il réclame, reconnaître la falsification qu'aurait subie une farine pure de froment par 001 ou 002 de fécule de pomme de terre.

« *Description et construction de l'instrument.* — Cet instrument consiste en un tube de verre long de $1^{m},65$ et d'un diamètre de 18 à 20 millimètres; il est ouvert des deux bouts, mais disposé pour recevoir par chacun d'eux un bouchon ordinaire ; pour le bas, c'est également un bouchon de liège, mais percé dans sa longueur d'un large trou. Ce bouchon est enveloppé d'un linge fin faisant fonction de filtre, et dont les bords sont réunis et noués en dehors.

« Le tube est fixé sur une planche de 80 millimètres de large, et d'une longueur qui lui est proportionnée. Le bas de ce tube repose dans un flacon pouvant contenir environ 250 grammes d'eau, et également fixé sur la planche, de manière à pouvoir être enlevé au besoin et sans peine ; des fils de fer, cintrés et à crochets, facilitent cette condition.

« Sur la planche sont tracées trois échelles : une dont chaque degré indique l'élévation de 1 gramme d'eau dans le tube ; la seconde, chaque degré indique 1 millimètre de la capacité du tube. La graduation de ces deux échelles est établie entre la partie supérieure du bouchon-filtre ou d'en bas, et la partie de pure farine contenue dans un échantillon soumis à l'essai ; la troisième échelle, que nous ne donnons à consulter que pour des farines sophistiquées seulement avec la fécule de pomme de terre, s'établit naturellement entre les degrés de la seconde échelle, indiquant 61 et 72, de la capacité du tube, comme on va le voir.

« Tout, à l'exception de la troisième échelle, étant ainsi disposé, on a pris 3 parties de fécule de pomme de terre (du commerce, mais belle) et 4 parties d'alcool à 33°. A l'aide du mortier et du pilon, on en a formé une bouillie bien délayée, et on en a immédiatement et promptement empli le tube élevé de la planche, par l'ouverture du bas, et ne réservant que la place du bouchon (il est bon de n'avoir dans le mortier qu'une quantité de ce mélange nécessaire pour emplir le tube, et de réserver un cinquième de l'alcool pour laver le mortier, afin qu'il ne reste point de fécule) ; le tube plein a été bouché du bouchon-filtre, et ce bout renversé dans le vase disposé à cet effet, comme nous avons dit, au bas de la planche, et retenu par les crochets, puis on l'a débouché du haut ; alors l'appareil a été abandonné à lui-même, suspendu au plancher par une spirale en fil de fer, jusqu'à ce que le dépôt soit établi d'une manière fixe. Pendant ce temps une partie de l'alcool, environ la moitié du poids employé, s'est écoulée et s'est rendue dans le flacon destiné à cette fin. C'est alors qu'un trait a été tiré pour marquer le plus grand abaissement de la fécule seule ; c'est la partie la plus basse de notre échelle ou o farine.

« Cette remarque faite sur la fécule, le tube et le vase ont été enlevés de dessus la planche pour être vidés et lavés ; on est parvenu à vider facilement le tube à l'aide d'une longue verge en fil de fer, tournée d'un bout en spirale : on l'a lavé ensuite avec l'alcool reçu par le flacon, puis on a procédé au traitement de la farine pure que nous avons obtenue de froment de première qualité. Lorsqu'après avoir agi pour celle-ci comme pour la fécule, on a reconnu que le dépôt cessait de s'abaisser, ce qui demanda environ vingt-deux heures, on a de nouveau tracé une ligne, mais indiquant le plus grand abaissement de la farine pure, et qui est devenue le haut de notre troisième échelle ou 100 farine.

« Ces deux points de l'échelle trouvés, celui du bas, comme nous l'avons dit plus haut, répond à 61 de l'échelle de capacité, et celui du haut à 72 de la même échelle. Elle a été ensuite divisée en cent parties, dont la cinquantième, ou milieu de l'échelle, devait nécessairement répondre à 66 1/2 de celle de capacité, et indiquer, selon notre prévision, le plus grand abaissement d'un mélange exact, à parties égales en poids, de farine pure et de fécule de pomme de terre. C'est ce que l'expérience nous a confirmé, non seulement pour ce point de l'échelle, mais pour tous les autres, de dix en dix degrés, savoir : pour farine, 90 ; fécule, 10 ; farine, 80 ; fécule, 20 ; et ainsi des autres.

« En agissant avec tout le soin et toute la précision possibles, il est permis de croire, d'après ces données obtenues, qu'on pourra répondre à la question de savoir combien existerait de fécule de pomme de terre dans telle ou telle farine ; mais nous dirons, par exemple, que la réponse ne pourra être considérée comme vraie et pouvoir faire autorité, qu'autant que la recherche aura été faite par un observateur scrupuleux, et accoutumé d'ailleurs aux plus délicates recherches.

« *Remarques essentielles.* — Comme un tube de verre, surtout de la dimension indiquée, ne peut se trouver être de même calibre ou de même diamètre dans toute sa longueur, il faut, pour établir l'échelle centigrade, dite *de capacité*, en établir une, comme il a été dit, indiquant chaque gramme d'eau introduit successivement dans le tube jusqu'à en être rempli. Ainsi, en supposant chaque gramme d'eau indiqué par un trait, si on en introduit dans le tube 400 grammes, ils seront représentés par 400 traits ; celui du bas servira à établir o de l'échelle centigrade. Celui du haut répondra à 100 si on divise ainsi le tube, et il est évident que celui marquant 200 grammes d'eau indiquera 50 de capacité : mais, comme le tube sera plus large du bas que du haut, on trouvera que 50 de capacité sera loin d'être à la moitié de la longueur du tube, ce qui prouve la nécessité d'y introduire l'eau gramme à gramme, pour compter sur l'exactitude de la deuxième échelle.

« L'échelle de capacité est d'autant plus importante que, quelle que soit d'ailleurs la dimension d'un tube, on pourra toujours, du 61 au

72 1/2 de sa capacité, établir notre troisième échelle, vraie échelle similamètre, en tant qu'on emploiera l'alcool et la farine dans les proportions respectives qui ont été indiquées. Il sera toujours bon que chaque degré, ou centième de l'échelle de capacité, soit lui-même divisé en dix petites divisions qui représentent chacune un millième.

« La spirale en fil de fer, qui sert à suspendre notre instrument, n'est point sans utilité, elle sert à éviter toute cause accidentelle de tassement du dépôt qui pourrait avoir lieu puls dans un temps que dans un autre, et induirait en erreur par un plus grand abaissement de la masse, effet que nous avons remarqué par le seul tremblement imprimé aux habitations par le passage sur le pavé d'une lourde voiture.

« Pour avoir un échantillon fidèle, on devra se le procurer de toutes les parties de la masse soupçonnée, c'est-à-dire, comme le dessus, le fond et le milieu ; on réunira et mêlera parfaitement ces divers échantillons pour n'en former qu'une masse, de qualité moyenne, et c'est de cette masse qu'on prendra la quantité nécessaire pour l'essai.

« Lorsqu'on se sera servi d'alcool à 33 degrés, comme nous l'avons recommandé pour établir notre instrument, on devra s'en servir à cette même densité dans toutes les recherches qu'on fera par suite avec le même instrument (*fig.* 8) ; on devra aussi opérer dans un lieu où la température puisse être toujours à peu près la même.

« L'alcool est l'excipient qui nous a paru le plus convenable ; l'éther, plus coûteux et d'ailleurs trop volatil pour ne pas incommoder très grièvement certains opérateurs, ne nous a point produit des données aussi exactes. Les résultats obtenus avec l'eau n'ont point été satisfaisants.

« Nous dirons, en parlant de l'eau, que, chargée de matière colorante, l'indigo, par exemple, il se pourrait qu'elle pût servir à la construction d'un similamètre fondé sur le pouvoir décolorant de la farine pure, effet entièrement nul par la fécule de pomme de terre et qui se trouve modifié

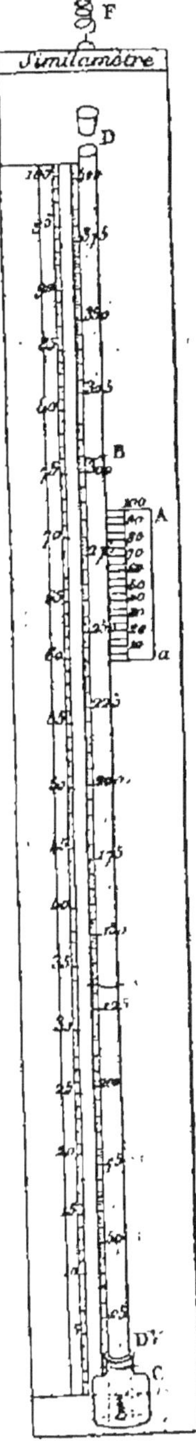

Fig. 8.
Similamètre Legrip.

Légende de la fig. 8.

A, le plus grand abaissement de la farine pure de froment, ou farine 100.

a, le plus grand abaissement de la fécule de pomme de terre seule, ou farine o.

B, abaissement de l'alcool considéré au moment où, opérant sur de la farine pure, le dépôt de celle-ci cesse de descendre davantage qu'en A.

C, élévation de l'alcool dans le vase récipient, après être sorti du tube en traversant le bouchon-filtre.

D, bouchon de la partie supérieure.

D', autre bouchon percé d'un large trou et enveloppé d'un linge fin qui le rend propre aux fonctions de filtre.

E, tige en fil de fer servant à débourrer le tube du dépôt durci par son affaissement.

F, spirale servant à suspendre le similamètre.

dans la farine, juste en raison des proportions de fécule qu'on y ajoute. La différence, à cet égard, est telle entre ces deux substances, qu'une eau contenant en dissolution 0,0005 d'indigo, traitée par le quart de son poids de pure farine, a perdu les 0,9 de l'intensité de sa couleur. A une égale quantité de la même liqueur qui, traitée par la fécule, n'avait nullement été altérée, il a fallu neuf fois son volume d'eau pour être réduite au même degré de coloration que celle traitée par la farine.

FALSIFICATION DE LA FARINE DE FROMENT PAR LA FARINE DE HARICOTS, POIS ET LENTILLES, ET MOYENS DE LA RECONNAITRE

Cette adultération, mise en pratique depuis un certain temps, avait pris une telle extension en 1839, où le prix du blé était très élevé, que presque toutes les farines qui se trouvaient sur la place de Paris étaient fraudées, et aujourd'hui une grande quantité le sont encore.

On ne peut, au moyen des propriétés physiques, reconnaître cette falsification, car une farine bien travaillée, des mélanges bien faits, mettent l'œil en défaut.

La farine de haricots, celle bien préparée, est d'un blanc jaunâtre, douce au toucher ; elle se pelotonne, colle moins dans la bouche que celle de froment, et a une saveur âcre, particulière, qui rappelle celle de haricots crus. Elle ne renferme pas de gluten.

Les moyens de reconnaître la falsification des farines de froment par celle de haricots sont assez nombreux ; mais nous nous contenterons d'indiquer quelques-uns d'entre eux.

Suivant M. Rodriguez, on distille dans une cornue de grès de la farine de haricots, et on recueille le produit de la distillation dans un vase contenant de l'eau. Si on examine le produit de la distillation, on remarque qu'il a une réaction alcaline, tandis qu'avec une farine pure il serait parfaitement neutre.

Cette alcalinité se fait remarquer aussi si l'on opère sur des farines mélangées de farines de haricots, pois et lentilles.

L'autre moyen est d'une exécution plus facile, et consiste à prendre :

Farine	16 grammes
Grès en poudre	16 —
Eau	1/6 de litre

On triture, dans un mortier de biscuit ou de porcelaine, la farine avec le grès pendant cinq minutes ; au bout de ce temps, on ajoute l'eau par petites portions, de manière à former d'abord une pâte bien homogène, que l'on délaie ensuite dans le reste de l'eau ; on jette sur un filtre. Lorsque l'eau est filtrée, on prend 1/32 de la liqueur qui a passé, et on la met dans un verre à expériences ; puis on y ajoute 1/32 d'eau iodée ou solution aqueuse d'iode, qu'on a préparée avec 8 grammes d'iode et 500 grammes ou un demi litre d'eau, agitant pendant dix minutes et laissant reposer.

Si on agit comparativement sur de la farine mêlée de haricots (10 0/0) on voit : 1° que l'eau provenant de la farine pure est colorée en rose tirant sur le rouge; 2° que, si l'on agit sur de la farine mélangée de haricots, la liqueur fournit un liquide qui prend la couleur de *chair* (rose), laquelle est plus ou moins prononcée, et qui disparaît d'autant plus vite qu'il y a plus ou moins de farine de haricots dans le mélange. Avec la farine de haricots pure, on obtient un liquide qui, par l'iode, prend une coloration ardoise.

Voici un procédé encore plus simple :

On prend 8 grammes de farine suspecte, on délaie dans un verre à pied, avec 1/32 de litre d'eau ordinaire, de manière à former une pâte homogène, sans grumeaux. On verse ensuite 1/32 de litre d'eau iodée. Si on agit sur de la farine pure, la liqueur se colore en rose tirant sur le rouge, tandis que, si on opère sur de la farine additionnée de farine de haricots, elle se colore en couleur de chair, qui persiste moins longtemps que celle de la farine et disparaît d'autant plus vite que la farine de haricots y est mélangée en plus grande quantité.

Lorsque les farines de froment ont été mélangées de farines de haricots, de pois, de lentilles, etc., on pourrait, pour reconnaître la fraude, les traiter peut-être par le moyen que nous avons indiqué et y constater la présence de la légumine, substance caractéristique dans la farine de ces plantes de la famille des légumineuses.

M. Fresenius a indiqué une différence notable fournie par la farine de froment et celle des légumineuses. D'après lui, on reconnaît que la farine de froment est additionnée de farine de légumineuses aux caractères suivants : La cendre du mélange est déliquescente ; elle a une réaction alcaline au papier de curcuma ; sa solution, à laquelle on ajoute du nitrate d'argent, produit un précipité qui devient bleu après quelques jours d'exposition à la lumière, tandis que la cendre de la farine de froment pure paraît granuleuse et qu'agitée avec l'eau, elle bleuit bien le papier de tournesol rougi, mais est sans action sur le papier de curcuma et fournit avec le nitrate d'argent un précipité blanc qui ne change pas de couleur.

Le précipité produit dans la cendre de farine de seigle est quelquefois tout au plus grisâtre, coloration due à quelques chlorures qui se rencontrent parfois dans cette farine.

La proportion des cendres est aussi un indice, suivant M. Louyet, de la falsification en question. La farine de froment desséchée renferme toujours un peu moins de 1 o/o de cendres, celle de seigle environ 1 o/o, et celle de haricots et de pois 3 o/o, de façon qu'une farine de froment additionnée de farines de légumineuses augmente d'une manière sensible la proportion de cendres de la première.

FRAUDE PAR ADDITION DES FARINES DE SEIGLE ET DE MAÏS

D'après la connaissance des constituants de la farine de blé, il est aisé de reconnaître leur falsification au moyen des farines étrangères, par la quantité d'amidon et de gluten que l'on en extraira.

FARINE DE SEIGLE

Cette farine contient peu de gluten ; elle est d'un blanc grisâtre ; le son s'en sépare difficilement en entier ; elle est douce au toucher et extensible ; mise dans la bouche, elle y colle comme la pâte ; elle a une odeur et une saveur *sui generis* ; sa couleur grisâtre paraît due au son qu'elle contient ; celui-ci est en lames fines grisâtres et n'est pas dur comme celui du blé. La farine du seigle se panifie moins bien que celle du blé, à cause de la trop petite quantité de gluten qu'elle contient ; son prix inférieur l'expose moins à la fraude que celle du blé.

Les grains d'amidon de seigle humectés d'eau se comportent comme les grains de l'amidon des légumineuses ; lorsqu'on les examine au microscope, on aperçoit à leur surface des fentes oblongues ou cruciformes, et, indépendamment de ce caractère, la farine de seigle peut se reconnaître à sa couleur moins blanche, son odeur et sa saveur spéciales et son manque de plasticité.

Un chimiste, M. Bamihl, a indiqué le procédé

suivant pour s'assurer si la farine de froment est mélangée à la farine de seigle. On prend du son de froment sec qu'on laisse macérer pendant plusieurs jours dans l'eau pure jusqu'à ce qu'il aigrisse ; on le lave à plusieurs reprises à l'eau pure et on le fait bien chauffer. On fait ensuite une pâte avec 15 grammes de la farine suspecte, 2 cuillerées à thé de ce son et l'eau nécessaire, et on dose cette pâte sur une gaze fine à laquelle on donne la forme d'une poche ou bourse, et on enveloppe celle-ci avec une autre gaze qu'on applique lâchement sur la première, on serre avec force l'orifice des deux poches avec la main gauche, et avec celle de droite on pétrit sous un filet d'eau jusqu'à ce que le liquide qui s'écoule cesse d'être laiteux. On enlève la poche extérieure et on ouvre celle intérieure.

Si la farine se composait de froment pur ou au moins 50 o/o de farine de seigle, elle doit pouvoir se réduire dans la main en une masse plastique, et il y a du gluten adhérent tant sur la face extérieure de la poche interne que sur celle interne de la poche extérieure, et la quantité de ce gluten qui a filtré est d'autant plus forte que la proportion de la farine de seigle est plus grande. Quand il y a excès de cette dernière, il ne reste presque pas de gluten avec le son dans la poche interne, de façon qu'en comparant le gluten resté avec le son et celui qui a traversé la gaze, on peut, avec un peu de pratique, doser approximativement la proportion des deux farines dans un mélange de celles de froment et de seigle.

On doit à M. Cailletet un procédé facile pour découvrir la farine de seigle dans celle de froment. Pour cela, on agite la farine soupçonnée avec le double de son volume d'éther, on sépare cet éther par filtration et on l'évapore dans une capsule de porcelaine. Au résidu solide, on ajoute pour chaque 20 grammes de farine qui a été prise pour l'expérience, 1 centimètre cube d'un mélange formé de 3 volumes d'acide nitrique d'une densité de 1,35, de 3 volumes d'eau et de 6 volumes d'acide sulfurique du poids spécifique de 1,84. Sous l'influence de ce réactif, l'huile grasse du froment se colore sensiblement en jaune, tandis que celle du seigle se colore en rouge cerise, et un mélange des deux farines en jaune-rouge.

FARINE DE MAÏS

Voici un procédé proposé par M. Mauriel-Lagrange pour reconnaître le mélange de la farine de maïs dans la farine de froment :

1° Après avoir fait moudre des blés durs d'Espagne et des blés tendres du pays, on retire la fine fleur à l'aide d'un tamis ; alors on opère de la sorte : On prend 2 grammes de chacune de ces farines, on les met dans deux verres à éprouvettes, puis on les traite par 4 grammes d'acide azotique, en ayant soin d'agiter à l'aide d'un tube de verre. On ajoute 60 grammes d'eau distillée en agitant doucement, puis 2 grammes de sous-carbonate de potasse pur dissous dans 8 grammes d'eau distillée. Après le dégagement du gaz acide carbonique terminé, on obtient des flocons jaunâtres avec les deux espèces de froment pur.

2° Alors, en faisant un mélange de deux froments purs avec 10, 15, 20 et 30 o/o de maïs, on traite ces mélanges par le procédé qui vient d'être indiqué. Sitôt le dégagement du gaz carbonique fini, on voit se déposer autour de ces flocons jaunâtres une grande quantité de points jaune orangé, qu'on reconnaît pour des issues de maïs.

Après avoir bien établi les termes de comparaison à 10, 15, 20 et 30 o/o de maïs, on opère sur les farines suspectes, et on établit facilement les proportions de maïs avec lesquelles on les a allongées.

En essayant ce procédé pour les fèveroles mélangées au froment, on n'obtient rien qui ressemble au mélange de farine de froment et de maïs ; on peut même s'assurer que, à l'aide de ce procédé, aussi simple que facile à exécuter, l'on peut découvrir de 4 à 5 o/o de maïs mélangé à la farine de froment.

Si le maïs était mélangé à la grosse farine de froment, il suffirait de tamiser cette farine à l'aide d'un tamis de soie ; la farine de maïs passe avec la fine fleur de froment. On traite par le procédé indiqué précédemment.

SOPHISTICATION DE LA FARINE DE FROMENT PAR CELLES DE SEIGLE, D'ORGE, D'AVOINE ET DE MILLET

On éprouve de très grandes difficultés pour reconnaître la présence des farines des autres céréales dans celle du froment. Les caractères physiques, les épreuves par la panification et la séparation du gluten paraissent être les moyens les plus sûrs pour constater ces fraudes.

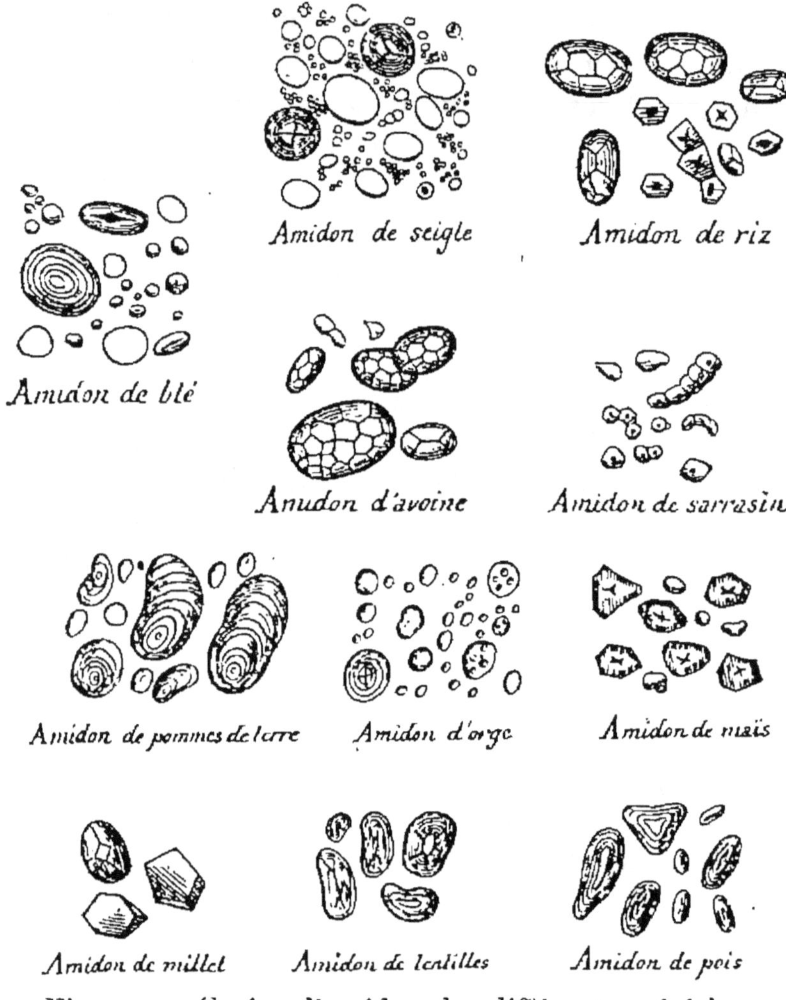

Fig. 9. — Grains d'amidon des différentes céréales.

Ainsi, le seigle rend le gluten visqueux et noirâtre, l'orge le désagrège et lui donne une teinte noirâtre. Cependant, quand on réussit à rencontrer dans le champ du microscope un de ces légers duvets adhérents à chaque grain de seigle et qui passent dans la farine, on peut être certain de la présence de cette céréale. En effet, les duvets de seigle sont très nettement caractérisés, et quand on les a vus une fois, on les reconnaît facilement. Mais quand même on ne les observerait pas dans le champ du microscope (*fig.* 9), on n'est pas en droit de conclure que la farine essayée est pure.

On constate assez aisément la présence de l'avoine par le goût du pain. On la reconnaît aussi au microscope aux barbes très longues qui proviennent des grains et restent dans la farine. Leur aspect diffère de celui des barbes du seigle. L'axe et les deux bords sont marqués par des lignes noires séparées par deux lignes brillantes.

Pour constater la présence de la farine de millet, il faut en rechercher des traces dans les parties les plus légères de l'amidon qui se dépose quand on prépare du gluten. Les globules du millet sont petits, ronds, plus transparents que ceux de l'avoine et présentent un point noir au centre. A la lumière polarisée, on observe un point très brillant dans ce centre.

MOYENS DE RECONNAITRE LA FALSIFICATION DES FARINES

PROCÉDÉ MARTENS

La question si difficile à résoudre de l'examen analytique des farines sophistiquées, qui a déjà donné lieu à de si vifs débats et à des recherches d'une très grande importance, a été encore reprise par M. Martens, qui l'avait déjà traitée avec quelque succès dans une précédente occasion. M. Martens ayant été requis par la justice de faire l'examen de farines falsifiées par des légumineuses (haricots, vesces, lentilles) et autres substances, a pu, en répétant ses travaux antérieurs et ceux des autres chimistes, arriver à quelques résultats remarquables qui doivent intéresser les producteurs. Voici d'abord la marche qui lui a paru avantageuse quand on veut faire l'examen chimico-légal d'une farine :

1° Rechercher les caractères physiques de la farine et ceux qu'elle présente lorsqu'on l'examine à la loupe et même au microscope avec un faible grossissement.

2° Rechercher si la farine a subi quelque avarie, si elle renferme des traces de moisissures ou des sporules de champignons ; si on y trouve des sels ammoniacaux, indice de son altération.

3° Constater l'état d'humidité de la farine en dosant l'eau hygrométrique qu'elle renferme ou celle qui peut en être chassée, en la tenant pendant 2 heures exposée à la température de 100 degrés centigrades.

4° Déterminer l'hygroscopicité de la farine en la desséchant pendant 12 heures dans une étuve sèche chauffée à 30 degrés centigrades, et abandonnant ensuite un poids donné de cette farine sèche pendant cinq jours dans un lieu froid et humide ; la quantité d'eau qu'elle aura absorbée dans ce cas est généralement en raison du gluten qui s'y trouve et de la qualité de ce dernier ; car les bonnes farines de blé, celles qui sont le mieux blutées, sont les plus hygroscopiques.

5° Tamiser la farine à 30° par un tamis de soie des plus fins et déterminer les proportions relatives de fine fleur et de son, ou autres matières restées sur le tamis.

6° Constater le poids des cendres ou des matières minérales fournies par 5 grammes de farine desséchée à 100° en l'incinérant à une chaleur rouge sombre dans une petite capsule de platine tarée, ce qui se fait en chauffant celle-ci avec une mince lampe à alcool à simple courant d'air et remuant souvent la matière avec un gros fil de platine vers la fin de l'opération.

L'incinération, qui est lente à se faire, doit être poussée jusqu'à ce que les cendres aient acquis une couleur d'un blanc sale ou légèrement grisâtre. Si on voulait incinérer au blanc parfait, il faudrait employer une chaleur plus forte qui pourrait altérer la nature des cendres. On prend le poids de ces cendres pour juger s'il y a ou non excès de matières organiques dans la farine. On constate aussi si ces cendres attirent ou non l'humidité de l'air ; si elles sont neutres ou alcalines au papier de curcuma, ce dernier caractère devant faire soupçonner la présence des haricots.

7° On procède ensuite à l'examen chimique de ces cendres en déterminant leur nature. S'il s'y trouve du carbonate calcaire en quantité notable, cela indique une addition de matières minérales, puisque les farines de céréales, et même celles des haricots ne contiennent pas de carbonate calcaire.

8° On fait l'analyse de la farine en opérant sur 25 à 30 grammes de farine desséchée seulement à 30°, qu'on met en pâte avec la moitié environ de son poids d'eau. Après avoir abandonné cette pâte à elle-même pendant 20 à 30 minutes, on examine son élasticité, sa consistance, et on la malaxe ensuite entre ses doigts sous un filet d'eau au-dessus d'un tamis de soie placé sur une capsule propre à recevoir les matières qui passent à travers le tamis. Le gluten resté entre les doigts est réuni au besoin à celui qui échappe et qui est resté sur le tamis. On l'examine dans ses qualités physiques, puis on le pèse, après l'avoir exprimé légèrement et essuyé entre des feuilles de papier brouillard ; on a ainsi le poids du gluten frais hydraté, et si on l'étend en lames minces et qu'on l'expose à un air assez sec, il se dessèche en moins de trois jours, et on peut le peser dans ce nouvel état, en considérant que le gluten frais pèse environ le double du même gluten desséché.

9° On recueille l'amidon et l'eau de lavage provenant de l'analyse mécanique, et on y recherche la présence des substances étrangères au blé. S'il y a des matières minérales insolubles, on les sépare autant que possible de l'amidon en mettant celui-ci en suspension dans l'eau et décantant le liquide trouble dès que les matières minérales se sont en grande partie déposées. On peut aussi isoler ces matières de l'amidon en saccharifiant ce dernier avec de l'eau acidulée par l'acide chlorhydrique qu'on fait bouillir à la vapeur jusqu'à ce que le liquide ne bleuisse plus par l'iode.

On sépare en outre l'amidon au moyen de l'eau, en divers dépôts pour recueillir séparément les globules de fécule les plus gros d'après les indications de MM. Boland et Lecanu.

10° On examine au microscope avec un grossissement de 200 à 300 fois, les particules d'amidon les plus pesantes recueillies dans l'analyse mécanique susdite afin d'y découvrir s'il y a lieu les globules de fécule de pomme de terre et ceux des légumineuses.

11° On procède directement et successivement à la recherche spéciale des légumineuses, des haricots ou vesces, de la fécule de pommes de terre, de la farine de seigle, de celle de sarrasin, etc., par des procédés connus et ceux dont nous rappellerons sommairement ici quelques-uns.

FALSIFICATION PAR LES LÉGUMINEUSES

Pour rechercher la légumine qui caractérise la présence des légumineuses, on fait macérer pendant deux heures à la température de 10° centigrades 4 grammes de farine, et dans l'eau de cette macération aqueuse on verse de l'acide acétique qui donne lieu à un précipité. Pour s'assurer que ce précipité est bien de la légumine, on cherche d'abord à voir s'il ressemble à celui qu'on obtient dans des circonstances identiques avec de la farine de froment additionnée de haricots, s'il disparaît comme lui par l'ammoniaque et reparaît par l'acide acétique. Ensuite après l'avoir pesé à l'état de siccité sur un filtre, on suspend ce dernier pendant quelques minutes dans de l'eau faiblement ammoniacale qui dissout le précipité. Cette solution, étant soumise pendant quelque temps à l'action d'une chaleur de 90° à 100°, perd son ammoniaque et offre ensuite tous les caractères d'une solution aqueuse de légumine, c'est-à-dire que si on vient à y verser de l'eau de chaux pendant qu'elle est encore chaude, le liquide se trouble abondamment et fournit ensuite par l'ébullition un coagulum assez abondant même à l'abri du contact de l'air. On constate encore dans ce liquide les autres caractères de la légumine ; ainsi il fournit, avec le sous-acétate de plomb, un dépôt floconneux qui se redissout par un excès d'acide acétique, tout en laissant le liquide lactescent par l'action de l'acide sur la légumine.

FALSIFICATION PAR LA FÉCULE DE POMMES DE TERRE

Après avoir fait l'analyse mécanique et la recherche, à l'aide du microscope, de l'amidon qui se forme lorsqu'on a suspendu dans l'eau la partie amylacée séparée de gluten, il faut triturer fortement dans un mortier de la farine suspecte en cherchant à écraser les granules. On délaie ensuite cette farine écrasée avec de l'eau, et au bout de 2 à 3 minutes on jette le tout sur un filtre. Le liquide filtré prend avec l'eau d'iode une coloration bleue persistante si la farine est adultérée avec de la fécule de pommes de terre. Cette trituration doit nécessairement se faire sur la farine intacte et non sur l'amidon qu'on a pu en tirer, car l'amidon du blé, débarrassé du gluten, se laisse aussi écraser par le pilon au point de céder à l'eau une partie amylacée colorable en bleu par l'iode.

RECHERCHE DE LA FARINE DE SEIGLE

La farine de seigle se distingue principalement de celle de froment parce qu'elle ne fournit pas de gluten cohérent à l'analyse mécanique, mais ce caractère ne suffit pas. On a signalé comme moyen d'analyse l'emploi du sous-acétate de plomb qui ne précipite pas la solution de froment, mais bien celle de la farine de seigle, à cause du mucilage renfermé dans ce dernier ; toutefois ce sous-acétate précipite aussi les farines de lin et de haricots, et il convient de signaler les différences. Si l'on fait macérer de la farine de seigle avec quatre fois son poids d'eau à la température de 8° à 10° centigrades, au bout de ce temps le mélange est beaucoup plus visqueux que celui que donnent dans les mêmes circonstances la farine de froment et celle de haricots. Si on étend de son volume d'eau et qu'on filtre, le liquide clair auquel on ajoute quelques gouttes d'acide acétique reste tel ; mais le sous-acétate de plomb ajouté en petite quantité à ce *maceratum* le rend très visqueux et comme gélatineux, ou lui fait prendre l'aspect d'un mucilage épais et peu coulant de gomme, en conservant toutefois sa transparence, quoiqu'un peu opalin ; mais il ne renferme aucun précipité solide opaque comme celui que donne la matière gommeuse de la farine de lin.

PROCÉDÉ DONNY

1° Falsification de la farine de froment par la fécule de pommes de terre.

M. Donny a eu l'heureuse idée d'appliquer à cette recherche l'observation faite par M. Payen, que les grains amylacés se gonflent et se distendent considérablement par l'eau de potasse ou de soude. Quand on étend la farine suspecte en couches très minces sur le porte-objet d'une loupe montée, et qu'on l'arrose avec une dissolution de potasse de 1 et demi à 2 0/0, les grains de farine de céréales n'éprouvent que peu ou point de changement, tandis que les globules de fécule s'étendent en grandes plaques minces et transparentes, et avec un peu d'habitude, il est impossible de se méprendre et de ne pas reconnaître immédiatement la fraude. Pour rendre la distinction plus apparente encore, on peut colorer le mélange par quelques gouttes d'eau iodée, après l'avoir séché avec précaution.

Le même procédé est applicable à la recherche de la fécule dans le pain. A cet effet, on verse sur le porte-objet d'une loupe montée deux à trois gouttes de solution de potasse, dans lesquelles on écrase un très petit fragment de mie de pain, et on ajoute un peu d'eau iodée ; en examinant le liquide à la loupe, on aperçoit, quand le pain est falsifié, des grains de fécule fortement distendus et colorés en bleu.

2° Sophistication des farines de céréales par les farines de riz, de maïs et de sarrasin.

On malaxe la farine suspecte sur un filet d'eau, en recevant le liquide sur un tamis serré. L'eau qui traverse le tamis laisse déposer l'amidon ; on le recueille, on le lave et on l'examine à la loupe. Dans le cas de sophistication, on découvre aisément les fragments anguleux, à demi translucides, que contiennent toujours les farines de riz et de maïs et qui résultent de la juxtaposition et de la configuration polyédrique des grains de fécule dans le périsperme corné de ces fruits. Quand on a soin de ne recueillir chaque fois que les portions d'amidon qui se déposent les premières, on peut découvrir la fraude, quelque petite que soit la quantité de farine étrangère ajoutée.

3° Falsification de la farine par la farine de graine de lin.

Procédé Martens. — En faisant macérer à froid, ainsi qu'on l'a exposé précédemment, pendant quelques heures, la farine falsifiée dans de l'eau, en décantant ensuite la liqueur et en y versant quelques gouttes d'une solution concentrée d'acétate de plomb basique, il se produit un précipité très abondant de gomme ou de mucilage. Ce procédé a été indiqué par M. Martens, mais avec réserve.

Procédé Donny. — En délayant avec de l'eau de potasse à 14 o/o sur le porte-objet d'une forte loupe ou d'un microscope, quelque peu de farine de tourteaux de graine de lin, l'auteur a découvert un grand nombre de petits corps très caractéristiques plus petits que les globules de fécule, d'un aspect vitreux, le plus souvent colorés en rouge, et formant ordinairement des carrés ou des rectangles très réguliers. Ces petits fragments proviennent encore de l'enveloppe de la graine et l'auteur a reconnu qu'on peut les retrouver dans de la farine, et même dans du pain de seigle contenant à peine 1 o/o de lin. Pour les découvrir, on écrase un très petit fragment de mie de pain, ou on délaye un peu de farine blutée dans quelques gouttes d'une dissolution de potasse sur le porte-objet de la loupe montée. M. Donny croit que le procédé ne peut laisser rien à désirer, tant par sa promptitude que par les caractères bien tranchés qu'il fournit.

Autre procédé. — Il consiste à laisser tremper pendant deux à trois heures une cinquantaine de grammes de farine sophistiquée dans de l'éther, à décanter ou à filtrer la liqueur et à évaporer à siccité. On traite le résidu de l'évaporation par une solution de nitrate mercureux contenant encore de l'acide nitreux en dissolution, et telle qu'on l'obtient en dissolvant à froid le mercure dans un excès d'acide nitrique. Par l'action de l'acide nitrosonitrique, l'huile de seigle se prend en une masse solide, d'un beau rouge; on lave avec de l'eau pour enlever le nitrate mercureux et on traite le résidu par une petite quantité d'alcool à 36° bouillant. On décante l'alcool à chaud, on obtient de l'huile de lin provenant de la farine de lin ajoutée.

4° Sophistication par la farine de sarrasin.

Elle peut se découvrir au moyen de la loupe; on agit comme pour les farines de riz et de maïs. On peut cependant facilement les distinguer de ces dernières.

5° Sophistication des farines de céréales par les farines des plantes (légumineuses, pois, haricots, fèves, lentilles).

On blute la farine suspecte et on étend une très petite quantité sur le porte-objet d'une loupe montée, et l'on y ajoute quelques gouttes d'une dissolution de potasse caustique contenant 10 à 12 0/0 d'alcali. Quand la farine à examiner contient une farine de fruits légumineux, la loupe fait bientôt reconnaître distinctement les débris de l'espèce de cellulose qui est propre à cette famille de végétaux. Ce moyen n'est pas applicable au pain fait avec une semblable farine frelatée.

Ce procédé est général pour toutes les farines légumineuses; mais M. Donny en décrit un autre pour le cas où la farine de légumineuses qui a servi à la sophistication est celle de haricots ou de vesces. Ce dernier procédé a l'avantage de permettre de découvrir la présence de ces substances même dans le pain.

Les farines de haricots et de vesces prennent une belle couleur rouge sous l'influence d'un dégagement successif d'acide nitrique et d'ammoniaque, et jusqu'ici aucune autre n'a présenté ce caractère : elles restent toutes incolores ou jaunissent légèrement. Ainsi, dans un mélange où ces farines se trouvent, on obtient par ce moyen des taches rouges, toujours visibles à la loupe, et dont le nombre varie en raison directe de la fraude. Pour bien réussir on enduit le bord intérieur d'une capsule de porcelaine d'une couche de fleur de farine, on verse de l'acide nitrique au fond de la capsule et on la vaporise de manière à exposer la farine à l'action de la vapeur. Quand une partie de la farine est devenue jaune, on remplace l'acide au fond de la capsule par l'ammoniaque, et on abandonne à l'air.

Pour reconnaître les haricots ou les vesces dans le pain, on doit autant que possible isoler le principe colorant propre à ces légumineuses ; à cet effet, on traite le pain par l'eau froide, on jette ensuite la bouillie sur un tamis, et, par le repos, la liqueur passée se sépare en deux couches ; la couche supérieure, décantée et évaporée convenablement, doit être épuisée par l'alcool. La dissolution alcoolique évaporée à son tour, laisse sur les bords de la capsule une couche d'une substance extractive qui doit être traitée successivement par la vapeur d'acide nitrique et d'ammoniaque. Si le pain est frelaté, la matière extractive prend parfaitement une très grande coloration rouge : dans le cas de pureté, cette coloration ne se manifeste jamais.

PROCÉDÉ LECANU

M. Lecanu a porté exclusivement son attention sur les deux substances qui sont le plus fréquemment mélangées à la farine de froment. Ce sont la fécule de pommes de terre d'une part, et de l'autre les farines légumineuses, telles que celles de haricots, de pois, etc.

Il a examiné successivement les divers moyens qui ont été indiqués pour reconnaître la fécule de pommes de terre dans la farine de blé ; la plupart de ces moyens, très convenables pour distinguer la fécule lorsqu'elle est isolée, deviennent incertains et insuffisants lorsqu'une petite quantité de fécule se trouve mêlée et pour ainsi dire noyée dans une quantité considérable de farine. Comment, par exemple, saisir un centième de fécule de pommes de terre ajouté à la farine? M. Lecanu y parvient d'une manière aussi heureuse que facile, en s'appuyant sur ce fait connu, que les grains de fécule de pommes de terre, ayant un volume beaucoup plus considérable que ceux de l'amidon de blé, se précipitent plus promptement au fond de l'eau que l'amidon du blé.

Il opère de la manière suivante :

Une farine étant donnée, il en sépare le gluten en malaxant la pâte dans un filet d'eau à la manière ordinaire. Le liquide trouble qui contient l'amidon est agité et jeté sur un tamis de soie pour retenir les petites portions de gluten qui auraient pu être entraînées par l'eau. Le liquide qui a passé au travers du tamis est agité et décanté avant que toute la matière solide ne soit déposée.

Le dépôt qui reste après cette première décantation est délayé dans une nouvelle quantité d'eau que l'on agite et que l'on décante comme la première fois, avant la précipitation complète de la matière solide. On répète cette opération une troisième, une quatrième fois, et davantage s'il est nécessaire, en ayant soin d'examiner de temps à autre le résidu au microscope ou à une forte loupe.

Tous ces dépôts successifs contiennent de l'amidon et de la fécule, s'il y en a ; mais l'amidon, en raison de la petitesse de ses grains, restant plus longtemps en suspension dans l'eau, est continuellement enlevé par les décantations successives, et la fécule, n'y en eût-il qu'un centième, se trouve presque en totalité dans le dernier dépôt.

Lorsqu'on est ainsi parvenu à isoler mécaniquement la fécule, le problème se trouve en quelque sorte résolu ; car tous les caractères distinctifs sont tellement tranchés, que l'erreur ou même l'incertitude deviennent impossibles. M. Lecanu rappelle à ce sujet, et soumet à un examen détaillé, les divers caractères qu'offrent les mélanges de fécule et d'amidon, sous le microscope et sous l'influence des réactifs, soit avec les dissolutions de potasse titrées, comme l'a pratiqué M. Donny, d'après les observations de M. Payen, soit en employant l'acide chlorhydrique étendu, comme le propose M. Lecanu lui-même, acide qui agit d'une manière analogue à la potasse.

Nous rappellerons (voyez plus haut) que M. Boland avait déjà proposé, pour reconnaître plus facilement la fécule dans la farine, de délayer avec de l'eau le mélange d'amidon avec la fécule supposée, et de laisser déposer ce mélange dans un verre conique. En agissant ainsi et en examinant seulement la partie d'amidon réunie à la pointe du cône, on y retrouve la fécule dans une proportion plus forte qu'en opérant sur la masse entière.

Comme on le voit, c'est la même idée qui a dirigé M. Lecanu ; seulement, en répétant les opérations méthodiquement, il a pu arriver à une élimination complète de l'amidon.

Lorsqu'il s'agit de reconnaître la présence des farines légumineuses dans la farine de blé, M. Lecanu emploie encore un procédé analogue.

Il fait une pâte ferme avec la farine suspecte, il la place dans un nouet de linge et en retire le gluten par une malaxation convenable. Le mélange d'amidon est passé sur un tamis de soie pour séparer les débris de gluten et de tissu cellulaire qui auraient pu être entraînés par l'eau. L'amidon déposé est ensuite soumis à des lavages successifs, comme nous l'avons dit précédemment, pour la séparation de la fécule de pommes de terre. La fécule des légumineuses, ayant à peu près le même volume et la même forme que celle des pommes de terre, se trouvera dans les derniers dépôts, et, suivant M. Lecanu, elle sera facilement reconnue sous le microscope à la cicatricule que présente chaque grain. C'est une fente longitudinale ou, le plus souvent, une double fente disposée en forme de croix, qu'on observe sur la partie moyenne des grains de fécule des légumineuses, lorsqu'on les examine après les avoir humectés simplement avec de l'eau. Ce caractère ne se manifeste plus sur les grains desséchés, mais il se reproduit lorsqu'on les humecte de nouveau.

M. Lecanu a observé, en outre, que lorsque l'on traite par l'acide chlorhydrique étendu de trois ou quatre fois son volume d'eau et à la température de bain-marie, de la farine de pois ou de haricots, la fécule se dissout complètement, et que le tissu cellulaire qui reste après la dissolution de la fécule est incolore. Ce tissu, au contraire, est fortement coloré en rouge lie de vin lorsqu'il provient des farines de lentilles, de vesces ou de haricots, ce qui fournit ainsi un caractère différentiel et nouveau pour distinguer ces diverses farines entre elles, ainsi que leur mélange avec la farine de froment.

Les nouvelles recherches de M. Lecanu ont apporté un perfectionnement notable dans les moyens d'isoler la fécule de pommes de terre mélangée à la farine de blé. Il a fait connaître le parti que l'on peut tirer de l'emploi de l'acide chlorhydrique étendu d'eau dans l'examen des farines ; il est parvenu également à isoler et à déterminer, d'après leurs caractères d'organisation, les grains de fécule de légumineuses dont la présence jusqu'ici ne pouvait être signalée que par des moyens indirects, comme la présence de la légumine, la présence des débris de tissu cellulaire, ou des phénomènes de coloration qui donnent trop souvent prise à l'incertitude.

PROCÉDÉ PUSCHER

M. C. Puscher, de Nuremberg, a indiqué un procédé fort simple pour distinguer la présence de la fécule de pommes de terre dans la farine de froment.

Si on verse sur de la fécule de pommes de terre un mélange refroidi de 2 parties d'acide sulfurique et 1 partie d'eau, la fécule se gonfle, devient translucide comme la colle de pâte et développe une forte odeur de fusel qui persiste même après qu'on a enlevé l'acide par des lavages à l'eau. La farine et l'amidon de froment traités de même par l'acide présentent le même phénomène, mais dans ce cas, il n'y a pas d'odeur sensible de fusel. C'est en s'appuyant sur ce phénomène que M. Puscher a trouvé que des mélanges d'amidon de pommes de terre et de froment qui ne renferment pas plus de 1 o/o du premier, traités comme on vient de l'indiquer, permettent de reconnaître encore l'odeur caractéristique du fusel. Si on se sert d'acide sulfurique très étendu, il n'y a pas de réaction semblable.

PROCÉDÉ CAILLETET

Le chloroforme qui a été employé à l'essai de la pureté d'un grand nombre de substances organiques, a été appliqué avec succès par M. Cailletet, de Charleville, à l'essai des farines auxquelles on a mélangé des substances minérales. Voici sur quel fondement repose ce procédé.

On sait que la plupart des substances minérales sont non seulement insolubles dans le chloroforme, mais sont également plus pesantes que ce corps, tandis que la farine est plus légère. Si donc on met en présence ces trois substances, les substances minérales se déposeront sur le fond, au-dessus se placera le chloroforme et sur celui-ci flottera la farine. C'est sur ce procédé bien simple que repose le procédé de M. Cailletet.

Pour opérer, on prend un tube d'essai d'une longueur de 15 à 20 centimètres et 3 centimètres de diamètre dans lequel on introduit de 5 à 10 grammes de la farine suspecte, et on verse du chloroforme jusqu'à ce que le tube soit presque entièrement rempli, on le bouche avec un bouchon, on l'agite pendant quelques minutes et on l'abandonne au repos en le maintenant verticalement. Au bout d'un certain temps, on trouve que la farine pure flotte sur le chloroforme, qu'au-dessous il est clair et limpide et qu'au-dessous encore il est souillé par les matières minérales mélangées à la farine. En décantant, ces matières restent dans le tube, il est facile de rechercher leur nature.

PROCÉDÉ RAKOWITSCH

La méthode de M. Rakowitsch permet de reconnaître facilement en quelques minutes les qualités et les défauts de la farine. Elle vous dira la proportion de blé égrugé, fleur de farine et recoupes mêlés à la farine de seigle ; la quantité d'humidité contenue dans la farine, depuis 10 jusqu'à 25 o/o ; elle vous indiquera la farine avariée, les mélanges et les quantités de matières inorganiques telles que sable, terre, craie. Elle donne encore le moyen de séparer le seigle ergoté, l'ivraie, la spergule, les choux-raves, le colza, etc.

Ces déterminations, en apparence complexes, sont fondées sur un principe tout simple, la différence de densité du chloroforme et des parties intégrantes de la farine et de ses mélanges. Les substances les plus lourdes tombent au fond, puis s'étagent successivement par ordre de pesanteurs spécifiques. Ainsi le son se sépare d'une manière distincte de la farine mêlée au chloroforme, monte dans le tube et y occupe un espace déterminé qu'il est facile de mesurer par les degrés marqués sur le tube. Le sable, les parcelles de terre et en général toutes les substances minérales se séparent encore plus facilement de la farine et forment au fond du cylindre un dépôt dont la hauteur se mesure aux degrés du tube. Les parties de farine pure se dispersent dans tout le chloroforme et ne peuvent être amenées au fond du cylindre que par la diminution du poids spécifique du chloroforme, qui s'obtient en l'additionnant d'esprit-de-vin à 95°. Il faut ajouter d'autant plus d'alcool qu'il y a d'humidité dans la farine. Par suite, la quantité d'alcool à ajouter permet d'apprécier la quantité d'humidité enfermée dans la farine. C'est sur ce même principe que se fonde la distinction du seigle ergoté des autres ingrédients noirs que l'on trouve dans le mélange.

PROCÉDÉ POUR DÉCOUVRIR LE MÉLANGE DE L'ERGOT DANS LA FARINE ET LE PAIN DE SEIGLE, PAR M. WITTSTEIN

Les funestes effets du mélange de l'ergot dans la farine ou le pain de seigle ont fait chercher les moyens d'y constater la présence de ce corps délétère. Néanmoins, ceux proposés jusqu'à ce jour ne paraissent pas satisfaisants, parce qu'ils ne présentent pas la netteté et la certitude qu'on doit rechercher dans cette opération : M. Wittstein, dans le 4e volume, p. 536, de son *Recueil trimestriel de Pharmacie pratique*, annonce qu'il a réussi à mettre à profit pour cet objet la réaction de la propylamine, et rapporte à ce sujet un assez grand nombre d'expériences qu'il termine par cette conclusion :

« L'ergot, même quand il ne forme que la soixante-quinzième partie du mélange (soit farine, soit pain cuit), peut être reconnu d'une manière parfaitement sûre à l'odeur de hareng qui caractérise la propylamine, et qu'il dégage quand on traite le mélange par une lessive ordinaire de potasse d'un poids spécifique 1,33 ».

FALSIFICATION DES FARINES PAR DES MATIÈRES MINÉRALES

M. Van den Corput, professeur de chimie au Musée de Bruxelles, a signalé une falsification assez répandue pour pouvoir devenir préjudiciable à l'alimentation publique : c'est celle des farines au moyen d'une terre argileuse blanche, très fine, douce au toucher, le kaolin, connu dans le commerce sous le nom de *china-clay*, et qui depuis longtemps était mise en usage par les fabricants de papier qui l'introduisent dans leurs produits.

Depuis lors, différents chimistes ont confirmé la présence de matières terreuses provenant évidemment de l'introduction de cette substance dans un grand nombre de farines.

Cette sophistication, facile du reste à déceler par la proportion de la quantité des cendres que laisse la farine à l'incinération, a pour but d'augmenter frauduleusement le poids de la marchandise.

LE CONGRÈS DE L'ALIMENT PUR

La délégation française au Congrès de la Croix-Blanche de Genève a tenu en juin 1908 une première réunion plénière, dans une des salles du Collège de France.

On sait que ce Congrès, qui s'est tenu à Genève en octobre suivant, et a réuni des délégués de toutes les nations, s'est appliqué à définir la « pureté » des matières alimentaires et pharmaceutiques. On voulait arriver, non pas, comme nous l'avons déjà dit, à donner une formule chimique de chaque aliment, mais à définir l'aliment sain et consommable par rapport à l'aliment fraudé et nuisible ; on voulait délimiter les mélanges, les additions de matières étrangères pouvant être faits à toutes denrées : farines, lait, beurres, vins, bières, etc., etc.

On voit quelle importance a eue ce Congrès pour la sécurité des commerçants. Aussi, une centaine de négociants, de viticulteurs, de médecins, de chimistes, réunis sous la présidence du professeur Bordas ont échangé des vues sur les définitions déjà proposées ; on a été d'avis qu'elles ne sont pas assez nombreuses, et la délégation a fait un pressant appel à tous les Syndicats de l'alimentation de toute la France, à tous les viticulteurs, brasseurs, pour obtenir des avis afin d'établir des définitions conformes aux intérêts de l'agriculture et du commerce français.

Il ne faut pas oublier que tous les pays ont été représentés à Genève, et que les Allemands notamment, fidèles à la discipline qui caractérise tous leurs actes, sont arrivés avec des définitions toutes prêtes et ont fait bloc avec leurs idées. Il était donc de toute importance que le commerce français arrive au Congrès dans une union complète et avec des formules précises.

Une seconde réunion plénière du Comité français a eu lieu : on y a étudié les nouvelles définitions qui y ont été formulées, et M. Arpin, chimiste, conseil technique du Syndicat de la Boulangerie de Paris, a été chargé de réunir tous les avis donnés par les différents membres du Congrès, et d'établir un rapport les résumant, en ce qui concerne les farines et le pain.

LA DÉFINITION DES PRODUITS PURS ET SAINS

Le Congrès a cherché, avant tout, à définir *l'aliment « sain »*.

Dans l'intérêt de la santé publique universelle aussi bien que du commerce honnête, il a commencé ses travaux par une consultation internationale écrite, destinée à définir l'aliment pur, et à laquelle des milliers de réponses de toute l'Europe et des deux Amériques ont été enregistrées, pour servir de point de départ aux études du Congrès prochain. Il s'est occupé ensuite de l'unification des méthodes d'analyses et de la répression de la fraude par une codification universelle. On conçoit quel pas immense une entreprise de cette envergure a fait parcourir à la question d'hygiène privée, publique et internationale.

Il ne s'agit pas, ainsi que nous l'a expliqué le

professeur Bordas, du Collège de France, président du Comité parisien, de l'aliment chimiquement pur, mais de l'aliment propre à la consommation, sans danger pour la santé publique. Ainsi pour le beurre, par exemple, il faut savoir s'il peut être toléré qu'il soit additionné d'acide borique pour sa consommation et dans quelles proportions : pour les œufs, définir le prototype de l'œuf frais ; mêmes recherches pour les fromages, le chocolat, etc. Il a paru indispensable de bien définir, de bien délimiter l'aliment consommable, avant de s'occuper de réprimer la vente de celui qui ne l'est pas, de frapper aveuglément un produit sans savoir exactement si le mélange qu'il peut contenir est nuisible ou ne l'est pas. C'est donc dans l'intérêt et du consommateur et du commerce que ces études ont été faites.

En dehors du Comité d'honneur, qui compte parmi ses membres les ministres du Commerce et de l'Agriculture, des personnalités telles que le docteur d'Arsonval, professeur au Collège de France, le docteur Roux, de l'Institut Pasteur, le Bureau de la Délégation française avait comme nous l'avons dit, pour président le professeur Bordas, directeur des laboratoires du ministère des Finances.

Une quantité considérable de médecins, de chimistes, de juristes, de présidents de syndicats d'alimentation, de viticulture, des comités techniques et nombre de notables commerçants étaient inscrits également à la délégation française de la Croix-Blanche de Genève et étaient représentés au Congrès.

Nous avons tenu à honneur de faire partie des nombreux membres de ce congrès, et, nous avons, en conséquence, tenu à donner notre avis sur ce qu'on doit entendre par *Farine pure* et par *Pain sain*.

FARINE

Généralement, on entend par *Produit pur*, un produit non mélangé.

Or, en ce qui concerne la farine, c'est le produit de la mouture des grains du froment, du seigle, de l'orge, etc.

Donc, nous disons *farine pure de froment*, le produit de la mouture du froment, sans aucun mélange d'autres grains, graines ou produits quelconques, quels qu'ils soient.

Naturellement, il en est de même des farines de seigle, d'orge, de maïs et de toutes autres servant à l'alimentation.

Maintenant, nous devons considérer dans cette question, que, commercialement parlant, la farine de froment comporte le mélange possible et parfois même nécessaire, des espèces de froments dits durs, demi-durs, et tendres, que nous fournit la culture de toutes les régions de la France et même de l'étranger. Ces mélanges de froments sont nécessités par les habitudes et les goûts du consommateur des différentes régions du Nord, du Midi, de l'Est et de l'Ouest du pays.

Selon notre avis, nous considérons comme fraude, l'addition sciemment voulue, dans la farine de froment, de toute autre farine, sauf celle de la farine de fèverolles, laquelle a été reconnue licite, par la Cour de cassation, dans une proportion de 1 à 4 o/o, cette addition ayant pour but de donner à certaines farines de froment, dépourvues du gluten suffisant, plus de facilité de panification.

Doit être également considérée comme fraude, toute addition à la farine, de plâtre, craie, talc, ou toute autre substance pouvant nuire à la santé.

Quant au blanchiment de la farine de froment, au moyen soit de l'effluve électrique, soit du protoxyde d'azote, et qui, s'il ne nuit pas, n'ajoute aucune qualité à cette farine, nous le considérons d'une *inutilité incontestable*. En effet, ne pouvant agir que sur la farine supérieure, dont la couleur si agréable du jaune crème est, par suite de ces procédés, passée au blanc mat (celui du plâtre), ce n'est qu'un mauvais *trompe-l'œil*.

PAIN

En France, on considère le pain comme un aliment principal et de première nécessité.

Le pain est un *aliment composé :* il est fait de farine, d'eau, de sel et de levain ou de levure.

Peut-on obtenir le pain à l'*état pur* ?...

La farine ?... Nous avons dit ce que, à notre avis, nous entendions par farine pure de froment, de seigle, etc.

L'eau ?... Elle n'est jamais *bien pure*, elle contient plus ou moins de substances salines en dissolution, entr'autres des sels calcaires tels que sulfate et carbonate de chaux. Celle où ces substances sont en petite quantité est dite : *potable*, c'est cette dernière qu'on emploie en boulangerie.

Le sel (Na,Cl.), chlorure de sodium, soit qu'il vienne de la mer : *sel marin*, soit qu'il provienne des mines : *sel gemme*, est composé, à l'état pur de :

Sodium.	40 0/0
Chlore	60 »

Mais il est très souvent falsifié avec des sels de varech, des sels de potasse, du sable fin, etc., ou, s'il s'agit du sel gemme, avec des matières terreuses, voire même avec du plâtre ;

Quoiqu'il en soit, le sel est employé dans la farine sous cinq points de vue :

1° Comme assaisonnement et pour lui donner une saveur agréable ;

2° Pour donner du corps à la pâte, ce qu'on appelle du *soutien* ;

3° Pour exciter la *grigne* ;

4° Pour modérer la fermentation ;

5° Pour neutraliser les effets de la *céréaline* :

La proportion du sel employé est de 250 à 300 grammes par 100 kilogrammes de farine.

Levain : c'est la substance qu'on ajoute à la pâte, pour lui faire éprouver cette fermentation qui en détermine le boursouflement et la légèreté.

Le levain est de la pâte qu'on a laissé aigrir ou fermenter, et qu'on mélange à la pâte pour lui imprimer cette modification à laquelle on a donné le nom de *panification*. Le levain produit des effets sur la pâte, qui varient suivant que sa fermentation est plus ou moins avancée ; on désigne ce degré de fermentation par les noms de *levain jeune*, *levain fort* et *levain vieux*.

Le *levain jeune* n'a encore subi qu'un commencement de fermentation ; il est dans un état presque voisin de la pâte.

Le *levain fort* est le levain dans sa plus grande force.

Le *levain vieux* est celui qui, en termes de métier, a passé son apprêt, c'est-à-dire qui est dans un état de fermentation avancée. Dans ce cas, il communique au pain un goût aigre. Le levain jeune n'imprime à la pâte qu'un faible degré de fermentation ; aussi, le pain qui en résulte est mat, pesant et plus blanc. Le levain fort, et au point convenable, est celui qui mérite la préférence.

Aujourd'hui, on trouve dans quelques boulangeries, des *appareils à levain*, servant à conserver ce dernier et aussi à éviter à l'ouvrier la perte de temps voulue par la préparation des levains *de chef*, levains *de première*, levains *de seconde* et levains *de tout point*.

LEVURE : Depuis quelques années, on emploie pour remplacer le levain, la levure de grains, provenant des distilleries d'alcool de grains mais préparée spécialement pour la boulangerie.

On emploie cette levure à raison de 700 à 800 grammes, précédemment délayée dans de l'eau tiède, pour une fournée de 40 litres d'eau. Cette levure n'est pas toujours pure, elle est quelquefois mélangée d'amidon ou de fécule de pommes de terre, ce qui doit être, à notre avis, considéré comme une fraude.

En résumé, nous considérons seulement comme *pain sain*, celui composé de farine de froment pure, de bonne eau *potable*, de sel pur, d'un levain fort, ou de levure pure et dont l'humidité n'est, à la sortie du four, que de 30 à 35 o/o.

Doit être considérée comme frauduleuse l'addition de sels, tels qu'alun, sous-carbonate de magnésie, d'ammoniac, de potasse, sulfate de cuivre ou de zinc et celle de craie, de terre de pipe, de plâtre.

SCHIELD-TREHERNE, Ingénieur.
Président du Comité d'étude et d'organisation de l'Ecole Nationale de Meunerie et de Boulangerie.

LA RÉPRESSION DES FRAUDES

FARINES ET SEMOULES

A l'approche du Congrès qui s'est ouvert le 17 octobre 1909, à Paris, et qui a fait suite à celui de Genève, en 1908, un rapport, dont nous donnons ci-dessous la teneur, a été déposé, au nom de la Délégation Française, par M. Regnault-Deroziers, secrétaire de la Chambre de Commerce de Paris, président de la Chambre syndicale des grains et farines, et du Syndicat de la Meunerie de Paris.

FARINES

On a dit avec raison que la farine est dans le grain à l'état parfait.

Il semble donc que le rôle du meunier est terminé quand il a, de son mieux, débarrassé et nettoyé le grain des matières étrangères d'origine végétale, animale ou minérale, qui ont pu l'accompagner et le souiller ; quand il a séparé avec le plus grand soin l'amande farineuse de l'enveloppe et du germe, et réduit cette amande en farine.

Aucune nouvelle opération ou manipulation de la farine ne semble nécessaire ou utile avant son emploi par la boulangerie, la pâtisserie, l'amidonnerie ou toute autre industrie.

Cependant, on sait que dans certains moulins on soumet tout ou partie de la farine à l'étuvage ou au blanchiment.

Etuvage. — La farine se conserve naturellement plusieurs mois sans altération lorsqu'elle est emmagasinée dans des locaux secs, aérés, à température modérée.

Il n'en est plus de même lorsqu'elle séjourne dans des locaux humides ou à température élevée : cales de navire, colonies tropicales.

Pour répondre aux besoins de la marine et à l'approvisionnement des colonies à climat chaud et humide, on pratique depuis longtemps l'étuvage de la farine au moyen d'appareils spéciaux qui la chauffent lentement, progressivement et la privent de la plus grande partie de l'eau qu'elle contient naturellement.

Cette opération est absolument licite ; elle est utile, nécessaire, et ne peut causer aucun préjudice à l'acheteur. Il n'y a, du reste, pas à craindre qu'on livre jamais de la farine étuvée au lieu de farine ordinaire, son prix étant notablement supérieur.

L'étuvage doit être permis et il n'est pas utile d'imposer la déclaration de cette opération à l'acheteur.

Blanchiment. — De tout temps on a attaché une grande importance à la blancheur de la farine, à la blancheur du pain qu'elle fait.

La blancheur est le critérium principal dans le classement des farines, au Laboratoire des farines-fleur de Paris, au Laboratoire du Syndicat de la Boulangerie de Paris, à l'Administration des douanes françaises, pour ne citer que ces institutions. La blancheur de la farine est, en effet, un indice de bonne qualité, de pureté et d'extraction non exagérée. Partout, entre deux farines égales à tous les autres points de vue, l'acheteur donne la préférence à la farine la plus blanche.

Les meuniers se sont donc attachés depuis longtemps à produire la farine la plus blanche possible, en perfectionnant leur outillage, leurs appareils de nettoyage et de mouture, de manière à altérer le moins possible, par leurs opérations, la blancheur naturelle de la farine.

Et c'est parce que la mouture par cylindres est, notamment à ce point de vue, plus avantageuse que la mouture par meules, qu'elle a supplanté cette dernière.

Mais, excités par le goût du consommateur pour le pain blanc, et dans un esprit de concurrence, certains meuniers voulurent aller plus loin et cherchèrent à atténuer la nuance un peu jaune que la farine présente généralement.

De là est né le blanchiment artificiel.

En 1896, M. Violette, doyen honoraire de la Faculté des sciences de Lille, dénonçait dans la *Revue de chimie analytique et appliquée* l'azurage des farines par le bleu d'aniline.

Une petite proportion de bleu d'aniline était mélangée à la farine pendant son blutage. En se dissolvant pendant le travail de la panification, le bleu détruisait l'effet de la nuance jaune par la superposition d'une couleur complémentaire, et le pain était complètement blanc.

C'est là une pratique qui nous semble dangereuse et devrait être interdite, si exceptionnelle qu'elle ait été ou puisse être.

Mais, depuis quelques années, on a imaginé de nouveaux procédés chimiques ou physiques pour blanchir artificiellement la farine au moyen de l'ozone ou de certains composés oxygénés de l'azote.

L'introduction de ces procédés s'est faite à grand bruit dans tous les pays et a donné lieu à de longues et multiples controverses. Les appréciations les plus opposées furent exprimées même par les tribunaux.

Des études comparatives de farines avant ou

après blanchiment furent entreprises, pour ne parler que de notre pays, en 1905, par le Syndicat de la Boulangerie de Paris et le Syndicat de la Meunerie de la région de Paris.

Des rapports très documentés publiés au nom de ces syndicats par M. Arpin et par M. Courtier, il résulte que le blanchiment détruit ou atténue fortement la matière colorante jaune de la farine, lui enlève la teinte jaune crème clair qu'elle possède ordinairement pour lui substituer un ton blanc légèrement bleuté ou grisâtre, et que c'est là sa seule action sur la farine et sa composition.

M. Arpin conclut que la Boulangerie n'a aucun avantage à employer les farines blanchies et que, à plus forte raison, elle ne doit pas les acheter à un prix supérieur aux autres. Il estime qu'on doit fermer la porte au traitement des farines par des agents chimiques et sauvegarder la bonne réputation d'un produit naturel par excellence : la farine.

M. Courtier conclut en somme comme M. Arpin, mais il ajoute que le blanchiment pourra peut-être servir à la mouture par suite de son action sur les matières grasses, rendant peut-être ainsi plus facile le blutage de certaines farines.

Les deux rapporteurs font des réserves au point de vue de l'hygiène sans se prononcer pour ou contre l'innocuité ou la nocivité des procédés de blanchiment envisagés.

Sur ce dernier point, nous ne croyons pas qu'aucune autorité scientifique se soit jamais prononcée. Nous savons que le très regretté professeur Riche, membre du Conseil d'hygiène de France, avait étudié la question et qu'il n'avait pas cru devoir proposer au Conseil l'interdiction du blanchiment des farines par l'ozone ou les composés oxygénés de l'azote comme nuisible à la santé publique.

D'autre part, et à un autre point de vue, M. le professeur Fleurent, qui a, lui aussi, étudié le blanchiment des farines a conclu que la matière grasse de la farine s'acidifiant d'autant plus lentement qu'elle a fixé plus de peroxyde d'azote, on peut dire, dans ce sens, dans ce sens seulement, que le blanchiment augmente le pouvoir de conservation de la farine.

De toutes ces considérations que devons-nous conclure ?

1° Le blanchiment des farines doit-il être interdit ?

Aucun fait n'étant venu prouver que ces procédés nouveaux sont nuisibles à la santé, l'interdiction n'est pas justifiée.

2° Doit-il être autorisé ?

Oui, croyons-nous, parce que si on ne l'autorise pas, on sera tenté de poursuivre les meuniers détenteurs d'appareils de blanchiment, comme on a poursuivi un boulanger détenteur de farines de céréales autres que le blé, et un meunier vendant de la farine de méteil. Ce serait injuste pour le meunier poursuivi et contraire peut-être aux intérêts de la société, à laquelle, en définitive, profitent tous les progrès industriels.

N'oublions pas qu'il fut un temps où la loi réservait aux pourceaux la meilleure partie de la mouture. N'empêchons pas la recherche des progrès dont le rapport du Syndicat de la Meunerie de la région de Paris nous a fait entrevoir la possibilité.

Il ne faut pas oublier, au surplus, que si le blanchiment ne semble pas avoir grand avantage pour notre pays, il est au contraire certaines contrées où les blés donnant naturellement une farine très jaune, le blanchiment a rencontré la faveur des boulangers et des consommateurs.

Mais nous estimons, d'accord avec la Chambre syndicale des Grains et Farines et de la Meunerie de Paris, le syndicat de la Boulangerie de Paris et le Syndicat général de la Boulangerie française, que si la farine, en dehors des moyens mécaniques par lesquels elle a été obtenue, a été soumise à un des procédés chimiques ou physiques récemment imaginés et connus sous le nom de blanchiment, la loyauté commerciale exige que l'acheteur en soit avisé, et qu'il soit en même temps mis au courant de la nature du procédé auquel la farine a été soumise. Cela doit être une condition expresse et absolue.

Mélange de diverses farines de céréales. — Pour éviter les abus ou les erreurs dont le commerce est victime, nous demandons qu'il soit expressément rappelé que les mélanges de diverses farines de céréales sont licites à condition d'être déclarés.

Sur ce point, nous sommes d'accord avec les organisations syndicales ci-dessus nommées et également avec une ordonnance du Conseil fédéral suisse.

SEMOULES

En ce qui concerne les semoules, nos conclusions sont les mêmes que pour les farines, avec une addition seulement.

Les semoules de blé dur sont en effet naturellement jaunes, et cette teinte est très prisée. Cette teinte jaune ne doit pas être le résultat d'une coloration artificielle, qui permettrait de faire passer pour des semoules de blés durs des semoules de riz, lesquelles sont naturellement blanches.

Enfin, nous appelons tout spécialement l'attention du Congrès sur un vœu exprimé par la Chambre syndicale des grains et farines et de la Meunerie de Paris dans les termes suivants ;

« L'examen micrographique des farines qui est la base des recherches des mélanges de diverses farines est extrêmement délicat. Il a trop fréquemment donné lieu à des erreurs préjudiciables au commerce honnête. La Chambre syndicale estime donc que cet examen micrographique ne doit être confié qu'à des experts rompus à ces recherches et entraînés par une pratique constante ou très fréquente ».

CONCLUSIONS

FARINES

I. — *Opérations régulières.*

1° Addition d'une petite proportion de farine de fèves, ne dépassant pas 4 0/0.

2° Etuvage.

II. — *Opérations facultatives.*

1° Mélange de diverses farines de céréales, avec indication de la composition et de la proportion du mélange.

2° Blanchiment artificiel par l'ozone ou les composés oxygénés de l'azote, avec indication du procédé.

III. — *Vœu.*

Que l'addition du bleu d'aniline ou toute autre matière tendant au même but soit interdite.

SEMOULES

I. — *Opérations régulières.*

Aucune opération autre que la mouture du grain par des procédés ordinaires n'est régulière pour la fabrication des semoules.

II. — *Vœu.*

Que toute coloration artificielle et que toute addition de bleu d'aniline ou de toute autre matière tendant au même but soit interdite.

DÉCISIONS PRISES PAR LE CONGRÈS DE RÉPRESSION DES FRAUDES, CONCERNANT LES FARINES ET LE PAIN, GENÈVE 1908 ET PARIS 1909

FARINES

Définitions. — La dénomination de *Farine*, sans autre qualificatif, désigne exclusivement le produit de la mouture de l'amande du grain de froment nettoyé et industriellement pur.

Le produit de la mouture des autres graines, céréales, légumineuses, nettoyées et industriellement pures, sera désigné par le mot *Farine*, suivi du qualificatif indiquant l'espèce de graines, de céréales, ou de légumineuses entrant dans la composition, soit à l'état isolé, soit à l'état de mélange.

Doit être considérée comme pure la farine qui renferme accidentellement :

a) Une très petite quantité de farine de graines étrangères, croissant ou pouvant croître avec le blé.

En ce qui concerne le seigle, une quantité légèrement plus forte peut être admise, mais seulement si l'on peut établir que les blés, ayant servi à la production de la farine dont il s'agit, proviennent de régions spéciales qui fournissent des blés renfermant toujours une certaine quantité de seigle, qui ne peut être séparé par l'emploi des appareils de nettoyage les plus perfectionnés.

La proportion de cette farine étrangère, indépendante de la volonté du meunier ne peut être fixée *a priori* ; elle varie suivant les pays et suivant les années.

b. Une petite quantité de sable très fin provenant de fragments pierreux échappés au nettoyage des grains, comprise la plupart du temps entre 15 et 300 grammes par quintal.

Opérations régulières. — Addition, à la farine de froment, de 4 o/o au maximum de farine de fèves.

Opérations facultatives, *à faire connaître à l'acheteur.*

Mélange de diverses farines de céréales avec indication de la composition et de la proportion du mélange.

Blanchiment artificiel par tous procédés physiques ou chimiques reconnus inoffensifs, avec indication du procédé.

Etuvage des farines.

PAIN ET PRODUITS DE LA BOULANGERIE

Définition. — Le mot *Pain*, sans autre qualificatif est réservé exclusivement au produit résultant de la cuisson de la pâte faite avec un mélange de farine de froment, de levain de pâte ou de levure alcoolique de bière ou de grains, d'eau potable et de sel.

Si le pain est fabriqué avec une autre farine que celle de froment, ou un mélange de farines autres que celle de froment il doit porter le nom de la ou des farines qui entrent dans sa composition.

Est réservé toutefois l'usage local des pays dans lesquels le mot *pain* s'applique ordinairement aussi bien au pain de froment qu'au pain d'une autre farine.

Le pain obtenu par un mélange de farine de froment et de farine de seigle porte le nom de PAIN DE MÉTEIL.

Les parties constituantes du pain sont les mêmes que celles de la farine, avec cette différence toutefois que si quelques-unes sont restées sans changement, d'autres ont éprouvé des modifications variables et même profondes.

Est considéré comme pur un pain ou une farine renfermant accidentellement quelques milligrammes de cuivre par kilogramme.

Pain de gluten. Ne doivent être dénommés *Pain de gluten* ou *Pain au Gluten*, que des pains contenant au maximum 25 o/o de matières sucrées ou saccharifiables et au minimum 60 o/o de gluten, rapportés au pain sec.

Opérations régulières. — Emploi de fleurages pour saupoudrer les pelles, couches et pannetons, de façon à empêcher l'adhérence de la pâte à ces instruments. Ces fleurages pourront provenir du blé, seigle, orge, avoine et autres céréales, du riz, du maïs, des pommes de terre ou de substances inoffensives dont l'emploi est autorisé par les Conseils d'hygiène compétents.

Emploi d'eau chargée d'acide carbonique ou de sels (*Baking-Growder*), capables de dégager ce gaz.

Addition de farine et d'extrait de malt.

Opérations facultatives, *à faire connaître à l'acheteur*.

Emploi, pour certains pains spéciaux : de lait à l'état liquide ou à l'état solide, de beurre ou de graisses alimentaires, de sucre (saccharose), d'œufs, de raisins secs, d'amandes, noix, noisettes, d'empois de pomme de terre, d'aromates ou épices, de mélasse, de miel, de vin, d'eau-de-vie de fruits, ou de sucs de fruits, de colorants inoffensifs.

En ce qui concerne le pain de gluten : addition d'un peu de pâte d'amandes ou de substances azotées alimentaires pour améliorer la saveur.

Vœux. — En raison de l'impossibilité reconnue par des expériences officielles, scientifiquement contrôlées, de donner un poids exact au pain, la forme de celui-ci ne doit jamais être considérée comme indicative de son poids et par voie de conséquence, l'indication frauduleuse tendant à faire croire à l'acheteur à un pesage antérieur exact ne peut résulter de l'usage attribuant à la forme des pains un poids déterminé, ni de la dénomination de poids donnée au pain.

MÉLANGE DES FARINES

Le mélange des farines est, dans beaucoup de pays, une des opérations les plus importantes de la boulangerie. Il ne suffit pas en effet de mélanger les différentes sortes de farines pour obtenir le résultat avantageux de la blancheur du produit, il faut encore avoir égard à la nature et à la qualité, et n'opérer ces mélanges que dans des proportions déterminées. S'il est des espèces de farines qui, seules et sans mélange, donnent un pain de bonne qualité, il en est aussi qui, employées seules lui feraient perdre une partie de ses propriétés les plus recherchées. Ces mauvaises qualités dans la farine dépendent probablement d'une foule de causes, telles que le terrain sur lequel le froment a végété, l'engrais dont on s'est servi pour fumer le sol, la température de la saison, l'état plus ou moins humide de l'atmosphère lors de la maturité, toutes circonstances qui contribuent à rendre le froment plus ou moins abondant en gluten, ou bien être le résultat d'un mode défectueux de conservation des grains, principalement dans les silos, ou les greniers humides.

On rencontre encore des farines qui, sans être piquées, échauffées ou détériorées, ont été affaiblies par l'âge ; d'autres qui ont éprouvé des altérations très variées, mais qui toutes sont encore propres à la fabrication du pain, quand on les a mélangées avec de la farine fraîche, ou avec des farines plus riches qu'elles en gluten et en sucre, entre autres avec la farine d'épeautre, qui abonde en gluten mais qui, à cet effet, a besoin d'être parfaitement moulue.

Les farines de froment ne sont pas toujours employées seules, et les boulangers font ordinairement des mélanges suivant les qualités de pain qu'ils veulent fabriquer. Les pains de luxe se fabriquent ordinairement avec la farine de gruau, ou la farine de première qualité, et on ne mélange celle-ci que dans le cas où elle serait peu chargée en gluten ; dans ce cas, le mélange se fait à parties égales entre les deux farines, ou bien on se contente quelquefois d'ajouter du gluten, qu'on trouve aujourd'hui sous différentes formes dans le commerce. La farine de deuxième qualité, qui est à la préparation des pains dits de ménage, quand elle ne possède pas les qualités nécessaires ainsi que la blancheur et la proportion requise du gluten est additionnée de farine de première qualité. La troisième qualité est souvent mélangée à la deuxième pour produire le pain ci-dessus. Quant à la farine de quatrième qualité ou bise, on l'emploie soit seule pour faire le pain de qualité inférieure, du pain bis, du pain de munition, ou bien, comme en Allemagne, on la mélange à la deuxième sorte de farine de seigle, pour en fabriquer un pain bis très savoureux et très nourrissant.

Il arrive rarement, surtout dans les grandes villes, que les boulangers fassent eux-mêmes les mélanges ; ce sont communément les meuniers qui s'en chargent, et fournissent ainsi des produits mixtes plus homogènes, et plus intimement incorporés.

Dans les pays où l'on donne la préférence au pain de seigle, on ne partage les farines qu'en deux sortes, qu'on peut travailler seules, ou en mélange avec les farines de froment ; mais dans la partie septentrionale de l'Allemagne, où ce pain est presque exclusivement en usage, on distingue la farine de seigle d'hiver de celle de seigle du printemps. Celle de seigle du printemps renferme moins de gluten, et exige plus d'attention tant de la part du meunier que de celle du boulanger, parce que le moindre défaut de cette farine, ou dans cette pâte qui est très courte, et la plus légère négligence à surveiller la fermentation, ne donnent plus qu'un pain compact et immangeable.

En cas de mélanges de farines de diverses qualités ou si l'on veut s'éclairer sur la qualité d'une farine, on peut, quand on a quelque habitude des manipulations, reconnaître avec facilité la nature du gluten propre qui est contenu dans les farines de deuxième et troisième qualité, en extrayant ce gluten par un lessivage de la farine, ainsi que nous l'avons déjà indiqué. Mais on parvient encore mieux à le caractériser, surtout quand il provient de farines contenant, en quantités notables, des produits extraits des sons à l'aide de la réaction de l'acide acétique, qui laisse un résidu insoluble bien plus considérable lorsqu'on traite ainsi le gluten des farines de sons ou remoulages dites de troisième, que lorsque la réaction s'applique au gluten des belles farines. C'est ainsi que M. Payen dit avoir obtenu par ce traitement avec l'acide acétique les résultats suivants :

Pour 100 de gluten sec	Résidu insoluble gluten de farine 1re	Résidu insoluble gluten de farine du remoulage des sons
De blés Touselle . . .	0.70	24.0
— Saissette . . .	5.32	19.2
— durs.	0.75	24.9

ROLE DES DIVERSES SUBSTANCES POUR TIRER UN PARTI PLUS AVANTAGEUX DES FARINES

Si l'on considère la nature des divers produits employés dans le but de tirer un parti plus avantageux des farines de qualités inférieures, il est difficile de se créer une opinion sur le rôle que ces diverses substances jouent dans la fabrication du pain.

Un grand nombre d'entre elles semblent plutôt propres à retarder le mouvement de la fermentation qu'à l'activer. Ce qui paraît surtout incompréhensible, c'est l'action que peuvent exercer sur le pain des quantités de sulfate de cuivre aussi minimes que celles qui ont été employées.

Dans le but d'éclairer cette question, M. Kulmann s'est livré à de nombreuses expériences pratiques pour constater l'action du sulfate de cuivre, de l'alun, du sous-carbonate d'ammoniaque, du sous-carbonate de magnésie et de quelques autres produits.

La présence du sulfate de cuivre employé dans tous ces essais, s'est manifestée, même dans la plus petite proportion, en raffermissant la pâte et en l'empêchant de s'étendre ou de *pousser plat*.

« Le sulfate de cuivre, dit-il, exerce une action extrêmement énergique sur la fermentation et la levée du pain. Cette action se manifeste de la manière la plus apparente, lors même que ce sel n'entre dans la confection du pain que pour $^1/_{70000}$ environ, ce qui fait à peu près une partie de cuivre métallique sur 300.000 parties de pain, ou 5 centigrammes de sulfate par $3^{kg},750$ de pain. La proportion qui donne la levée la plus grande est celle de $^1/_{30000}$ à $^1/_{15000}$; mais, passé ce terme, le pain devient humide, il acquiert par là une couleur moins blanche, et en même temps il possède une odeur particulière, désagréable, ayant de l'analogie avec celle du levain.

« Le sulfate de cuivre ayant la propriété de raffermir la pâte, on peut malheureusement obtenir un pain bien levé avec des farines dites *lâchantes* ou humides. L'augmentation en poids du pain, par suite d'une plus grande quantité d'humidité retenue, peut s'élever jusqu'à $^1/_{16}$ ou 30 grammes par 500 grammes, sans que l'apparence du pain en souffre.

« C'est surtout en été que le besoin de raffermir les pâtes et de les empêcher de pousser plat se fait sentir. On y parvient habituellement par l'emploi du levain et du sel marin. L'action d'une très petite quantité de sulfate de cuivre correspond donc à celle de ces produits.

« La quantité de sulfate, la plus grande qui puisse être employée sans altérer la bonté du pain, est celle de $^1/_{1000}$; passé cette proportion, le pain est très aqueux et présente de grands yeux ; et avec $^1/_{1800}$ de sulfate de cuivre, la pâte ne peut nullement lever, toute fermentation semble arrêtée, et le pain acquiert une couleur verte. Remarquons encore qu'une odeur surette et désagréable se manifeste dans le pain aussitôt que la quantité de sulfate de cuivre que l'on y a introduite dépasse une partie de ce sel sur 7.000 parties de pain.

« Tout porte à croire que, dans le sulfate de cuivre, c'est la base qui influe sur la panification en raffermissant le gluten altéré. Le sulfate de soude, le sulfate de fer et même l'acide sulfurique, ne donnent dans des essais comparatifs, aucun résultat analogue.

« Les effets produits par l'alun dans la fabrication du pain, sont à peu près les mêmes que ceux obtenus avec le sulfate de cuivre, mais il en faut des quantités bien plus considérables. Nous avons vu que $^1/_{7500}$ de sulfate de cuivre est une quantité beaucoup trop forte, à tel point que, au lieu de favoriser la levée de la pâte, elle la diminue. Cette même proportion d'alun ne produit encore aucun résultat apparent. Pour obtenir un effet sensible, il a fallu élever la quantité d'alun à $^1/_{936}$; à la dose de $^1/_{176}$, l'effet a été plus remarquable.

« L'action qu'exerce l'alun sur la pâte est absolument la même que celle du sulfate de cuivre ; *il retient* et fait *pousser gros*, pour se servir de termes usités par les boulangers.

« Le sous-carbonate de magnésie ne produit pas un grand effet sur la levée du pain ; mais, dans la proportion de $^1/_{442}$, il communique au pain une couleur jaunâtre, qui peut modifier d'une manière avantageuse la couleur sombre que donnent au pain quelques farines de qualités inférieures.

« Le sous-carbonate d'ammoniaque n'a pas donné non plus de résultats bien remarquables, et il ne peut pas être d'un grand secours pour faire lever le pain, à moins qu'on ne l'emploie à une dose très forte.

« Le sel marin possède la propriété de raffermir la pâte ; il fait aussi augmenter le poids du pain ; et l'addition de sel, au lieu d'être une dépense pour le boulanger, lui procure encore du bénéfice par la différence en poids du pain. Une quantité suffisante de sel peut dispenser de faire usage du levain ; et le pétrissage seul, lorsqu'il a lieu pendant un peu plus de temps, permet de diminuer considérablement la dose de ce ferment. »

Tout en constatant les résultats remarquables de l'emploi du sulfate de cuivre dans la panification, les recherches de M. Kuhlmann prouvent donc que, par l'analyse chimique, il est facile de retrouver dans le pain jusqu'aux parties les plus minimes de ce produit vénéneux. Chaque consommateur peut mettre en pratique lui-même un moyen d'essai fort simple qui décèle déjà la présence du sulfate de cuivre dans le pain, bien avant que ce sel soit en quantité suffisante pour occasionner des accidents graves. Une goutte de dissolution de prussiate de potasse, versée sur le pain, le colore en rose jaune, au bout de quelques instants, lors même que cet aliment ne renferme qu'une partie de sulfate de cuivre sur neuf mille parties de pain.

CHAPITRE IV

De la Panification.

Avant de faire connaitre avec détails les procédés pour convertir la farine en pain, il est nécessaire d'indiquer les ustensiles dont le boulanger fait usage pour cette conversion. Ces ustensiles sont peu nombreux et généralement d'une forme simple. Nous décrirons d'abord les plus usuels en renvoyant à des chapitres spéciaux ceux plus compliqués, tels, par exemple, que les pétrins, les fours, etc.

USTENSILES PROPRES A LA BOULANGERIE

Allume et *porte-allume*. — L'on donne le nom d'allume à de petits morceaux de bois bien secs et fendus longitudinalement, que l'on brûlait jadis sur la braise pour éclairer l'intérieur du four pendant tout le temps de l'enfournement ; mais comme, par ce moyen, le four était toujours inégalement éclairé, on a inventé le *porte-allume*, qui est une espèce de caisse en tôle d'environ 33 centimètres de longueur, sur 16 centimètres de largeur et 8 centimètres de hauteur. A la surface qui est ouverte, se trouvent adaptées plusieurs petites barres de fer destinées à supporter l'allume qui brûle successivement dans les parties du four qu'on veut éclairer.

Le *porte-allume* est inconnu dans le midi de la France.

En 1846, M. Schmalz, de Paris, a inventé une lampe à éclairer l'intérieur des fours, dont on peut voir la description dans le tome III des nouveaux brevets d'invention, page 164.

Blutoir (*fig.* 10).

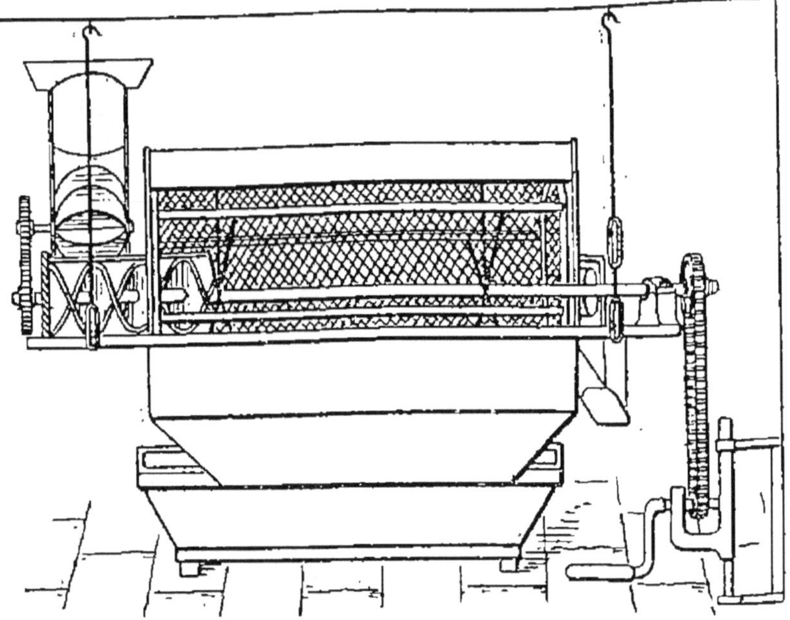

Fig. 10. — Blutoir Sospicio.

Bassin (*fig.* 11). — Vase en cuivre, en fer-blanc ou en bois, servant à mesurer l'eau. Sa capacité est d'environ 27 centimètres de diamètre sur 22 centimètres de hauteur. Il doit être muni d'une ou deux anses en fer. Autant que possible, on ne doit pas le faire en cuivre.

Fig. 11. — Bassin.

Chaudière (*fig.* 12). — Vaisseau en cuivre destiné à faire chauffer l'eau pour le pétrissage. Sa grandeur est relative à la quantité de farine que l'on veut convertir en pain. D'après les nouveaux principes, les chaudières doivent présenter moins de profondeur qu'autrefois, et beaucoup plus de surface; par ce moyen l'eau est plus chaude, et il y a économie du temps et du combustible.

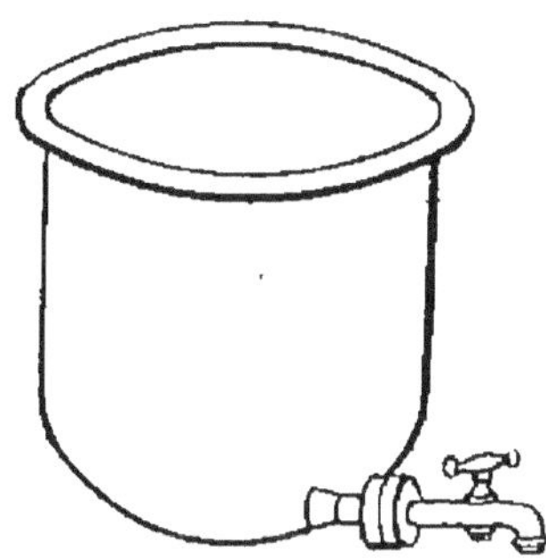

Fig. 12. — Chaudière.

Corbeilles (*fig.* 13). — Elles servent à porter la farine au pétrin et à mettre les levains. Dans le midi de la France, on en fait en paille de seigle, de plus ou moins grandes. Les unes sont destinées à porter la farine ; les autres, garnies de toiles en dedans, servent à transporter la pâte. Il en est de plus petites qui sont destinées chacune à recevoir la pâte nécessaire pour un pain. On saupoudre auparavant la toile avec de la bonne farine. Ces pains sont nommés *pains tournés*. On nomme ces grandes corbeilles en paille *paillassos*, et les petites *paillassons*.

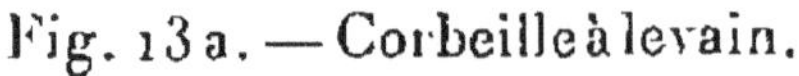

Fig. 13 a. — Corbeille à levain. Fig. 13 b. — Corbeille.

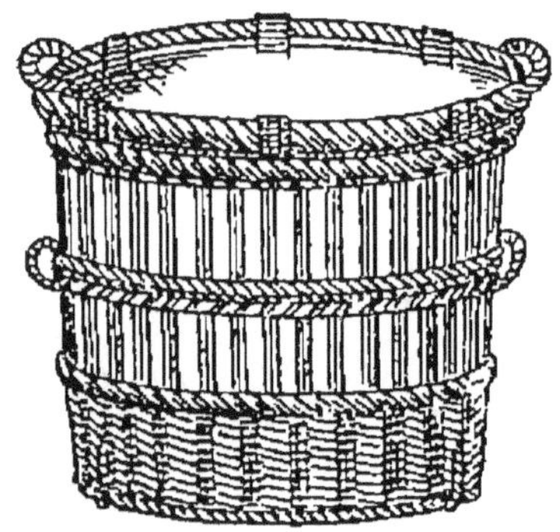

Fig. 13 c. — Corbeille à défourner.

Couches. — C'est ainsi qu'on nomme les tables qu'on couvre d'une toile, et sur lesquelles on dispose les pains d'un demi-kilogramme et au-dessous, avant d'être cuits. Dans quelques boulangeries, on les dispose en tiroirs dans de grandes armoires (*fig.* 14) qui conservent une douce chaleur. Dans le midi de la France, on saupoudre de recoupes de longues planches, sur lesquelles on place les pains non cuits, et on les superpose en rayon sur de petites barres plantées dans le mur. Ces pains restent ainsi exposés quelque temps au contact et aux injures de l'air. Quelle que soit la saison, on sent combien une pareille méthode est vicieuse.

Fig. 14. — Meuble à couches.

Couches. — Toiles qui servent à couvrir les tables où l'on place les pains qui ne sont pas encore cuits.

Ecouvillon. — Longue perche à l'extrémité de laquelle se trouvent adaptés des morceaux de grosse toile qu'on mouille dans un baquet rempli d'eau, et avec lesquels on nettoie le four, et principalement l'âtre, dès qu'on a enlevé les cendres.

Les boulangers du midi de la France nomment l'écouvillon *escougal* ; ils ont souvent la malpropreté de le tremper dans une eau sale qui croupit dans un petit trou qu'ils pratiquent devant leur porte et au dehors.

Coupe-pâte. — Plaque de fer poli, munie d'un manche, et destinée tant à enlever la pâte qui adhère aux parois du pétrin, ainsi qu'aux mains, qu'à couper ou diviser toute la pâte par parties.

Etouffoir (*fig.* 15). — Grand cylindre en cuivre ou en tôle d'un mètre à 1m33 de longueur sur 65 ou 80 centimètres de largeur, hermétiquement

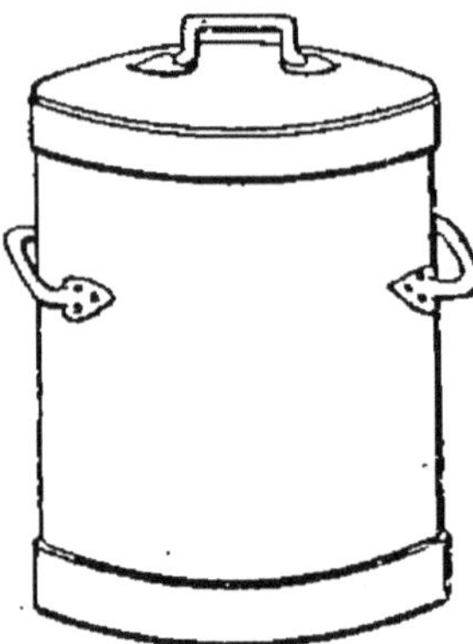

Fig. 15. — Etouffoir.

fermé par un couvercle de même métal, et muni de deux anses, pour le rendre plus facile à transporter. C'est dans ce cylindre qu'on dépose la braise pour l'éteindre, pour la vendre ensuite quand elle est bien refroidie. Dans les localités où l'on ne brûle pas du bois dans le four, ce vase est inconnu.

Fourgon. — Longue perche, terminée à la plus grosse extrémité par une tige en fer aplatie, servant à remuer le bois en combustion, et à le pousser vers les parties diverses du four.

Grattoir. — Instrument en fer, propre à ratisser les angles du pétrin.

Lauriot. — Baquet rempli d'eau, dans lequel on plonge l'écouvillon.

Fig. 16. — Pannetons.

Pannetons (*fig.* 16). — Espèces de petites corbeilles couvertes de toile, destinées à recevoir la pâte distribuée en pains, afin que la fermentation panaire puisse arriver à sa dernière période. Les pannetons ont la grandeur et la forme des pains que l'on veut avoir.

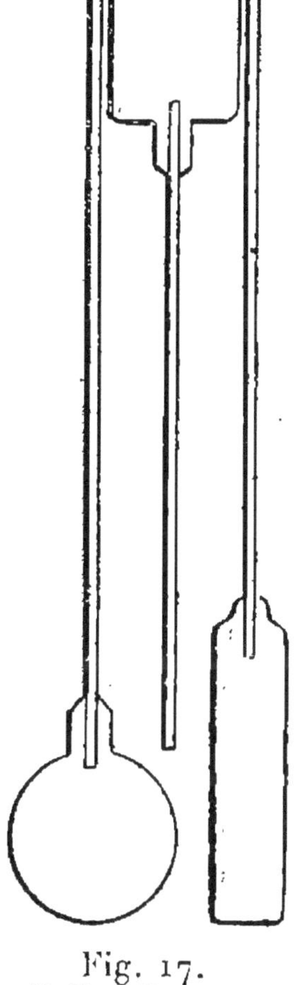

Fig. 17.
Pelles diverses.

Pelles (*fig.* 17). — Il y a plusieurs sortes de pelles, suivant l'usage auquel on les destine : celles qui sont destinées à retirer la braise du four pour la porter dans l'étouffoir, sont en fer. Les autres sont en bois dur ; elles doivent cependant être légères et flexibles. Il y en a qui offrent un carré long. Le *pelleton* doit avoir une proportion égale avec le manche, et être en raison directe de la grosseur du pain qu'on veut enfourner.

La plus grande partie se nomme *rondeau* ; elle est de forme ronde et dépourvue de poignée ; elle est destinée à porter les pains ronds des couches au four.

Pétrin, huche ou *maie* (*fig.* 18). — Grande caisse en bois dur, de 2 à 4 mètres de long, sur 50 à

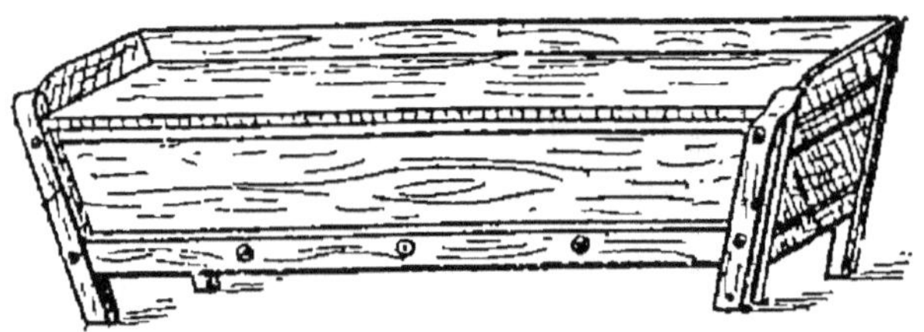

Fig 18. — Pétrin.

80 centimètres d'ouverture, et les deux tiers de fond, destinée à pétrir la pâte. Comme Parmentier, nous croyons que la forme cylindrique serait plus convenable. Voyez à l'article *Pétrissage*, la description des nouveaux pétrins.

Rouable (*fig.* 19). — Longue perche terminée par un grand crochet en fer destiné à ramasser la

Fig. 19. — Rouable.

braise et à la tirer jusqu'à l'âtre du four. On divise les *rouables* en grands et petits : ils ne diffèrent les uns des autres que par la longueur du manche ; à cela près, leur usage est le même.

Fig. 20. — Seau.

Appareils à buée

Appareil destiné à donner de la vapeur dans les fours de boulangerie (*Loriot*). — M. Loriot, ouvrier boulanger, employé en qualité de premier ouvrier chez M. Poisson, maître boulanger, a imaginé un appareil en cuivre destiné à donner de la vapeur dans les fours de boulangerie, et que nous avons fait représenter de face, de côté et en bout dans la fig. 21.

Le but que s'est proposé M. Loriot, en construisant son bouilleur, a été de fournir à l'ouvrier boulanger un moyen simple d'éviter le mouillage des pains. Les résultats obtenus sont une plus grande régularité dans le travail, l'économie du temps de l'ouvrier, et conséquemment l'économie dans la durée du chauffage.

Voici des observations faites en grand sur plusieurs fournées, expériences qui ont donné le résultat le plus satisfaisant.

La première fournée cuite était composée moitié de pains mouillés à la brosse, moitié de pains non mouillés. Ainsi que l'avait annoncé M. Loriot, les pains non mouillés sont sortis du four terreux; les pains mouillés, au contraire, se sont présentés brillants et d'aspect très flatteur, hormis, toutefois, dans les parties que la brosse n'avait pas atteintes, lesquelles, il faut le dire, formaient des taches désagréables à la vue.

La seconde fournée consistait en pains non mouillés qui ont été cuits dans la condition de fonctionnement de l'appareil; ces pains sont tous très bien venus, aussi lustrés et brillants que s'ils eussent été mouillés.

Rien n'est plus simple que le maniement de l'appareil de M. Loriot; il suffit, en effet, d'y verser une certaine mesure d'eau, contenue dans un broc spécialement employé à cet usage, puis de l'enfourner comme un pain, alors que le four est presque échauffé. Tandis qu'on enlève les braises, l'eau s'échauffe, elle est mise en ébullition pendant la durée de l'enfournement et s'échappe en jets de vapeur par les trois tuyaux.

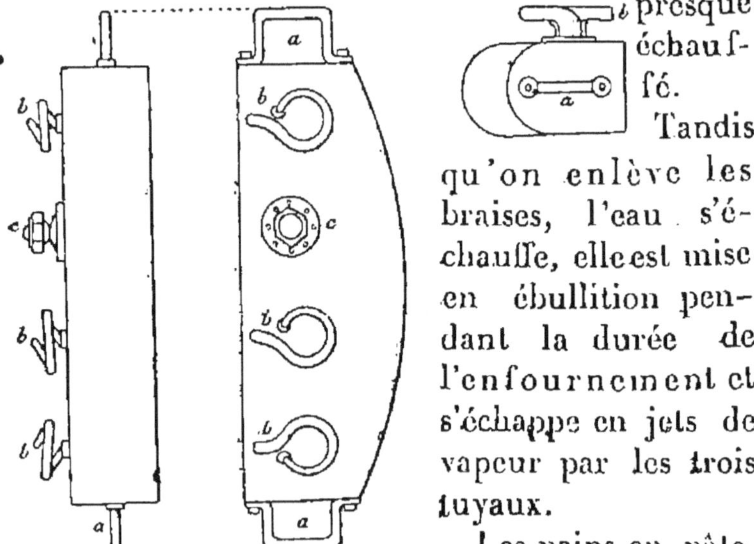

Fig. 21. — Appareil Loriot.

Les pains en pâte, introduits froids dans l'atmosphère brumeuse du four, se couvrent d'une rosée qui équivaut au mouillage ; cette rosée s'évaporant laisse comme résidu, les principes gommeux de la pâte qu'elle avait dissous, et c'est à cette cause sans doute qu'est due la production de ce vernis qui lustre les pains mouillés ou cuits en présence de l'appareil Loriot.

Cet appareil (*fig.* 21) se compose d'un cylindre en cuivre, d'une forme particulière, de 48 centi-

Fig. 22. — Appareil à buée (système Mousseau) placé dans les pieds-droits d'un four.

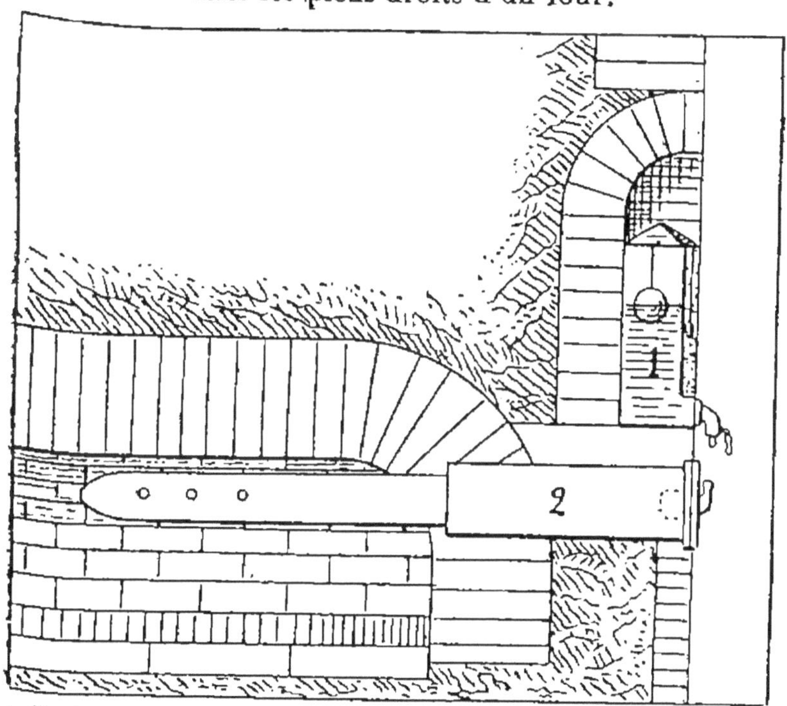

1 Petit réservoir d'eau filtrée installé dans la maçonnerie du four.

2 Tube en fonte dans lequel tombe l'eau du réservoir, amenée de ce dernier par un tube de jonction en caoutchouc, et qui se vaporise rapidement, puis sort par les petits trous ménagés à l'extrémité de ce tube à buée.

mètres de longueur et de 18 centimètres de diamètre, hermétiquement fermé. Quatre ouvertures sont pratiquées à sa partie supérieure, dont trois reçoivent des tuyaux *b*, *b*, *b*, en forme de serpentins, ouverts par le bout pour répandre la vapeur dans toutes les directions, la quatrième ouverture *c*, qui est fermée par un bouchon à vis, sert à l'introduction de l'eau. Deux anses *a*, *a* en fer sont fixées à chaque extrémité, pour pouvoir transporter l'appareil avec facilité.

Après avoir rempli l'appareil d'eau chaude, on le pousse dans le fond du four, avant de placer la dernière charge de combustible, c'est-à-dire quand toutes les braises sont ramenées sur le devant vers la bouche. Pendant que le combustible brûle, l'eau de l'appareil s'échauffe jusqu'à l'ébullition ; on retire alors les braises et on laisse dans le four l'appareil, que le geindre promène facilement à l'aide de sa pelle. La vapeur qui s'échappe par les tuyaux se répand dans le four et préserve le pain des effets de la chaleur rayonnante de la chapelle, tout en conservant l'élasticité nécessaire. Cette vapeur remplace la buée qui se produit pendant la cuisson, et qui s'échappe en partie lorsque la bouche du four est ouverte.

Appareil à buées (*Société Gérin et Leyronas*). (*fig.* 23). — Cet appareil consiste en une caisse, percée du côté face à l'intérieur du four de vingt trous pour le passage de la vapeur ; un tuyau *B* en fer amène l'eau, ce tuyau, double, est percé à l'extrémité pour dégager le trop-plein.

L'eau arrivant dans le tuyau intérieur, percé d'une quantité de petits trous, se répand en légères gouttes dans le tuyau extérieur qui dégage une orte vapeur qui emplit la caisse. Un tuyau *A* de

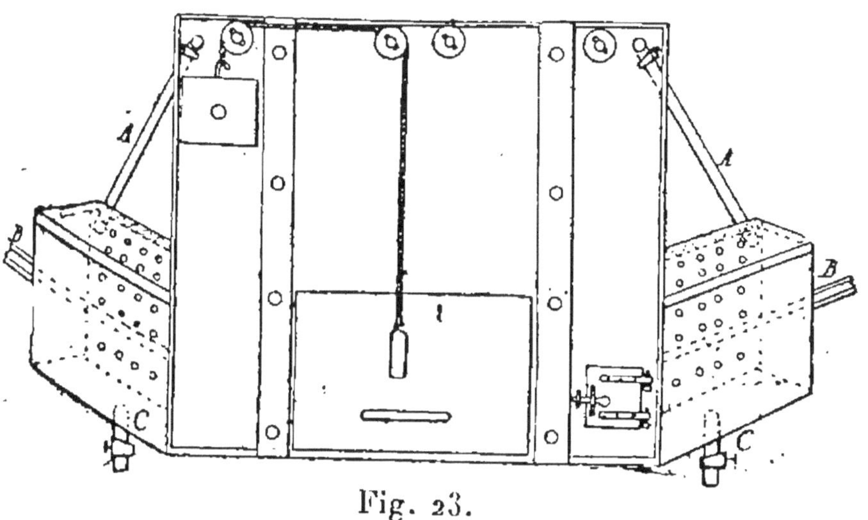

Fig. 23.

dégagement pour le trop-plein de buée, muni d'un robinet, conduit cette dernière à la cheminée ; un tuyau *C* sert à vider la caisse.

Appareil producteur de vapeur d'eau pour fours de boulangers (*Bouvier*) (*fig.* 24). — Cet

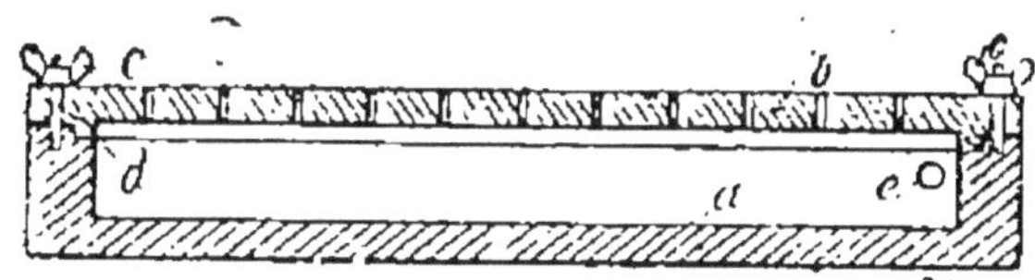

Fig. 24.

appareil se compose d'un récipient *a* surmonté d'un couvercle *b* maintenu en place par des écrous à oreilles *c* taraudés sur deux tiges *d* du récipient. Le fond de ce dernier est légèrement en pente, la partie élevée du côté de l'orifice *e* pratiqué dans la partie cintrée du récipient.

Appareil à produire de la buée (*Lombard*) (*fig.* 25). — Cet appareil se compose de deux enveloppes concentriques *b c*; celle *b* munie d'un couvercle *d* percé de trous; celle *c* d'un couvercle *e*

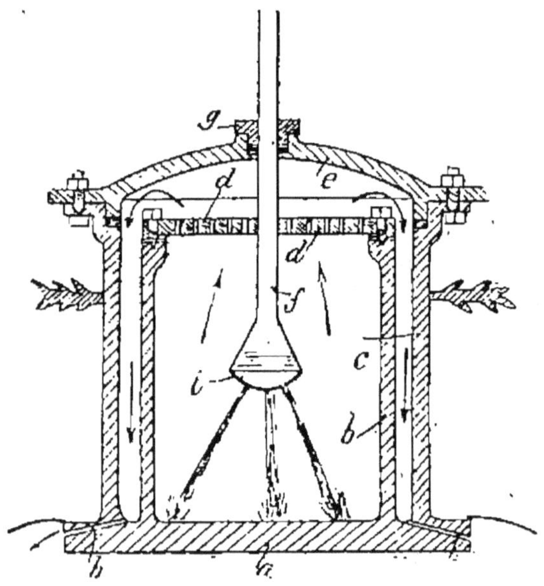

Fig. 25.

à fermeture étanche. Un tuyau *f* traversant ces couvercles sert à l'arrivée de l'eau. La base *a* de l'enveloppe *b* est percée sur son pourtour de trous *h* faisant communiquer à l'extérieur le canal annulaire existant entre les deux enveloppes.

Appareil pour la production de buée dans les fours de boulangers (*Delarbeyrette et Geneste*) (*fig.* 26.) — Cet appareil portatif est constitué par une boîte *a* munie de trous *c* pour le passage de la vapeur ; à l'intérieur de cette boîte se trouvent deux ou plusieurs plateaux *g h* superposés alternativement concavoconvexes, percés de

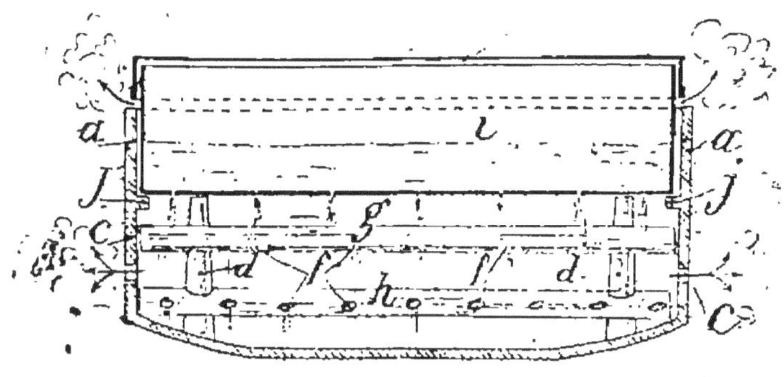

Fig. 26.

trous *f* et maintenus sur des supports *d*. Un réservoir *i*, porté en *j*, et percé de trous, reçoit l'eau qui s'écoule par ces trous sur les plateaux où elle se vaporise.

Dispositif permettant d'avoir de la buée à volonté (*Rommé*) (*fig.* 27). — Ce dispositif permet, par son chauffage indépendant, d'avoir de la buée même lorsque le chauffage du four est terminé. Sur les côtés de la bouche du foyer 3 sont ménagées deux ouvertures communiquant par deux carnaux 6 avec les petits foyers dont 8 sont les grilles. Des petites chaudières 10 placées au-dessus de leur foyer respectif communiquent par un tuyau 11 avec un réservoir d'eau et, avec le four, par des conduits

12, 13. Pendant le chauffage du four, les chaudières 10 sont chauffées, il n'y a qu'à ouvrir les robinets d'eau au moment voulu pour avoir de la buée. Dès que le chauffage est terminé, on ramène les escarbilles par la bouche 3 et les carnaux 6, on

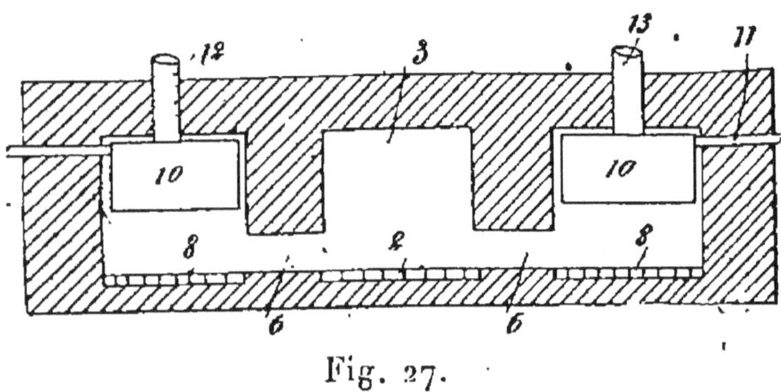

Fig. 27.

les déverse sur les grilles 8 puis on ferme les deux registres placés sur les côtés de la bouche 3 ; les escarbilles continuent à brûler et tiennent les chaudières 10 chaudes, il n'y a qu'à rouvrir les robinets pour ravoir de la buée.

Oura à buée pour fours de boulangers. (*Rommé*) (*fig.* 28). — Ce dispositif à buée est constitué par une enveloppe 1 ouverte à la partie inférieure pour le passage des gaz et fermée par un couvercle 2 ; l'orifice 3 de sortie du gaz est obturé par un tampon 4 qui glisse sur des guides 5. Un récipient 6 fixé à l'intérieur de l'enveloppe 1 au-dessus de l'orifice 3 est en contact avec les gaz chauds s'échappant du four. Pour avoir de la buée, on ouvre le robinet du tuyau 8 qui amène l'eau au récipient 6 où elle se vaporise et passe par les espaces 7 pour se rendre dans le four en buée.

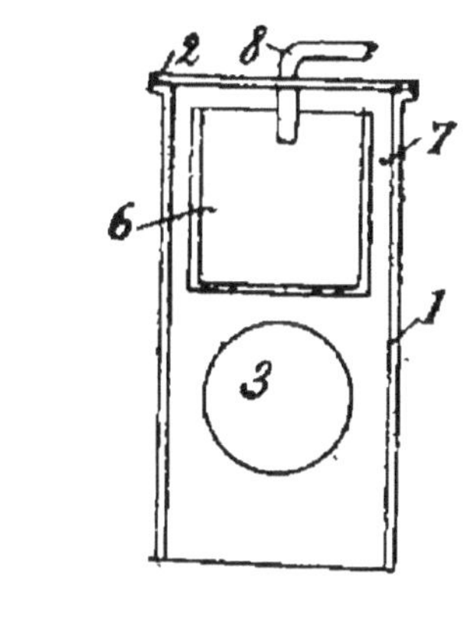

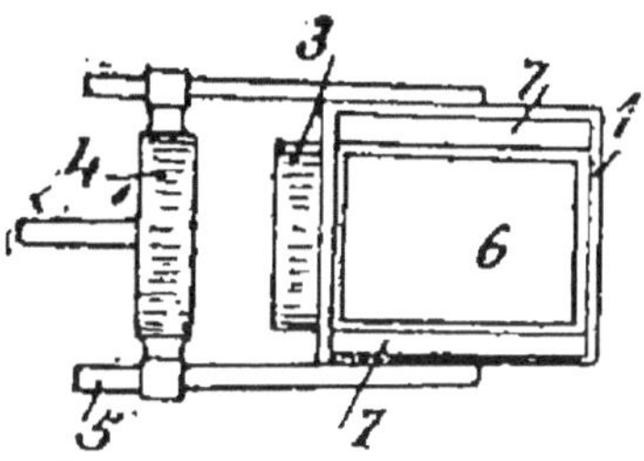

Fig. 28.

Appareil portatif à buée (*Lesage*) (*fig.* 29). — Cet appareil consiste en une boîte prismatique *a* en forte tôle galvanisée, munie intérieurement de deux rayons *b*, destinés à supporter deux plaques en fonte *c* munies de trous pour le passage d'une clé pour leur mise en place et le passage de l'eau provenant du récipient supérieur *d*, lequel est fermé par un couvercle *e* et s'emboîte dans celui inférieur *a*. L'eau tombant goutte à goutte par le fond perforé du récipient *d*, sur les plaques *c* qui ont été rougies dans la charge au préalable, forme buée dans l'appareil dit « saucisson », lequel a été mis à une place conve-

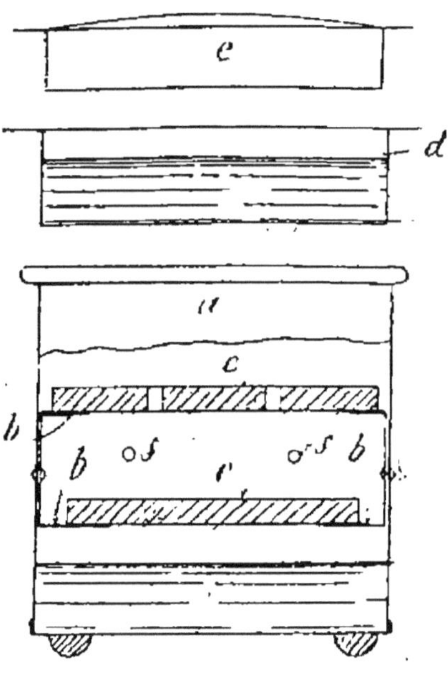

Fig. 29.

nable dans le four. Des trous *f* servent à l'échappement de la vapeur produite.

Appareil à buée (*De Smidts*) (*fig.* 30) —. Cet appareil consiste en une boîte allongée 1 avec paroi 2 moins élevée que les autres ; à l'intérieur de cette boîte se trouve une plaque longitudinale 3 légèrement inclinée et munie d'une ou plusieurs rainures 4 formant un ou plusieurs canaux sinueux, le fond de la boîte 1 possède également des rainures en chicane 6 formant des canaux. La boîte étant placée dans le four, on fait venir l'eau par le conduit 7, elle suit en serpentant les canaux 4, puis ceux 6 et sort en 8 ; la vapeur formée sort par une large ouverture dans laquelle s'ajuste le rebord, muni d'ailettes 11, du couvercle 12.

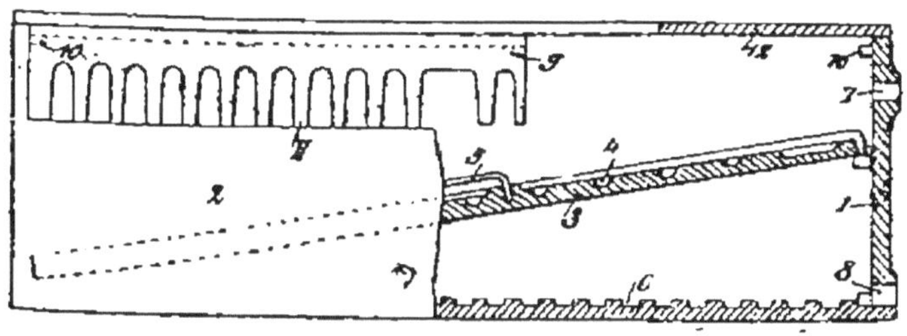

Fig. 30.

De la panification.

La panification est l'opération la plus importante de l'art du boulanger ; c'est en grande partie de sa bonne exécution et des soins qu'on y apporte que dépendent les qualités du pain, sa saveur agréable, sa nature salubre, ses propriétés alimentaires, et une panification négligée, quelque supérieures que soient les matières premières qu'on y met en œuvre, ne peut fournir que des produits inférieurs rebutés par le consommateur.

Nous allons entrer d'abord dans des détails étendus sur la panification proprement dite, telle qu'on l'a pratiquée de temps immémorial et dans tous les pays où l'on prépare du pain avec les céréales, et telle qu'elle est encore en usage dans la plus grande partie de l'Europe. Puis dans ce même chapitre, nous ferons connaître les modifications qu'on a tenté d'apporter à cette opération dans ces derniers temps.

DES PHÉNOMÈNES DE LA PANIFICATION

M. Dumas, dans le tome VI, page 415, de son *Traité de Chimie appliquée aux arts*, a résumé ainsi qu'il suit les différentes notions qu'on possédait à l'époque de cette publication sur la panification :

« La théorie de la panification, dit-il, est facile à comprendre.

« Si la farine des différentes espèces ou variétés de blés occupe le premier rang parmi les substances susceptibles d'être mises sous la forme de pain, et de constituer ainsi la base d'une alimentation saine et commode, elle doit cet avantage au gluten qui ne se rencontre à la fois, ni avec les mêmes propriétés et en aussi fortes proportions, dans aucune autre céréale.

« Ce gluten ne constitue pas, comme on l'avait supposé jusqu'à ces derniers temps, la membrane du tissu du périsperme du blé, mais il est renfermé dans les cellules de ce tissu sous les couches épidermiques et jusqu'au centre du grain.

« A cet égard, le gluten est dans une situation analogue à celle de l'amidon et de la plupart des drincipes immédiats des végétaux.

« Quant aux membranes des cellules dont l'assemblage forme le tissu proprement dit, elles ne diffèrent pas, dans leur composition chimique, des membranes des autres parties des plantes, mais elles sont tellement minces et légères, relativement à la masse du périsperme du blé, que leur influence sur les qualités de la farine est sensiblement nulle.

« Les autres principes immédiats qui jouent un rôle dans la panification, sont surtout l'amidon et le sucre. Voici quels sont les principaux effets des agents de la panification sur ces substances :

« Le délayage de la farine avec de l'eau hydrate l'amidon et le gluten, dissout le sucre, l'albumine et quelques autres matières solubles.

« Le pétrissage de la pâte, en complétant ces réactions par un mélange plus intime, détermine ainsi la fermentation du sucre en établissant un contact exact des globules de la levure avec la solution sucrée ; l'interposition de l'air, par suite de l'étirage, contribue à favoriser la fermentation comme à diviser et alléger la pâte.

« La pâte distribuée et tournée en pains est maintenue à une température douce par la chaleur du fournil, dans les replis de la toile ou dans les pannetons doublés, et l'on conçoit que ces circonstances favorisent le développement de la fermentation.

« C'est surtout alors que le volume de toutes les petites masses de pâte augmente graduellement, car dans tous les points où le produit gazeux de la décomposition du sucre, l'acide carbonique, se trouve enveloppé d'une pâte visqueuse dont le gluten lie les divers éléments, il reste emprisonné, s'accumule dans les cavités où il pénètre et qu'il agrandit.

« Si on laissait continuer trop longtemps ces phénomènes, l'excès de gaz interposé diminuerait trop la consistance de la pâte ; il faut donc saisir le moment où le gonflement est au terme convenable pour arrêter la *dissolution* de la pâte en la mettant au four. Aussitôt après l'enfournement, une brusque élévation de la température dilate les gaz interposés et vaporise une partie de l'eau. Elle arrête la fermentation, fait gonfler toute la surface amylacée. Elle opère ainsi une adhérence plus intime entre toutes les parties hydratées, telles que l'amidon, le gluten, l'albumine, etc., et retient latente, solidifiée, l'eau qui les pénètre.

« La fermentation d'une petite dose de sucre est donc un phénomène nécessaire à la panification ; mais la dose en est si petite qu'elle échappe presque au calcul. On peut poser en fait, que l'acide carbonique développé par cette fermentation demeure tout entier dans le pain, et qu'il y occupe à peu près la moitié du volume du pain lui-même à la température de la cuisson, c'est-à-dire à 100 degrés centigrades. Il résulte de là, qu'il ne faut pas en sucre 1/100 du poids de la farine pour produire le gaz carbonique nécessaire à la production d'un pain bien levé. »

Rappelons ici en peu de mots quelle est la composition du blé, afin de faire mieux comprendre le rôle que chacun de ses éléments joue dans la panification.

Le blé, ainsi que nous l'a révélé l'analyse chimique des farines, se compose :

1° D'eau dont la proportion varie, selon les années, la variété, l'âge du grain, etc., mais qui est comprise entre 12 et 18 o/o ;

2° De matières azotées insolubles dans l'eau et qu'on comprend sous le nom général de gluten, dont la proportion en moyenne est de 12 à 13 o/o ;

3° De matières azotées solubles désignées sous le nom d'albumine dont la dose n'est que de 2 o/o environ ;

4° De matières non azotées insolubles dont les principales sont l'amidon dans la proportion de 60 o/o, la matière grasse dans celle de 1 o/o, et une petite quantité de cellulose ;

5° De matières non azotées solubles dans l'eau, surtout de la dextrine et la plupart du temps 7 à 8 o/o de matière sucrée ;

6° Enfin, de matières minérales, tels que phosphates de chaux et de magnésie, sels de potasse, sels de soude, silice, etc., dont la proportion varie entre 1 et 2 o/o.

Le but principal de la panification est de rendre solubles dans les liquides des organes digestifs la majeure partie des substances qui, dans la farine, sont insolubles dans l'eau. Les deux substances qu'il s'agit surtout ainsi de faire passer à l'état soluble sont l'amidon et le gluten.

L'eau dont on imbibe l'amidon le fait gonfler, et la cuisson en faisant crever les granules dont il se compose, en rend la matière amylacée attaquable par les sucs gastriques.

D'un autre côté, le pétrissage et la fermentation distendent le gluten qui est une matière plastique et le préparent sous cette forme atténuée à subir l'action de ces mêmes sucs.

On comprend par conséquent que la panification doit, dans son ensemble, se composer de quatre opérations : 1° le délayage ou le mouillage de la farine avec l'eau ; 2° le pétrissage pour opérer l'imbibition complète de cette eau et l'étirage du gluten ; 3° la fermentation qui détruit l'état compact de la pâte ; 4° la cuisson qui fait crever les granules d'amidon et rend le tout attaquable par les organes digestifs.

Les matières organiques non azotées ont surtout pour objet d'entretenir la respiration, tandis que celles azotées servent au renouvellement des tissus organiques. Or, comme on peut remplacer dans l'alimentation les premières qui sont contenûes dans les farines par beaucoup d'autres, telles que le sucre, l'alcool, etc., c'est le gluten qui devient la matière principale du pain et celle dont on doit surtout rechercher la richesse dans les farines, sans compter que c'est le gluten qui procure à ce pain sa constitution douce et élastique en même temps qu'il lui donne de la cohésion. Aussi indiquerons-nous plus loin les moyens de s'assurer de sa richesse dans les farines.

Dans son mémoire sur la panification, M. Balland dit comme conclusion à ses savantes et minutieuses expériences :

1° La fermentation panaire est produite par le ferment naturel du blé. C'est à ce ferment, mis en mouvement par l'eau et la chaleur, qu'il faut rattacher les phénomènes observés pendant la panification. (Transformations du gluten et de l'amidon, production d'alcool et d'acide carbonique, coloration du pain bis.)

Dès le début le gluten se modifie : il s'hydrate, devient visqueux et, sous cet état, communique à la pâte ce liant, cette cohésion que l'amidon seul est impuissant à donner. Il constitue comme un réseau mobile dans lequel se trouvent emprisonnés les gaz au fur et à mesure de leur production. Plus tard, en se durcissant au four, il assure au pain sa forme définitive.

L'un des points les plus délicats de la panification consiste à bien saisir le moment où le gluten va atteindre son maximum de cohésion soit dans les levains, soit dans les pâtes. Lorsque l'action du ferment s'est trop développée, le gluten rendu fluide n'a plus la force de retenir les gaz intérieurs ; ceux-ci s'échappent et les pains s'aplatissent. Dans un bon travail cette action doit se produire naturellement et graduellement : j'ai cherché à la provoquer, mais sans résultat réel, en favorisant l'hydratation du gluten à l'aide de l'acide acétique et de l'alcool.

En même temps que le gluten, l'amidon s'hydrate aussi, et ces deux principes immédiats concourent à la production de l'acidité et du sucre, qui ne semble pas préexister dans le blé (1).

(1) M. L. Boutroux n'admet pas la formation du sucre en quantité appréciable aux dépens de l'amidon. D'après lui « la fermentation panaire consiste essen-

Parmi les produits de transformation ultérieure du sucre, on trouve de l'alcool et de l'acide carbonique (1).

Toutes ces actions, suivant la conduite du ferment dans les levains et les pâtes, s'enchaînent et se développent avec une régularité, une sûreté que l'on ne saurait obtenir par des moyens artificiels (pains chimiques sans levure) (2).

2° Les pâtes panifiables renferment plus d'eau que les levains et le gluten s'y trouve dans un état de viscosité moins avancé. Elles sont moins acides et moins riches en sucres réducteurs.

L'acidité d'un levain, représentée en acide sulfurique monohydraté, peut atteindre 0,35 0/0 ; celle du pain, avant comme après la sortie du four, est de 0,15 à 0,20 0/0.

Un bon levain pendant son apprêt double de volume ; il surnage dans l'eau en conservant sa forme.

tiellement en une fermentation alcoolique normale du sucre préexistant dans la farine, auquel s'adjoint peut-être du sucre formé par saccharification d'une trace d'hydrate de carbone plus attaquable que l'amidon ». M. Boutroux, après examen approfondi des faits que fournit l'expérimentation moderne, en revient purement et simplement à la théorie exposée par Dumas en 1843.

(1) M. Aimé Girard a trouvé que l'alcool et l'acide carbonique se produisaient exactement dans les proportions qui caractérisent la fermentation alcoolique.

(2) Pain Dauglish, pain Liébig, pain Horsford, pain Wimmer.

3° La pâte au four se dilate, se durcit et perd de l'eau en passant à l'état de pain ; toute la perte porte sur la croûte, car la mie ne contient pas moins d'eau que la pâte au moment de l'enfournement.

Sous l'influence de la chaleur, le sucre augmente et les matières grasses diminuent : il y a plus de sucre et moins de matières grasses dans la croûte que dans la mie.

La dilatation (*la levée*) du pain est amenée par la vapeur d'eau et l'acide carbonique produits pendant la panification. Dès que le pain est retiré du four, la vapeur se condense et l'air extérieur pénétrant dans les vides l'en chasse peu à peu (ressuage du pain).

Cela bien compris, nous allons passer à l'examen des diverses opérations dont se compose la panification.

DE LA FERMENTATION ET DU FERMENT

Les anciens chimistes avaient distingué une fermentation alcoolique et une fermentation panaire, mais la chimie moderne a considérablement étendu la série des fermentations, telles que les fermentations lactique, acétique, ammoniacale, butyrique, succinique, mucique, glucosique, etc.

La fermentation est une réaction spontanée, une modification chimique qui se manifeste dans une masse de matière organique, et qui paraît due à la présence d'une autre substance active à laquelle on a donné le nom de *ferment*.

La fermentation ne s'exerce que sous certaines conditions qu'il est utile de connaître ; 1° une température de 20 à 25 degrés centigrades ; 2° la présence de l'eau ; 3° le contact de l'air atmosphérique ; 4° le concours d'une matière azotée organisée neutre, qui constitue le ferment ; 5° enfin celui d'une matière cristallisable non organisée, en quantité plus ou moins considérable.

La fermentation alcoolique a pour résultat la conversion du sucre en alcool d'abord, puis en acide carbonique. C'est là le fait chimique principal.

La matière azotée organique qui provoque cette fermentation existe en germe dans la majeure partie des matières organisées, et elle se rencontre constamment dans les céréales. Placée sous les influences que nous avons indiquées, cette matière azotée se développe, se modifie et agit.

Pour se faire une idée nette et précise de la fermentation saccharine ou alcoolique, qui est la plus simple de toutes, il suffit de prendre 5 à 6 parties de sucre, 20 à 25 parties d'eau, d'ajouter une petite quantité de levure de bière ou de grains, et d'abandonner à la température de 20 à 25°. On voit bientôt le sucre disparaître. De toutes parts il se dégage de l'acide carbonique, d'abord avec rapidité, puis de plus en plus lentement, jusqu'à ce qu'après deux ou trois jours, l'action cesse entièrement. Si on distille ensuite avec précaution une première fois le liquide restant, de manière à n'en recueillir que le quart ;

qu'on soumette ce produit à une seconde, puis à une troisième distillation, en ajoutant de la chaux, on finira par obtenir de l'alcool plus ou moins purifié. Evaluant enfin les différents produits de la décomposition du sucre, on trouvera que l'acide carbonique et l'alcool représentent, à très peu près, le poids du sucre employé.

M. Graham a entrepris, en 1826, une suite de recherches pour doser la quantité d'alcool qui se développe dans la fabrication du pain et qui se perd à la cuisson. D'après son calcul, cette quantité s'élève depuis 0,3 jusqu'à 1 o/o de la farine employée, et c'est à la suite de ces expériences que ce sujet a attiré l'attention publique. A cette époque on a calculé que dans la seule fabrication du pain dans la ville de Londres, on dissipait ainsi dans l'air plus de 1.360.000 litres d'alcool, et la boulangerie militaire de Chelsea, à Londres, se distingua alors par de vaines tentatives qui coûtèrent plus de 500.000 francs pour condenser et recueillir l'alcool qui se formait.

Des phénomènes encore plus curieux se manifestent dans la fabrication de la bière.

En effet, si on prend de l'orge, et qu'on la pénètre d'eau, cette orge exposée à l'air commence, quand la température est assez élevée, à germer au bout d'un certain temps. Il s'y développe une substance appelée *diastase*, qui jouit de la faculté de transformer en sucre ou en dextrine les grains gonflés de fécule. Quand la germination est terminée, on dessèche et on moud l'orge qu'on met en contact avec de l'eau à la température de 70 à 75°. La diastase achève de convertir toute la fécule en sucre. Puis, après avoir mis en houblon, on ajoute de la levure qui fait dégager des torrents d'acide carbonique en développant, d'un autre côté, des quantités correspondantes d'alcool dans la liqueur.

Dans cette opération, le ferment, ou levure, loin de se détruire, se développe par bourgeonnement, se dédouble, augmente considérablement en proportion ; une partie surnage comme une écume à la surface du liquide, et l'autre se précipite au fond. L'orge contient des matières albuminoïdes azotées propres à la nutrition de ce ferment, de telle sorte qu'on recueille six à sept fois plus de levure qu'on n'en a mis.

Le ferment, ou la levure de bière, est organisé ainsi qu'on l'a constaté à l'aide du microscope. Sous cet instrument, on voit que cette levure, avant la fermentation, est formée en entier de globules, ou corpuscules légèrement ovoïdes, d'un centième de millimètre de diamètre ; souvent leur pourtour semble garni de petits appendices qu'on regarde comme de véritables bourgeons. Aussitôt que la fermentation est en train, la levure ne reste plus un seul instant en repos ; ces corpuscules s'agitent en tous sens, et la substance soumise à la fermentation est mêlée d'une matière azotée : ils deviennent plus volumineux, les petits appendices latéraux se développent, et quand ils ont acquis certaines dimensions, ils se détachent pour vivre isolément et donner à leur tour naissance à d'autres bourgeons.

Le ferment engendre le ferment, et la plus petite quantité de levure, de pâte aigrie, suffit pour provoquer la fermentation et le bourgeonnement du ferment au sein d'une masse susceptible de fermentation.

Sous l'influence du ferment, le sucre renfermé dans la farine des céréales, se transforme d'abord en glucose, puis en alcool, et enfin en acide carbonique, qui sont en effet les phases de la panification.

Le ferment, indépendamment des acides, des sels insolubles qu'il entraîne dans sa précipitation, et dont une partie lui est étrangère, contient, quand il est purifié et abstraction faite des cendres, ses principes élémentaires, dans les proportions que voici :

	I.	II.
Carbone	50.05	49.84
Hydrogène	6.52	6.70
Azote	11.84	12.44
Oxygène	31.59	30.02
	100.00	99.00

Le gluten, sous l'influence de l'air et de l'eau se convertit lentement en ferment. L'albumine produit le même effet, et, quand ces matières se sont converties en ferment, elles déterminent la fermentation du sucre et le dépôt d'une nouvelle quantité de ferment. Ces ferments artificiels ont la forme, les dimensions, la vie active qu'on a observées dans la levure de bière.

La levure, exposée pendant dix à douze minutes à l'action de l'eau bouillante, perd ses propriétés, mais les recouvre au bout de quelques jours.

Les proportions d'eau et de sucre les plus convenables pour produire la fermentation sont une partie de sucre pour trois à quatre d'eau. Quant à celles du ferment, il suffit d'une partie de levure fraîche pour cinq parties de sucre ; et, pendant la fermentation, cent parties de sucre ne détruisent pas deux parties de ferment supposé sec.

La levure se présente communément sous la forme d'une bouillie écumeuse, grise, mêlée de grumeaux noirâtres. En cet état, elle exhale à un haut degré une odeur aigre particulière et facile à reconnaître ; sa saveur est amère, et sa réaction acide. A l'état de purification complète, elle est sous forme de bouillie blanche, lisse et consistante, ayant la même odeur, mais d'une saveur fade. Le diamètre de ses globules varie, en général, de 1/400 à 1/100 de millimètre. Par la dessiccation, cette bouillie perd 68 o/o de son poids, et se convertit en une masse dure, cornée, demi-transparente, qui se divise en fragments gris rougeâtre.

Le ferment, à l'état de bouillie, trituré avec son poids de sucre blanc, se convertit en quelques instants, et à mesure que le sucre se fond, en un liquide ayant la fluidité de l'huile d'amandes. Il perd en même temps sa couleur blanche, opaque, et le liquide devient jaunâtre et demi-transparent, Ce ferment, délayé dans le sucre, conserve ses propriétés caractéristiques pendant des années.

Nous avons dit que les anciens chimistes admettaient une fermentation panaire, mais que la chimie moderne n'avait reconnu, dans cette opération, qu'une fermentation alcoolique combinée peut-être avec un ferment glucosique ou saccharin.

En effet, le gluten et les matières albumineuses par leur réaction sur l'amidon des céréales, paraissent déterminer une fermentation saccharine ou glucosique, c'est-à-dire transformer une portion de la fécule en glucose, et de la dextrine en sucre ; puis le sucre, aussi bien que celui renfermé naturellement dans la farine de ces céréales, éprouve la fermentation alcoolique et la formation consécutive de l'acide carbonique nécessaire à la panification.

Le ferment, ou *levure de bière ou de grains*, est employé pour développer la fermentation panaire dans les lieux où il existe des brasseries ou des distilleries, et particulièrement en Angleterre et en Allemagne ; dans les autres localités, on a recours à la pâte aigrie ou levain.

LES MICROBES BOULANGERS

Pour compléter l'étude des levains, nous donnons à nos lecteurs ce qu'a expérimenté et décrit M. Emile Laurent :

« Quelle est la nature du levain ? Que fait-il dans la pâte ? Pour résoudre ces questions, il sera peut-être plus facile de raisonner par analogie. Le ferment contenu dans le levain est comparable à la levure de bière. Celle-ci est une petite plante microscopique, un *saccharomyces*, qui jouit de la propriété remarquable de transformer le sucre des moûts en alcool et en acide carbonique. C'est là une vérité aujourd'hui vulgaire.

« La levure de bière, la levure de grains ou la levure de vin modifie donc la composition des moûts sucrés et en détermine la teneur en alcool. Mais il n'y a pas que les levures qui agissent sur les liquides organiques ; la mère de vinaigre nous montre des cellules étroites, plus ou moins allongées, des bactéries pour les appeler par leur nom. Il était facile de voir si, dans le pain, on était en présence d'une levure ou d'une bactérie. L'existence de bâtonnets dans le levain et dans la pâte fut signalée à diverses reprises, sans que l'on ait songé à leur accorder un rôle bien sérieux.

« Il n'en fut pas ainsi pour une forme toute petite de levure trouvée dans le levain par M. Engel, qui n'hésita pas à lui attribuer le phénomène de la fermentation panaire (1872).

« Quel rôle faut-il attribuer à la levure de bière dans la préparation du pain ? Sommes-nous en présence d'un ferment alcoolique comme dans la cuve du brasseur ? Question bien délicate à résoudre et pour laquelle une excursion dans le domaine de la chimie est nécessaire. Il s'agit d'analyser sommairement la composition de la farine ; nous discuterons ensuite le rôle des agents de fermentation qui se trouvent dans la pâte.

« *Composition de la farine.* — Examinée au microscope, la farine de froment, que nous prendrons pour type, présente de nombreux grains d'amidon de grosseur inégale et facilement reconnaissables à leur coloration bleue par l'iode. Il y a aussi dans le champ du microscope des masses qui se colorent en jaune par l'iode, et qui sont des portions de gluten, la matière albuminoïde principale de la farine.

« A l'état naturel, amidon et gluten sont consommés par l'embryon du blé pour sa première nourriture. Cette assimilation n'est pas des plus simples : les deux substances en question sont insolubles dans l'eau et il est nécessaire qu'une digestion intervienne pour modifier cet état.

« Les découvertes des physiologistes ont mis en relief des agents spéciaux qui, dans les cellules végétales et animales, donnent aux matériaux nutritifs insolubles le degré voulu de solubilité. L'amidon est réduit en sucre par la diastase, et les albuminoïdes insolubles du grain (qui donnent le gluten) sont transformés en peptones par un corps analogue à la pepsine animale. Diastase et pepsine sont encore actuellement des corps mal définis au point de vue de leur composition chimique ; on sait que ce sont des matières azotées. La mouture ne les fait pas disparaître et on les retrouve dans la farine.

« Voilà un premier fait établi ; passons à quelques autres en rapport plus direct avec le sujet de cette étude.

« *Le bacillus panificans.* — Faisons de la pâte avec n'importe quel échantillon de farine. Abandonnons cette pâte pendant quelques heures à

35°. Le microscope, à un grossissement de 400 à 500 diamètres, va nous révéler la présence des mêmes corps (amidon et gluten) colorables par l'iode comme dans la première observation ; il y a, en outre, çà et là, de petits bâtonnets très étroits, de trois à six fois plus longs que larges, mobiles dans l'eau de la préparation. Nous avons devant nous une bactérie du type *bacillus*.

« Les bâtonnets se retrouvent dans le pain après la cuisson ; j'en ai même vu plus de 500.000 dans un gramme de pain fait avec levain, ce qui fait un minimum de 250 millions de microbes par livre de mie de pain. Ces microbes peuvent faire frémir les personnes pour qui les microbes sont d'affreux croquemitaines. Elles auraient tort : ces bacilles ne sont pas seulement inoffensifs, ils nous aident puissamment dans la digestion des aliments.

« Au lieu de nous abandonner à des rêveries sur l'origine des bactéries, recherchons ce que pourrait être leur mode de vie dans la pâte. Nous savons déjà que sous l'action de l'eau et des ferments solubles, il y a augmentation, dans la pâte, des peptones et des sucres. Les germes du *bacillus* répandus dans la farine ne tarderont pas à se multiplier au contact de l'eau et des aliments solubles. Cette espèce a d'ailleurs la propriété d'attaquer le gluten avec une extrême facilité et de le réduire en matières solubles. M. Balland, qui a très bien étudié les altérations chimiques des farines sans se préoccuper du côté bactériologique, a obtenu, sous ce rapport, des résultats très concluants. La pâte s'appauvrit donc de la portion de gluten consommée par les innombrables générations du *bacillus*.

« En revanche, il améliore la qualité du pain. Il vit, il respire et par conséquent il produit de l'acide carbonique qui forme des cavités par suite de l'élasticité du gluten. Telle est l'origine des yeux du pain, et c'est grâce à cette action que le pain est plus léger et plus agréable à manger.

« Outre cette importante fonction, le bacille du pain provoque des réactions assez compliquées dans la pâte : il se produit divers corps intéressants de la chimie organique.

« Il n'y a plus de doute possible : le bacille dont nous venons de nous entretenir est la bactérie de la fermentation panaire ; nous avons proposé de l'appeler *bacillus panificans*.

« Quand nous mangeons un peu de pain, nous avalons donc des myriades de bacilles vivants. Ils ne sont pas détruits dans l'estomac, comme je l'ai prouvé en mettant des bâtonnets et des spores pendant vingt heures dans du suc gastrique. Les bactéries ingérées avec le pain ont, dans le tube digestif de l'homme, un milieu extrêmement riche en matières albuminoïdes et en amidon cuit. Grâce à leur propriété d'être à la fois aérobies et anaérobies, d'organismes adaptés aux milieux acides et alcalins, elles doivent contribuer à la digestion dans le tube digestif de l'homme. Ce n'est pas la première fois qu'une telle hypothèse est avancée, mais je crois apporter à l'appui, des faits d'une réelle importance. Je me propose de continuer mes recherches dans cette partie de la physiologie encore si obscure. Un fait indiscutable, c'est la quantité énorme de *bacillus panificans* qui se rencontrent dans les selles. »

1° *Des Levains des différents pays.*

Le ferment dont on se sert généralement dans le nord de l'Europe, pour faire monter la pâte destinée à faire du pain, est l'écume qui provient de la fermentation des liqueurs de malt. On emploie cette *levure* dans la proportion d'un litre par 50 kilogrammes de farine. L'effet en est plus prompt que celui du levain. En France, on emploie du levain, qu'on pétrit avec la pâte, et on ajoute parfois un peu de levure avec la dernière portion d'eau.

On peut se procurer du levain, en faisant bouillir pendant dix minutes 1 kg,75 de farine dans 3 litres d'eau, dont on décante ensuite 2 litres, qu'on conserve dans un lieu échauffé. La fermentation commence au bout de trente heures environ. A ce moment, on y verse 4 litres d'une décoction semblable de malt, et lorsque la fermentation recommence, on en ajoute une quantité semblable ; et ainsi de suite, jusqu'à ce qu'on ait obtenu une quantité de levain suffisante.

En France, on comprend sous le nom de levure, non seulement l'écume ou levure qui monte à la surface de la bière en état de fermentation, mais encore les fonds de bière ou levure qui se précipite au fond des cuves. Les levuriers achètent ceux-ci aux brasseurs ; ils en font écouler la bière, en les enfermant dans des sacs ; ils les lavent ensuite, en mettant les sacs dans un courant d'eau, et font sécher au soleil. La levure de chapeau, ou écume de la bière, est séchée de la même manière ; elle est, en cet état, plus facile à transporter.

Cette levure, à l'état sec, doit être de couleur jaunâtre, brune ou grise ; mais il faut rejeter celle qui est noire et amère ; elle doit être sèche et à cassure nette, et ne pas céder à la pression des doigts. Lorsqu'on en fait dissoudre dans l'eau chaude, et qu'on en verse quelques gouttes dans l'eau bouillante, la levure doit venir à la surface.

Les boulangers d'Edimbourg s'approvisionnent de levure de la manière suivante : ils mélangent 5 kilogrammes de farine avec 10 litres d'eau bouillante, et couvrent la bouillie pendant huit heures environ. Après ce temps, ils y ajoutent deux litres de la levure obtenue le jour précédent ; et, au bout de six à huit heures, ils obtiennent une quantité nouvelle de levure, suffisante pour 200 kilogrammes de farine.

Quand on est obligé de préparer un ferment à l'aide du malt, on peut tout aussi bien employer le moût que la levure. M. Stock, pour faire un levain de cette espèce, préparait le moût à l'aide de 1 kilogramme de malt, 6 grammes de sucre et 30 grammes de houblon par 5 litres : 10 litres de ce moût sont suffisants pour faire fermenter 250 kilogrammes de farine.

Les Hongrois préparent un levain de la même manière, et qu'ils peuvent garder toute l'année. Ils font bouillir dans l'eau, pendant l'été, une certaine quantité de son, de froment et de houblon. La décoction ne tarde pas à fermenter, et ils y jettent alors une quantité de son suffisante pour faire du tout une pâte très épaisse, dont ils pétrissent des boules qu'on sèche à une douce chaleur. Lorsqu'on veut s'en servir, on en brise quelques-unes; on verse sur les morceaux de l'eau bouillante; quand elle y a séjourné assez longtemps, on la décante, et on s'en sert pour pétrir le pain.

Les Romains préparaient aussi leur ferment de la même manière; ils faisaient avec du vin en fermentation une pâte épaisse de farine de millet, dont ils formaient ensuite des boules, qu'ils laissaient sécher.

On pourrait, en ce pays, préparer un ferment semblable avec les raisins secs; mais il serait nécessaire de presser les raisins entre deux planches, sans quoi ils retiendraient la plus grande partie de la matière fermentescible.

2° *De la Levure artificielle.*

Voici la recette de la levure artificielle dont font usage les boulangers de Vienne en Autriche :

On prend 2 kilogrammes et demi de malt de froment séché à l'air, et 1 kilogramme et demi de malt d'orge aussi séché à l'air, qu'on moud grossièrement et qu'on fait bouillir, comme pour fabriquer de la bière, avec 6 à 7 litres d'eau, de manière que le tout fasse une espèce de bouillie fluide de 11 à 12 litres. On prolonge l'ébullition jusqu'à ce que le tout se réduise à moitié; seulement, quand l'évaporation n'a réduit la pâte qu'à

8 ou 9 litres, on y ajoute 30 grammes de bon houblon qu'on fait bien cuire, puis on filtre à travers une grosse toile ou un tamis à mailles assez ouvertes, et on presse le résidu. Lorsque cette bouillie au houblon s'est refroidie jusqu'à 75° du thermomètre centigrade, on prend 2 à 2 kilogrammes et demi de malt de froment en poudre fine qu'on délaie dans une quantité d'eau froide, suffisante pour en former aussi une bouillie épaisse qu'on ajoute à la précédente, et on laisse refroidir le tout en agitant continuellement, jusqu'à ce que la masse descende à une température de 20 à 25°.

En cet état, on y ajoute un litre de bonne levure de bière, et on mélange intimement. On abandonne pendant 24 heures dans un lieu dont la température est de 15 à 18°, et la levure artificielle est prête. Cette levure se conserve en lieu frais pendant deux ou trois semaines en été, et un ou deux mois en hiver. Suivant M. Heusler, on fabrique, par le procédé suivant, une levure sèche qu'on peut garder aussi longtemps qu'on le désire.

On prend 30 grammes de houblon qu'on fait bouillir dans une quantité suffisante d'eau pour obtenir une décoction de 1 litre. Cette décoction ayant été filtrée, on y ajoute 750 grammes de farine de seigle, et 180 grammes de bonne levure ; on ajoute enfin la quantité de farine nécessaire pour faire une bouillie épaisse qu'on introduit dans un four chaud, où on la fait sécher promptement.

3° *Du Levain en France.*

Le levain, dans la plus grande partie de la France, est une pâte fermentée, qui est destinée à imprimer à la pâte de farine cette modification à laquelle on a donné le nom de *panification*. Sans le levain, cette pâte ne se boursouflerait point, et le pain obtenu serait mat, pesant et de mauvaise qualité. Le levain produit sur la pâte, des effets qui varient suivant que sa fermentation est plus ou moins avancée ; on désigne ce degré de fermentation par les noms de *levain jeune*, *levain fort* et *levain vieux*.

Le *levain jeune* n'a encore subi qu'un commencement de fermentation ; il est dans un état presque voisin de la pâte.

Le *levain fort* est le levain dans sa plus grande force.

Le *levain vieux* est celui qui, en termes de l'art, a passé son apprêt, c'est-à-dire qui est dans un état de fermentation avancée. Dans ce cas, il communique au pain un goût aigre. Le levain jeune n'imprime à la pâte qu'un faible degré de fermentation ; aussi, le pain qui en résulte est mat, pesant et plus blanc. Le levain fort, et au point convenable, est celui qui mérite la préférence. Dans la boulangerie, on donne différents noms aux levains, suivant la partie de la pâte avec laquelle ils ont été formés et leur degré de fermentation. Nous allons les énumérer.

a) *Levain de chef.*

Ce levain se compose d'un morceau de pâte incorporé avec les râtissures du pétrin et un peu de farine ; le tout réduit, au moyen de l'eau, en consistance de pâte ferme, qu'on met au frais dans une petite corbeille revêtue, en dedans, d'une toile qui se replie sur la pâte. Ce levain, pour être au point convenable de fermentation, doit avoir acquis un volume double, offrir une surface bombée et lisse ; il doit aussi repousser légèrement la main quand on le presse, nager sur l'eau, offrir encore de la ténacité, et répandre une odeur vineuse, agréable ; enfin, conserver sa forme lorsqu'on le fait tomber dans le pétrin. Ce levain est appelé *de chef*, parce que c'est de celui-là que proviennent les autres.

b) *Levain de première.*

Le premier levain se compose du levain de chef, d'un volume de farine d'un poids double de celui de son poids, et d'une quantité d'eau proportionnée à sa grosseur. Autrefois, on commençait par mettre dans une petite fontaine le *chef* et moitié de l'eau qu'on voulait employer ; on délayait bien vite le levain, et on ajoutait ensuite peu à peu la farine et le reste de l'eau. Maintenant, on verse dans la fontaine la totalité de l'eau qu'on veut employer ; on place ensuite très doucement le levain de chef au milieu, on l'arrose en jetant de l'eau dessus avec la main, puis on le délaie. La pâte résultant de ce mélange devant avoir de la consistance et de la ténacité, doit être travaillée avec force et vivacité. On met toujours ce levain dans une corbeille, qu'on couvre d'une toile légère et humide : mais la manière de le gouverner dépend de la saison. En été, on place la corbeille dans un lieu froid, afin de retarder la fermentation ; dans l'hiver, au contraire, on la place dans un endroit chaud. Les boulangers laissent actuellement tous leurs levains dans le pétrin ; celui de chef est le seul qu'ils mettent dans une corbeille.

Quand ce levain est parvenu au degré requis, on le rafraîchit, c'est-à-dire qu'on le pétrit de nouveau avec de la farine et de l'eau, et qu'on augmente sa masse environ de moitié. On répète cette opération trois et même quatre fois, surtout quand le temps est chaud ou que le travail doit être long ; par ce moyen, on enlève insensiblement à la pâte son aigreur et sa force, en la rendant plus spiritueuse. On appelle ce levain *levain de première*.

La méthode de rafraîchir le levain, indispensable chez les boulangers, peut très bien n'être pas suivie par les particuliers ; et en travaillant avec soin le levain une fois seulement, on obtient d'excellent pain de ménage, comme le prouve l'expérience journalière.

c) *Du Levain de seconde.*

On renouvelle, pour le second levain, l'opération qui vient d'être décrite pour le premier, c'est-à-dire qu'on le met dans une fontaine, et qu'en le mélangeant avec de la farine et de l'eau, on augmente encore son volume d'un tiers. Seulement, la pâte doit être un peu moins ferme que celle du premier levain, mais aussi elle a besoin d'être travaillée davantage. Ce levain, qu'on nomme de *seconde*, et qui s'apprête communément plus promptement que le premier, doit, quand on ne le laisse pas dans le pétrin, être mis dans une corbeille assez grande pour qu'en fermentant il ne s'échappe pas par-dessus les bords.

Il en est de la pâte des levains comme de celle du pain; plus elle est travaillée, et plus elle acquiert de qualité. On avait toujours regardé le levain de tout point comme le principal, et comme exigeant par conséquent plus de soin que les autres. J'ai eu lieu de me convaincre que le levain de seconde est celui qui demande le plus d'attention, de soin et de travail; et, en cela, je suis d'accord avec les meilleurs boulangers.

d) *Du troisième Levain, ou du Levain de tout point.*

Les garçons boulangers qui, comme nous l'avons déjà dit, négligent parfois le premier et le deuxième levain, donnent la plus grande attention au *levain de tout point*; ils en sentent d'autant mieux la nécessité, qu'ils ne peuvent douter que de ce levain dépend la qualité du pain. Le levain de tout point se forme comme les deux précédents; mais, en été, son volume doit être de moitié de la fournée, et, en hiver, du tiers au moins. Ce levain, après avoir passé par trois états différents, doit, pour peu qu'il ait été manipulé, et pris au degré de sa fermentation, être dégagé de toute son aigreur, et ressembler, à peu de chose près, à la pâte au moment où elle va être mise au four. Comme il est trop considérable pour pouvoir être placé dans une corbeille, on le laisse dans le pétrin, au milieu d'une fontaine, et on le recouvre de farine en quantité plus ou moins grande, suivant la saison ou la localité. La pâte de ce levain doit être bien plus travaillée que celle des autres.

La fermentation des levains dépendant particulièrement des variations de l'atmosphère et des saisons, il serait difficile et même impossible de déterminer positivement le temps nécessaire pour leur préparation. Les farines ont encore beaucoup d'influence sur les effets du levain ; ainsi, il faut se servir d'un levain jeune et pris en grande quantité, pour les farines sèches et celles qu'on nomme *revêches*, parce qu'elles sont plus abondantes en matière glutineuse. Au contraire, les farines humides ou fraîchement moulues veulent du levain fort et en dose considérable ; il est encore reconnu que les farines les plus blanches sont celles dont la fermentation est plus lente, mais aussi plus complète.

On ne saurait trop condamner l'usage où sont beaucoup de particuliers, et même des boulangers, de faire leur levain avec des farines bises ; car, indépendamment des autres vices de pareils levains, on sera toujours assuré que le pain auquel ils auront servi sera bis, quoique pétri avec de la farine bien blanche.

e) *Levain de pâte.*

A l'exception des grandes villes, où l'on fabrique de la bière ou de l'alcool de grains, on n'emploie, dans toute la France, que le levain de pâte. Dans le midi de la France, où chacun cuit son pain, l'on envoie prendre le levain chez le boulanger, et on le lui rend ensuite en pâte. Il y a des particuliers qui le conservent et se le prêtent entre eux. Parfois, comme ils ne pétrissent que tous les huit jours, ce levain, s'il n'a pas été prêté, est dans un état de fermentation très avancée, sa surface est couverte d'une croûte épaisse, et la pâte qu'elle recouvre est mollasse et acide. Quoique de pareils levains ne puissent que communiquer un mauvais goût au pain, ils n'en sont pas moins employés, surtout dans les campagnes.

Au reste, on ne peut pas déterminer au juste le temps que chaque levain doit parcourir avant d'être devenu propre à la panification, puisque cette fermentation, ainsi que celle de la pâte, est plus ou moins avancée ou retardée par la température atmosphérique.

D'après ce principe, en été, le levain a moins besoin d'apprêt ; tandis qu'en hiver on lui en laisse prendre davantage ; mais comme il arrive que les levains peuvent être détériorés, ou qu'ils sont trop jeunes, nous allons indiquer les moyens propres à y remédier.

f) *Moyens de raccommoder les Levains.*

Les levains détériorés pèchent pour n'être point

apprêtés, pour l'être trop, ou pour ne l'être pas assez ; il faut indiquer les moyens de raccommoder ceux qui se trouvent dans l'un de ces trois états.

Deux choses particulièrement peuvent suspendre et même arrêter l'apprêt d'un levain : savoir, le volume trop petit du chef, et le froid qui aura surpris la pâte. Pour raccommoder un levain de cette espèce, c'est-à-dire qui ne s'est point du tout apprêté, on peut se servir de vinaigre, de vin, d'eau-de-vie et mieux encore de liqueurs qui seraient en fermentation, comme le cidre doux, le vin de Champagne ou la bière. Ces liqueurs hâtent la fermentation et favorisent son développement ; elles réchauffent la pâte et la vivifient en quelque sorte, mais il faut avoir grand soin de ne pas les employer en trop fortes doses : trop de vinaigre, par exemple, produirait sur le pain le même effet qu'un levain vieux ou trop fort. Pour le levain d'une fournée entière, on peut employer d'un quart de litre à un demi-litre de liqueur spiritueuse : on sent facilement que c'est en refaisant le levain qu'on doit y mélanger la liqueur.

Quand on veut raccommoder un levain de première ou de seconde, qui est trop apprêté, on doit mettre ce levain dans une fontaine, et verser dessus, en petite quantité, de l'eau froide ou tiède, suivant la saison. On délaie ensuite le tout ensemble, mais de manière à ce que la pâte conserve une consistance suffisante pour être travaillée avec vigueur et pendant l'espace de temps nécessaire à l'évaporation de l'acide volatil qui se trouve excéder la dose requise ; on ajoute ensuite le restant de l'eau destinée à cette opération, et on travaille de nouveau la pâte ; c'est là ce qu'on appelle *décharger, fatiguer le levain*. Après que le levain, ainsi travaillé, a acquis toute la ténacité nécessaire, on y ajoute encore un peu d'eau, afin de faire disparaître, s'il est possible, le reste de son aigreur.

Parmentier veut que la fontaine, dans laquelle est placé le levain, soit plus large que de coutume ; qu'on coupe le levain en plusieurs morceaux, et, qu'ainsi partagé, il soit couvert d'une toile légère et humide qui puisse lui communiquer de la fraîcheur, et, par là même, retarder sa fermentation.

Pour hâter la fermentation des levains qui sont trop faibles, et dont l'apprêt est trop lent, on prend de l'eau très chaude, et on en verse un tiers à la superficie et tout autour de ce levain, qu'on met, s'il n'y est déjà, dans une fontaine étroite et solide ; quand la pâte réchauffée par l'eau, commence à se soulever et à s'entr'ouvrir, on facilite son mouvement, en versant dessus, à différentes reprises, un second tiers de l'eau. Enfin, quand le levain a acquis le degré où il doit être délayé, on verse dessus le dernier tiers de l'eau, qui doit encore être chaude, et on travaille le tout promptement, et jusqu'à ce qu'on ait obtenu une pâte un peu moins ferme qu'on ne la veut ordinairement ; alors, on sépare le levain, on le met dans plusieurs corbeilles qu'on couvre d'une double couverture de laine, et qu'on place auprès du four.

En général les levains raccommodés veulent être employés plus promptement que les autres.

D'après ce que nous venons de dire, il est évident qu'on peut tirer parti des vieux levains; qu'un boulanger instruit parviendra, quand il le voudra, à retarder ou bien à hâter la fermentation de la pâte, et, par conséquent, à l'amener, dans toutes les saisons, au point où elle doit être pour faire de bon pain.

Il est encore certaines vérités que les boulangers ne devraient jamais perdre de vue, et qui peuvent constamment leur servir de règle : levains jeunes dans presque tous les temps et pour les farines de presque tous les blés; levains forts dans les grands froids, et pour les farines tendres et humides; jamais levains vieux en aucune saison, et pour quelque espèce de farine que ce puisse être.

g) *Des Levains faits sans levure.*

Pour former un levain sans levure, dit M. Dessables, il faut prendre de la farine, la mêler avec de l'eau bien chaude, et en former une pâte très molle, et par conséquent peu travaillée. On place cette pâte dans un endroit fort chaud, ayant soin de la bien couvrir, et, au bout de douze heures, elle a contracté une fermentation suffisante. On délaie ensuite ce premier levain dans une nouvelle quantité de farine égale à la première, avec de l'eau chaude, et on en fait une pâte plus ferme que la première; on la place sur le four, ou dans un autre lieu bien chaud ; et quand elle a fermenté suffisamment, on répète cette opération ; par ce moyen, on obtient un bon levain et en telle quantité qu'on veut.

LES APPAREILS A LEVAIN

Le repos hebdomadaire en boulangerie, qui est un des plus grands problèmes que cette industrie ait à résoudre, et le désir des patrons boulangers d'alléger, dans la mesure du possible, le travail souvent pénible de leurs ouvriers, a remis sur le tapis la question de la suppression des levains qui donnerait aux pétrisseurs un repos supplémentaire d'environ trois heures par jour, chose appréciable surtout dans les grands travaux.

On connaît depuis fort longtemps le moyen de retarder la fermentation des levains pendant les grandes chaleurs ; il suffit de les couvrir d'eau froide. En attendant que celle-ci ait atteint la température ambiante, la fermentation se trouve arrêtée ou suspendue. C'est en s'appuyant sur ce principe qu'on est arrivé à fabriquer des appareils à conserver, puis à supprimer totalement les levains.

Depuis une trentaine d'années, quelques boulangers ont eu recours à cette opération fort simple : augmenter le volume des levains de première de façon à les égaler aux levains de tout point et couvrir ceux-ci d'eau froide pour les conserver en bon état jusqu'au moment du pétrissage.

Ensuite on s'est servi d'un « appareil à conserver les levains » qui avait la forme et la capacité d'une lessiveuse d'une assez grande taille ; puis des constructeurs imaginèrent un appareil consistant en une cuve à double fond, munie d'un tube chargé de mettre en rapport les deux parties du cylindre. Au fond de cette cuve on place le levain sur lequel on verse une partie de l'eau devant servir au pétrissage de la première fournée ; une séparation maintient l'eau ; en gonflant, le levain fait monter l'eau par le tube dont il a été parlé, dans la partie supérieure de l'appareil.

En 1881, parut un nouvel appareil conservant la pâte destinée à remplacer les levains. Cet appareil perfectionné est fort répandu dans le midi de la France et actuellement utilisé par un grand nombre de boulangers de Paris et de la banlieue. Il ne nécessite ni chef ni levain de première ; il suffit de garder une certaine quantité de pâte de la dernière fournée sur laquelle on verse de l'eau.

L'année 1907, il a été breveté un autre appareil très apprécié. Il contient le levain sur lequel on verse de l'eau.

Tous ces appareils sont fermés hermétiquement et ne doivent être ouverts sous aucun prétexte avant le pétrissage, sous peine de ne pas donner de résultat.

L'emploi de ces divers appareils évite au pétrisseur environ trois heures, non pas de travail, mais de présence au fournil, et lui procure, en conséquence, un plus grand repos. Mais il faut que le travail, qui n'a pu avoir lieu par la suppression des levains de seconde et de tout point, se retrouve à la première fournée dont le pétrissage doit être augmenté d'une demi-heure et qu'on laisse pointer au moins autant pour donner au ferment le temps de reprendre son activité.

Les constructeurs de ces divers appareils les ont tous construits en tôle galvanisée. Or, une ordonnance de police du 15 juin 1862 interdit, pour contenir ou préparer des substances alimentaires, l'emploi de récipients en tôle galvanisée, n'admettant que l'usage d'ustensiles étamés à l'étain fin.

Afin d'éviter des contraventions de la part des commissaires ou inspecteurs qui visitent les fournils, les boulangers doivent se débarrasser, dans le plus bref délai, des appareils qui ne sont pas conformes à l'ordonnance de police précitée ; et ceux qui veulent en acheter ne le doivent faire qu'après s'être rendu compte qu'ils sont irréprochables au point de vue de l'hygiène.

En effet, nous avons reçu, il y a quelque temps, la visite de plusieurs boulangers qui, à la suite d'avertissements d'inspecteurs de la préfecture de police, étaient venus nous demander si leurs appareils à levain, en tôle galvanisée, répondaient aux conditions du règlement. Nous leur avons répondu que leurs appareils devraient être étamés à l'étain fin, et que, d'ailleurs, ils devaient se conformer à l'ordonnance de police du 15 juin 1862 qui prévoit le cas, à son paragraphe 3, qui est ainsi conçu :

Ustensiles et vases de cuivre et autres. Etamage. — 14. — Les ustensiles et vases de cuivre ou d'alliage de ce métal, dont se servent les marchands de vins, traiteurs, aubergistes, restaurateurs, pâtissiers, confiseurs, bouchers, fruitiers, épiciers, etc., devront être étamés à l'étain fin, et entretenus constamment en bon état d'étamage.

Sont exceptés de cette disposition les vases et ustensiles dits d'office et les balances, lesquelles devront être entretenues en bon état de propreté.

15. — Il est enjoint aux chaudronniers, étameurs ambulants et autres de n'employer que de l'étain fin du commerce, pour l'étamage des vases en cuivre devant servir aux usages alimentaires ou à la préparation des boissons.

16. — L'emploi du plomb, du zinc et du fer galvanisé est interdit dans la fabrication des vases destinés à préparer ou à contenir des substances alimentaires ou des boissons.

17. — Il est défendu de renfermer de l'eau de fleurs d'oranger ou toute autre eau distillée dans des vases en cuivre, tels que les estagnons de ce métal, à moins que ces vases ou ces estagnons ne soient étamés à l'intérieur à l'étain fin.

Il est également défendu de faire usage, dans le même but, de vases de plomb, de zinc ou de fer galvanisé.

18. — On ne devra faire usage que d'estagnons en bon état. Ils seront marqués d'une estampille indiquant le nom et l'adresse du fabricant et garantissant l'étamage à l'étain fin.

19. — Il est défendu aux marchands de vins et distillateurs d'avoir des comptoirs revêtus de lames de plomb ; aux débitants de sel de se servir

de balances de cuivre, aux nourrisseurs de vaches, crémiers et laitiers de déposer le lait dans des vases de plomb, de zinc, de fer galvanisé, de cuivre et de ses alliages ; aux fabricants d'eaux gazeuses, de bière ou de cidre, et aux marchands de vins et distillateurs de faire passer par des tuyaux ou appareils de cuivre, de plomb ou autres métaux pouvant être nuisibles, les eaux gazeuses, la bière, le cidre ou le vin. Toutefois les vases et ustensiles de cuivre dont il est question au présent article pourront être employés, s'ils sont étamés à l'étain fin.

20. — Il est défendu aux raffineurs de sel de se servir de vases et instruments de cuivre, de plomb, de zinc, et de tous autres métaux pouvant être nuisibles.

21. — Il est défendu aux vinaigriers, épiciers, marchands de vins, traiteurs, ou autres, de préparer, de déposer, de transporter, de mesurer, de conserver dans des vases de plomb, de zinc, de fer galvanisé, de cuivre ou de ses alliages non étamés ou dans des vases faits avec un alliage dans lequel entrerait l'un des métaux désignés ci-dessus, aucun liquide et aucune substance alimentaire, susceptibles d'être altérés par le contact de ces métaux.

22. — La prohibition portée à l'article ci-dessus s'applique aux robinets fixés aux barils dans lesquels les vinaigriers, épiciers et autres marchands renferment le vinaigre.

23. — Les vases d'étain employés pour contenir, déposer ou préparer des substances alimen-

taires ou des liquides ainsi que les lames de même métal que les comptoirs des marchands de vins ou de liqueurs, ne devront contenir au plus que 10 0/0 de plomb, ou des autres métaux qui se trouvent ordinairement alliés à l'étain du commerce.

24. — Les lames métalliques recouvrant les comptoirs des marchands de vins ou de liqueurs, les balances, les vases et ustensiles en métaux et les alliages qui seraient trouvés chez les marchands et fabricants désignés dans les articles qui précèdent, seront saisis et envoyés à la préfecture de police avec les contraventions.

25. — Les étamages prescrits par les articles qui précèdent devront toujours être faits à l'étain fin et être constamment entretenus en bon état.

On trouve chez un trop petit nombre de boulangers du rayon de Paris deux types d'appareils à préparer les levains, c'est-à-dire l'appareil fournissant, avec un *levain de première* bien préparé, un levain jeune, utilisable pour pétrir la première fournée, sans qu'il soit nécessaire de faire les *levains de seconde* et de *tout point*.

Le plus ancien de ces appareils à fermentation pour levain a été breveté, en 1881, sous le n° 144.997, par MM. Belloir et Berry, boulangers à Paris.

Ce type d'appareil (*fig.* 31 et 32) est formé d'une marmite cylindro-conique *a* ayant un fond plein circulaire garni de roulettes *b* et un couvercle mobile *c* pourvu d'une poignée. Un tuyau *d* qui peut être placé soit à l'extérieur, soit à l'intérieur, contre la paroi de la marmite, fait communiquer la capacité voisine du fond avec celle voisine du couvercle.

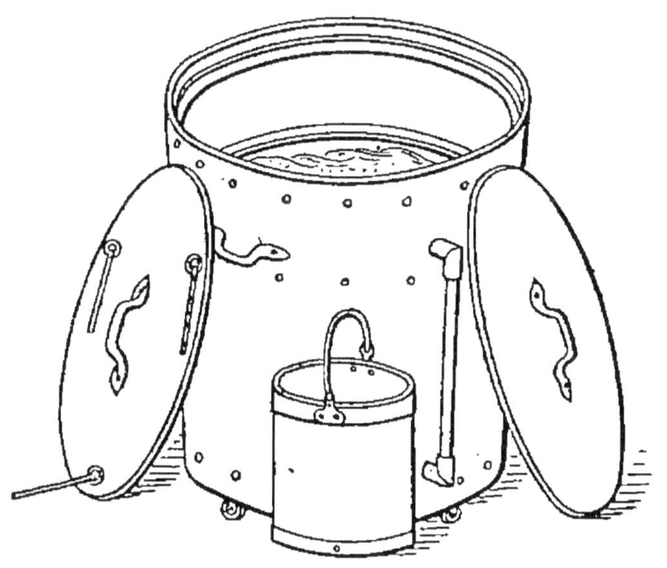

Fig. 31. — Appareil Belloir et Berry (Élévation).

A l'intérieur de cette marmite, on pose, sur un rebord *h*, un faux fond *e* un peu au-dessous de l'embouchure *k* du tuyau *d* ; ce faux fond est pourvu d'une poignée *f* et de tringles articulées *g* qui servent à l'assujettir fermement sur le bord *h* où il forme un joint étanche.

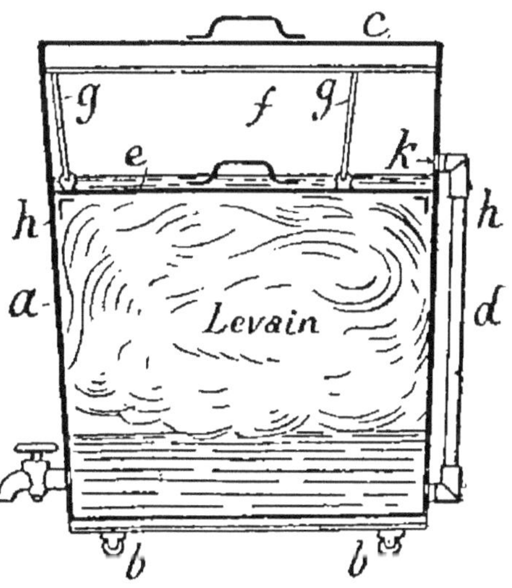

Fig. 32. — Coupe.

Pour préparer le levain au moyen de cet appareil, on fait d'abord un levain de première très ferme, puis on met le pâton au fond de la marmite et on verse dessus une quantité d'eau équivalente à celle que l'on met ordinairement sur le levain de seconde et sur le levain de tout point; ceci fait on pose le faux fond *e* sur le bord *h* et on verse dessus une petite quantité d'eau de manière à former un joint hydraulique étanche, enfin on place le couvercle *c* et on abandonne la marmite ainsi chargée dans un endroit ayant une température uniforme d'environ 10 à 15 degrés centigrades. Le levain fermente, se gonfle d'acide carbonique et quitte bientôt le fond de la marmite pour flotter à la surface de l'eau; comme l'acide carbonique qui continue à se produire ne peut s'échapper en raison de l'étanchéité du faux fond *e*, il sature d'abord l'eau dans laquelle le levain flotte, puis il chasse cette eau par le tube *d* au-dessus du faux fond *e* et il arrive même un moment où l'acide carbonique traverse la couche d'eau et vient bouillonner dans la nappe d'eau supérieure; à ce moment, la fermentation est suffisamment avancée pour que le levain puisse être employé dans le pétrissage de la première fournée. L'eau qu'on verse pour cette fournée sur ce levain est mise à la température convenable pour régler la fermentation pendant le pétrissage. Lorsque la première fournée est pétrie, ce qui exige un travail plus soigné de la part de l'ouvrier, il doit la laisser *pointer* pendant quelque temps jusqu'à ce qu'il ait constaté que la fermentation est bien établie dans toute la masse de la pâte.

Il est bon que la fermentation soit poussée assez loin avec cet appareil car, autrement, on n'aurait pas assez de force et la croûte du pain serait un peu rouge au lieu d'être blonde.

Des appareils à levain, basés sur le même principe, ont été imaginés et brevetés notamment par :

M. Chapuis, de Lyon, en 1884, qui l'a fait breveter sous le n° 159.743.

MM. Perrin et Guttin, de Lyon, en 1883, qui l'ont fait breveter sous le n° 158.560.

M. Rivet, de Paris, en 1885, qui l'a fait breveter sous le n° 172.831.

M. Baudry qui a pris un brevet n° 161.123.

L'autre type d'appareil à préparer les levains a été imaginé et mis en pratique courante par M. Wick, boulanger à La Varenne-Saint-Hilaire (Seine) ; il l'a également fait breveter en 1891.

Cet appareil (*fig.* 33) à pétrir spécialement le levain de première permet à un boulanger de faire une bonne panification sur ce seul levain.

Cet appareil se compose de deux cylindres lamineurs superposés *a*, dont les coussinets sont montés dans les flasques *b* d'un bâti métallique ; le cylindre supérieur est mobile, c'est-à-dire qu'il peut s'élever légèrement pour faire varier l'écartement entre les cylindres. En regard de la génératrice supérieure du cylindre fixe inférieur est disposée une tablette en bois *f* qui sert à recevoir la pâte. Les deux cylindres sont mis en rotation par le moyen d'une manivelle *m* et de roues dentées *e*.

Voici comment opère M. Wick :

Il fait le matin, vers six heures, un unique levain pesant de 15 à 20 kilogrammes, compris un chef de 1 kilogramme à 1kg,500, suivant la température extérieure. Il frase cette pâte dans le pétrin ordinaire avec très peu d'eau, afin que la pâte soit ferme comme celle du biscuit de mer, et, pour en faciliter le pétrissage, il la divise en petits pâtons égaux qu'il lamine entre les deux cylindres *a*, en six ou sept passages, et en rapprochant de plus en plus les cylindres ; ceci fait, les pâtons sont ployés et mis en fontaine, comme à l'ordinaire, dans le pétrin.

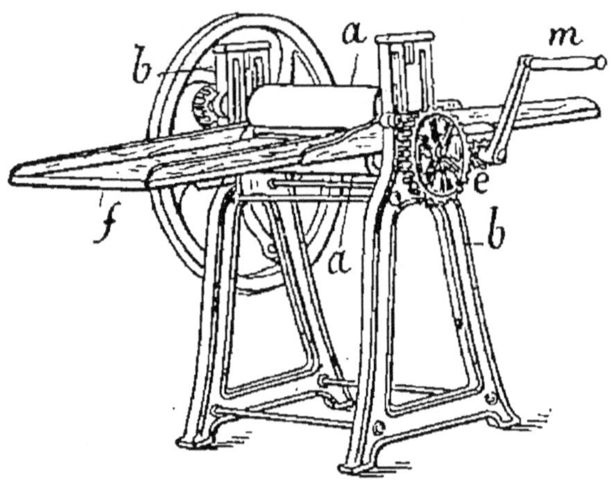

Fig. 33. — Appareil Wick.

Le soir, vers huit heures, ce levain, pétri très ferme, est prêt et jeune de fondation et il peut être immédiatement employé dans le pétrissage de la première fournée qu'on laisse un peu pointer. C'est la durée de ce pointage que l'on fait varier suivant la température qui complète et donne à la pâte de la première le degré de fermentation voulu, tout en produisant toujours un levain jeune. Le reste du travail se poursuit comme à l'ordinaire.

M. Dathis a imaginé, comme appareil à conserver les levains, un récipient *a* (*fig.* 34) légèrement conique, en bois ou matière mauvaise conductrice de la chaleur, dont le bord supérieur est creusé d'une gorge *c* dans laquelle pénètre la saillie de même forme du couvercle *b*. Au centre de ce couvercle est percé un trou dans lequel on introduit un tampon tubulaire *d* que l'on garnit intérieurement de ouate ou autre matière fibreuse, faisant fonction de filtre, en vue d'arrêter, au passage, les ferments ou corpuscules qui tendraient à pénétrer dans le récipient. Le couvercle *b* peut être en verre ou en bois percé d'une fenêtre vitrée, de manière à pouvoir surveiller sans ouvrir le couvercle, l'état de la fermentation. Les parois de ce récipient étant en matière mauvaise conductrice de la chaleur, la pâte se trouve ainsi à une température à peu près uniforme et la fermentation s'y produit très régulièrement et sans brusquerie. Comme, d'autre part, l'air extérieur ne peut pénétrer dans le récipient qu'après avoir été filtré au contact de la ouate, il en ré-

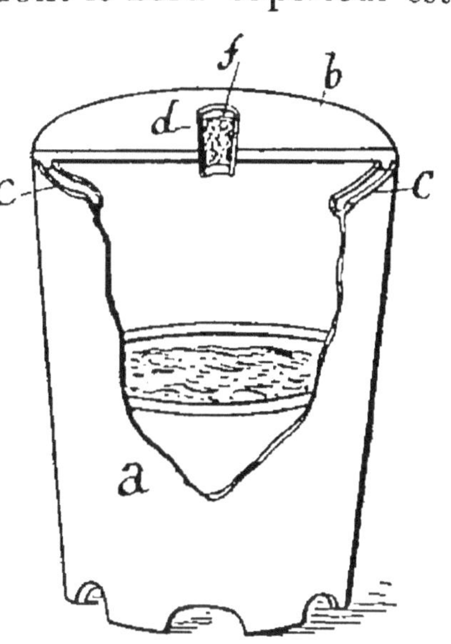

Fig. 34. — Appareil Dathis.

sulte qu'aucun ferment étranger ne peut arriver en présence de la pâte et dénaturer sa fermentation normale.

Pour permettre de saisir exactement le moment où la pâte a acquis son degré convenable de

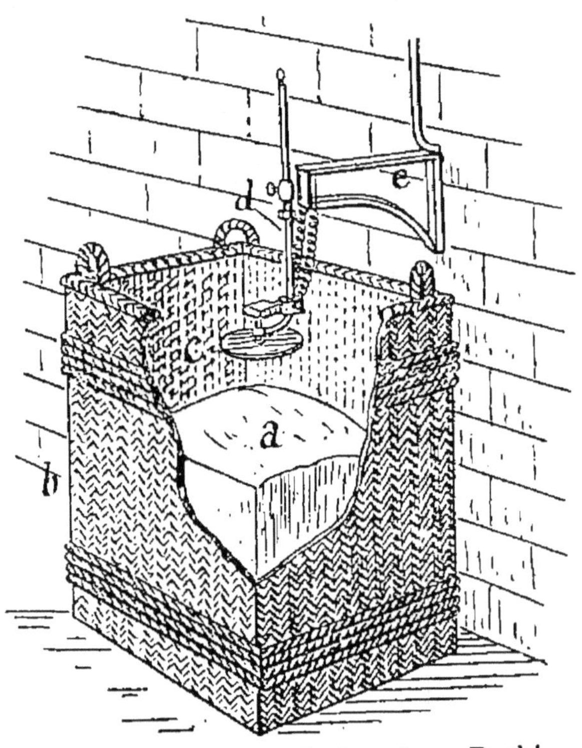

Fig. 35. — Appareil électrique Dathis.

fermentation en vue du pétrissage, M. Dathis a eu l'idée d'utiliser le gonflement ou augmentation de volume de la pâte, par suite de sa fermentation pour mettre en branle une sonnerie électrique qui avertit l'ouvrier du moment précis où la fermentation a acquis son entier développement.

A cet effet, la pâte *a* étant mise dans une corbeille ou dans un récipient approprié *b* (*fig.* 35), est placée au-dessous d'un support *e* en relation électrique avec une pile et avec une sonnerie; l'un des pôles de la pile communique avec un plateau métallique *c* placé à une distance réglable au-dessus du pâton *a*; au-dessus de ce plateau *c* est disposée une pointe métallique *d* en relation avec l'autre pôle de la même pile par l'intermédiaire d'une sonnerie électrique qui se relie à la susdite pile. Lorsque le pâton *a* rencontre le plateau *c*, il le soulève et il arrive un moment où ce plateau rencontre la pointe *d*; à cet instant, le circuit électrique de la pile passant dans la sonnerie se trouve fermé sur la pile et la sonnerie retentit en avertissant l'ouvrier que son pâton a acquis son complet développement par la fermentation.

Appareil pour déterminer l'énergie de la levure et du levain (*A. Cccelka*) (*fig.* 36). — La détermination de l'énergie de la levure et du levain est basée sur l'évaluation du poids ou du volume d'acide carbonique développé, dans un temps donné, par une quantité déterminée de levure ou de levain mélangé avec une quantité donnée de pâte ou matière à lever.

A cet effet, on emploie deux flacons jaugés et gradués *a* et *b*, de même volume, que l'on réunit par un tube coudé *c* plongeant jusqu'au fond de chacun d'eux. Au sommet du flacon *a*, bouché hermétiquement par un bouchon *d*, arrive un tube abducteur *e* qui est fixé dans un bouchon *f* adapté sur le col d'un matras *g*, dans lequel on a mis un mélange de levure ou de levain et de pâte de poids déterminé. On remplit le flacon *a* d'eau, puis on chauffe le mélange renfermé dans le matras ; l'acide carbonique qui se forme pénètre dans le flacon *a* en chassant un égal volume d'eau

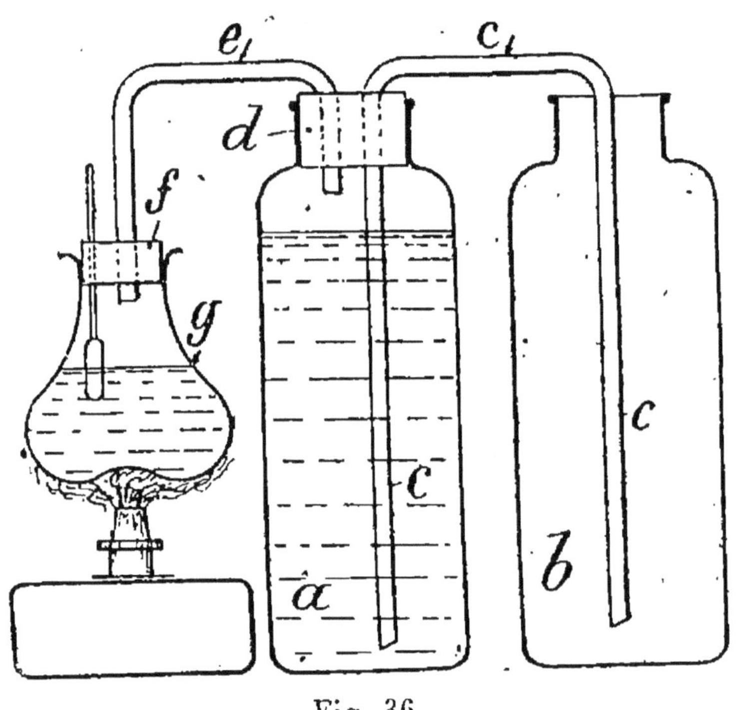

Fig. 36.

de ce flacon dans le flacon *b*. En pesant le flacon *a* avant et après l'opération, on détermine le poids de l'acide carbonique qui s'est emmagasiné dans le flacon *a*, et en évaluant le volume d'eau renfermé dans le vase *b* on apprécie le volume d'acide carbonique produit par une quantité donnée de levure.

Procédé et appareil pour indiquer quand la pâte de pain a suffisamment levé (*J. Strattner*)

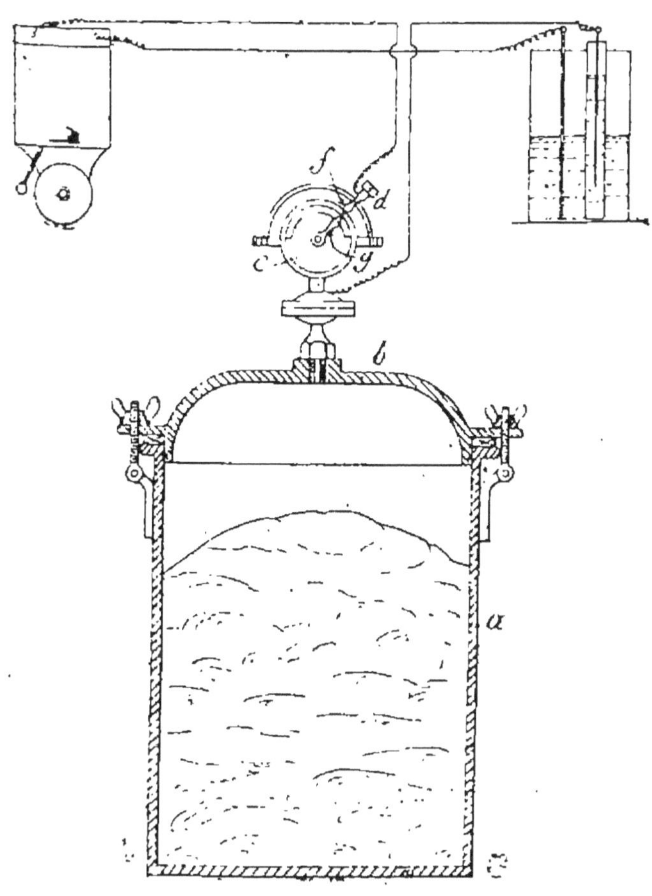

Fig. 37.

(*fig.* 37). — Cet appareil comporte un récipient *a* dans lequel on met la pâte préparée à fermenter ; le récipient *a* est fermé hermétiquement par un couvercle *b* sur lequel est un manomètre très sensible *c*. Ce dernier porte un coulisseau *d* pourvu d'une aiguille et qui, comme le manomètre, est relié au moyen de fils conducteurs à une sonnerie électrique. Ce coulisseau est ajusté de façon que son aiguille *f* vienne en contact avec l'aiguille *g* du manomètre quand celle-ci se déplace sous l'action de l'acide carbonique, quand la fermentation est suffisamment avancée. Le contact des deux aiguilles détermine le retentissement de la sonnerie.

Garde-levain (*Corbier*) (*fig.* 38). — Ce réci-

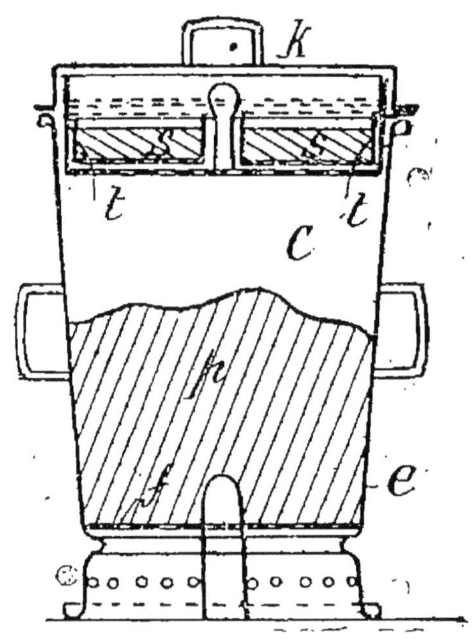

Fig. 38.

pient de forme tronconique *c* se pose sur sa petite base. A quelques centimètres de son bord inférieur il présente un étranglement sur lequel le disque perforé *f* vient reposer par son pourtour. Ce disque est traversé en son centre par une tige pleine ou tubulaire fermée au-dessus. Une cuvette *c* perforée et revêtue d'un tissu *t* reçoit l'eau salée *s* devant s'écouler goutte à goutte sur le levain *p*.

Appareil à conserver le levain (*Raynal et Fourès*) (*fig.* 39). — Cet appareil est constitué

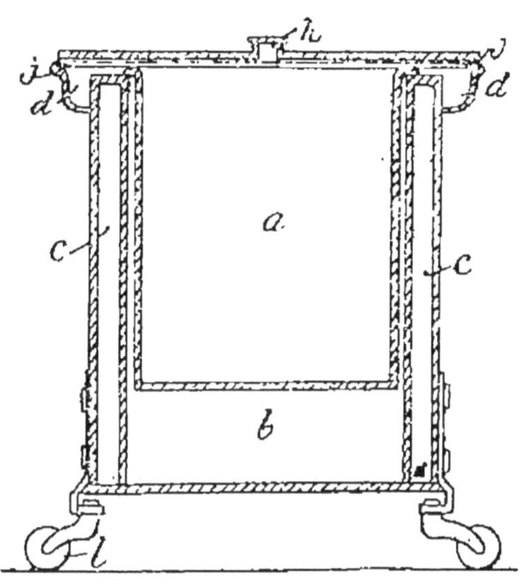

Fig. 39.

par une boîte mobile *a* où est placée la pâte à levain ; elle s'appuie par des rebords sur le réservoir à eau *c* et baigne dans un réservoir *b*. La partie supérieure est en forme de gouttière *d* et recouverte d'un couvercle, muni d'une bande de caoutchouc *j*, fermant hermétiquement et portant une ouverture d'aération *h*. Cet appareil permet d'assurer la conservation et la fermentation régulière du levain et de supprimer le levain du soir.

Appareil conservateur de la pâte de levain (*Malézieux*) (*fig.* 40). — Cet appareil se caracté-

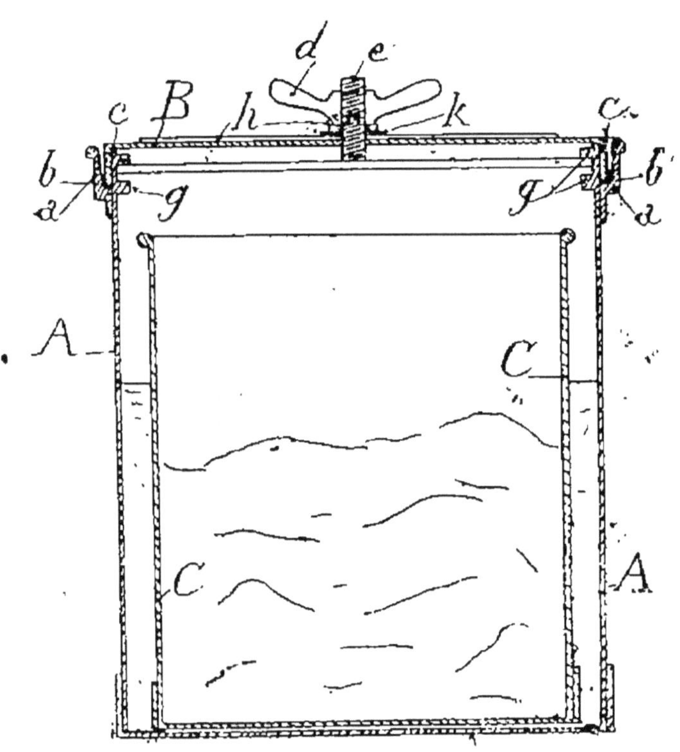

Fig. 40.

rise par la disposition dans une cuve A à couvercle hermétique B, d'une autre cuve C contenant la pâte, l'intervalle entre les deux cuves servant à recevoir une plus ou moins grande quantité d'eau, suivant que l'on désire donner à la pâte plus ou moins de pousse dans un temps déterminé.

Méthode et appareil pour la conservation et

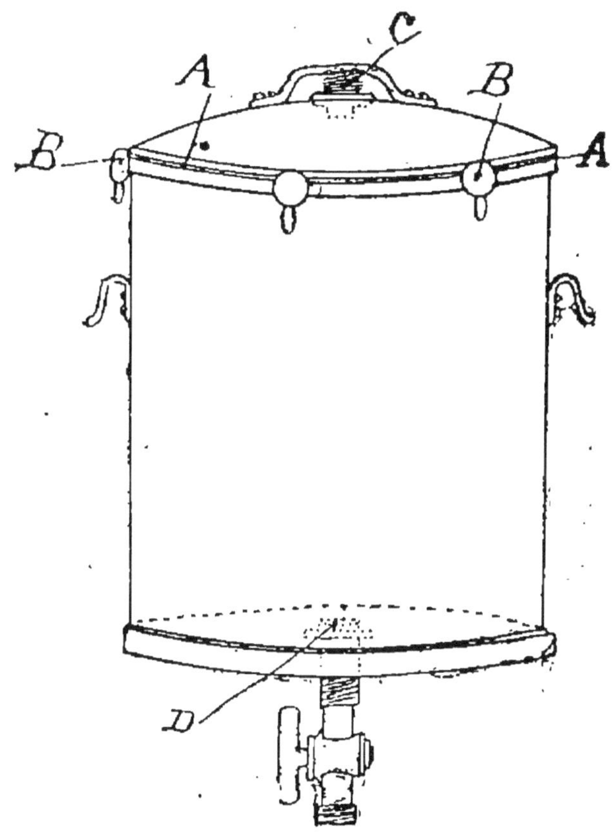

Fig. 41.

la culture des levains, levures et ferments al-

cooliques de panification et la conservation du pain (*Serin*) (*fig.* 41). — Cette méthode consiste : à conserver presque indéfiniment les levures, ferments et levains sous la seule pression du gaz carbonique ; à obtenir une suite continue de levains à base de levures de grains et d'avoir à sa disposition d'une façon continue des levains et pouliches sains et d'une énergique fermentation. L'appareil se compose d'un récipient métallique ou en matière non poreuse et non toxique fermé hermétiquement par un couvercle muni d'un joint en caoutchouc A que l'on fixe par des écrous B. Pour conserver le pain frais, on l'introduit dès sa sortie du four dans l'appareil dont on chasse l'air intérieur et le remplace par une pression de gaz carbonique supérieure à la pression atmosphérique au moyen du robinet D. C, soupape.

Récipient à fermeture hydraulique pour la conservation du levain (*Fauvette*) (*fig.* 42). — Ce récipient se compose d'une première cuve *a* qui reçoit le levain et qui est placée dans une seconde cuve plus large et plus profonde *c*. La cuve *a* est recouverte par une cloche *d*, plongeant jusqu'au fond de la cuve *c*, et munie d'un tube plongeur *e*. La cloche *d* retirée, le levain *b* est placé dans la cuve *a* puis cette dernière est recouverte de la cloche *d*, l'eau servant à régulariser la température du levain est versée dans la cuve *c*, le robinet *g* est ouvert et l'eau reprend son niveau en chassant l'air, puis le robinet est fermé.

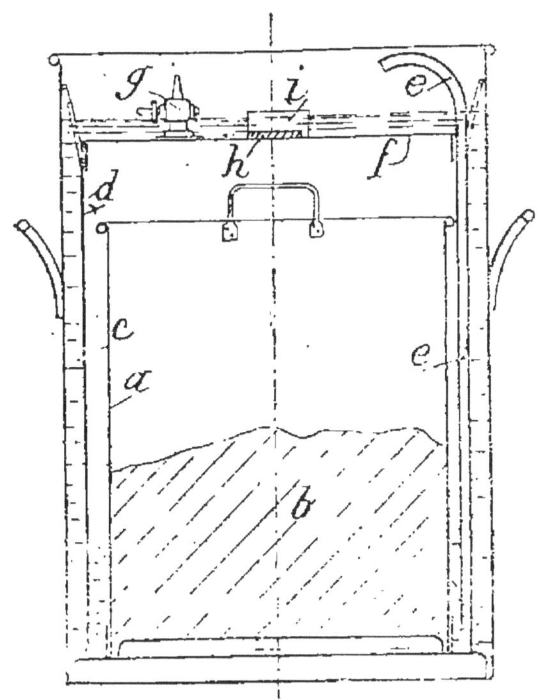

Fig. 42.

Appareil à levain (*Mounié*) (*fig.* 43). — Cet appareil est formé d'un récipient métallique A avec couvercles supérieur B et intérieur C, ce dernier reposant sur des saillies étagées *a* ce qui permet de varier la contenance de D. La fermentation de la pâte P refoule l'eau du compartiment D dans celui E par le conduit H et forme ainsi un joint hydraulique.

Appareil à levain (*Société Christofleau et Cie*) (*fig.* 44). — Cet appareil comprend une cuve réceptrice *a*, un couvercle *b* creux recevant l'eau et fermant au moyen d'une bague en caoutchouc *c*

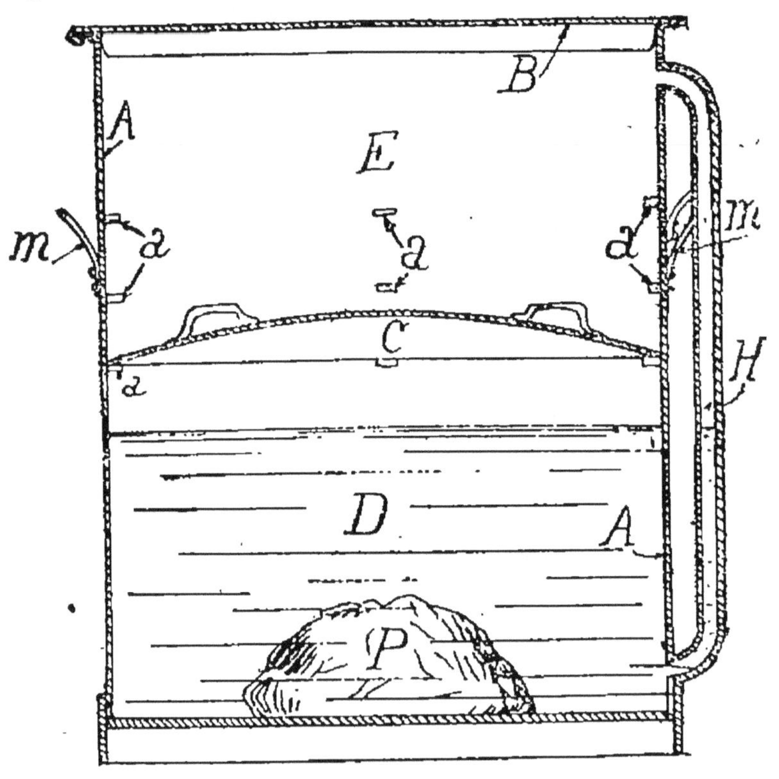

Fig. 43.

reposant sur une cornière *d*. Le trou *f* communique avec une sorte de pomme d'arrosoir qui répand en pluie fine l'eau sur le levain lorsque la fermentation est jugée suffisante.

Boîte à joint hydraulique pour conserver le levain (*Imbert et Werner*) (*fig.* 45). — Cette boîte est composée d'un récipient à doubles parois *a*, *b*, fermé par un couvercle *d* dont les bords

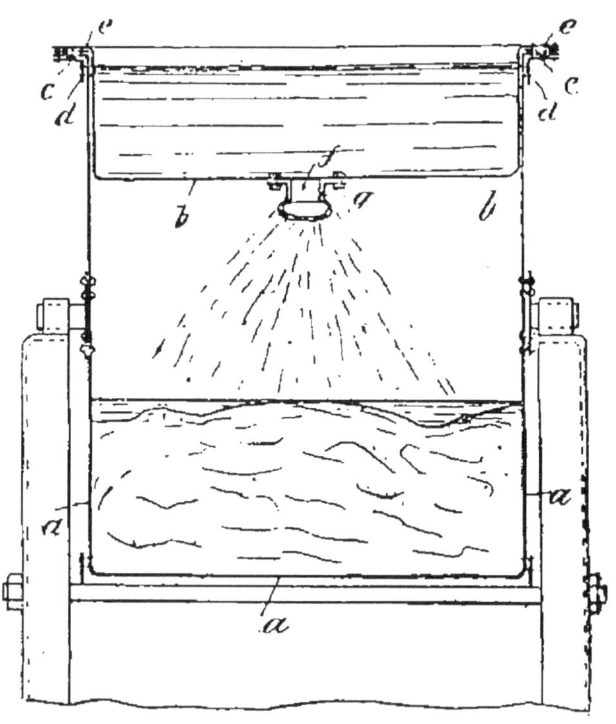

Fig. 44.

forment joint hydraulique par l'eau contenue entre les parois *a*, *b*, et allant jusqu'au niveau *c*; le couvercle porte un échappement d'air *h*, obturé par un bouchon, soupape ou autre; *e*, vidange.

Appareil à fermentation automatique et normale pour conserver les levures (*Durand*) (*fig.* 46.) — Cet appareil se compose de trois cylindres concentriques *a*, *b*, *c* de dimensions différentes ; celui *a*, contenant la pâte se place dans le cylindre *b* qui n'a comme hauteur que

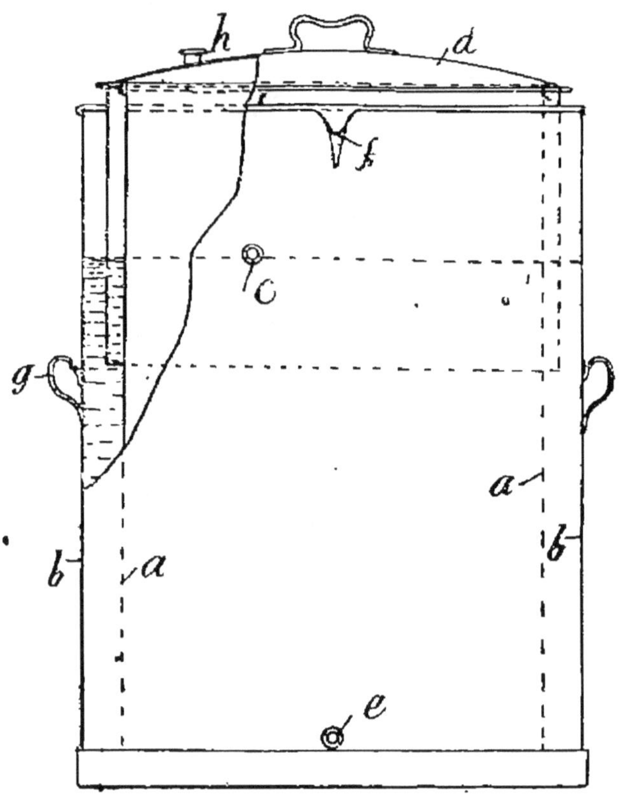

Fig. 45.

le tiers environ du cylindre *a* mais a un diamètre plus fort : le cylindre *b* est muni à un centimètre au-dessous du milieu de sa hauteur, d'un robinet et à la partie supérieure sont soudées 4 pattes *d*. Le cylindre *c* sert de couvercle à celui *a* et vient reposer sur le fond du cylindre *b*, il est muni de 4 charnières *e* venant s'agrafer aux 4 pattes *d* du cylindre *b* et d'un double fond. Le cylindre *b* est rempli d'eau jusqu'à hauteur du robinet qui est ensuite fermé, l'appareil se trouve ainsi garni.

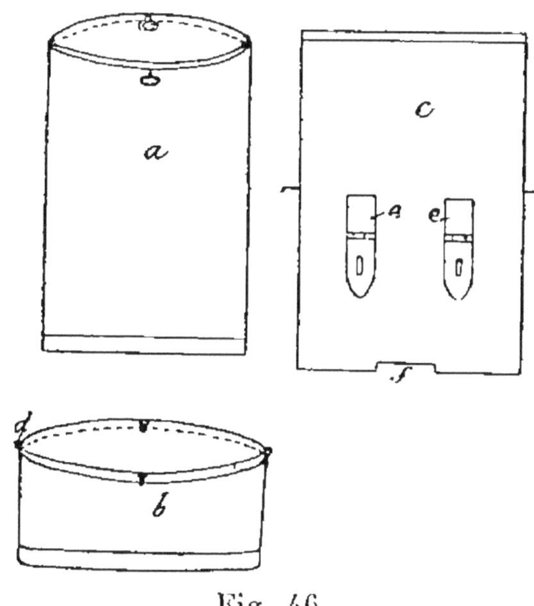

Fig. 46.

Appareil à levain pour boulangerie (*Chiron*) (*fig.* 47). — Cet appareil, construit en tôle galvanisée et monté sur roues, se compose d'une cuve *a* mobile ; d'une cloison isolante *b* avec fond isolant ; d'un espace vide d'isolement *c* ouvert en haut et en bas et pouvant être rempli d'eau ; d'une enveloppe extérieure *d* ; d'un bassin de trop-plein *e* du réservoir circulaire d'eau *g* ; d'un couvercle siphoïde *h* retenant le gaz carbonique ; de bouchons à vis et d'agrafes du couvercle *k*.

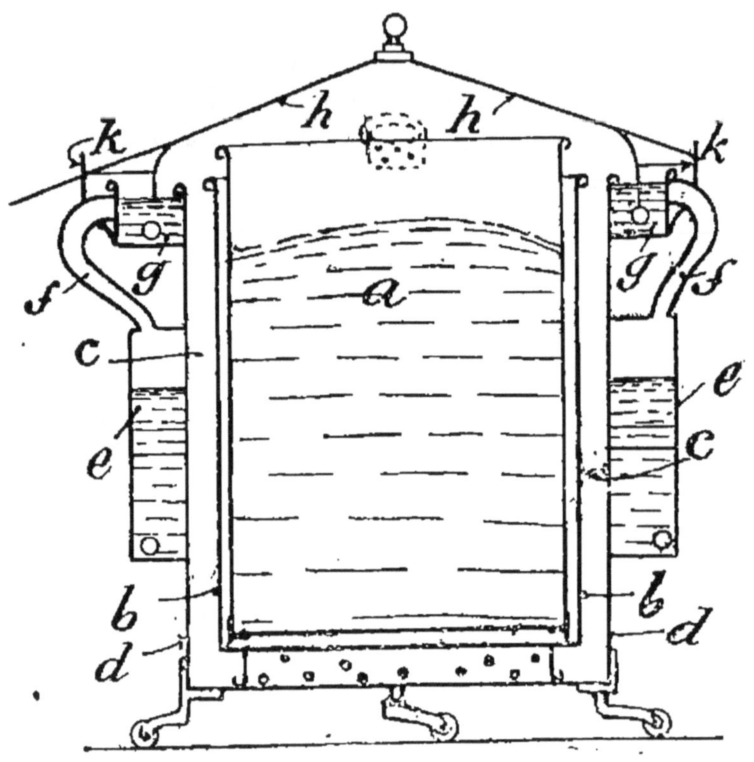

Fig. 47.

Moyen de conservation du levain pour la boulangerie et la pâtisserie (*Peltier*) (*fig.* 48). — Cet agencement consiste à former dans l'un des bouts du pétrin même *a*, une capacité comprise entre *a b* par une paroi mobile *b*, dans laquelle est placé le levain ; une autre capacité, formée par une seconde planche *c*, est remplie de farine de façon à fermer hermétiquement la première et un couvercle *d* obture les deux capacités.

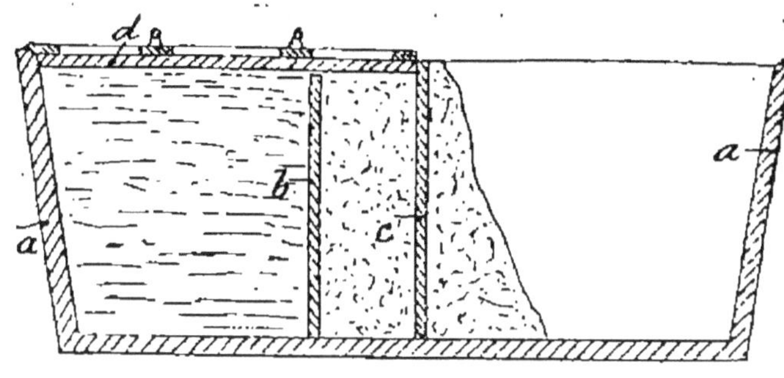

Fig. 48.

Appareil pour la conservation des levains de boulangerie (*Hourcarie*) (*fig.* 49). — Cet appareil se compose d'une cuve *a*, dans laquelle on introduit le levain à conserver; cette cuve est logée dans l'intérieur d'une autre cuve *b* munie d'une gorge circulaire *c* renfermant de l'eau. La cuve *b* est recouverte par le couvercle *d* dont le rebord inférieur *e* plonge dans l'eau et forme ainsi un joint hydraulique étanche. Un bouchon *f* placé sur le couvercle sert à évacuer l'air, on le ferme dès que le couvercle est posé et on ouvre un robinet *g* qui envoie le gaz acide carbonique dégagé du levain dans l'eau de la gorge *c* d'où il s'échappe ensuite au dehors. Pour accélérer ou ralentir la fermentation on remplit la cuve *b* d'eau chaude ou froide; la vidange de cette eau s'effectue par le robinet *h*.

FARINE DE FÈVES POUR LA FABRICATION DU PAIN

M. Haeffely, de Mulhouse, a pris un brevet pour faire entrer dans la panification la farine de fève de marais ou autres fèves, après qu'on y a développé la diastase par voie de germination. Pour obtenir cette germination, on traite les fèves

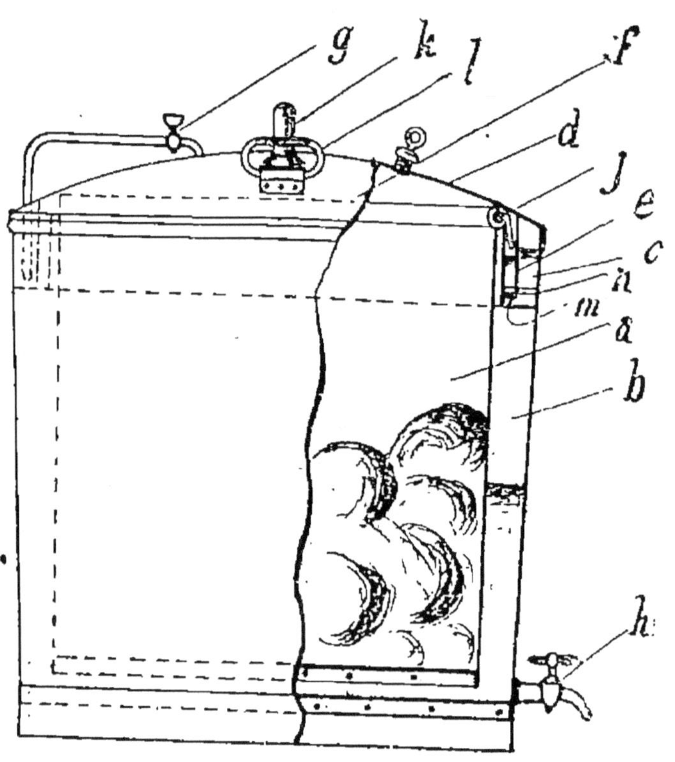

Fig. 49.

comme les brasseurs traitent l'orge lorsqu'ils veulent la faire germer. On les fait tremper pendant quarante-huit heures dans de l'eau de + 8° à + 12° C., puis on les entasse sur une aire où la germination, en se développant, donne naissance à la diastase, on fait sécher sur une touraille chauffée et on réduit en farine.

Cette farine, mélangée en fort petite quantité à la farine ordinaire, donne un pain d'un goût fort agréable, au lieu de l'amertume que l'on trouve dans le pain fait d'un mélange de farine de froment et de farine de fèves non germées.

Délayée dans l'eau chauffée à 30°, on en fait une pâte qui, mélangée dans la proportion de 1 o/o à la pâte ordinaire, accélère et active la fermentation et permet aux boulangers d'obtenir une pâte plus fine et mieux travaillée, parce qu'ils peuvent la pétrir plus liquide avec moins de peine et de fatigue.

Employée avec levure de bière ou de grains, on peut se passer du levain acide et nuisible dont se servent les boulangers.

Elle pourra être employée avec succès pour la pâtisserie fine ; dans ce cas, on la délaiera dans l'eau à 15°, on y ajoutera de la levure et on fera fermenter le tout pendant une demi-heure.

LEVURE DE BIÈRE

La levure de bière est, comme on l'a dit, cette écume grisâtre qui se forme pendant la fermentation de cette boisson, et dont les boulangers de Paris se servent en général comme levain, principalement pour le *pain mollet* et le pain de fantaisie, L'expérience leur a démontré que ce levain rend le pain plus léger et plus délicat, et que c'est un ferment beaucoup plus actif que le levain de pâte. Les boulangers de Paris donnent souvent à la levure le nom de *levain artificiel*.

Le levain de bière est employé tantôt seul comme levain, et parfois comme auxiliaire, pour activer les effets de celui de la pâte. La levure de bière ne produit pas toujours, cependant, des effets constants. Ecoutons à ce sujet Parmentier : L'action de la levure varie à tout moment ; elle se gâte aussi rapidement que les substances les plus animalisées. Un coup de tonnerre, le vent du sud, quelques exhalaisons fétides suffisent pour la corrompre en chemin ; alors elle communique de l'aigreur, de l'amertume, de la couleur au pain dans lequel elle entre comme levain ; mais, quelle que soit sa qualité, le pain est constamment moins bon. Si le premier jour il est passable, le lendemain il est gris, s'émiette aisément et a une amertume qui se communique à tous les mets. La levure ne devrait donc être jamais employée que pour les petits pains de fantaisie.

L'expérience journalière des boulangers démontre tout ce qu'il y a d'exagéré dans l'opinion de Parmentier, puisque nous voyons les pains mollets, les pains de fantaisie, etc., se conserver en bon état aussi bien que les autres, hors les cas où la levure de bière employée se trouve dans un état d'altération bien évidente. En Angleterre, on en fait aussi un usage très étendu pour les pains de première qualité, et l'on s'en trouve très bien. Le docteur Andrew Ure ajoute que lorsque cette levure est bien mêlée avec la pâte, elle produit une fermentation beaucoup plus prompte et plus efficace que celle qu'on obtient avec le levain de pâte ; le pain est plus léger, et à peine jamais aigre.

Caractères de la bonne levure. — Ainsi, la substitution de la levure au levain n'a aucun inconvénient, mais c'est à condition toutefois que celle qu'on emploie soit fraîche, car souvent le levurier ne craint pas de mêler la levure qui lui reste à la levure nouvelle, et de vendre le tout comme levure récente ; cette levure ainsi mêlée acquiert au bout d'un certain temps une acidité très grande ; elle exhale une odeur aigre et contient une grande quantité d'acide acétique introduit dans le pain, et qui lui communique de l'aigreur.

La levure fraîche n'a pas d'odeur acide, elle ne rougit pas le papier bleu de tournesol, elle peut être comparée à un levain jeune, mais elle a une action vive, prompte et marquée sur la pâte ; tandis, au contraire, que le levain jeune n'agit qu'avec lenteur. La raison en est simple ; en effet, chaque molécule de levure entre immédiatement en fermentation, tandis que dans le levain il n'y en a qu'une portion qui soit d'abord disposée à y entrer, puisque le reste est de l'amidon ; aussi les boulangers de Paris estiment-ils que 500 grammes de levure équivalent ordinairement à la quantité de levain qu'on doit employer pour faire une fournée de pain, c'est-à-dire d'environ 40 kilogrammes.

On reconnaît qu'une levure est de bonne qualité, lorsqu'elle jouit des caractères suivants : sa couleur est d'un blanc jaunâtre tirant sur le chamois ; cependant cette couleur varie en raison de l'état où se trouvait l'orge et de la qualité du houblon employé. Lorsqu'on la brise, elle doit se rompre nettement, et n'exhaler aucune odeur d'aigre. La mauvaise levure est gluante, molle, d'une saveur aigre et souvent noirâtre à la surface.

Quoi qu'il en soit, l'apparence physique de la levure n'est pas une preuve absolue de sa pureté et de sa bonté, car les marchands y mélangent souvent de l'amidon, de la fécule et de la craie, genre de fraude que nous apprendrons plus loin à découvrir.

Nature et composition de la levure. — La levure de bière, ainsi que nous l'avons dit, est de deux espèces, savoir : celle de chapeau, ou superficielle, qui s'élève sous forme d'écume à la surface des moûts de bière en état de fermentation, et celle de fond, ou qui se précipite au fond des cuves à fermentation de ces moûts.

Beaucoup de gens donnent, dans la boulangerie, la préférence à la levure de chapeau, ou plutôt ne savent pas extraire et tirer parti de celle de fond ; mais l'expérience démontre que ces deux sortes de levure ont le même état physique ; que leur composition chimique est la même, et enfin, que leurs effets sont absolument identiques.

L'étude microscopique de la levure a fait voir, ainsi que nous l'avons déjà annoncé, qu'elle est formée d'un nombre immense de petits globules ronds ou elliptiques, qui jouissent de la vie organique. Après l'avoir purifiée à l'aide de l'eau et de l'éther, M. Schlossberger a trouvé qu'elle donnait, dans deux analyses successives et abstraction faite des cendres :

	I.	II.
Carbone	50.05	49.84
Hydrogène	6.52	6.70
Azote	11.84	12.44
Oxygène	31.59	30.02
	100.00	99.00

Il a démontré, en outre, que la levure contient du soufre et quelquefois des quantités assez considérables de substances salines qu'on retrouve dans les cendres, surtout du phosphate de chaux et de magnésie.

Abandonnée à elle-même, la levure entre bientôt en fermentation putride, et son action sur le sucre se détruit quand on la traite par l'eau bouillante, l'alcool absolu, les sels de mercure, le vinaigre de bois, les huiles essentielles, l'acide sulfureux.

Tout le monde sait que, mise en contact avec le sucre de raisin, la levure de bière en détermine promptement la décomposition ; que le sucre de canne fermente dans le même cas, moins rapidement ; et que, suivant M. H. Rose, il doit, pour éprouver cette fermentation, c'est-à-dire se décomposer en alcool et en acide carbonique, éprouver d'abord une conversion en sucre de raisin ou glucose.

Enfin, nous avons expliqué précédemment, en nous occupant des principes de la panification, que c'était sur cette réaction de la levure ou du ferment sur le sucre renfermé dans la farine des céréales, et en particulier du froment, qu'était basé tout le travail de cette opération.

Nature de la levure. — La levure, tant celle qui gagne le fond des moûts en fermentation que celle qui y surnage, est, comme on sait, un végétal d'une organisation simple, ainsi que l'ont démontré les travaux récents de MM. Schlossberger, Wagner, Hoffmann, Bail, Berkeley, Bechamp, Pasteur, Hallier, L., C. Lermer, de Seyne, Trecul, etc.

La *forme* des deux sortes de levure se distingue aisément à la première vue sous le microscope.

La *levure flottante* ou *superficielle* consiste en cellules ovales de grandeur à peu près égale, dont le diamètre s'élève au plus à $0^{mm},001$; ces cellules flottent dans la liqueur tantôt seules, tantôt accolées à d'autres cellules de même grandeur, tantôt unies à des cellules secondaires plus petites qui adhèrent aux plus grandes, de façon qu'il n'est pas possible d'observer de ligne de démarcation entre elles. Cette levure se présente comme un corps pourvu d'une enveloppe qui est tellement translucide qu'on peut facilement apercevoir la cellule qu'elle renferme. Au milieu se trouve un noyau plus opaque consistant en une ou plusieurs pièces.

La *levure de fond* ou de dépôt, d'un autre côté, consiste également en cellules dont quelques-unes par leur grandeur ressemblent à la levure flottante, mais qui n'adhèrent pas entre elles comme dans la dernière. La plupart des cellules de cette levure de fond sont beaucoup plus petites et offrent les dimensions les plus variables. Les plus petites sont accolées tantôt les unes aux autres, et tantôt, c'est même le cas le plus général, nagent isolément dans le liquide. Les cellules de la levure de fond n'adhèrent que mécaniquement entre elles et une agitation suffit pour les séparer. Dans l'intérieur des grandes cellules, on remarque distinctement de petites cellules qui présentent à l'œil la même apparence que les grandes ; on en compte quelquefois trois, quatre ou un plus grand nombre, ou bien elles sont tellement multipliées qu'elles disparaissent à l'œil et ne forment plus par leur multitude qu'une masse nébuleuse.

Pour observer la *multiplication* de la levure, M. Wagner s'est servi du moyen indiqué par Mitscherlich, c'est-à-dire qu'on a délayé un peu de levure flottante fraîche dans du moût de bière, et qu'on a étendu avec ce liquide jusqu'à ce qu'on n'observât plus sous le microscope que un à deux grains de levure dans une goutte de liqueur. La température de la chambre a été constamment maintenue entre 18 et 20°. Au bout de quelques heures, il était déjà facile de voir que le noyau à l'intérieur des cellules s'était partagé en plusieurs masses, et que chacune de celles-ci s'était rapprochée en différents points des parois de la cellule. Au bout de 5 heures, il y avait déjà deux nouvelles cellules provenant de la première, sans que le noyau eût franchi l'enveloppe de la cellule mère et fût passé dans les cellules nouvellement formées. Dans ces deux nouvelles cellules on ne remarquait point encore de noyau. Après 10 heures, il s'était encore formé sur la cellule mère une nouvelle cellule, tandis que deux cellules de la première génération en avaient déjà formé une troisième, et que dans les deux cellules secondaires on apercevait déjà évidemment un noyau éclaté. Au bout de 20 heures, il s'était encore formé une cellule de troisième génération, tandis que les cellules des trois générations précédentes avaient produit trois nouvelles cellules de la quatrième génération. Les dernières cellules formées ont grossi promptement et atteint en peu de temps la grandeur de la cellule mère, mais elles ne se sont pas multipliées, probablement faute d'aliments. Une cellule de levure de chapeau a ainsi, en 20 heures, donné naissance à 11 cellules, et dans une deuxième expérience, il s'est produit, en 36 heures, 13 cellules nouvelles.

Ces expériences confirment ce fait que la multiplication de la levure superficielle s'opère par la dilatation de l'enveloppe, et qu'une cellule récemment développée peut se multiplier aussitôt qu'il s'est formé en son intérieur un noyau, qui ne provient pas de la cellule mère. Il arrive presque constamment que la cellule adulte, en se séparant de la cellule originelle, emporte déjà avec elle une portion de sa lignée. L'auteur a toujours aussi remarqué des vibrions dans la levure flottante fraîche.

La *levure de dépôt* traitée de la même manière,

à une température de 7 à 10 degrés centigrades, ne laisse pas apercevoir bien nettement son mode de multiplication ; on remarque seulement que le contenu des cellules est en mouvement et qu'avec le temps, il se développe des granules distincts dans la masse nébuleuse. Les petites cellules accolées à la cellule augmentent en volume et en nombre jusqu'à ce qu'il se soit développé au moins 30 à 40 de ces petits êtres sur une même mère.

La levure flottante, mise en contact à 7° avec du moût de bière, a passé en grande partie à l'état de levure de fond, tandis qu'en soumettant au même contact de la levure de fond à une température de 20°, on n'a pas remarqué qu'il y eût formation de levure flottante.

Quelques autres expériences entreprises ont servi à confirmer ce fait avancé par d'autres auteurs que, sans levure, il ne peut y avoir de fermentation alcoolique avec dégagement simultané d'acide carbonique.

Les expériences sur l'exaltation ou la suspension de la force fermentescible de la levure, au moyen de divers corps, ont présenté les résultats suivants :

a) *Chaleur*. — De la levure séchée à 100 degrés centigrades, réduite en poudre, ne présente plus, dans une dissolution de sucre de raisin, dans du moût de bière, liqueur qu'on a toujours employée dans les expériences suivantes, de traces de la forme celluleuse sous le microscope. La fermentation ne se manifeste qu'au bout de 36 heures, de façon qu'on doit supposer avec Thénard; que c'est par l'action de l'air atmosphérique qu'il s'est développé de nouvelles cellules dans la substance de la levure dissoute ou à l'état de division.

b) *Acides minéraux concentrés.* — Ils s'opposent, même en faible proportion, à sa fermentation ; l'*acide phosphorique* au contraire paraît la favoriser.

c) *Acides organiques.* — Leur effet varie : l'*acide sulfureux* libre ne détruit pas, lorsqu'il est en petite quantité, les cellules de la levure, tandis que l'*acide butyrique* semble modifier la fermentation, en ce sens que la fermentation alcoolique déjà excitée passe par la transformation de la levure en ferment butyrique à la condition de fermentation butyrique. De faibles proportions d'*acide acétique*, d'*acide tartrique* et surtout d'*acide lactique* exercent l'influence la plus favorable sur la multiplication des cellules de la levure. Ces acides semblent provoquer comme agents de dissolution des matières azotées et du phosphate de chaux, la création des matériaux nécessaires à la formation de la cellule de la levure, et on explique ainsi pourquoi le moût des fabricants d'eau-de-vie de grain doit toujours renfermer une certaine quantité d'acide lactique.

d) *Alcalis.* — Ils accroissent la force fermentescible de la levure, même à l'état de grande dilution, en agissant comme agents de séparation entre les cellules. Toutefois si la quantité d'alcali ajouté est trop faible proportionnellement à celle de la levure, l'acide qui se développe dans la fermentation neutralise cet alcali, et la fermentation suit sans trouble sa marche ordinaire. Les *savons* et le *chlorure de chaux* opèrent de même. Quant aux *alcaloïdes*, l'observation faite par M. Quevenne, qu'à l'état de solution concentrée ils ont une action mortelle sur la levure, peut être exacte, mais à l'état de dilution, une solution de quinine ou de strychnine n'apporte aucune entrave à la fermentation.

e) *Sels alcalins*. — Employés en petites proportions, ils sont sans influence sur la levure.

f) *Matières métalliques*. — Le *sulfate de fer* et le *sulfate de zinc* détruisent la levure ; le *sulfate de cuivre* au contraire ne la tue pas. Dans une décoction de malt, de sucre de raisin et de levure, à laquelle on a ajouté 1 o/o de sulfate de cuivre, la fermentation a suivi sa marche ordinaire et les cellules de la levure observées au microscope n'ont pas présenté la plus légère contraction. L'arsenic blanc ou *acide arsénieux* ne fait pas non plus périr la levure ainsi que l'avait déjà annoncé M. Schlossberger. Si on dissout du sucre de raisin dans une solution saturée d'acide arsénieux et qu'on y ajoute de la levure, les cellules de cette levure se multiplient d'une manière normale. L'*arsenic métallique* pulvérulent mélangé à la levure avan l'addition de la solution sucrée ne s'oppose pas à la végétation des cellules. Le *tartrate de potasse antimonié* se comporte de même, tandis, au contraire, que le *sublimé corrosif* détruit la levure, même lorsqu'il est dans un grand état de dilution.

Il résulte de ce qui vient d'être dit que les poisons minéraux qui, généralement, paralysent la vie animale et végétale, suspendent aussi la végétation des cellules de la levure qui se développe pendant la fermentation. Il est étonnant que le sulfate de zinc et celui de fer s'opposent à la fermentation, tandis qu'une addition de sulfate de cuivre ne trouble en aucune façon la marche de cette opération. Que l'arsenic et le tartrate de potasse antimonié soient sans action sur la levure, c'est un fait qu'on pouvait prévoir, parce qu'on sait que les moisissures se développent sur des dissolutions de ces deux corps.

L'observation que les acides végétaux suffisamment étendus n'apportent aucun obstacle à la végétation des cellules de levure, s'accorde très bien avec l'opinion de M. Rousseau, d'après laquelle une condition importante pour que la levure puisse donner lieu à une fermentation spiritueuse, c'est qu'il y ait présence d'un acide végétal tel que l'acide tartrique, l'acide malique et principalement l'acide lactique.

La strychnine à l'état de dissolution étendue ne détruit pas la cellule de la levure, et c'est ce que savent très bien quelques brasseurs français qui ont l'audace de remplacer le houblon par la strychnine qui est cependant un violent poison.

Les analyses élémentaires entreprises, tant de la levure flottante que de celle de fond, toutes deux purifiées, diffèrent un peu des résultats numériques obtenus par M. Schlossberger, cependant elles confirment en général la conclusion de ce chimiste, savoir que sous le rapport chimique il n'est pas possible de trouver une différence tranchée entre les deux espèces de levure, en supposant toutefois que la substance de la levure épurée puisse être considérée comme de la levure qui n'a encore éprouvé aucune altération.

La levure brute, surtout celle de chapeau, de diverses brasseries, la levure de fond de la bière de garde et du vin, lavées à l'eau distillée et analysées, donnent des résultats tellement discordants qu'il n'est pas possible d'en conclure la composition élémentaire de la levure brute.

Moyens de conserver la levure de bière. — Battez la levure avec des vergettes, jusqu'à ce qu'elle soit réduite à l'état de mousse légère et unie ; déversez-la ensuite sur des assiettes par petites quantités ; quand elle sera sèche, mettez-en une nouvelle couche sur la première, et continuez ainsi jusqu'à ce que la couche sèche ait 14 millimètres d'épaisseur ; retirez alors la levure sèche de dessus les assiettes, et cassez-la en petits morceaux que vous conserverez en bouteilles bien bouchées.

Il est encore un autre moyen plus simple, c'est de remplir de levure des sacs de canevas, d'en exprimer toute l'humidité à la presse, et d'envelopper le résidu par paquets, que l'on conserve dans un endroit sec et à l'abri du contact de l'air.

Quoi qu'il en soit, la levure qui sert à faire le pain ne doit jamais être conservée dans des vases de métal, surtout ceux en cuivre et en plomb, attendu que ces métaux pourraient être attaqués par cette substance, ou plutôt par l'acide qu'elle renferme, qui contracterait une combinaison avec l'oxyde de ces métaux et donnerait lieu à des sels cuivriques, plombiques ou autres, qui, introduits dans l'économie animale, pourraient occasionner des désordres plus ou moins graves.

Cette observation s'applique tout aussi bien aux levains de pâte qu'à la levure, et ne saurait être trop recommandée dans les ménages où l'on a l'habitude de faire son pain.

Pour conserver la levure on a recours, en Hongrie, à un procédé qui consiste à la pétrir intimement avec du charbon d'os réduit en poudre très fine, et à en former des gâteaux plats qu'on fait sécher à l'air.

Sous cette forme, la levure se conserve des années entières sans perdre sa force fermentescible. Quand on veut s'en servir, on la débarrasse par des lavages de la poudre d'os.

M. Böttger affirme qu'on peut se servir, dans le même but, du charbon de bois grossièrement pulvérisé et tamisé.

On a indiqué aussi un moyen moins commode dans la pratique en grand, et qui consiste à étendre en couches minces la levure bien lavée et égouttée, sur des plaques parfaitement sèches, de plâtre, et à introduire ces plaques dans une étuve. Le plâtre pompe activement l'humidité, dont les restes sont entraînés par un courant d'air sec produit par un ventilateur. On pulvérise alors cette levure, on l'étend de nouveau sur des plaques de plâtre, on la remet à l'étuve, et pendant qu'elle est encore chaude, on verse cette poudre dans des bouteilles ou des flacons fermant hermétiquement. Cette levure en poudre conserve encore au bout de deux années toute sa puissance fermentescible.

On conserve encore la levure en lui enlevant la plus grande partie de son humidité et la saupoudrant de sucre en poudre qui, en se fondant par l'humidité qui reste encore, forme un sirop ou un glacis sous lequel elle se conserve très bien.

On a aussi conseillé de conserver la levure en la mélangeant à 1/8 de son poids de glycérine.

Nous devons dire, en terminant, que l'emploi de la levure est peu en usage à Paris, surtout par les boulangers qui ne font qu'un petit nombre de fournées et qui ont ainsi le temps de préparer leurs levains, mais en outre, pour un motif bien simple : c'est que la levure est quelquefois falsifiée, et que sous cet état elle ne produit pas les effets qu'on en attendait.

Conservation du Levain. — Dans le nord de l'Angleterre, on le conserve pendant une semaine, en l'enfonçant dans un sac de farine. En Italie, on se sert du même moyen ; on le place au milieu du sac, et on le conserve pendant trois mois. En France, lorsqu'on doit pétrir au bout de quatre à cinq jours, on conserve le levain dans un lieu chaud, entre deux sébilles de bois, en ayant soin d'ajouter tous les jours une quantité de farine égale à la masse du levain, et assez d'eau pour lui rendre la même consistance ; mais si l'on ne doit pétrir que longtemps après, on fait sécher à une douce chaleur les morceaux de pâte qu'on enlève en grattant la maie, et qu'on coupe en petits morceaux. Quand on veut s'en servir, on les délaie dans l'eau chaude.

Levain aigri. — Pendant l'été, il arrive que la levure, le levain de pâte, et la pâte elle-même, tournent à l'aigre, et donnent au pain un goût acide ; on y remédie en jetant dans le levain, ou dans la pâte, quelques pincées de carbonate de magnésie.

Nouveau levain de bière anglais. — Le Dr Andrew Ure a publié le procédé suivant pour la fabrication de ce levain :

Levure de bière	1 litre
Pâte faite avec de la fleur de farine .	4kg,534
Eau	7kg,570

On pétrit bien le tout ensemble et on le tient chaudement pendant 7 ou 8 heures. L'auteur ajoute que ce levain remplit beaucoup mieux son objet que la levure des brasseurs, parce qu'il est plus clair et sans mélange de houblon. Pour complément, nous ajouterons le levain de pommes de terre.

Levain de pommes de terre proposé par Kirby. — Des pommes de terre étant cuites à l'eau, on les pèle, puis on les écrase le mieux possible, pour en faire, avec de l'eau chaude, une bouillie très claire. On ajoute pour chaque demi-kilogramme de pommes de terre, 62 grammes de sucre brut ou de mélasse, et deux cuillerées de levure de bière ordinaire. On maintient le mélange à une chaleur de 15 à 20° ; il fermente, et au bout de 24 heures, cette nouvelle levure est propre à faire du pain. Chaque demi-kilogramme de pommes de terre donne 1 kilogramme de levure, qui peut se conserver trois mois en bon état. On ne doit enfourner le pain que huit heures après la confection de la pâte, pour lui donner le temps de lever.

Fabrication de la levure, par M. Ludewig. — Cette levure, destinée à la panification, empruntée à la levure de bière, présente les qualités suivantes :

Elle est d'une grande blancheur, ne communiquant au pain aucune couleur, ainsi que cela a lieu avec les anciens levains, et ne lui donnant aucun goût désagréable, n'altérant en aucune façon l'arome de la farine.

La composition de cette levure comprend pour 100 parties :

Levure de bière ordinaire . . .	200 litres.
Eau fraîche.	300 »
Carbonate d'ammoniaque pulvérisé.	6 kilog.

On brasse le tout au moyen d'un agitateur mécanique, opération qui enlève à la levure les résines, les huiles essentielles provenant de la distillation du houblon, et qui donnent au pain un goût aigre et amer.

Après ce brassage, on laisse reposer pendant

huit heures, en remuant deux ou trois fois seulement, pendant le repos, on décante l'eau par les robinets, on passe le résidu au tamis fin, et on brasse de nouveau dans un même appareil avec 500 litres d'eau fraîche, on laisse reposer 3 ou 4 heures, puis on décante.

Cette levure, ensachée dans des doubles sacs, est soumise à la presse qui la sèche et la solidifie. Retirée de ces sacs, elle est étendue sur des toiles et malaxée, ou simplement saupoudrée avec 25 grammes de sucre en poudre par kilogramme de levure.

Falsification de la levure. — M. Payen, en lavant, pour des essais de fermentation, quelques échantillons de levure, telle qu'on la livre aux distillateurs, a trouvé une fois, dans chacun d'eux, à peu près 33 o/o de fécule.

Cette falsification est très facile à reconnaître : on délaie 20 grammes de la levure à essayer dans environ un litre d'eau ; toute la matière, complètement suspendue par l'agitation, est laissée en repos pendant une demi-heure.

La presque totalité de la fécule est alors déposée, on décante le liquide troublé ; on lave le dépôt en le délayant et le laissant déposer deux ou trois fois dans 200 à 300 grammes d'eau ; on le recueille sur un filtre ; et son poids, pris sec ou au même degré d'humidité que la levure, donne très approximativement la proportion de fécule mélangée.

Un mode d'essai aussi simple, mis en pratique par tous les consommateurs de levure (boulangers, distillateurs, etc.), aura bientôt fait cesser cette fraude.

Il est facile d'ailleurs de s'assurer que le dépôt est de la fécule : 1° par son insolubilité dans l'eau froide ; 2° par la propriété qu'elle a de se convertir en colle ou en empois, lorsqu'on la met en contact avec l'eau à 100°.; 3° surtout par la propriété qu'elle a de se colorer en bleu par l'iode ou par l'eau iodée.

On peut encore s'assurer que la levure contient de la fécule ou de l'amidon, en faisant bouillir celle-ci avec une grande quantité d'eau, puis filtrant et essayant le liquide filtré et froid par l'eau iodée ; celle-ci prend une couleur bleue si la levure contient de la fécule ; elle ne se colore pas si elle n'en contient pas.

Nous avons dit aussi plus haut, que les levuriers sophistiquaient fréquemment la levure avec du carbonate de chaux, de la craie ou blanc de Meudon. Cette falsification est facile à reconnaître par le moyen suivant :

On prend 20 grammes de levure que l'on délaie dans 100 grammes d'eau distillée, on verse ensuite dans le mélange de l'acide chlorhydrique, qui donne lieu à une effervescence ou bouillonnement dû au dégagement de l'acide carbonique contenu dans le carbonate de chaux ou la craie.

Quand on s'est assuré ainsi de la présence du calcaire, on filtre la liqueur dans laquelle on a versé un petit excès d'acide chlorhydrique, et qu'on a laissé digérer pendant quelque temps et jusqu'à ce que toute effervescence ait cessé ; et dans la liqueur claire, on verse une dissolution d'oxalate de potasse. Aussitôt on obtient un précipité abondant d'oxalate de chaux, dont la quantité donne la mesure de la sophistication avec la craie.

« La falsification de la levure, dit M. Robine, n'est pas dangereuse pour la santé publique, surtout quand elle a lieu à l'aide de la fécule ; mais le boulanger, de même que les personnes qui se servent de levure, ont intérêt à employer de la levure pure ; car si celle-ci est mélangée à des substances étrangères, ils achètent sous un même poids une quantité d'autant moindre de levure, que ces substances s'y trouvent mélangées en plus grande quantité, et on paie par conséquent beaucoup trop cher un produit d'une moindre valeur. » Sans compter qu'on ne peut plus attendre d'effets constants d'une levure où les matières inertes entrent pour une assez forte proportion.

Quant à la craie et au carbonate de chaux, la fraude est plus coupable, attendu que, lors de la cuisson, ces carbonates peuvent se transformer, en partie, en chaux caustique dont l'action sur l'économie animale ne manquerait pas à la longue d'être nuisible.

EMPLOI ET PRÉPARATION DES LEVURES POUR ASSURER LA FERMENTATION ALCOOLIQUE

Par M. Dedierich.

Bien que la plupart des levures agissent comme ferments alcooliques, toutes ne peuvent être employées dans l'industrie ; il y a de bonnes espèces qui conviennent très bien à la fabrication de la bière, du vin, de l'alcool, du cidre ; mais il y a aussi des levures dont l'emploi doit être absolument écarté parce qu'elles produisent, comme les bactéries, de véritables maladies des moûts.

Pour assurer une fabrication, l'industriel n'avait autrefois à sa disposition qu'une culture de levures provenant d'une fabrication antérieure et contenant différentes races de levures, bonnes et mauvaises, ainsi que des bactéries. Pour éviter cet inconvénient, Pasteur, le premier, conçut l'idée d'ensemencer les moûts à l'aide d'une culture pure d'une seule espèce de levure. Ce procédé, fort utile, est actuellement très employé. Avant d'examiner les moyens en usage pour atteindre un pareil résultat, il est nécessaire de connaître les propriétés des différentes races de levures.

Le Dr Hansen, de Carlsberg, a classé les levures en espèces à caractères aussi constants que possible.

Il a établi en premier lieu deux grands groupes : les *saccharomyces* proprement dits, qui peuvent se reproduire par sporulation et les *non-saccharomyces* qui ne donnent jamais de spores.

Dans chacun de ces groupes les levures sont classées, suivant leur sécrétion, en diastases des hydrates de carbone.

Les *saccharomyces* comprennent :

1° Les saccharomyces sécrétant de la *zymase* et de la *sucrase*, parmi lesquels il faut encore distinguer les levures sécrétant ou non de la *maltase*. Ces catégories sont les plus importantes ;

2° Les saccharomyces ne sécrétant ni sucrase, ni zymase : ceux-ci ne donnent pas lieu à la fermentation alcoolique.

Les *non-saccharomyces*, dont l'importance est moindre, comprennent :

3° Les levures sécrétant de la *maltase*, de la *sucrase* , de la *zymase* ;

4° Les levures ne sécrétant ni *sucrase*, ni *maltase*, mais de la *zymase*.

On peut ajouter, en dehors de ces groupes, les levures sécrétant de la *lactase*.

Cette classification permet de déterminer la levure à employer pour assurer une fermentation alcoolique, connaissant le ou les sucres que l'on doit disloquer dans un moût.

Dans la fabrication de la bière, par exemple, on devra employer une levure sécrétant de la maltase, puisque l'on soumet à la fermentation alcoolique une dissolution de maltase ; de même dans la fabrication des alcools d'industrie, il faudra employer, suivant le cas, des levures sécrétant de la sucrase ou de la maltase, suivant que l'on soumet à la fermentation des betteraves, des pommes de terre ou des grains.

D'autre côté, pour obtenir une fermentation à l'aide des raisins ou autres fruits, une levure sécrétant uniquement de la zymase sera suffisante, puisque dans le jus de fruits un ou plusieurs sucres en C^6 existent tout formés.

I. SACCHAROMYCES

Saccharomyces cerevisiæ. — Ces saccharomyces sont les ferments alcooliques les plus importants et les plus actifs. Les cellules sont rondes ou ovales et mesurent de 8 à 9 μ. Ces levures employées pour la fabrication de la bière sécrètent de la zymase, de la sucrase et de la maltase. On distingue les levures hautes et les levures basses.

Les *levures hautes* font fermenter les moûts à une température comprise entre 15 et 20°. Elles affectent généralement l'aspect rameux, car après le bourgeonnement, les cellules naissantes restent attachées à la cellule mère. Ces levures présentent aux bulles d'acide carbonique une surface étendue ; elles sont entraînées à la partie supérieure des moûts.

Les *levures basses* font fermenter les moûts à une température ne dépassant pas 12 à 14°. Elles vivent isolément et tombent au fond des cuves de fermentation. Le développement des cellules est moins rapide que dans le cas précédent.

Les saccharomyces *cerevisiæ*, en vertu de leurs sécrétions diastasiques, conviennent très bien pour la fabrication des alcools de pommes de terre, de grains, de betteraves ; pour la fabrication du pain ; aussi, tant pour la brasserie que pour la distillerie et la boulangerie, l'industrie en prépare par culture artificielle de grandes quantités.

Saccharomyces pastorianus. — On rencontre ces saccharomyces dans les fermentations alcooliques du vin et de la bière. Si dans la fabrication du vin leur rôle est assez important, dans la fabrication de la bière, au contraire, leur présence est nuisible, car une espèce de ces levures rend la bière trouble, une autre la rend amère.

Comme les levures précédentes, elles sécrètent de la maltase, sucrase et zymase. Leur forme en massue et leur aspect rameux les rendent facilement reconnaissables. Les cellules très longues atteignent parfois de 15 à 20 μ.

Saccharomyces ellipsoïdeus. — Cette espèce de levure est très répandue sur les pellicules de beaucoup de fruits, notamment sur les raisins ; par conséquent, on la rencontre dans la fabrication du vin, du cidre, etc.

Dans les moûts de bière, elle se développe avec les deux précédentes ; mais le brasseur cherche à l'éviter, car les cellules restent en suspension dans la bière et contribuent à la rendre trouble.

La forme des cellules est ovale ; leurs dimensions sont plus petites que celles des cellules *cere-*

visiæ (4 μ sur 6 μ). La sécrétion diastasique est la même que les précédentes.

Saccharomyces minor d'Engel. — Ce saccharomyces se développe dans le levain de farine. Engel, qui a étudié ce saccharomyces, indique le moyen suivant pour obtenir un produit très riche en cellules de cette levure :

On malaxe du levain de boulangerie sous un mince filet d'eau sucrée ; les cellules-levures sont entraînées avec les grains d'amidon ; par suite de leur plus faible densité, les cellules-levures se déposent après les grains d'amidon. En lavant plusieurs fois la partie supérieure du dépôt, on obtient une quantité assez importante de cette levure.

Ce saccharomyces convient bien à la fabrication du pain, mais convient mal à la fabrication de la bière ou autres liquides fermentés, car la fermentation alcoolique qui résulte de son emploi est très lente.

La forme des cellules est plutôt sphérique ; leur dimension n'est que de 6 μ. Les spores ovoïdes n'ont que 3 μ.

Les saccharomyces *exigus*, *Ludwigui*, et quelques autres ont moins d'importance.

II. NON-SACCHAROMYCES PROVOQUANT LA FERMENTATION ALCOOLIQUE

Parmi ces levures ne formant pas de spores, citons la seule intéressante :

La *levure apiculée.* — Cette levure est une des

plus répandues dans la nature. On la trouve sur l'enveloppe de presque tous les fruits mûrs et doux : fraises, cerises, raisins, framboises, pommes, etc.

La forme des cellules est variable. Pendant la période active de leur existence, elles affectent la forme d'un citron ; à chaque extrémité se trouve une petite saillie, ou apicule. Les bourgeons se développent toujours à une de ces extrémités pointues ; les cellules naissantes ont une forme ovale, qu'elles conservent jusqu'au moment du premier bourgeonnement. Cette levure ne sécrète ni sucrase, ni maltase ; mais sécrète de la zymase. Elle ne peut donc agir que sur la glucose et la fructose (sucres que l'on rencontre dans les fruits).

Par suite, elle ne peut être employée en brasserie ; elle peut servir à la fabrication du pain, car dans la pâte un sucre en C^6 existe tout formé. C'est pour cette raison qu'en cas de nécessité, on peut obtenir un levain en préparant un moût avec de l'eau de lavage de grappes de raisins, ou de figues, moût que l'on délaie ensuite dans la pâte.

Préparation des levures industrielles.

L'industrie des levures industrielles s'est considérablement modifiée depuis les travaux de Pasteur et de Hansen. Bien que la théorie ne puisse répondre à bien des questions, on peut cependant dire que cette industrie a quitté le caractère empirique qu'elle avait auparavant.

Il existe plusieurs procédés de fabrication :

La culture dans des moûts de grains appropriés ;

La culture d'une seule race de levure, ou méthode des levures pures.

CULTURE DES LEVURES DE GRAINS

Principes de la fabrication. — Dans ce procédé plus rudimentaire que le procédé de culture des levures pures, mais aussi d'un prix de revient moins élevé, on cherche à obtenir un fort développement de cellules-levures, sans s'intéresser ni au pouvoir ferment ni à la production d'alcool, points tout à fait secondaires. Par suite, il faut opérer avec des moûts très aérés ; de plus, pour obtenir un rendement maximum, on cultive autant que possible des levures hautes, qui se portent à la partie supérieure du moût.

Pendant la fabrication, il faut prendre les mesures utiles pour empêcher le développement des bactéries, surtout des bactéries butyriques ; pour cela, il est nécessaire de préparer un milieu favorable au développement des levures, tout en rendant ce milieu aussi défavorable que possible au développement des bactéries. On obtient un pareil résultat en préparant un moût très concentré et très riche en matières nutritives, et en dissolvant dans ce moût des substances chimiques qui exaltent l'énergie des levures. Ces substances chimiques sont les acides lactique, tartrique et fluorhydrique, le tartrate de potasse et quelques fluorures.

Préparation des levains et moûts de grains. — Dans la culture des levures, il faut considérer à part le levain et le moût.

Le levain est un mélange de matières nutritives dans lequel on ensemence une petite quantité de levure aussi pure que possible et que l'on cherche à développer très vigoureusement. Lorsque les cellules sont en pleine activité, le levain est utilisé pour assurer le développement de la levure dans le moût préparé séparément.

On emploie des céréales pour la confection des levains et moûts ; les matières alimentaires des levures sont fournies par l'amidon contenu dans l'orge concassée ou dans le maïs ; cet amidon est transformé en maltose par du malt d'orge.

On ajoute un peu de seigle, dans lequel on trouve des matières azotées solubles La levure a ainsi à sa disposition une nourriture hydrocarbonée et un peu de nourriture azotée.

Pour diminuer le nombre des bactéries dans le levain, celui-ci est saccharifié à la température élevée de 70° ; la température de saccharification du moût n'est que de 50°.

Le levain doit être ensuite acidifié. Pour obtenir une acidification suffisante, on l'abandonne à la température de 50° et à l'air libre pendant environ soixante heures. Cette température est favorable au développement des bacilles lactiques ; elle ne l'est pas du tout au développement des bactéries butyriques.

Quand l'acidité du levain atteint 0,5 o/o, la température est ramenée rapidement à 20° en évitant la zone de température 35-42° ; le levain est alors prêt pour recevoir la levure mère.

Comme levure mère, on ajoute 50 o/o du volume du levain.

La fermentation s'effectue dans les conditions données précédemment ; et comme le levain est fortement aéré, les levures se développent énergiquement.

Pour incorporer la levure au moût, il faut choisir le moment précis où la levure adulte bourgeonne activement. La pratique enseigne que le moment est venu lorsque le degré saccharimétrique du levain est tombé de moitié. Cette période de croissance des levures a une durée d'environ dix heures.

On prélève un dixième du levain, portion qui constitue la levure mère, pour une fabrication suivante, et on incorpore le restant dans le moût de fabrication.

Comme le levain, le moût est abandonné à une température de 20° environ ; la fermentation se produit, la levure monte à la partie supérieure sous forme de mousse ; on récolte cette mousse qu'un courant d'eau entraîne dans un réservoir.

Dans ce réservoir, la levure traverse des tamis qui retiennent les impuretés : c'est le lavage, opération que l'on recommence autant de fois qu'il est utile. La levure se dispose en deux couches au fond du bassin ; la levure mûre, plus dense, se dépose la première. C'est cette couche de levure qui, mélangée avec de l'amidon et un peu de saccharose, est livrée aux filtres-presses.

Le rendement obtenu actuellement atteint 25 o/o.

CULTURE DES LEVURES DE RACE PURE

La méthode précédente, quelles que soient les précautions prises, n'empêche pas le développement d'un certain nombre de bactéries et de mauvaises levures.

Pour remédier à cet inconvénient, Pasteur a donné un procédé permettant d'obtenir une grande quantité de levure en partant d'une cellule unique bien déterminée, cultivée dans des moûts stérilisés, en vase clos, à l'abri des germes de l'air.

La culture des levures pures comprend deux opérations :

1° L'obtention d'une petite colonie provenant d'une cellule unique ;

2° La multiplication des cellules de la colonie.

Méthode de Pasteur. — Cette méthode est la première en date. Pasteur prenait de la levure aussi fraîche que possible, en faisait une pâte avec du plâtre. Cette pâte séchée et pulvérisée était répandue dans l'air. Des ballons contenant du moût stérilisé étaient ouverts pendant très peu de temps. Grâce à la grande dilution des levures dans l'air, quelques ballons étaient ensemencés de une ou plusieurs levures. Autour de chaque cellule une colonie se développait. Pasteur choisissait les ballons ne contenant qu'une seule colonie, examinait l'espèce qui s'était développée dans chaque ballon, et ne retenait que les cultures de bonne levure.

Méthode de Hansen. — Le procédé précédent fut modifié et rendu plus pratique par Hansen.

Ce savant prit un peu de levure purifiée et la dilua dans une quantité d'eau stérilisée, telle qu'une goutte ne contienne qu'une cellule ; il est possible de se rendre compte de cette condition par l'examen au microscope.

En ensemençant ensuite avec une goutte de liquide beaucoup de ballons contenant du moût stérilisé, il arrive que certains de ces ballons ne prennent qu'une cellule-levure ; les ballons ne contenant qu'une seule colonie seront ceux-là.

Comme dans le procédé Pasteur, il est ensuite nécessaire de rechercher et de choisir, parmi les ballons à colonie unique, ceux dans lesquels l'espèce utile s'est développée. On possède alors une petite quantité d'une espèce pure qu'il est ensuite nécessaire de multiplier dans des appareils dits « de multiplication ».

Appareils de multiplication. — Les premiers appareils de multiplication ont été construits suivant les données de Pasteur. D'autres appareils ont été ensuite créés répondant au but poursuivi, dans un sens de plus en plus pratique.

Les principes généraux de la construction de ces appareils consistent :

A stériliser en vase clos un moût approprié à la culture des levures ;

A obtenir une introduction facile de la colonie de levure pure sans contact avec l'extérieur, à provoquer la fermentation du moût stérilisé dans des conditions telles que la multiplication des levures soit aussi élevée que possible ; on arrive à ce résultat par l'introduction d'une certaine quantité d'air préalablement purifié par des filtres de coton.

Un des appareils de ce genre, parmi les plus connus, est celui de M. Fernbach.

Amélioration des levures pures. — Les levures pures préparées à l'aide de moûts absolument stériles sont parfois très fragiles, quand on les utilise pour la fermentation de divers produits contenant infailliblement des bactéries : il arrive, en effet, que ces levures pures n'ont qu'une résistance vitale insuffisante. Un pareil inconvénient a pu être évité.

On a vu que les microbes, en général, s'acclimatent par cultures successives au milieu qui leur est offert ; leurs fonctions vitales s'adaptent aux conditions qu'on leur impose, et les propriétés que les microbes acquièrent se transmettent aux cellules nouvelles.

Les procédés employés pour arriver à améliorer les races de levures dans le sens indiqué consistent en cultures dans des moûts spéciaux, particulièrement dans des moûts contenant des doses de plus en plus élevées de produits engendrés par diverses bactéries. Après une série de dix ou douze cultures, les cellules obtenues ont des propriétés de résistance suffisantes ; on les utilise alors pour l'ensemencement des ballons.

D'un autre côté, chaque race de levure pure donne aux produits fermentés un goût et un arome spécial à la race, résultant des éthers qui se forment après fermentation.

On conçoit qu'il est utile de choisir les meilleures races de levures pour la culture et de les acclimater aux moûts à mettre en fermentation, toujours selon la méthode des cultures successives.

Actuellement on commence à mettre cette idée en pratique. C'est ainsi que l'on provoque la fermentation des moûts de raisins ordinaires à l'aide de levures pures empruntées à de bons crus.

De même à un point de vue plus général, mais dans le même ordre d'idées, disons que dans la fermentation des feuilles de tabac, précédant la fabrication des cigares, on a pu obtenir des produits excellents en faisant agir sur du tabac ordinaire des microbes recueillis sur des espèces plus fines.

LEVURE DE GRAINS

La levure de bière est aujourd'hui remplacée, en boulangerie, par la levure de grains provenant des distilleries d'alcools de grains. Cette levure, fabriquée spécialement par les maisons Springer, d'Alfort (Seine), et Lesaffre et Bonduel, de Lille (Nord), d'après le procédé hollandais, est très appréciée.

La fabrique de levure Springer et Cie, de Maisons-Alfort, est la première qui ait été créée en France (1872). Ses produits n'ont cessé d'obtenir la faveur du public, ainsi qu'en témoigne une production toujours croissante, qui atteint aujourd'hui un chiffre considérable, met en œuvre 500 ouvriers et emploie une force de 1.000 chevaux-vapeur.

La levure Springer et Cie est une levure de grains purs ; elle est de couleur blanche et n'altère nullement la nuance de la farine. Sa force est très grande ; elle fait pousser régulièrement la pâte trois fois et même une quatrième fois dans le four. Elle procure une économie de 60 o/o sur la levure de bière.

En employant la levure de grains, la boulangerie peut se passer tout à fait du concours d'un levain ordinaire.

Voici la manière de l'employer :

On prend 700 à 800 grammes de cette levure, précédemment délayée dans de l'eau tiède, pour une fournée de 40 litres d'eau. On fait son levain avec toute la quantité de 800 grammes sur 20 litres d'eau seulement, et après avoir fait pousser ce levain pendant 35 à 45 minutes environ, on ajoute les autres 20 litres d'eau pour le pétrissage en y joignant le sel comme d'habitude. Une demi-heure après, on commence à tourner la pâte.

Dans le cas où le goût et les habitudes de la consommation rendent indispensable le concours d'un levain ordinaire, il ne faut ajouter pour le pétrissage que 150 à 200 grammes de levure de grains ou de Levure française sur une fournée de 40 litres d'eau. Le pain obtenu est beaucoup plus délicat, de meilleur goût et plus digestif.

La température du fournil est ordinairement de 20 à 25 degrés. Quand elle est au-dessus ou au-dessous de cette moyenne, il faut diminuer ou augmenter proportionnellement la quantité de levure.

La pâtisserie emploie la Levure française à raison de 10 grammes sur 1 kilogramme de farine, en faisant son levain comme d'habitude.

La levure de grains ne s'altère pas facilement dans les températures élevées, et cela permet de la conserver dans un état sain pendant longtemps, même en été, pourvu qu'on ait soin de la tenir dans un endroit sec et frais.

Employée avec une addition de lait et de beurre, elle sert à la fabrication des pains riches et de fantaisie, ainsi que des gâteaux de toute sorte. Elle les rend légers, volumineux, de bon aspect et de goût excellent.

Cette levure de grains ne dissout jamais le gluten, elle lui donne, au contraire, toute l'extension dont il est susceptible, et, par conséquent, au pain, un gonflement régulier qui, sans faire de vides au milieu de la pâte, est très avantageux pour la vente. Le pain, étant fermenté plus régulièrement, est plus blanc, de bien meilleur goût et plus digestif.

On doit donc recommander l'emploi de la levure de grains à la boulangerie et à la pâtisserie.

FABRICATION DE LA LEVURE DE GRAINS

Préparation du levain. — Le moût de levain est, en général, préparé avec de la farine de seigle et de la farine de malt.

On fait macérer 45 à 50 kilogrammes de farine par hectolitre d'eau à une température de 61 à 62°. On laisse reposer deux heures. L'acidification des moûts doit être favorisée autant que possible ; aussi doit-on éviter l'emploi des désinfectants, lesquels détruiraient le ferment lactique.

Au moût obtenu, on incorpore soit la moitié de son volume de levure mère provenant d'une opération précédente, soit 4 o/o de son poids de levure pressée, soit un mélange de levure mère et de levure pressée.

La levure mère est à point au bout d'une dizaine d'heures. On peut la maintenir en cet état, jusqu'à son emploi, en la plaçant dans de l'eau à 12°.

Fermentation. — La fermentation qu'il faut s'efforcer d'obtenir est la fermentation écumeuse ; on aura alors une multiplication plus rapide de la levure tout en transformant le sucre en alcool.

Pour obtenir la fermentation, on ajoute le levain parfaitement mûr dans les cuves contenant le moût, on mélange intimement ; le tout est ensuite laissé au repos.

Peu à peu la levure agit ; la couche crémeuse fait place à des bulles de gaz, et la surface de la cuve se recouvre d'une mousse blanche très fine qui, petit à petit, s'épaissit par le continuel apport à la surface des parties ténues des sons et des drèches, lesquelles sont soulevées par l'acide carbonique qui se dégage. La croûte en formation dite « chapeau », s'épaissit peu à peu.

Au bout de quatre heures, le chapeau est crevé par un fort dégagement d'acide carbonique, qui produit à la surface une mousse épaisse ; les moûts soulevés au milieu des cuves sont rejetés sur les parois.

Environ douze à quinze heures après le début de l'opération, l'effervescence commence à diminuer. On le constate par l'apparence plus trouble des bulles, par leur plus grande consistance, leur moindre taille, et les parties laiteuses qu'elles laissent échapper en crevant. La levure est alors mûre et doit être recueillie.

Récolte de la levure. — Cette récolte se fait avec de grandes cuillers en fer-blanc, servant à écumer en quelque sorte la surface du liquide contenu dans les cuves.

La mousse liquide obtenue est alors dirigée sur un fin tamis, à travers les mailles duquel la levure passe, tandis que les drèches sont retenues. Le liquide qui s'égoutte à travers le tamis est recueilli dans un bassin, au fond duquel la levure se dépose en bouillie pâteuse.

On décante l'eau de ce bassin ; on procède même à un second lavage qui enlève les dernières impuretés, puis on incorpore à la levure (toujours à l'état de bouillie) une certaine quantité d'amidon sec, qui absorbe l'eau.

Le mélange obtenu est alors placé dans des

toiles de lin et soumis à des pressions énergiques, jusqu'à ce qu'il ne suinte plus d'eau. Il en reste toujours 68 o/o environ.

CONSERVATION DE LA LEVURE DE GRAINS

La levure pressée peut alors être découpée en pains ; on enveloppe ceux-ci dans du papier-parchemin végétal, et, sous cette forme, on expédie le produit de l'usine aux consommateurs. Le prix de vente en est de 1 fr. 10 à 1 fr. 30 le kilogramme.

Pour conserver la levure, il faut la maintenir dans une cave froide et sèche, en l'entourant d'un linge légèrement humide. Elle est entrée dans une période de repos, mais ne perd nullement pour cela son énergie fermentatrice, qui se manifestera de nouveau si on la place dans un milieu favorable.

Pendant les transports, les grands froids peuvent la congeler partiellement. Il faut alors la mettre dans une pièce close, à température convenable, mais non chauffée : toute apparence de congélation disparaîtra.

La chaleur de l'été, au contraire, peut produire un léger ramollissement des pains de levure. Il faut, dans ce cas, les dépouiller de leurs enveloppes et les exposer à l'air dans un endroit sec ; ils se raffermiront complètement.

Avec ces précautions, la levure de grains pourra être conservée de quatre à cinq jours, mais il faut éviter soigneusement de la placer dans un milieu où la température serait un peu élevée, car elle s'y altérerait rapidement en perdant sa couleur blanche et son odeur habituelle, surtout si des matières en putréfaction se trouvent dans le voisinage. Les temps orageux amènent également des altérations.

RÔLE DE LA LEVURE

Nous donnons à nos lecteurs une étude présentée à la Société Nationale d'Agriculture par M. Lindet, un des distingués professeurs de l'Institut agronomique, sur la fabrication du pain et le rôle de la *levure* en boulangerie.

« Le boulanger, a dit M. Lindet, obtient la levée de la pâte en y introduisant soit du levain, soit de la levure pressée ; il est appelé à diriger le développement biologique d'êtres microscopiques qu'il n'a jamais vus, mais il possède, à défaut de connaissances scientifiques, une technique fixée par une série d'observations bien faites.

« La fermentation acide des levains, due au développement de micro-organismes, étrangers à la levure, et spécialement au développement des ferments lactiques, arrête la multiplication de la levure, mais n'empêche pas la production de la zymase, c'est-à-dire du ferment soluble qui dédouble le sucre en alcool et acide carbonique. Or, on sait qu'un levain très poussé assure le développement rapide de la pâte à laquelle on le mélange, mais qu'il n'a pas de fondation, c'est-à-dire ne maintient pas la fermentation dans les pâtes consécutives ; il épuise, en effet, son excès de zymase à la première pétrissée, et il n'apporte, pour les suivantes, qu'une levure affaiblie. Il faut le rajeunir, en aérant fortement les pâtes avec une nouvelle quantité de farine et d'eau, pour que la levure reprenne le pas sur la fermentation lactique.

« Pour ralentir la fermentation des levains et éviter la fermentation lactique, les ouvriers font intervenir la compacité des pâtes, leur température et leur aération. Les ouvriers boulangers savent admirablement faire entrer en jeu ces trois facteurs au moment voulu. C'est ainsi que les premiers levains. qui doivent rester jusqu'à 4 heures de l'après-midi sans être rajeunis, sont préparés en pâte ferme et froide ; la pâte est souvent, en outre, soustraite au contact de l'air, dans des étouffoirs dits appareils à levain. La levure se multiplie d'autant moins que la température est plus froide. Le dernier levain, dit « levain de tout point », est fait en pâte plus douce et plus chaude ; là, la levure n'a pas le temps de se reproduire ; on lui fait sécréter le plus possible de zymase pour qu'elle fasse lever rapidement la première pétrissée.

« Le travail sur levure, dit travail viennois, est beaucoup plus simple, puisqu'il consiste à pétrir la farine, soit avec de l'eau dans laquelle on a délayé de la levure pressée, soit avec une pâte claire additionnée de levure qu'on a préalablement laissé fermenter. Dans ces conditions, la levure ne se reproduit que peu ; elle n'en a pas le temps ; mais elle apporte sa zymase. Si la répartition de cette levure a été défectueuse, on constate qu'elle se reproduit là où elle est en faible quantité ; elle dépérit, au contraire, là où elle se trouve en dose massive, et finalement, la levure se répartit d'elle-même mieux que ne saurait le faire l'ouvrier ou le pétrin mécanique.

« Il y a donc un parfait accord entre les données de la science et les usages professionnels, et la boulangerie reste l'industrie de fermentation la plus délicate. Quand la cuve du vigneron ou du brasseur de pommes a fermenté, la levure est rejetée ; de plus, cette cuve peut mettre à fermenter un nombre variable de jours. Il n'en est pas de même du levain ou de la pâte de boulanger ; il faut y ménager la levure qui sert continuellement, prête toujours à agir au moment voulu et à heure fixe, car il ne faut pas que le client soit exposé à attendre son pain frais. »

DE L'EAU

A l'état liquide, l'eau n'est jamais bien pure ; elle contient plus ou moins de substances salines, gazeuses ou acides en dissolution. Lorsque la proportion de ces principes est assez sensible au goût, ces eaux prennent le nom d'eaux minérales.

Celles où ces principes sont peu nombreux, et en très petites proportions, sont appelées potables ; elles dissolvent le savon et cuisent bien les légumes. On les appelle *crues* ou *dures*, lorsqu'elles ne jouissent pas de ces deux propriétés ; elles contiennent alors des sels calcaires, entre autres du sulfate et du carbonate de chaux. Les eaux naturelles sont plus ou moins pures; celles qui tombent à la suite d'un orage sont presque semblables à l'eau distillée. On distingue les eaux en :

1° *Eau de source.* — Elle est très potable, si, au lieu de filtrer à travers des assises de plâtre, elle traverse un terrain quartzeux. Elle contient ordinairement de l'hydrochlorate de soude, un peu de carbonate de chaux, de l'air et de l'acide carbonique.

2° *Eau de rivière.* — Cette eau est également potable, lorsqu'elle coule sur un lit qui n'est ni calcaire ni argileux : plus elle coule rapidement et éprouve de chutes, plus elle est aérée et plus elle s'approche du degré de pureté.

3° *Eau de lac.* — Cette eau est moins pure que celle des rivières, attendu que, dans certains endroits, elle est en stagnation constante, et que les lacs sont alimentés par des eaux plus ou moins pures.

4° *Eau de puits.* — Presque toujours crue, c'est-à-dire ne dissolvant pas le savon et ne cuisant pas les légumes ; elle contient beaucoup de sulfate et de carbonate de chaux. Les puits creusés dans le sol des villes situées sur les bords de la mer sont saumâtres ; la plupart de ceux d'Egypte, même celui qui est si profond et qui porte le nom de *puits de Joseph*, sont salés.

Pour le pétrissage, on doit donner la préférence

à l'eau la plus pure, comme celle de fontaine, de pluie (après un orage), des fleuves et rivières, et rejeter les eaux crues ou celles qui ne dissolvent pas bien le savon et ne cuisent pas bien les légumes. Si l'on ne pouvait s'en procurer d'autre, on ferait bien de la faire bouillir pour en précipiter les carbonates calcaire et magnésien, et de la filtrer ensuite à travers le charbon.

M. Boussingault a, depuis longtemps, été frappé de la persistance avec laquelle les boulangers de Paris tiennent et continuent à faire usage, dans la préparation du pain, de l'eau de puits, de préférence à l'eau de Seine. Or, l'analyse a démontré que les eaux de puits étaient souvent infectées par les émanations des conduites de gaz et le contact des matières fécales. En recherchant les causes de cette pratique des boulangers, on a été amené à penser qu'ils agissaient ainsi parce que l'eau de puits renfermait une certaine proportion de matières calcaires, dont le poids s'ajoutait à celui du pain ; mais on est amené à se demander si la présence dans les eaux de puits d'une plus forte proportion d'acide carbonique ne favorise pas le levage de la pâte et ne motive pas ainsi, sans la justifier, la préférence des boulangers : c'est là une question qui mérite d'être examinée avec soin, et M. Boussingault a fait d'ailleurs remarquer que, dans les Vosges, on fabrique rarement du bon pain avec les eaux de source, qui ne contiennent pas d'acide carbonique.

Température de l'eau pour le pétrissage. — L'expérience a démontré qu'on doit pétrir, en été, avec de l'eau à la température atmosphérique, et se borner à la faire tiédir en hiver, plus ou moins, suivant que cette saison est plus ou moins rigoureuse. Dans le midi de la France, l'on emploie de l'eau chaude : cette méthode est vicieuse, puisqu'il est démontré qu'en employant de l'eau froide ou tiède, l'on obtient un pain meilleur et plus blanc. Il nous serait difficile d'expliquer cette différence d'effets, mais il est probable qu'on altère le gluten. En vain prétendrait-on que l'eau froide doit arrêter les effets de la fermentation ; cet effet pourrait avoir lieu si elle était à un degré voisin de celui de la glace ; mais, comme elle est, en été, à environ 10, 12 et même 15 degrés, on ne saurait craindre un pareil effet. L'eau froide en effet rend plus ferme et plus élastique la matière glutineuse, et, par suite, la pâte acquiert plus de consistance, même quand elle est molle, tandis qu'en pétrissant avec de l'eau chaude, la pâte devient grasse, s'amollit et s'affaisse.

Quantité d'eau nécessaire au pétrissage. — Il est bien reconnu que cette quantité d'eau doit varier suivant la qualité de pain que l'on se propose de fabriquer. Or, quoiqu'on ne puisse point en calculer mathématiquement les quantités, nous allons cependant en donner une idée approximative ; ainsi l'on concevra aisément que plus la farine sera sèche, blanche et bien préparée, plus elle absorbera d'eau : le même effet aura lieu pour les farines provenant des blés bien secs et récoltés dans un état de maturité parfaite. Ces farines absorbent, en général, un tiers de leur poids d'eau ;

celles de qualité médiocre n'en prennent qu'un quart, et celles qui proviennent d'un blé humide n'en exigent qu'un cinquième. Nous devons ajouter, cependant, que plus on agite ou travaille longtemps la pâte, plus on peut lui faire absorber de l'eau. Dans le midi de la France, les domestiques emploient l'eau approximativement ; elles n'ont d'autre règle que le coup d'œil, qui est le fruit de leur expérience.

M. Laugier prescrit aussi, pour les bonnes farines, le tiers de leur poids d'eau. S'il faut, dit-il, 150 kilogrammes de farine pour une quantité de pain proportionnée à la grandeur du four, 75 kilogrammes ont dû être employés pour la préparation des levains auxquels on a dû ajouter 50 kilogrammes d'eau. Les 75 kilogrammes de farine restant pour pétrir, exigeant la même quantité d'eau, il résulte de ces combinaisons que la pâte de toute la fournée pèsera 250 kilogrammes.

Ces proportions éprouvent cependant quelques légères variations, suivant la saison. Voici comment s'exprime à ce sujet M. Dessables :

« Si la pâte doit être plus ferme en été, et plus molle en hiver, il s'ensuit nécessairement que, dans la dernière de ces deux saisons, on doit employer plus d'eau que dans la première, afin que la fermentation puisse toujours s'opérer dans le même espace de temps. Au reste, il est certain que le pain auquel on n'a pas donné assez d'eau ne cuit jamais bien : qu'il est mat et sent même communément la farine ; tandis que celui dans lequel on en a mis un peu trop perd, à la vérité, de son goût, mais conserve toutes les qualités d'un bon pain ».

Eau de lavage des sons. — M. Herpin a proposé en 1832, au lieu de se servir d'eau pure dans la fabrication du pain, de laver les sons qui résultent de la mouture avec l'eau destinée à cet objet, pour retirer la fécule et les autres substances que ces sons peuvent encore renfermer, et faire entrer celles-ci dans le pain. Nous allons extraire les principaux points du brevet qu'il a pris, à cette époque, pour cet objet.

« Il résulte d'une série d'expériences que j'ai faites, dit M. Herpin : 1° que la partie corticale du blé, ou le son, ne forme que 4 ou 5 o/o du poids du grain ;

« 2° Que l'on peut retirer de différentes sortes de sons par un procédé très facile, par un simple lavage à l'eau froide, de 50 à 60 o/o en poids de fécule et autres substances nutritives.

« *Procédé.* — Ayez une cuve profonde, de la contenance de 3 à 6 hectolitres, dont le fond ait la forme d'un cône renversé ; à la partie inférieure de ce cône, adaptez un gros robinet, ou un bouchon de 5 à 8 centimètres : ou bien ayez une cuve à double fond, et dont le supérieur soit en ferblanc et criblé de trous très fins, avec un robinet à la partie la plus déclive du fond.

« Introduisez dans la cuve l'eau et le son ; remuez le mélange au moyen d'un agitateur mis en mouvement par un engrenage communiquant à l'arbre d'un moulin, soit par un manège, soit enfin à bras d'homme. Laissez reposer pendant quelques minutes ; après quoi, ouvrez doucement, c'est-à-dire un peu, le robinet ou le bouchon de la cuve. Alors la fécule, qui s'est détachée du son et s'est déposée dans l'intérieur du cône, s'échappera facilement. Vous fermerez le robinet aussitôt que la fécule sera échappée. Agitez de nouveau et à plusieurs reprises ; laissez reposer pendant une heure et demie chaque fois ; soutirez comme il a été dit, et continuez ainsi jusqu'à ce qu'il ne se dépose plus d'amidon.

« Enfin, laissez écouler tout le liquide contenu dans la cuve ; exprimez le son pour en faire sortir tout le liquide. Décantez l'eau du récipient où a été recueilli l'amidon, et faites-le sécher ensuite à l'étuve, comme cela se pratique d'ordinaire.

« L'eau de lavage contient de 20 à 25 o/o du poids du son qu'on a traité, de matières solubles extractives, qui peuvent être employées avec avantage, soit en suspension dans cette eau, soit à l'état de précipitation ou à l'état sec, pour la fabrication du pain ou de la bière, ou pour l'engraissement des animaux, ou enfin à d'autres usages économiques.

« La proportion de l'amidon obtenu par les moyens que nous venons de décrire varie de 25 à 30 o/o du poids du son, selon la richesse de ce dernier.

« Le résidu, c'est-à-dire le son lavé, contient encore une grande quantité de matières nutritives, que l'on peut retirer par des procédés plus compliqués que celui dont il est question, tels que l'eau chaude, l'alcool, etc.

« Le son lavé peut encore très bien convenir pour la nourriture des animaux ; il est sous cet état bien plus nourrissant que le foin. »

Le moyen proposé par M. Herpin ne peut être appliqué économiquement que là où une mouture grossière permet d'extraire une quantité assez notable, comme on voit, de matière amylacée, et là où la main d'œuvre est à bon marché et l'eau abondante et sous la main ; mais il est douteux qu'il soit profitable avec la mouture que procurent les appareils employés aujourd'hui, et qui ne rendent que des sons parfaitement nettoyés, et dont il n'y aurait à extraire que des quantités de matières nutritives insuffisantes pour balancer les frais d'extraction.

SEL MARIN

Généralement connu sous les noms de *sel marin*, parce qu'on l'extrait en grande partie des eaux de la mer qu'on fait évaporer dans les *marais salants* ; de *sel commun*, *sel de cuisine*, *muriate de soude*, *hydrochlorate de soude*, *chlorhydrate de soude*, et plus récemment, par les chimistes les plus modernes, sous celui de *chlorure de sodium*.

Ce sel est si universellement connu, que son histoire ne pourrait qu'être superflue. Nous nous bornerons à dire que les masses qu'on trouve à l'état solide, enfouies dans le sein de la terre, portent le nom de *sel gemme*.

Propriétés. — Solide, incolore, inodore, saveur salée, cristallisant en cubes très réguliers, et en dissolution dans l'urine en octaèdres ; soluble dans 2,82 d'eau bouillante et le double de cette quantité d'eau froide. Exposé à la chaleur, il décrépite, se fond dans son eau de cristallisation, se dessèche, éprouve la fusion ignée, et passe à l'état de chlorure.

Composition : Acide 100 : soude, 86,38.

En boulangerie, le sel marin est employé sous cinq points de vue :

1° Comme assaisonnement, et pour donner une saveur agréable ;

2° Pour donner du corps à la pâte, ce qu'on appelle du *soutien* ;

3° Pour exciter la grigne ;

4° Pour modérer la fermentation ;

5° A neutraliser les effets de la céréaline.

Il est reconnu que les farines sèches n'ont besoin que de fort peu de sel, parce qu'au moyen d'un grand levain jeune, d'un grand pétrissage vif et prompt, d'une fermentation graduée et d'une bonne cuisson, l'on obtient un pain plus blanc et d'un meilleur goût que celui où il entre bien plus de sel.

Quant aux farines des blés qui ont subi un commencement de germination ou qui sont altérées, ainsi que pour les farines bises contenant de la céréaline ou celles provenant des blés humides de seconde qualité, ou cueillis avant leur maturité, l'emploi du sel devient indispensable. La saveur salée que le pain acquiert masque la saveur désagréable que le pain aurait sans cette addition.

Il est des contrées où l'on sale plus ou moins le pain ; à Paris et dans une grande partie du nord de la France on emploie assez ordinairement 250 à 300 grammes de sel par 100 kilogrammes de farine. Parmentier prescrit 30 grammes de sel par 7 kilogrammes et demi de farine. En Provence, en Languedoc, dans le Roussillon et dans presque tout le midi de la France, ainsi qu'en Espagne et en Italie, on en emploie des doses bien plus fortes : aussi le pain de Paris paraît-il excessivement fade aux habitants du Midi. En Angleterre, on emploie par sac de farine pesant 125 à 127 kilogrammes, jusqu'à deux kilogrammes de sel, et quelques boulangers 1 kilogramme de sel et 1 kilogramme d'alun. Le pain anglais doit donc être bien plus salé que celui de France. Mais, comme on emploie souvent des farines de mauvaise qualité, cette addition devient indispensable.

On doit choisir du sel bien sec et exempt de sel marin à base de chaux, qui le rend humide. Pour l'avoir donc plus pur, on le fait dissoudre dans l'eau bouillante et cristalliser. Pour que le sel soit plus également distribué dans le pain, on doit le dissoudre dans l'eau qu'on ajoute vers la fin du pétrissage (1) ; on doit faire attention qu'il faut

(1) Dans quelques localités, on délaie le levain avec la solution du sel ; cette pratique est vicieuse, attendu

augmenter un peu la quantité d'eau quand on ajoute au pain un peu plus de sel que de coutume parce que le pain serait trop lourd.

Le pain salé est de facile digestion, mais ceux qui ne sont pas accoutumés à ce goût s'y habituent, dit-on, difficilement.

Sophistication du sel. — Le sel qu'on emploie pour mêler à la pâte de Paris est ordinairement le sel gris. Ce sel doit être, comme nous venons de le dire, pur et exempt de substances étrangères ; mais comme la sophistication du sel, même par des matières qui peuvent porter atteinte à la santé, est une fraude très pratiquée aujourd'hui dans le commerce, il est important, dans le commerce de la boulangerie, de savoir comment on peut se mettre en garde contre ces falsifications.

On falsifie, le plus communément, le sel gris avec des sels de varech, des sels de potasse ou de plâtre.

Pour découvrir, suivant M. V. Parizot, les sels de varech, dangereux parce qu'ils renferment de l'iode, substance excessivement délétère, on dépose dans une assiette de faïence ou de porcelaine une petite quantité de sel suspect réduit en poudre fine, et on verse sur cette poudre une petite quantité d'une dissolution de fécule chlorée, qu'on pré-

qu'elle retarde considérablement la fermentation ; et les garçons boulangers de Paris ont, par paresse, une bien plus mauvaise habitude encore, c'est de jeter le sel à l'état sec, par poignées, sur le levain, avant de couler l'eau, ce qui ne lui permet pas toujours de fondre pendant l'action du délayage des levains.

pare en faisant bouillir 5 décigrammes de fécule dans 32 grammes d'eau, en ajoutant ensuite à cette dissolution, lorsqu'elle est froide, 2 grammes d'eau chlorée, c'est-à-dire, d'eau saturée de chlore gazeux. Si le sel examiné renferme des sels d'iode, il prend de suite une coloration bleue, plus ou moins foncée, suivant la quantité de sel de varech qui a été ajoutée. Si le sel est pur, il n'y a pas de coloration.

Quand on veut reconnaître la présence d'un sel de potasse dans le sel marin, on prend six parties du sel à examiner, on le jette dans un mortier, et on le triture pendant 5 minutes avec 8 parties d'eau ; on jette sur un filtre, on verse ensuite dans la liqueur filtrée quelques gouttes de chlorure de platine concentré qui donne lieu à un précipité jaune serin, adhérent au verre pour peu que le sel renferme des sels de potasse. On agite, du reste, pour déterminer la formation de ce précipité. Si le sel est pur, le chlorure de platine ne précipite rien, même par l'agitation.

Quant à la falsification par le plâtre, on la reconnaît en prenant 100 grammes de sel qu'on réduit en poudre dans un mortier et qu'on délaie ensuite dans l'eau. Dans cet état, on filtre la liqueur, on reprend le résidu resté sur le filtre, on le triture de nouveau, on dissout et on filtre. Lorsqu'on s'aperçoit que le dépôt resté sur le filtre ne se dissout plus, on lave à l'eau pure et froide, on calcine ce résidu, et on obtient une poudre qui, mêlée avec une petite quantité d'eau (gâchée), se solidifie avec les caractères du plâtre. D'ailleurs le sel étant traité par l'eau bouillante, et le sulfate de chaux étant un peu soluble dans l'eau à cette température, si on verse dans la dissolution de l'oxalate d'ammoniaque, on obtient un précipité blanc d'oxalate de chaux soluble dans l'acide nitrique, ou bien par le chlorure de baryum, un précipité blanc de sulfate de baryte insoluble dans cet acide. Le sel pur ne donne lieu à aucune de ces réactions.

DE LA FONTAINE

En termes de boulangerie, l'on donne le nom de *fontaine* à une cavité en farine comprimée que l'on pratique à l'une des extrémités du pétrin pour y délayer la pâte dans l'eau. Sa grandeur doit être en raison directe de la quantité de pain que l'on veut obtenir, et, par conséquent, du levain qu'on doit y préparer. On nomme *contre-fontaine* une autre cavité semblable, placée à peu de distance de la première, destinée à recevoir l'eau de la fontaine, dans le cas où ses parois se renverseraient, et afin que cette eau n'aille point se mêler avec la farine.

DU PAIN

SES QUALITÉS ESSENTIELLES. DANGERS QUE PRÉSENTENT LES MANIPULATIONS NÉCESSAIRES A LA PANIFICATION

Voici comment a été traitée cette question, dans une conférence faite par M. le Docteur Peaucel-

LIER, Directeur du Bureau d'Hygiène de la ville d'Amiens (Somme) :

Je n'ai pas l'intention de vous exposer toutes les qualités que le Pain, cet aliment par excellence de l'homme, doit posséder.

Je me contenterai de vous dire qu'il doit, avant tout, être exempt de toute *falsification*, de toute *altération* et de toute *souillure*.

Les laboratoires d'analyses chimiques créés pour la recherche des fraudes dont nous avons un modèle à Amiens, rendent de grands services à l'alimentation rationnelle pour le pain, comme pour le lait et ses dérivés, mais ils ne peuvent déceler toutes les autres souillures qui nécessitent des examens bactériologiques, examens dispendieux et plus ou moins longs, qui n'auraient plus leur raison d'être, si l'on observait *la propreté* dans la panification de ce précieux, de cet indispensable aliment.

Une *propreté absolue* dans la fabrication du pain n'est possible qu'avec les *pétrins mécaniques* et par des panetons, stérilisables comme ceux qui ont été imaginés par M. Fairwather, d'Amiens, et qui sont construits en tissu de Nickel.

Les dangers du pétrissage à la main sont trop évidents pour que j'y insiste, cependant il ne me paraît pas inutile de rappeler le tableau du Docteur Léon Petit : Il n'est guère, dit-il, de spectacle plus répugnant que celui du *geindre*, nu jusqu'à la ceinture, suant, râclant, crachant ou éternuant et mêlant ainsi à la pâte du pain toutes les sécrétions de son corps surchauffé, et les excrétions de ses poumons congestionnés par l'air impur d'un fournil asphyxiant.

Si l'on pouvait, dit-il encore, cinématographier les mouvements du geindre. on verrait chaque cri qui sort de sa gorge ou le « *hem* » caractéristique de ses efforts, s'accompagner d'une *douche en pluie* dans laquelle le microscope du bactériologiste trouverait trop souvent le *bacille tuberculeux*.

Ce n'est, en effet, ajoute-t-il, un secret pour personne que, à ce dur métier du pétrissage à la main, les ouvriers boulangers deviennent souvent *tuberculeux* et pour ma part j'en connais qui sont emphysémateux et partant, des proies certaines de la tuberculose.

Ainsi donc, malgré la cuisson du pain, malgré le feu qui stérilise tout, mais qui peut ne pas gagner suffisamment le centre du pain pour que la mie ne soit pas encore un bouillon de culture *aux sucs des geindres*, il y a lieu de proscrire désormais le pétrissage à la main.

Et ce n'est pas là une simple supposition, une simple vue de l'esprit prévenu, c'est un fait exact que prouvent les expériences du Docteur J. Roussel, dont j'ai lu le compte rendu dans la *Revue d'hygiène de Vallin*, intitulé : De la survivance des bacilles pathogènes dans le pain après cuisson.

En voici les conclusions :

« Puisque les microbes nocifs sont détruits à 70°
« et leurs spores au-dessus de 110 et 115°, donc
« si, en raison de ce temps de cuisson les bacilles
« sont détruits dans toutes les parties du pain,

« leurs spores ne doivent perdre leur vitalité que « dans la croûte ?... (100 à 101° seulement pour la « mie et 125° pour la croûte).

Cette observation est lourde de conséquences en ce qui concerne le bacille de la tuberculose, si fréquent chez les boulangers...

La mort des animaux tels que les Cobayes, inoculés par les glycérinés de mie de pain, démontra la persistance de la virulence des témoins pathogènes. Aussi l'auteur conclut-il que les cultures qui ont servi à son expérimentation renfermaient un agent pathogène dont la cuisson n'avait pas détruit la virulence.

Il convient toutefois de signaler qu'un facteur important de la stérilisation du pain par son passage au four est l'acidité de la pâte, si cette acidité est, elle aussi dangereuse et si, surtout, toute pâte contaminée donne un pain contaminé, gardons-nous en.

En résumé, le seul remède à ce danger est l'application de procédés mécaniques à la manutention du pain, en faisant en sorte qu'il n'entre dans nos fours qu'une pâte saine ne pouvant produire qu'un pain inoffensif pour nos bouches, c'est la moindre des choses que nous devons exiger. Les pannetons en tissu métallique imputrescible compléteront l'action bienfaisante des pétrins mécaniques dont je ne saurais trop recommander l'usage.

Mais on a à lutter *contre la routine* et on n'y arrivera facilement que si les pétrins mécaniques sont mis à la portée des patrons boulangers par la modicité relative de leur prix, par leur simplicité et par un maniement commode et applicable dans tous les endroits dépourvus de moteurs électriques ou au gaz.

Si j'ai autant insisté sur les dangers de la contamination de la tuberculose *par le pain*, c'est que je suis persuadé, comme le Professeur Calmette, de Lille, que les *voies digestives* offrent un accès trop facile à cette maladie pour les infections suspectes et qui fait une audacieuse et terrible concurrence à la voie d'accès plus connue de la tuberculose par les *voies respiratoires*.

Témoin les entérites et péritonites tuberculeuses des enfants du premier âge, par les laits provenant de vaches tuberculeuses...

Méfions-nous donc pour les adultes, qui, en France, sont des *panivores*, des inconvénients inhérents à des pains contaminés plus ou moins par des mains de tuberculeux, comme peuvent le devenir les pétrisseurs et même les porteuses de pain, en exigeant, dans l'industrie boulangère, plus de précautions, plus de soins, plus de *propreté*, en un mot, pour que nous n'ayons pas à regretter le *pain de ménage* d'antan.

La vulgarisation des notions d'hygiène nous délivrera, sans doute, de ces pièces malsaines appelées *Gloriettes*, où l'on pétrissait le pain, où l'on préparait l'aliment essentiel de l'homme, et je souhaite qu'il soit dorénavant remis au consommateur avec plus de soin, c'est-à-dire enveloppé dans des papiers protecteurs, contre les poussières de l'air ambiant.

C'est la préservation de la santé que j'avais en vue, et c'est en son nom que j'ai parlé, en espérant que mes auditeurs tiendront compte de mes observations.

De la fabrication du pain.

Le procédé pour faire le pain, tel qu'on l'emploie de nos jours, a été pratiqué en Orient dès les temps les plus reculés ; c'est ce que démontrent les monuments hébraïques. Il fut connu des Romains environ deux siècles avant l'ère chrétienne. De Rome il se répandit dans les Gaules et dans les autres colonies romaines ; mais il resta inconnu un grand nombre de siècles aux nations du Nord.

L'on connaît beaucoup d'espèces de pain ; chaque nation a la sienne ; et les grandes villes ont leur pain de luxe, connu ordinairement sous le nom de *pain de gruau*. Ce pain est fabriqué avec la plus belle farine. Paris, Vienne, Bruxelles, Genève, Avignon et Carcassonne jouissent d'une célébrité méritée pour l'excellence et la variété de leur pain.

La fabrication du pain se compose de trois opérations :

1° La mise en levain ;

2° Le pétrissage ;

3° La cuisson du pain.

Nous allons les examiner successivement.

MISE EN LEVAIN

Nous ne chercherons point à établir l'époque à laquelle on commença la fabrication du pain au levain ; nous nous bornerons à dire qu'elle date de temps immémorial ; mais que, cependant, elle a été précédée de celle du pain sans levain. Quelque portion de pâte oubliée dans le pétrin et incorporée avec l'eau et la farine paraissent avoir été l'origine naturelle de cet important perfectionnement. Tout le monde sait en effet toute la différence qui existe entre le pain fait avec ou sans levain. La préparation de celui-ci est donc la première opération et l'une des plus essentielles de la confection de ce précieux aliment.

Nous avons dit qu'il est difficile d'établir le temps fixe que chaque levain exige pour être à son point de perfection, à cause de la température atmosphérique, et des vicissitudes des saisons, qui hâtent ou retardent la fermentation. Ainsi, le levain, en été, a moins besoin *d'apprêt*, tandis qu'en hiver on doit lui en donner davantage et le tenir chaudement et couvert avec des étoffes de laine. C'est pour cette même raison qu'on doit employer aussi, dans cette saison, de l'eau tiède pour le pétrissage.

Il faut donc avoir soin de *couler* l'eau, suivant les saisons, froide, tiède ou plus ou moins chaude. A Paris, le plus ordinairement, le levain de chef prend son apprêt de minuit à 8 heures du matin ; le levain de première, de 8 heures du matin à 2 heures après midi ; le levain de seconde, de

2 heures à 5 heures du soir, et le levain de tout point, de 5 à 6 heures et demie ou 7 heures du soir.

Il y a quelques boulangers qui emploient des farines grises pour le levain ; c'est une erreur que nous devons combattre ; pour la perfection du pain, il faut toujours employer des farines blanches.

La quantité de *levain de chef*, qui sert à préparer le levain de première, doit être relative à la quantité de farine qu'on veut panifier. Voici, à peu de chose près, les doses que l'on emploie en général, en supposant le levain à son point de perfection ; car, s'il était fort, l'on en mettrait moins, et, s'il était jeune, davantage.

Pour une fournée de 160 à 162 kilogrammes de pain, on doit employer :

1° Depuis 2 jusqu'à 5 kilogrammes de *levain de chef*.

2° La masse de *levain de première* doit être de 12 à 18 kilogrammes.

3° Celle du *levain de seconde* peut être double ou triple de celui de première, suivant la saison.

4° Le *levain de tout point* doit aussi être double ou triple de celui de seconde.

La qualité des farines doit influer aussi sur la quantité de levain à employer.

Lorsqu'on se propose de pétrir, on place le soir (1) le levain dans la fontaine, on l'y délaie

(1) Dans le midi de la France, chez les particuliers, on met en levain vers les huit à neuf heures du soir, et

avec de l'eau froide ou tiède, suivant la saison, et l'on y ajoute de la farine en suffisante quantité pour faire une pâte consistante qui doit former le tiers du total que doit avoir toute la pâte en été, et la moitié en hiver, afin que, la fermentation étant plus lente, la quantité plus forte de ce levain puisse y suppléer.

Lorsque cette pâte a été bien préparée, on la couvre de farine, et si l'on veut activer la fermentation et pétrir plus tôt, on la place dans un linge mis dans une corbeille, que l'on recouvre avec une étoffe de laine, et que l'on expose près du feu ou à l'étuve.

Il est des boulangers qui mêlent de la levure avec le levain ; cette méthode offre un inconvénient grave : c'est qu'elle active beaucoup la fermentation du levain en très peu de temps, et que dès lors il est difficile d'opérer toujours également. On doit donc ne recourir à cette addition que pour les *levains jeunes*, ou bien en hiver lorsque les froids rigoureux peuvent retarder la fermentation panaire ; dans ce cas, même, il est mieux de l'incorporer dans la pâte, vers la fin du pétrissage.

Voici, du reste, quel est ce genre de travail auquel on donne le nom de *travail sur levure*, mais qui est peu employé par les boulangers de Paris. A la dernière fournée, on garde un morceau de pâte de 6 à 7 kilogrammes, suivant l'importance de la cuisson. Vers une heure, c'est-à-dire vers

l'on pétrit de trois heures du matin à dix et même onze heures. A Paris, l'on pétrit environ six heures après que l'on a mis au levain.

l'heure où les autres boulangers font leurs seconds levains, ceux qui travaillent sur levure font leur premier levain, et ils versent la quantité d'eau ou de farine nécessaire pour le rendre deux fois plus fort que le chef. Ils y ajoutent une quantité proportionnelle de levure pour achever la fermentation, de manière que deux heures après on puisse procéder au levain de tout point, qui est le double du précédent et auquel on ajoute la quantité de levure nécessaire pour pouvoir commencer à pétrir une heure après. A chaque fournée, ensuite, on ajoute une quantité de levure proportionnelle.

Cette méthode de fabrication, a, dit-on, pour résultat, de donner du pain *plus léger*, un peu plus blanc, plus bouffant, mais ce pain a besoin d'être mangé tendre ; il ne conserve pas sa saveur le lendemain, et, sous ce rapport, il ne convient pas dans les ménages économes, où l'on ne mange que le pain de la veille.

Enfin, il est un très petit nombre de boulangers qui, pour ne pas se donner la peine de mettre en levain, se contentent de délayer de la levure dans la fontaine et de pétrir de suite. Il est aisé de voir qu'ils sont obligés, dans ce cas, d'en employer une plus grande quantité, et même de garder la pâte plus longtemps : nous proscrirons donc cette méthode vicieuse.

APPAREIL A ÉTIRER LES LEVAINS DIT « EUROPÉENNE GRILLE »

Voici un petit appareil très pratique, dû au

génie inventif d'un boulanger, et qui ne tardera pas à être appliqué par tous les boulangers.

Il s'agit simplement d'une grille, disposée d'une certaine façon au-dessus du pétrin. Le dessin suivant (*fig.* 50) montre l'appareil en fonctions.

Fig. 50. — Appareil à étirer les levains.

Cette grille est formée de deux supports sur lesquels sont montés les barreaux de la forme d'un losange ou autre. La grille, de forme concave, se trouve suspendue par ses supports à deux crampons. Le tout est monté de préférence d'une manière amovible pour que l'on puisse ſacilement l'enlever quand on n'en a plus besoin.

Les levains se préparent comme ordinairement. Il suffit d'employer à leur fabrication 10 à 15 0/0 de farine en moins, c'est-à-dire que la pâte est un peu moins ferme. Au moment de l'allongement sur les bras, on place les levains sur la grille en deux ou trois pâtons, suivant grosseur, et jusqu'à ce qu'ils aient obtenu le corps suffisant.

Par ce procédé, on fait en cinq ou six minutes un travail que l'homme ne pourrait faire en une heure. D'où les avantages suivants :

Pain de meilleure mâche ;
Régularité de fermentation ;
Panification plus facile :
Economie : 10 0/0.

DU PÉTRISSAGE

Après que le levain de tout point est prêt, on procède au pétrissage. Nous allons faire connaître d'abord les moyens mis généralement en usage, et tels que Parmentier les a décrits ; nous indiquerons ensuite les perfectionnements qui ont été introduits de nos jours dans cette opération.

On distingue ordinairement trois manières de pétrir : la première s'appelle *pétrir sur levain naturel ;* la seconde, *pétrir sur levure*, et la troisième *pétrir sur pâte*.

On appelle *pétrir sur levain naturel*, renouveler, à chaque fournée, les trois opérations dont nous avons parlé à l'article des levains, c'est-à-dire, faire le levain de première avec celui de chef; le levain de seconde avec celui de première, et avec ce dernier le levain de tout point. *Pétrir sur levure*, c'est n'employer, pour levain, que la levure; il faut observer qu'on ne doit jamais faire un levain de levure seulement, sans y mêler une certaine quantité de pâte ordinaire; enfin, *pétrir sur pâte*, c'est prélever, sur la première fournée, une quantité de pâte suffisante pour composer le levain de tout point de la seconde fournée; le même prélèvement se fait sur la seconde fournée, et ainsi de suite pour les autres.

L'opération du pétrissage peut se diviser en six temps, qu'en termes de boulangerie l'on désigne sous les noms de *délayure*, *frase*, *contre-frase*, *tours*, *bassinage* et *battement*. Ces six temps ou opérations se succèdent dans l'ordre où nous venons de les énumérer. Voici la manière dont Parmentier les décrit (1); nous allons la reproduire textuellement.

1° *Délayure*. — Le levain contenu dans la farine en fontaine est délayé avec une partie de l'eau destinée au pétrissage. Une fois délayé, on ajoute l'eau restante, que l'on mêle bien exactement, de manière qu'il n'y ait aucun grumeau, que tout soit bien divisé et bien fondu. Cette opération doit s'exécuter promptement en hiver et un peu plus lentement en été.

2° La *frase*. — On ajoute ensuite à la délayure l'autre partie de la farine, que l'on incorpore

(1) *Art de la Boulangerie.*

promptement dans la masse, jusqu'à ce qu'elle acquière la consistance nécessaire. Dans cet état, elle n'est pas encore homogène et élastique : c'est une masse remplie d'inégalités, et composée de fils qui semblent ne former aucune union entre eux.

3° *Contre-frase.* — On ratisse bien le pétrin, afin de tout rassembler et de ne former qu'une seule masse, que l'on retourne devant et derrière le pétrin, en la changeant rapidement de place, et en la portant d'un côté à l'autre. Ces deux dernières opérations, et surtout la dernière, demandent, dans tous les temps, d'être faites avec célérité, sans quoi la pâte n'a ni corps ni liaison, elle est manquée ; enfin, c'est ce qu'on appelle *frase brûlée.* La frase et la contre-frase ont donc une telle influence sur le pétrissage, qu'étant vivement exécutées, on peut employer ensuite moins de temps à la préparation de la pâte ; au lieu que, si elles sont languissantes, leurs effets se manifestent sensiblement, quels que soient le temps et les soins qu'on emploierait dans les opérations subséquentes.

4° *Tours à pâte.* — Dès que la pâte a acquis de la consistance, on la travaille en la découpant seulement en dessous, en plaçant les mains sous la pâte, la tirant, la rapprochant, la retournant par gros pâtons, qu'on jette dans le pétrin de droite à gauche, et de gauche à droite. Ce sont ces déplacements qu'on nomme les *tours à pâte.*

C'est lorsque cette opération est terminée qu'on ratisse encore exactement le pétrin, puis qu'on retire la moitié de toute la pâte que l'on met dans une corbeille pour servir de levain à la fournée suivante.

5° *Bassinage.* — Pour continuer le pétrissage, il faut, lorsque la pâte a reçu trois tours, et qu'elle a été portée autant de fois d'un côté à l'autre du pétrin, y faire plusieurs enfoncements, dans lesquels on verse de l'eau où l'on a fait dissoudre le sel marin. Dès qu'elle est bien incorporée, on donne à la pâte plusieurs tours : c'est ce qu'on nomme le *bassinage*. Si l'on a employé un levain trop fort, l'on doit bassiner la pâte à l'eau froide et la battre rapidement et longtemps, afin de ralentir la fermentation panaire.

6° *Battement.* — La totalité de la pâte étant bien pénétrée de l'eau qu'on y a incorporée par le bassinage, il faut lui donner la souplesse, l'élasticité et l'égalité qui constituent sa perfection. Pour cet effet, on prend la pâte les mains serrées, on l'enlève et on la laisse tomber. Au fur et à mesure qu'on lui imprime ce mouvement, elle prend une apparence plus solide, et acquiert de la blancheur et du volume. On continue à retourner la pâte, en faisant revenir au-dessus celle qui était au fond du pétrin. Cette opération, qu'on nomme le *battement*, est, à proprement parler, le complément du pétrissage (1).

(1) Cette opération est d'autant mieux et d'autant plus promptement faite, que celui qui pétrit est vigoureux. Au reste, la longueur de ce travail est relative à la saison où l'on se trouve, à la quantité des fa-

Elle rafraîchit la pâte et augmente sa vivacité ; c'est d'elle que dépend la faculté qu'elle a de prendre à l'apprêt et au four beaucoup de volume, probablement en partie à cause de l'eau qu'on y introduit. Parmentier regarde comme étant préférable, de commencer par battre toute la pâte dans le pétrin, de la diviser ensuite, de battre séparément chaque morceau, et de les réunir ensemble.

DU TOUR

On appelle *mise de la pâte au tour*, le séjour qu'elle fait après le pétrissage soit dans le pétrin, soit dans une corbeille, soit dans une caisse en bois peu profonde nommée *tour*. Dans le midi de la France, on place dans une grande corbeille en paille de seigle, dite *paillasse*, une grande pièce de toile qu'on saupoudre de farine, et l'on y met ensuite la pâte que l'on recouvre avec les rebords de la toile, et un grand morceau d'étoffe, dit *carrié*. L'hiver, on l'approche de la cheminée, afin que la chaleur puisse favoriser la fermentation panaire. Les boulangers de Paris tirent cette pâte du pétrin par parties pour la placer dans le tour ; ils réunissent ces diverses parties soigneusement ; et les râtissures du pétrin, si elles ne sont pas mises à part pour le levain, sont ramollies au moyen d'un peu d'eau, et incorporées à la pâte. Il est des boulangers qui se contentent

rines et à l'état de fermentation plus ou moins avancée des levains.

de placer la pâte sur une table sans rebords; cette méthode est défectueuse, attendu que la pâte peut tomber à terre; d'autres, enfin, se servent de très grands pétrins, et transportent leur pâte au bout opposé à celui où s'est opéré le pétrissage. Ces pétrins sont nommés *à deux tours*.

Pendant le séjour de la pâte au tour, on dit, avec juste raison, qu'elle *entre en levain*. Cette expression nous paraît très juste, parce que cette pâte commence à éprouver les premiers effets de la fermentation panaire, qui ne tarderait pas à marcher rapidement, et à en opérer la décomposition totale, si elle n'était arrêtée par la cuisson.

Le séjour de la pâte au tour est relatif à la saison, à l'état du levain, à la qualité de la farine et à la masse de la pâte.

1° Relativement à la saison, si elle est très chaude, la pâte doit y rester fort peu de temps, surtout si l'on a employé du levain fort; en hiver, elle doit y séjourner plus ou moins de temps, suivant la rigueur de cette saison, être couverte avec des étoffes de laine, et le local même être modérément chauffé.

2° Dans cette saison, si l'on a employé du levain fort, la pâte doit rester bien moins de temps au tour que si le levain était jeune.

3° Les pâtes douces, principalement en été lorsqu'on a employé de la levure ou du lait, ainsi que celle des farines revêches, celle de farine bise, de farine tendre, etc., au lieu d'être mises au tour, doivent être distribuées en pains au sortir du pétrin, parce qu'autrement elles perdraient trop de leur consistance et de leur viscosité si elles restaient longtemps en masse.

4° Plus les masses de pâte sont considérables, plus la fermentation panaire s'établit promptement. Il est donc des pâtes, dans les conditions que nous venons de signaler, qu'il convient de diviser en pains au sortir du pétrissage, et même de les exposer quelque temps à l'air, afin d'arrêter ainsi les effets de la fermentation. Il est des boulangers qui, lorsqu'ils s'aperçoivent qu'elle marche trop rapidement, exposent ces pains deux ou trois minutes dans le four, et les mettent ensuite en plein air pendant près d'une heure. Enfin, le séjour au four nous paraît indispensable en hiver ; il doit être moins long en été et quelquefois de très courte durée, et même nul quand la pâte se trouve dans les conditions que nous avons indiquées. Nous allons maintenant faire connaître les différentes espèces de pâte.

DES DIVERSES ESPÈCES DE PATES

On distingue communément trois sortes de pâtes : la *pâte ferme*, la *pâte bâtarde* et la *pâte douce*. Elles peuvent toutes se servir réciproquement d'éléments, sans qu'il en résulte jamais aucun inconvénient.

1° *De la pâte ferme.*

La pâte qu'on appelle, à proprement parler, *pâte ferme*, n'est plus en usage à Paris ni dans les villes principales de la France ; cependant, comme dans plusieurs provinces, bien des personnes, attachées à leurs anciennes habitudes, se nourrissent encore avec le pain fait de cette pâte, nous donnerons la manière de la fabriquer.

La pâte ferme doit, comme toutes les autres, subir les différentes opérations du pétrissage ; elle demande beaucoup de levain, surtout quand il est pris dans l'état jeune, parce que cette pâte formant une masse presque solide, ne fermente que lentement et difficilement. La *frase* exige un travail tout particulier pour n'être pas manquée, parce que, la quantité d'eau employée étant moindre que dans les autres pâtes, le mélange de la farine, du levain et du liquide, devient plus difficile et plus pénible ; et, cependant, il faut que toutes les parties de la farine soient assez pénétrées par l'eau pour que la pâte présente une masse liée et uniforme.

La pâte ferme, qui nécessairement est courte et cassante, acquiert de la ténacité et du liant par la *contre-frase* ; mais comme elle est trop dure pour que l'ouvrier puisse y enfoncer les mains et la travailler de la même manière que la pâte molle, on doit la découper par petits morceaux au premier tour en dessous, et en dessus pour le deuxième et le troisième.

Le bassinage est indispensable pour la pâte ferme ; cette opération, qui doit toujours être faite avec de l'eau froide, rafraîchit la pâte, augmente sa viscosité, lui donne du corps, et procure au pain de la blancheur et un goût plus savoureux. On emploie, ordinairement, 12 kilogrammes d'eau froide pour le bassinage d'une fournée de 150 kilogrammes de pain.

Le battement, si nécessaire pour procurer à la pâte de la légèreté et de la flexibilité, ne peut avoir lieu pour la pâte ferme, à cause de sa consistance: pour suppléer à cette opération, on donne à la pâte trois tours après la *contre-frase*, quatre après le bassinage, et, chaque fois, on la divise par petits pâtons, ayant toujours soin de la découper alternativement en dessous et en dessus. Au moyen de toutes ces découpures et d'un travail vif et soutenu, la pâte ferme absorbe assez d'air pour pouvoir fermenter, et s'apprête de manière à donner du pain nourrissant et de facile digestion. Une surface lisse, unie et sèche, annonce que le pétrissage de la pâte ferme a été bien conduit.

Les boulangers de Paris font encore du pain qu'ils nomment *pain de pâte ferme*, et qu'ils regardent même comme plus nourrissant que le pain ordinaire; mais, la seule différence qui existe entre les deux, c'est que l'eau entre dans l'un en moins grande quantité que dans l'autre ; car, du reste, ils sont faits avec les mêmes levains et pétris de la même manière.

2° *Pâte mi-ferme ou bâtarde.*

Les levains de *tout point* sont ceux qui conviennent le mieux à la pâte bâtarde comme à la pâte ferme, et surtout en hiver : dans tous les cas, le levain fort est préférable au jeune, parce que ce dernier, n'ayant pas assez d'efficacité pour la pâte de cette nature, peut en retarder l'apprêt.

La pâte bâtarde, qui tient le milieu entre la pâte ferme et la pâte molle, s'apprête plus facilement que la première, et la raison en est évidente : par cela même qu'elle est moins dure, elle est plus facile à travailler, et l'eau, y étant employée en plus grande quantité, pénètre plus exactement toutes les parties de la farine, d'où il résulte que la pâte bâtarde a plus de ténacité et d'élasticité que la pâte ferme, et que, pouvant fermenter convenablement, elle peut aussi donner un pain léger et agréable. Parmentier, qui n'est pas partisan de la levure, prétend que, s'il est un pain où elle ne soit pas nécessaire, c'est celui de pâte bâtarde.

Quand on emploie la levure, on l'ajoute à l'eau dans le bassinage ; c'est aussi le moment de joindre le sel qu'on a dû faire dissoudre dans un peu d'eau chaude : cette pâte demande moins de travail que celle où il n'entre que du levain. Huit litres d'eau suffisent pour le bassinage d'une masse de pâte bâtarde devant donner 150 kilogrammes de pain ; par conséquent, c'est le tiers moins que pour la pâte ferme ; la pâte bâtarde sera toujours inégale et imparfaite si elle est privée du bassinage. Les difficultés que présente cette opération ne doivent donc jamais être un motif suffisant pour la faire négliger.

Comme la consistance de la pâte bâtarde rend le battement très pénible, et que cependant cette opération est d'une nécessité presque absolue pour la qualité du pain, on doit la pratiquer d'abord autant qu'il est possible, et suppléer ensuite au reste. On peut y parvenir en divisant la masse par petites parties à mesure qu'on les rassemble, et, enfin, en donnant à la pâte plusieurs tours de la même manière.

Il arrive souvent que, dans une seule fournée, le boulanger a besoin de faire du pain de trois espèces, et, comme il serait trop long d'employer, pour chaque espèce, tous les procédés usités, il peut abréger son travail en suivant la méthode que nous allons donner.

L'ouvrier frasera, contre-frasera et bassinera, comme s'il ne voulait faire que de la pâte bâtarde; ensuite il séparera de la masse la portion destinée à la pâte molle ; il ajoutera à cette portion une quantité d'eau convenable : puis il la battra et la découpera jusqu'à ce qu'elle acquière le degré de mollesse dont elle a besoin.

Il fera ensuite subir au restant de la masse toutes les opérations du pétrissage requises pour la pâte bâtarde ; quand elles seront terminées, il partagera cette masse, et, en joignant à l'une des moitiés une certaine quantité de farine, il la travaillera de manière à obtenir une pâte ferme bien égale.

Il est bon de faire observer que, excepté dans l'hiver, il vaut mieux faire la pâte trop ferme que trop molle, parce qu'il y a beaucoup moins d'inconvénients à la ramollir avec de l'eau, qu'à la raffermir avec de la farine.

Quand on fait plusieurs espèces de pain dans la même fournée, on ne peut s'occuper que successivement du pétrissage des différentes espèces de pâtes, et cependant elles doivent toutes être mises au four à peu près au même moment ; si l'on ne prenait pas des précautions bien entendues, il s'ensuivrait que l'une serait trop préparée, l'autre pas assez ; ce qui nuirait à la qualité au moins de l'une des espèces de pain. On préviendra ces inconvénients en faisant entrer moins de levain dans la première pâte préparée, un peu plus dans la seconde, et enfin en augmentant la dose pour la troisième ; de même, l'eau devra être plus ou moins chaude pour la première.

C'est la pâte bâtarde qui est la plus employée à Paris, et qui convient le mieux à la confection des diverses formes de pains qui y sont en usage.

3° *De la pâte douce.*

La pâte douce est celle qui demande le plus de soin, d'intelligence et de combinaison, parce qu'elle dépend plus que les autres de l'influence de l'air et de la saison, de la nature du levain, et d'une infinité d'autres circonstances : sa consistance est subordonnée à la quantité d'eau qu'on y fait entrer, et, quoique cette quantité excède celle nécessaire pour la pâte ferme, elle est bien modique, puisque, tout bien calculé, il entre tout au plus dans la pâte, quelque molle qu'elle soit, 2 kilogrammes pesant d'eau de plus que dans la pâte la plus ferme.

La pâte douce, après avoir été frasée et contre-frasée, se travaille facilement, les mains y pénètrent sans difficulté, et l'ouvrier, en la battant, lui donne de la viscosité, de la légèreté et de l'élasticité. Sa composition varie à l'infini ; souvent, au lieu de levain, on y met de la levure ; parfois, ces deux ferments s'y trouvent réunis ensemble : on y ajoute encore, dans d'autres circonstances, du sel et du lait ; nous parlerons plus loin des pains qu'on nomme pains de luxe.

Les grands levains jeunes sont ceux qui conviennent davantage à la pâte molle simple, parce qu'ils lui donnent du soutien, sans communiquer d'aigreur au pain ; leur quantité est ordinairement calculée dans la proportion de deux tiers en été, et de moitié en hiver. On ne doit se servir que d'eau froide ou tiède, qui rend la pâte sèche et unie ; enfin, en battant et découpant la pâte avec célérité, on lui donne toute la viscosité et la légèreté nécessaires pour faire un pain aussi beau qu'agréable au goût. On obtiendra ces résultats, particulièrement quand la farine sera sèche et de première qualité.

Quand, dans la fermentation de la pâte douce, il entre du levain et de la levure, 250 grammes de ce dernier ferment suffisent dans toutes les saisons ; mais on doit calculer le levain sur un tiers en hiver, et un quart en été ; la pâte de cette nature ne veut être battue que légèrement, et n'a même pas besoin de cette opération ; car l'effet de la levure étant de hâter la fermentation, il serait à craindre que la pâte, encore échauffée par les différents mouvements qu'elle éprouve par le battement, ne se trouvât prête beaucoup trop tôt. Le levain, sans faire craindre le même inconvénient, présente le même avantage ; car, dans toutes les saisons de l'année, on peut s'assurer de l'avoir au même point, si on sait calculer sa force, sa dose et le degré de chaleur qui lui convient. On ne peut se dissimuler que la levure donne au pain de la couleur et de la légèreté ; mais aussi, elle lui enlève son goût et sa blancheur : on peut s'en convaincre par ces petits pains qu'on nomme *pains à café*, et dans lesquels il entre plus de levure que dans les autres.

On emploie quelquefois la levure seule et sans levain, mais alors il en faut une plus grande quantité : cette méthode, qui sans doute à ses avantages, peut aussi entraîner de grands inconvénients : je la crois peu suivie ; et si les boulangers en faisaient usage, ce ne pourrait être que dans des cas urgents. Parmentier la condamne absolument.

Quand on veut pétrir sur la levure, on prend, pour le levain, de l'eau moins tiède, suivant la saison, avec quelques demi-kilogrammes de farine seulement ; on y joint 250 grammes de levure, et on en forme une pâte molle, qu'on laisse dans le pétrin ; il suffit que ce levain soit fait une demi-heure avant le pétrissage. Pendant cette dernière opération, on ajoute une seconde fois 250 grammes de levure, ce qui fait 500 grammes, total suffisant pour une fournée. Quelquefois on en réserve un quart, qu'on emploie dans le bassinage ; cette pâte, qui ne doit pas être travaillée, ou au moins très peu, s'apprête beaucoup plus vite que celle dans laquelle il n'est entré que du levain de pâte.

Si l'on ajoute du sel à cette pâte, il faut augmenter la dose de la levure et de l'eau, parce que le sel, par sa froideur, modère les effets de la levure.

Les boulangers doivent bien prendre garde à la qualité de leur levure ; car si elle était altérée, la pâte, dans la composition de laquelle elle entrerait, ne lèverait pas, et le pain qui en résulterait serait aigre, et perdrait de sa blancheur.

Toutes les farines ne sont pas propres aux pâtes douces ; celles qui sont sèches et revêches sont regardées comme les meilleures, parce qu'elles contiennent beaucoup de gluten, et que, par là même, elles se soutiennent beaucoup mieux que les autres à l'apprêt.

On appelle *pain mollet* celui qui résulte des pâtes molles ou douces dont nous venons de parler ; ce pain est très léger, qualité qu'il acquiert autant par l'air qu'absorbe la pâte pendant le travail, que par la quantité d'eau qui entre dans sa composition.

DE L'APPRÊT DE LA PATE

Je vais me borner à dire quelques mots sur les opérations qui suivent celles du pétrissage, et qui doivent avoir lieu jusqu'au moment où la pâte est devenue du pain.

Ces opérations, qui ne sont pas moins importantes que les précédentes, appartiennent, les unes au pétrisseur, et les autres au brigadier. Après avoir terminé le battement et la mise dans le tour, le geindre est encore chargé de peser la pâte, de la tourner et de la mettre sur une couche. Ici se terminent ses fonctions, et la pâte passe, de ses mains, entre celles du brigadier ; ce nouvel agent doit connaître le véritable apprêt de la pâte, savoir arrêter à propos sa fermentation, et saisir le point juste de la cuisson, ce qui suppose de sa part et de l'intelligence et du raisonnement. On ne peut donner, sur ces différentes opérations, aucune règle positive ; car, comme dit Parmentier, le sucre de la farine, seule partie qui soit susceptible de la fermentation spiritueuse, n'étant pas assez développé, et l'eau qui se trouve dans la pâte ne lui donnant pas une mollesse capable de se prêter au mouvement qui doit en changer la nature et les propriétés, une partie de ce sucre est encore dans toute son intégrité, quand l'autre ne fait qu'éprouver un commencement de décomposition ; d'où il suit que la viscosité de la pâte diminue à mesure que son volume augmente, et que, pour l'empêcher d'aller au delà du terme prescrit, il ne faut pas la perdre un seul moment de vue, et observer sa marche, afin de l'arrêter à propos. Le brigadier doit donc avoir assez de connaissance, assez de discernement pour saisir ce moment, et souvent empêcher la perte d'une fournée entière ; car, quoiqu'il existe peut-être quelques moyens de raccommoder la pâte quand elle est trop fermentée, il est, je crois, impossible de lui rendre ses premières propriétés.

DE LA PESÉE

Lorsque la pâte est à son point d'apprêt, on la divise en morceaux plus ou moins gros, suivant la grosseur des pains qu'on veut fabriquer ; mais comme par la cuisson, une partie de l'eau qu'ils contiennent s'évapore en plus ou moins grande quantité, il faut peser la pâte pour chaque pain et lui donner un excédent de poids qu'on nomme *tare*, qui est proportionné à la mollesse de la pâte et à la grosseur des pains. Ainsi, cette tare varie avec la fermeté des pâtes ; et, plus la pâte présentera de surface au four, plus la masse sera divisée en morceaux, et plus il y aura de déperdition de poids. La forme que l'on donne au pain doit donc influer aussi singulièrement sur la perte du poids. En général, plus les pains *sont en croûte*, plus ils perdent de leur poids ; il en est de même de la saison où l'on est, de la qualité de la farine, du chauffage du four, et du temps que le pain y reste. A Paris, l'on fait des pains de pâte bâtarde de 2 kilogrammes depuis 54 jusqu'à 60 centimètres de longueur ; l'on emploie pour ces pains 2 kg, 28 à 2 kg, 30 de pâte, parce que l'expérience a démontré que ces pains, cuits, ont perdu 275 à 306 grammes de leur poids.

Parmentier, qui a suivi la fabrication du pain dans ses dernières ramifications, a établi le calcul suivant :

« Pour un pain de pâte ferme, qui doit peser 6 kilogrammes après sa cuisson, on met 6 kg, 60 de pâte ; mais si ce même pain était divisé en 24, de 250 grammes chacun, il faudrait encore ajouter 750 grammes de pâte ; ainsi, pour 6 kilogrammes de pain, on aurait employé 7 kg, 34 de pâte, ce qui ferait un déchet de 1 kg, 50. Si ces pains de

250 grammes avaient une partie aplatie ou allongée, l'évaporation serait encore plus considérable, de manière que 6 kg, 60 de pâte, donnant ordinairement un pain de 6 kilogrammes, ne fourniraient pas 4 kilogrammes pesant de ces petits pains ».

Il serait trop long de détailler toutes les circonstances qui influent sur l'évaporation plus ou moins considérable de l'eau de la pâte, nous nous contenterons de donner les proportions généralement adoptées, pour que le pain, après sa cuisson, ait le poids pour lequel il est vendu.

Pour les pains de pâte ferme de .	6kg.00	on ajoute	0kg.50
	4. 00	—	0. 40
	2. 00	—	0. 25
Pour les pains de pâte bâtarde .	6. 00	—	0. 61
	4. 00	—	0. 46
	2. 50	—	0. 26
	2. 00	—	0. 28
	1. 00	—	0. 18
Pour les pains de pâte douce . .	2. 00	—	0. 34
	1. 50	—	0. 28
	1. 00	—	0. 21
	0. 50	—	0. 14
	0. 25	—	0. 06

A Paris, on calcule que pour obtenir 100 en poids de pain, il faut employer :

	Pour cent de pâte
Pour pains ordinaires de 2 kg.	120
Pour pains longs de 2 kg	131
Pour pains de 1 kg.	129
Pour pains de 4 kg.	114
Pour pains plats de 2 kg.	148
Pour pains plats de 1 kg.	162
Pour pains couronnes de 1 kg.	167

On doit faire remarquer que les différences que présentent les pains de même poids de pâte sont souvent dues à la place qu'ils occupent dans le four, mais ces différences ne sont pas aussi grandes qu'on l'a prétendu, et les plus grands écarts ne s'élèvent pas à 6 o/o. Du reste, pour obvier à ces inconvénients, on a imaginé de nouveaux fours qui permettent une cuisson bien régulière et où les écarts de poids sont à peu près insignifiants.

Les boulangers de Paris doivent fabriquer 130 kilogrammes de pain par 100 kilogrammes de farine. Des expériences faites à la boulangerie de Metz en ont donné 136 kg, 37. Quant au seigle, on a observé en Allemagne que 100 kilogrammes de farine fournissaient en moyenne 131 kilogrammes de pain.

Pour les petits pains de 125 grammes qui se vendent à prix fixe, il arrive souvent que les boulangers n'ajoutent rien du tout.

Si les peseurs ont besoin d'apporter une attention particulière à la pesée de toutes les pâtes en général, ils doivent encore être bien plus exacts pour tous ces petits pains inventés pour le luxe et la sensualité, dont le poids est si modique, qu'on s'aperçoit à peine du trait de la balance. Les boulangers ne sauraient trop, même pour leurs propres intérêts, surveiller les ouvriers chargés de cette opération, s'assurer si les balances et les poids sont justes, prendre bien garde que les *petits poids* qui servent à la tare soient mis bien exactement avec les autres, etc.

FAÇON DE LA PATE, OU TOURNE DES PAINS

Lorsque la pâte est pesée, suivant la grosseur des pains, l'ouvrier lui donne les formes qu'on désire qu'ils aient. Après l'avoir *assemblée*, il la saupoudre de farine, et, si l'on veut avoir du pain rond, on le met sur couche sur le moins uni, qu'on nomme, à cause de cela, la queue du pain ; on aplatit un peu le milieu, parce que c'est la partie qui prend le plus de développement. Quant au pain long, le milieu doit être plus épais que les extrémités.

Pour bien tourner, il faut d'abord examiner le degré de la pâte, l'état de l'atmosphère, et la qualité de la farine qui a été employée ; quand la farine est tendre, et qu'on s'est servi d'eau trop chaude, on doit beaucoup manier, car, autrement, la pâte pourrait se *grimer*, c'est-à-dire se créneler à sa surface ; il faut aussi la manier plus en hiver qu'en été. On peut, sans inconvénient, fouler un peu la pâte en la maniant ; mais, on enlèverait à la pâte bâtarde sa légèreté, si on la foulait et si on la maniait autant que la pâte ferme ; il suffit de la bien assembler et de la saupoudrer avec la farine en lui donnant la forme qu'elle doit avoir.

On ne fait plus à Paris de pain proprement dit de *pâte ferme* ; on en fabrique donc de pâte bâtarde et de pâte douce ; comme la forme longue est presque la seule en usage, cette dernière pâte devant gonfler considérablement et être très légère, il faut bien se garder de la manier longtemps en la foulant, et d'ajouter de la farine en la tournant. L'ouvrier doit uniquement s'occuper à lui donner assez de sécheresse pour qu'elle ne s'attache point aux mains et au pétrin : il serait cependant nécessaire d'ajouter un peu de farine, si la pâte, pétrie trop molle, menaçait de trop se relâcher.

On ne doit jamais perdre de vue que plus la masse de pâte est considérable, plus la fermentation s'établit promptement, et, par ce moyen, toutes les fois qu'on aura à faire des pains de différents volumes dans la même fournée, on n'oubliera pas que les petits sont ceux qui doivent être tournés les premiers, ainsi successivement, jusqu'aux plus gros.

C'est une erreur de croire que la pâte du pain bis doit être moins travaillée que celle du pain blanc, car le travail seul peut lui donner la ténacité dont elle serait privée, étant composée de farine qui, pour l'ordinaire, a peu de corps.

Il est incontestable que le pain de forme longue est plus commode que celui de forme ronde à mettre au four, qu'il cuit mieux et qu'il prend plus de croûte ; il est également vrai que la pâte douce réussit mieux sous cette forme que sous une autre, et sous un petit volume que sous un gros. Ce sont, sans doute, ces motifs qui ont déterminé les boulangers à ne plus faire que des pains longs, et d'un poids qui n'excède jamais 6 kilogrammes.

Quand les boulangers font une fournée entière de petits pains de luxe ou de fantaisie, ils sont obligés d'exposer, à l'air extérieur, la pâte qui doit être façonnée la dernière ; car, étant très molle, elle passerait son apprêt avant de pouvoir être employée. Au reste, tout ce qui est relatif à la façon de la pâte demande beaucoup d'intelligence, d'adresse et surtout d'agilité dans les mains, de la part de l'ouvrier ; car un pain bien façonné est toujours avantageux, tandis que celui qui l'est mal, fût-il de la meilleure qualité, ne peut manquer de prévenir défavorablement.

On trouve, dans le *Guide du Boulanger*, des détails assez précis sur la façon de la pâte, ou tourne des pains, telle qu'elle est exécutée par les boulangers de Paris, et que nous croyons devoir rapporter ici :

« Dès que le peseur quitte la pâte, il la jette au façonneur, qui, de suite, la soulève d'une main et la foule de l'autre ; il l'étend, la represse sur elle-même, *l'assemble*, la tourne en rond, pour lui donner la forme qu'il désire, puis la saupoudre légèrement de farine pour qu'elle ne s'attache ni au pétrin, ni aux mains.

« Quand on fait plusieurs espèces de pains dans la même fournée, on tourne toujours les plus gros pains les derniers.

« Tourner le pain est une opération facile pour les pains ronds, mais elle exige du savoir-faire pour les pains fendus ou à *grigne*.

« Chaque ouvrier prétend avoir une manière à lui pour faire fendre le pain à grigne. A Paris les grignes manquent peu, parce qu'en général on travaille sur levains jeunes et sur des farines de bonne qualité ; mais dans beaucoup de localités où l'ouvrage est moins fort, moins bien suivi et les levains plus négligés, la grigne est presque toujours nulle. Le pain est encore ce qu'on appelle *grincheux*.

« Voici la forme des pains les plus ordinairement en usage à Paris :

« *Pains fendus.* — Ces pains se distinguent en pains *courts* et *demi-longs* ; ils se tournent de la manière suivante : on relève les extrémités de la pâte deux fois en serrant ces extrémités ensemble et par-dessus ; puis on retourne sens dessus dessous, et la partie la plus lisse dessus. On commence à fendre avec le talon de la main ; on appuie fortement dessus ; on prend le derrière du pain à deux mains en le tirant à soi, de manière que la moulure se retrouve dessus et la fente dessous ; on l'empoigne par les deux bouts pour l'enlever et le déposer dans le panneton, de manière qu'en jetant sur la pelle pour mettre au four, la grigne se trouve en dessus.

« *Pain sans grigne* ou *à grignon.* — Il se tourne comme le pain à grigne, avec la différence seulement que la fente se met sur le côté.

« *Pain rondin, pain jocko.* — Ce pain est plus souvent demi-long, il n'est pas fendu.

« *Pain rond.* — On empoigne à deux mains le morceau de pâte destiné à former un pain rond ; on le saupoudre de farine ; on appose la main droite dessus ; on relève de la main gauche les parties extrêmes, toujours en les retirant et les serrant de la main droite. Après, on les jette dans le panneton, la moulure en dessous. Dans ce cas on ne peut pas, lors de l'enfournement, le renverser sur la pelle, il faut le faire sauter en mettant la moulure en dessus ; on verse alors sur la pelle. Cette manière est la plus facile. »

Le pétrissage à bras d'hommes pour 300 kg de pâte exige au moins . .	45^{m}
L'apprêt de la pâte au pétrin . . .	20
Le pesage et le tournage de la pâte .	20
Les apprêts aux pannetons	35
L'enfournement	15
Total.	2^{h}.15^{m}

Ces chiffres sont copiés sur une instruction officielle du ministre de la guerre insérée au *Journal militaire*, sous la date du 31 mai 1833, page 361 du 1er semestre, et son exactitude, quant à la pratique civile, est affirmée par les hommes du métier.

Cette même instruction donne le détail de la préparation des levains, qui consiste en *trois rafraîchissements* successifs du *chef*, *emprunté* d'un pétrissage précédent, pour former le *levain de seconde*, puis le *levain de tout point*. Cette préparation exige, quand rien ne la contrarie, un travail de 3 heures.

Dans la pratique civile, la préparation des levains dure une ou deux heures au plus. C'est une opération chimique d'une grande importance que celle de la fermentation de la pâte du pain : elle est soumise à une foule d'influences atmosphériques que l'habileté pratique des meilleurs ouvriers ne parvient pas toujours à conjurer quand elles sont contraires, et dont ils portent néanmoins la responsabilité vis-à-vis du consommateur.

Dans les grandes boulangeries, où l'on manutentionne sept, huit ou dix sacs de farine par jour, le travail s'enchevêtre de manière à ce que les opérations se succèdent rationnellement, et permettent de faire autant de fournées que le comporte le temps indispensable pour réchauffer les fours.

MISE DES PAINS SUR LES COUCHES ET DANS LES PANNETONS

Quand la pâte a été pesée et tournée, on la met dans les couches ou dans les pannetons où elle fermente et prend son apprêt avant d'être mise au four.

On place les pains sur les couches, dans les toiles saupoudrées de farine ou de petit son, et on les recouvre de ces toiles ; on doit donner la préférence à la couche pour les pains qui doivent avoir un même volume et une forme égale. Ces toiles, soigneusement pliées, retiennent très bien la pâte dans tous les sens.

Les pannetons, toutefois, ont aussi des avantages qu'il est bon de signaler : 1° la pâte s'y relâche bien moins que lorsqu'elle est déposée sur les couches ; 2° les pâtes douces y acquièrent de la consistance et de la fermeté ; 3° les pains d'un gros volume y conservent leur forme, et ne présentent pas le désagrément de crever sur la pelle ; 4° on peut déplacer à volonté les pannetons dans un milieu froid ou chaud, suivant qu'on veut ralentir ou activer la fermentation.

Dans le midi de la France, on place les pains sur des planches saupoudrées de petit son, et on les expose à l'air pendant le printemps, l'été et une partie de l'automne. Mais c'est une opération vicieuse, en ce qu'il s'écoule trop de temps depuis qu'on a tourné le pain jusqu'à la cuisson.

On doit couvrir les pannetons plus ou moins, suivant qu'on veut accélérer ou retarder la fermentation, mais les pains qu'on renverse avant de les enfourner peuvent sans inconvénient rester découverts, soit qu'ils aient été mis sur couches ou dans les pannetons.

En général, les petits pains faits en pâte douce et mis sur couches exigent bien plus de soin. Si le temps est chaud et la pâte un peu molle, il faut les tourner plus court, les mettre en couches sèches, et tenir plus hauts et plus longs les plis qui les séparent.

PANIFICATION PERFECTIONNÉE

(PROCÉDÉ DE M. LIEBIG)

M. Liebig a publié dans les *Annales de pharmacie* une note sur un moyen d'améliorer le pain de ménage et le pain de munition, en les débarrassant de toute acidité. Le principal agent de la panification est le gluten, qui doit la propriété qu'il possède de former pâte ou colle avec l'amidon, à la manière dont il condense l'eau. Ce liquide, en effet, est contenu dans le gluten sous une forme semblable à celle où on le trouve dans les tissus musculaires ou dans l'albumine coagulée, substances qui ne cèdent pas leur eau aux corps secs et ne les mouillent pas, quoiqu'elles renferment une grande proportion d'eau. Amené à l'état de pain, le gluten se conserve indéfiniment, mais il n'en est pas de même si on le laisse en contact avec l'eau ; il suffit alors d'un petit nombre de jours pour lui faire perdre sa ténacité, sa viscosité et le transformer en une sorte de matière poisseuse, soluble dans l'eau et, par conséquent, incapable de former pâte.

Il subit la même altération si on le garde pendant quelque temps à l'état de farine ; car la farine, très hygrométrique, soutire l'humidité de l'air, et place, par conséquent, le gluten en contact avec l'eau dans la condition défavorable dont il vient d'être question ; la farine devient ainsi de moins en moins bonne à être convertie en pain. Pour prévenir cette détérioration, on a souvent essayé de recourir à la dessiccation artificielle de la farine, que l'on conservait ensuite à l'abri du contact de l'air. Il y a quarante ans, les boulangers belges avaient trouvé le fatal secret d'obtenir avec de la farine dégénérée un pain tout à fait comparable au pain obtenu avec de la farine de première qualité ; ce secret, découvert par M. Kuhlmann, consistait à mêler à la farine gâtée du sulfate de cuivre ou de l'alun (sulfate d'alumine et de potasse). — Voici comment s'expliquerait, suivant M. Liebig, cette action réparatrice du sulfate de cuivre ou de l'alun :

Sous l'influence de la chaleur du four, ces sels formeraient avec le gluten modifié une combinaison qui rendrait à la substance protéique, qui constitue essentiellement le gluten, ses qualités premières : il redeviendrait ainsi insoluble et hygroscopique à la fois.

Partant des analogies qui existent entre la caséine et le gluten, et de la propriété que possède la caséine de former avec la chaux une combinaison définie, M. Liebig a eu l'idée de substituer cette base terreuse inoffensive aux sulfates de cuivre et d'alumine des boulangers belges. On emploie la chaux à l'état de solution saturée, sans intervention de la chaleur.

Après avoir pétri la farine avec l'eau de chaux, on ajoute le ferment et on abandonne la pâte à elle-même ; la fermentation commence et se développe à l'ordinaire, et après qu'elle a atteint le point désiré, on ajoute en temps convenable le reste de la farine ; on obtient après la cuisson un pain excellent, élastique, spongieux, dépouillé de toute crudité, d'un goût agréable, et que l'on préfère à tous les autres pains dès qu'on en a fait usage pendant un certain temps.

Les proportions de farine et d'eau de chaux à employer doivent être dans le rapport de 19 à 5, c'est-à-dire de 52 à 54 litres d'eau de chaux pour un quintal métrique de farine ; lorsque cette quantité d'eau saturée de chaux n'est pas suffisante pour convertir la farine en pâte, on y ajoute de l'eau ordinaire. En perdant son acidité, le pain perd un peu du goût que nous sommes accoutumés à trouver en lui ; on remédie à ce léger inconvénient en augmentant un peu la proportion du sel.

La quantité de chaux introduite ainsi dans le pain n'est pas considérable ; on sait, en effet, qu'il faut près de 900 litres d'eau pour dissoudre à saturation 500 grammes de chaux ; la quantité de chaux ajoutée au pain atteint ou dépasse à peine celle qui est contenue dans les graines des légumineuses. On peut regarder comme un fait physiologique démontré par l'expérience, que la pure farine de blé n'est pas une substance alimentaire parfaite ; administrée seule à l'état de pain, elle ne suffirait pas à soutenir la vie ; elle contient peut-être assez d'acide phosphorique pour l'alimentation du système osseux, mais elle ne contient pas assez de chaux : les légumineuses, sous ce rapport, ont un avantage réel.

C'est peut-être à cette insuffisance du pain comme aliment qu'on peut attribuer les maladies graves que l'on observe chez les prisonniers nourris presque exclusivement de pain, ou le rachitisme des enfants dans les pays où le pain est presque toute la nourriture habituelle ; et, sous ce rapport, le pain à l'eau de chaux mérite d'être essayé ; il a d'ailleurs une autre qualité, c'est d'être plus abondant pour une même quantité de farine. Dans le pain de ménage de M. Liebig, 19 livres de farine traitées sans eau de chaux donnent rarement plus de 24 livres et demie de pain ;

pétrie avec 14 litres d'eau de chaux, cette même quantité de farine donne de 26 livres 6 onces à 26 livres 10 onces de pain bien cuit ; et comme, suivant Heeren, 19 livres de farine donnent normalement 24 livres et une once et demie de pain, l'accroissement provenant de la chaux est de plus de 2 livres ; sans doute parce que, sous la présence de la chaux, la farine fixe un plus grand poids d'eau.

MODE DE PANIFICATION PRATIQUÉE EN ANGLETERRE ET EN ALLEMAGNE

« Dans leur panification, les boulangers anglais et allemands emploient la levure pure, non pas comme levain, dit M. Boland, car ils n'en connaissent pas l'usage, mais comme ferment agissant spontanément sur la pâte ; aussi leur fermentation est toujours mousseuse et leur pâte sans cohésion, et s'ils n'avaient la précaution indispensable, les Anglais surtout, de mettre leurs pains fermenter et cuire dans des moules métalliques, le moindre attouchement ou le plus léger choc les ferait affaisser, sans espoir de retour à un développement complet, tant le tissu cellulaire est désorganisé par le ferment.

« Cette sorte de panification, abandonnée aux influences d'une fermentation déréglée, n'en produit pas moins un pain dont la structure intérieure est parfaitement convenable aux préparations alimentaires en usage chez les Anglais particulièrement, mais au goût aigrelet auquel nous aurions de la peine à nous habituer, nous à qui cet aliment sert, sans préparations, de principal accompagnement à tout ce qui participe à notre nourriture ordinaire. Cependant elle dérive d'un principe qui, appliqué rigoureusement, suivant les règles générales de la fermentation, est de nature à simplifier et à perfectionner toute espèce de panification. Les Anglais préparent, de la manière suivante, un liquide fermenté composé de sucre, de pommes de terre cuites, écrasées et passées au tamis, de levure d'eau, dans des proportions déterminées.

« On fait cuire, à la vapeur d'eau, des pommes de terre très farineuses ; lorsqu'elles sont bien cuites, on les pèle et on les écrase parfaitement en ajoutant la quantité d'eau nécessaire pour leur donner une consistance pareille à la levure molle de bière ; on fait passer ce mélange à travers un tamis. On ajoute, par 500 grammes de pommes de terre, 60 grammes de sucre brut ou de mélasse ; on fait chauffer le tout, s'il est nécessaire, et on mêle, pour chaque 500 grammes de pommes de terre, deux cuillerées de bière molle. On conserve le tout dans un état de chaleur modérée jusqu'au moment où la fermentation a atteint la limite de son premier degré de réaction, environ douze heures après.

« 500 grammes de pommes de terre traitées de cette manière produisent 2 litres de levain qui peuvent se conserver en bon état pendant trois mois, lorsqu'on en a exprimé toute l'eau et qu'il a été convenablement séché à l'étuve.

« En examinant le phénomène de la fermentation et la composition élémentaire des corps de nature à la produire, on est surpris de trouver, dans cette panification, le sucre et la pomme de terre cuite réunis pour la formation de la fermentation. L'emploi de ces deux substances ne pourrait se justifier que par un goût blasé, par une prédilection particulière pour la pomme de terre, ou, peut-être, par une ignorance complète de la propriété saccharifère de toutes les substances amylacées. Mais, en France, où la science pénètre jusque dans les industries les plus infimes, et où l'introduction de la pomme de terre dans le pain, sous quelque forme qu'elle se présente, est regardée, avec raison, comme une falsification répréhensible du premier des aliments, toujours la plus forte dépense du pauvre et souvent la seule qu'il puisse faire, il est important de démontrer que dans les éléments de la farine même on doit trouver tous les principes de la fermentation sans avoir recours à des corps étrangers qui n'ont, d'ailleurs, par leur composition chimique, aucune propriété exceptionnelle.

« Une seule substance, sous l'influence d'un ferment ou d'une matière organique quelconque en décomposition, de l'eau et d'une température convenable, se transforme en alcool et en acide carbonique : cette substance est la glucose, analogue, par sa constitution, aux sucres de raisin, de diabète et autres ; sa composition élémentaire peut être représentée par 24 parties de charbon et 12 parties d'eau. Le ferment n'est qu'un agent désorganisateur qui ne cède aucun de ses éléments et n'en emprunte aucun.

« Il faut donc que toutes les matières susceptibles de se saccharifier (le sucre lui-même) soient amenées à leur dernier état de désagrégation, représenté par cette dernière formule, pour produire la fermentation.

« Le sucre de canne, dont la composition élémentaire est représentée par 24 parties de charbon et 11 parties d'eau, en contact avec un ferment et de l'eau, s'hydrate d'une nouvelle partie d'eau et forme la glucose propre à la fermentation.

« La composition élémentaire de la fécule est exactement la même que celle de l'amidon ; elle est représentée par 24 parties de charbon et 10 parties d'eau. Ces deux corps, dépouillés de leurs vésicules par une température élevée jusqu'à 90°, éprouvent un changement moléculaire seulement, d'après lequel le plan de polarisation de la lumière tourne à droite : c'est de cette propriété que lui vient le nom de *dextrine* ; mais sa composition est la même que celle de l'amidon.

« Sous l'influence du ferment, de l'eau et de la chaleur, la dextrine s'hydrate de deux nouvelles parties d'eau et se convertit en glucose.

« Ainsi le sucre, la fécule et l'amidon, transformés en glucose par l'hydratation, sont également propres à produire, séparément, la fermentation, sous l'influence du ferment ou levure de bière, de l'eau et d'une température convenable.

« Ces divers corps, jusqu'au moment où commence la fermentation qu'ils doivent produire par leur transformation commune en glucose, ne perdent pas un atome de leur charbon ; ils prennent seulement 1 ou 2 parties d'eau qui, en favorisant leur désagrégation, les rendent spécialement propres à leur décomposition ultérieure, sous l'influence des mêmes agents de désorganisation.

« C'est alors qu'une véritable réaction chimique se produit. De nouveaux corps d'une composition élémentaire différente se forment successivement ; les deux tiers du charbon dont est composé la glucose disparaissent sous la forme d'acide carbonique en soulevant et en mettant en mouvement toutes les matières insolubles que ce gaz rencontre sur son passage ; enfin c'est la fermentation proprement dite de laquelle résulte la création de l'alcool dont la composition élémentaire est représentée par 8 parties de charbon sur lesquelles 4 parties se trouvent à l'état de carbure d'hydrogène, et 2 parties d'eau. La glucose a donc perdu 16 parties de charbon passées à l'état gazeux d'acide carbonique, gaz qui se dégage en soulevant, dans la panification, la membrane organique et insoluble qui enveloppe l'amidon.

« Si la réaction continue, le carbure d'hydrogène, qui entre dans la composition de l'alcool, est décomposé par l'air auquel il emprunte deux parties de l'un de ses éléments pour former avec son hydrogène 2 nouvelles parties d'eau en restituant ses 4 parties de charbon, d'où résulte l'acide acétique dont la composition, dans ce cas, est représentée par 8 parties de charbon et 4 parties d'eau. Cette dernière réaction a lieu sans production d'acide carbonique, attendu que la quantité de charbon est la même dans l'alcool et dans l'acide acétique. C'est pourquoi, dans la panification, lorsque la fermentation est arrivée à ce dernier degré, les cellules que l'acide carbonique, provenant de la fermentation alcoolique, avait formées en dilatant le gluten et dans lesquelles il s'était logé, sont décomposées par l'acide acétique, il s'en échappe, et la pâte s'affaisse pour ne plus se relever. On conçoit bien, alors, l'intérêt que doit avoir le boulanger de maintenir la fermentation dans la limite nécessaire à l'usage auquel il la destine. L'observation est le seul moyen d'investigation connu jusqu'à présent ; malheureusement encore trop souvent on la néglige.

« En résumé, pour établir la fermentation panaire ou alcoolique, la pomme de terre hydratée par la cuisson peut remplacer le sucre, l'amidon hydraté sous forme d'empois peut remplacer la pomme de terre, et la farine hydratée sous forme de bouillie peut remplacer à son tour l'amidon.

« La différence du produit matériel qui résulte de l'emploi de la pomme de terre n'est pas assez sensible pour hésiter à en faire le sacrifice, d'autant plus qu'en France il est exposé à de fâcheuses interprétations, et cependant c'est le seul pratiqué aujourd'hui par les boulangers qui font l'application du procédé de panification anglais ; mais tel que ces derniers l'ont modifié dans sa composition et dans les moyens de le mettre en pratique, il offre déjà des avantages de quelque intérêt, ne fût-ce que l'affranchissement de la surveillance des levains renouvelés trois fois par jour, employés en boulangerie, et un plus grand développement des matières nutritives.

« Quoique le procédé employé par quelques boulangers de Paris, par ceux, surtout, dans le voisinage desquels les étrangers affluent, ne diffère du procédé indiqué en Angleterre que par la suppression du sucre, il convient néanmoins de décrire les moyens de le mettre en rapport avec notre système de panification.

« Nous supposons une boulangerie dans laquelle se fabriquent, chaque jour, cinq fournées de pain.

« On fait cuire à la vapeur d'eau, 16 kilogrammes de pommes de terre rondes très farineuses, bien lavées et brossées ; on les écrase, sans être pelurées, soit à l'aide d'un pilon, soit entre deux cylindres métalliques tournant en sens inverse, et on y ajoute une certaine quantité d'eau à la température de 20 à 25°, pour en faire une purée très liquide que l'on passe à travers un tamis métallique ou une bassine en cuivre dont le fond est percé de trous fins en forme d'écumoire.

« On jette les téguments grossiers qui n'ont pu passer à travers le tamis.

« On ajoute à cette purée liquide 1^{kg},500 de bonne levure, délayée préalablement dans de l'eau à la même température et passée aussi au tamis. On agite bien ce mélange dans 133 litres d'eau, y compris celle qui a servi à délayer la purée de pommes de terre et la levure, et toujours à une égale température.

« On tamise sur ce liquide 15 kilogrammes de farine, et on remue le tout convenablement, puis on le partage en trois parties égales à peu près, dans trois cuves différentes, afin de pouvoir puiser dans l'une, selon les besoins, sans troubler le liquide des autres.

« Ces cuves doivent être en bois, de forme cylindrique, doubles à peu près de leur diamètre en hauteur, d'une capacité telle que le liquide n'occupe que le tiers de la hauteur au moment où on l'y dépose, afin de laisser deux tiers libres pour le développement de la fermentation : celle-ci se manifeste assez lentement d'abord, tant qu'elle ne se produit que par le sucre que contiennent, à leur état normal, la pomme de terre et la farine, en contact avec le ferment en excès ; le liquide, à ce moment, a une saveur amère. Aussitôt que la diastase, dont la levure renferme les principes en dissolution, attaque la fécule et l'amidon, en sépare les parties insolubles qui s'agglomèrent tumultueusement à la surface du liquide sous forme de mousse, et met en liberté la gomme qui se transforme d'abord en dextrine, puis ensuite en glucose, l'effervescence augmente progressivement et ne s'arrête qu'après l'entière conversion des matières amylacées ; la liqueur contracte alors une saveur sucrée.

« Cette réaction s'opère ordinairement dans l'espace de trois à quatre heures, quand les conditions de température et les proportions de matières ont été bien observées.

« Il est convenable d'écraser les pommes de terre aussitôt qu'elles sont cuites, d'employer immédiatement la purée pour ne pas lui donner le temps de se colorer au contact de l'air et de contracter un goût acide, et de profiter en même temps de la température qu'il faudrait renouveler.

« Il importe beaucoup aussi de pratiquer cette opération dans un endroit chaud, comme le sont ordinairement les fournils des boulangers, et de ne pas déplacer les cuves lorsque la fermentation est en activité.

« *Pétrissage.* — On prépare un levain à chaque fournée en pâte très douce et très peu travaillée, composée de 33 litres du ferment ci-dessus et de 3 litres d'eau à une température réglée, selon la saison et selon l'état de fermentation du ferment ; puis on le met en planche, c'est-à-dire qu'on le circonscrit à l'une des extrémités du pétrin, arrêté par une planche taillée exprès pour cet usage et calée avec de la farine tassée. On le couvre d'une couche de farine de 5 centimètres d'épaisseur ; celle-ci pénètre peu à peu dans le levain par le mouvement de la fermentation ; lorsqu'elle est complètement absorbée, on peut considérer le levain comme prêt à être employé. Cette dernière circonstance est non moins concluante, si elle ne l'est davantage, que les signes apparents d'après lesquels on reconnaît arbitrairement l'apprêt du levain naturel.

« La fournée se pétrit par les moyens ordinaires en ajoutant au levain 6 litres d'eau seulement, toujours à une température réglée, dans laquelle on fait fondre, trente minutes au moins à l'avance, la quantité de sel convenable.

« Ce ferment peut être ainsi préparé le matin à huit heures et employé le soir à la même heure sans inconvénient ; mais, si on voulait s'en servir quatre ou cinq heures après sa préparation, il faudrait augmenter de quelques kilogrammes la proportion de pommes de terre et de quelques degrés la température de l'eau.

« Les fournées n'étant pas égales dans toutes les boulangeries, il convient d'établir une proportion uniforme. Pour convertir 100 litres d'eau en liquide fermenté, on ajoute :

Pommes de terre	12^{kg}.	»
Levure sèche.	1.	145
Farine	11	»

« Quelle que soit la quantité de liquide fermenté employée pour chaque levain, il faut toujours y ajouter, au moment de pétrir, le onzième de son volume d'eau, et, pour pétrir la fournée, le double de ce volume.

Suppression de la pomme de terre. — « Dans les années calamiteuses, ajoute le savant praticien que nous avons nommé précédemment, l'application de cette combinaison fermentative a une grande importance et ne saurait être trop encouragée et autorisée, car elle offre le seul moyen de tirer parti, sans altérer profondément la nature du pain, de toutes les substances amylacées que contiennent non seulement les pommes de terre, mais encore tous les légumes farineux, sans comprendre les blés et farines avariés.

« Mais, dans les années d'abondance, elle excite la cupidité des spéculateurs qui, sous le prétexte de soulager la classe nécessiteuse, sollicitent et obtiennent souvent de l'autorité la permission de créer de nouvelles boulangeries dans lesquelles ils mettent à contribution les farines avariées, la pomme de terre, la féverole, le maïs, les pois, les haricots, les farines de seigle et d'orge, etc., traités par les moyens indiqués plus haut.

« La préférence accordée jusqu'à ce jour, sans nécessité impérieuse, à la pomme de terre sur la farine de froment, dont les éléments sont également et même plus propres à produire la fermentation sous l'influence des mêmes agents, témoigne plutôt de l'ignorance des boulangers, au sujet de la propriété saccharifère de toutes les fécules et amidons, que de l'intérêt des produits frauduleux qu'on pourrait leur supposer ; il importe donc de les éclairer sur cette question de leur fabrication, afin de les préserver d'être confondus avec ces prétendus inventeurs de procédés nouveaux qui cherchent la fortune sous le voile de l'humanité.

« La nature même des éléments dont est composée la farine, et qui la rendent plus propre à faire du pain que toute autre substance, les fait concourir aussi plus efficacement à engendrer la fermentation.

« En effet, l'amidon, sous l'influence de la chaleur, du ferment et de l'eau, se transforme en glucose aussi bien que la fécule, et de plus le gluten régénère le ferment bien mieux que ne le fait la cellulose des légumineux ; d'où résulte une réduction notable dans la proportion de levure employée avec la pomme de terre.

« Le raisonnement m'a amené à la conclusion de ce fait, et l'expérience l'a prouvé, que toute panification pouvait se pratiquer sans le concours d'aucune substance étrangère à la farine de froment, excepté la levure, dont on pourrait se passer en y substituant de la pâte très fermentée ; mais, dans ce dernier cas, la fermentation est beaucoup plus lente et ne serait applicable que dans les boulangeries des communes et dans les établissements agricoles, où elle apporterait un perfectionnement de la plus haute importance par le développement plus complet de toutes les parties nutritives des céréales.

« Diverses expériences faites à la boulangerie générale des hospices civils de Paris, sur plusieurs fournées, ont pleinement confirmé les conséquences des observations précédentes dont la mise en pratique offrirait les avantages suivants :

« 1° La substitution de la farine de froment à la pomme de terre et à toute autre substance étrangère à la farine pour produire la fermentation ;

« 2° La réduction de 883 grammes de levure sur $1^{kg},145$ employés avec la pomme de terre pour 100 litres d'eau ;

« 3° L'affranchissement de l'entretien des levains renouvelés trois fois par jour dans toutes les boulangeries ;

« 4° Le développement plus complet des matières nutritives de la farine, etc.

« Les moyens de préparer cette fermentation sont beaucoup plus simples, plus prompts et plus faciles à exécuter qu'avec la pomme de terre.

« Sur 100 litres d'eau destinés à produire une ou plusieurs fournées de pain, 80 litres doivent être convertis en ferment de la manière suivante :

« On fait bouillir 22 litres de cette eau dans un vase pouvant contenir à peu près 55 litres.

« On prépare en même temps un mélange bien homogène composé de 11 kilogrammes de farine et de 22 litres d'eau à la température ordinaire ; on verse ce mélange lentement sur l'eau bouillante, et on remue le tout jusqu'à ce que la consistance de bouillie se soit produite ; puis on le reprend et on le verse dans le reste de l'eau froide, moins un litre, qui, à la température de 25° à peu près, a servi à délayer 250 grammes seulement de levure sèche.

« Aussitôt que la température de ce liquide s'est abaissée jusqu'à 25°, on tamise dessus 11 kilogrammes de farine et on y ajoute la levure délayée. On laisse reposer le tout après l'avoir bien mélangé.

« La fermentation ne se manifeste, d'une manière apparente, qu'après une heure environ ; puis l'effervescence qui se produit met en mouvement toutes les substances insolubles et les réunit à la surface du liquide sous forme de mousse.

Lorsque le liquide, d'amer qu'il était, est devenu sucré, environ quatre ou cinq heures après, il est bon à être employé.

« Quant aux 20 litres d'eau qui restent, 6 sont ajoutés au liquide fermenté, mais lorsque celui-ci est répandu dans le pétrin pour préparer le levain, et jamais auparavant. Le pétrissage de ce dernier se réduit au frasage seulement. Les 14 autres litres d'eau servent à pétrir la fournée lorsque le levain a absorbé la couche de farine qui le recouvrait.

« Il est bien entendu qu'un boulanger peut préparer d'une seule fois tout le liquide fermenté nécessaire à son service de 24 heures, en y puisant pour chaque fournée, la proportion destinée à son levain.

« La levure n'est indispensable que dans les boulangeries où l'on cuit, au même four, sept fournées par 12 heures au moins ; mais dans les boulangeries des campagnes, les établissements agricoles, les manufactures, les pensions, les manutentions militaires de province, etc., où la levure ne se trouve pas avec la même facilité et d'une aussi bonne qualité que dans les grandes villes, on peut la remplacer par 20 fois son poids de pâte abandonnée à la fermentation depuis au moins 24 heures. Le levain de chef, que les gens de la campagne conservent pendant huit jours et plus, est parfaitement propre à ce système de fermentation, mais comme on l'a déjà dit, celle-ci est moins rapide qu'avec la levure.

« Cependant, s'ils mettaient ce procédé en pratique, nul doute que leur pain n'eût un aspect et des propriétés alimentaires plus favorables. »

Ajoutons à cette note intéressante qu'on sait maintenant très bien en France que les boulangers anglais emploient généralement de la levure pour toutes les fournées ; dans les grandes boulangeries, on prépare même exprès, au moyen du malt d'orge et d'une faible dose de houblon, une sorte de moût comme dans les brasseries. On introduit cette levure liquide dans la pâte, qui se pétrit plus rapidement et lève plus vite que chez nous, de telle sorte que la manipulation de la pâte est aussi moins pénible.

En France aujourd'hui, l'emploi des vieux levains dans la fabrication du pain tombe de plus en plus en désuétude, et, à Paris du moins, la fermentation à l'anglaise a pris une grande extension. M. Boland le mentionne très explicitement dans sa notice intéressante où il décrit le procédé qui consiste à employer la pomme de terre à la manière anglaise. De là datent les changements qui ont été signalés dans la constitution de notre pain.

Sur cent litres d'eau, les quatre cinquièmes sont composés d'une bouillie dans laquelle on introduit de la levure de bière ou une levure particulière, et c'est avec ce liquide visqueux qu'on procède au pétrissage, et que l'on obtient un pain qui retient 6 à 7 o/o d'eau de plus qu'autrefois. Cette méthode est employée aujourd'hui dans beaucoup de boulangeries. M. Doisneau, ancien syndic de la boulangerie, un des plus habiles dans son art, est celui qui a introduit en France, avec de notables perfectionnements, les procédés anglais ; il n'avait d'autre but que d'améliorer la fabrication du pain : et en effet sa fabrication fournissait les meilleurs pains de luxe et autres, et il demeure constant qu'il y a bien peu de villes où on trouve de meilleurs pains qu'à Paris, et des formes plus variées et mieux appropriées aux différents usages.

Ces procédés nouveaux n'ont pas été appliqués seulement aux pains de luxe, on les a également introduits dans la fabrication du pain ordinaire. Les pains de luxe à forme longue et étroite perdent beaucoup par l'évaporation, et leur proportion d'eau n'excède jamais 37 0/0 ; mais il n'en est pas de même des pains réglementaires de 70 centimètres de longueur au maximum, dont la surface d'évaporation est beaucoup moindre et qui retiennent une certaine quantité d'eau.

Voici quelles sont les farines employées dans la fabrication des pains anglais :

1re qualité (*Weathen bread*) taxé en raison d'un rendement en pain de 124kg, 4 par 100 kilogrammes de farine, correspondant au blutage de 0,618 en admettant un poids moyen de 75 kilogrammes par hectolitre.

2e qualité (*Standard white bread*), rendement 130 kilogrammes correspondant au blutage 0,712.

3e qualité (*household bread*) pain de ménage, rendement 143kg,5 avec blutage de 0,768.

PROCÉDÉ DE PANIFICATION DE M. MÈGE-MOURIÈS

Lorsque nous nous sommes occupé des farines, nous avons dit que les travaux de M. Payen et ceux de M. Mège-Mouriès avaient eu principalement pour objet de nous faire connaître d'une manière plus intime la structure et la composition du grain de blé, et de tirer de ces connaissances les moyens d'utiliser une plus forte proportion des matières alimentaires du grain. Nous croyons à cet égard devoir revenir sur quelques faits que ces importants travaux ont établis et dont on fera par la suite des applications.

Les enveloppes proprement dites du grain de blé se composent de trois pellicules incolores dont l'ensemble forme environ 3 o/o du poids de ce grain.

Au-dessous de cette enveloppe on remarque les parties suivantes :

1° Une membrane contenant deux matières colorantes, l'une jaune pâle, l'autre jaune orange. Suivant que la première ou la seconde se forme en proportion plus ou moins forte, le froment présente une nuance plus ou moins foncée, d'où les désignations de *blés blancs* et de *blés roux*, que le commerce donne à telle ou telle variété.

2° Une membrane dite *embryonnaire* parce qu'elle est une expansion de l'embryon ou germe. C'est une membrane qui contient la matière particulière à laquelle M. Mège-Mouriès a donné le nom de *céréaline*, qui, dans l'acte de la germinaison, est destinée à rendre solubles les matières amylacées contenues dans le grain pour qu'elles deviennent propres à la nutrition du germe. Quand on mélange cette céréaline à la masse farineuse, elle agit sur celle-ci comme un agent de transformation ou plutôt un ferment, et pendant la panification elle paraît donner lieu à la formation d'acides qui répugnent à l'estomac en même temps qu'elle communique la couleur bise au pain de seconde qualité.

3° L'*embryon* qui est placé à l'extrémité la plus arrondie du grain, au sein d'une matière grasse très nutritive et composée d'oxygène, d'hydrogène, de carbone, d'azote, de soufre et de phosphore. D'ailleurs, la membrane embryonnaire, qui n'est qu'une expansion de l'embryon, contient aussi une proportion notable de phosphore.

4° La masse amylacée et farineuse dont les diverses couches renferment d'autant plus de grains qu'elles se rapprochent davantage de la membrane embryonnaire et par conséquent de l'écorce. Ainsi 100 parties de farine au centre contiennent 8,0 de gluten et donnent 128 0/0 de pain ; 100 parties de la couche qui touche au centre contiennent 9,5 de gluten et rendent 136 de pain ; 100 parties de la deuxième couche contiennent 11 de gluten et donnent 140 de pain ; enfin 100 parties de la couche externe contiennent 13 de gluten et rendent 145 de pain.

Les quatre couches réunies forment, d'après M. Mège-Mouriès, 90 0/0 du poids total du grain.

Dans les procédés ordinaires de mouture et de panification, voici ce qu'on observe :

Le centre et la couche adjacente, parties tendres qui sont les premières à se réduire en farine par la mouture et forment environ 70 o/o du grain, sont les seuls qui soient parfaitement exempts de pellicules extérieures et de la membrane embryonnaire. Cette portion de 70 o/o du grain est celle qui sert à fabriquer le pain blanc.

La seconde couche, plus riche en gluten, mais qui se trouve mélangée à des pellicules extérieures ou des débris de la membrane embryonnaire, constitue le genre de la farine qui sert à préparer le pain qu'on appelle bis. On en recueille 7 à 8 o/o du poids du grain soumis à la mouture.

Enfin la troisième couche qui est en contact avec la membrane embryonnaire, et ne peut être complètement séparée dans la mouture, non plus que d'une petite quantité de son, est entièrement rejetée par la boulangerie comme devant donner un pain complètement acide et très coloré.

Dans le procédé vulgaire de mouture et de blutage, il y a donc 22 o/o des parties du grain qui sont perdues pour la panification et 8 qui donnent un pain de qualité inférieure.

C'est ici qu'est intervenue heureusement la belle découverte de M. Mège-Mouriès, qui, après avoir démontré que cette acidité et cette infériorité du pain fabriqué avec ces parties du grain étaient dues à la céréaline, a complété sa découverte en démontrant que ces actions de la céréaline pouvaient être neutralisées comme ferment par l'emploi d'une petite quantité de sel marin, ou qu'on pouvait, par un mode particulier de manipulation, en suspendre et annuler la réaction.

M. Mège-Mouriès est donc parvenu, par ce procédé, à utiliser pour la fabrication du pain 86 o/o du poids du grain, tandis que tout le monde sait qu'auparavant on en utilisait seulement 70 o/o, lorsqu'il s'agissait de confectionner du pain blanc, et au plus 78 quand on se bornait à fabriquer du pain bis, et de plus ce nouveau pain à 86 o/o est blanc, salubre et nourrissant.

Enfin, si on se reporte aux résultats de l'étude microscopique du grain que nous avons résumée ci-dessus, on conçoit que dans le nouveau mode de panification, on conserve la membrane embryonnaire et les couches du grain les plus éloignées du centre et qui sont les plus précieuses dans la confection du pain, puisque ce sont celles qui sont les plus riches en gluten et en phosphore, couches qu'on rejetait auparavant dans les sons.

Nous allons maintenant entrer dans quelques développements sur les conséquences des heureuses découvertes de M. Mège-Mouriès et sur leur application dans la pratique, en reproduisant à ce sujet une note que M. Emile Baudement a consacrée à ce procédé, et qui nous paraît en résumer parfaitement les avantages.

« Le grain de froment, dit M. Baudement, présente deux parties distinctes : l'enveloppe, que les botanistes appellent *péricarpe*, et le grain proprement dit.

« L'enveloppe ou péricarpe est composée de

trois tuniques extrêmement minces qui ont chacune une structure propre et portent chacune un nom particulier qu'il est inutile de rappeler ici.

« Le grain proprement dit a lui-même deux enveloppes, sous lesquelles est enfermée la masse principale du fruit avec l'embryon ou germe de la petite plante qui doit se développer dans le sol.

« Quand on froisse le grain de blé ou qu'on le comprime au point de le déchirer, l'enveloppe péricarpienne se détache tout entière du grain, entraînant avec elle la double enveloppe de celui-ci et même les premières couches de la substance qui constitue le grain. C'est l'effet que produit l'action de la meule.

« La pellicule qui se sépare ainsi forme le *son* ; le reste donne la *farine*. On voit que le son garde encore une partie de la substance farineuse. Pour séparer complètement ces deux produits l'un de l'autre, pour extraire la plus grande quantité possible de farine, on combine certains procédés de tamisage et de vannage : en d'autres termes, on *blute* les farines et l'on fait passer sous les meules les *gruaux*, ou petits fragments de grains concassés. La qualité des farines dépend de la perfection avec laquelle s'accomplissent ces opérations. Ordinairement on reprend deux fois les *gruaux blancs*, trois fois les *gruaux bis*, puis les parties qu'on nomme *rougeurs fines* et *moyennes*.

« Le résidu de ces moutures successives forme les *issues*, produits qui n'entrent pas dans la panification, et comprennent les *remoulages*, les *recoupettes*, les *sons petits*, *moyens* et *gros*.

« On nomme *farine première* celle que forme la *fleur de farine* obtenue de la première mouture et du premier blutage, et à laquelle est mêlée la farine des premiers gruaux. C'est celle qu'on emploie à la confection du pain blanc de Paris et des grandes villes. La *farine deuxième* résulte de la mouture des deuxièmes et troisièmes gruaux ; un peu moins blanche que la première, elle sert à la préparation de la deuxième qualité du pain des hospices de Paris. Il est facile de comprendre comment le pain perd de sa valeur et de son aspect à mesure qu'on s'éloigne de la pureté de la farine première. Dans le pain bis, les divers principes du grain de blé se trouvent presque tous compris.

« Ces indications sommaires suffisent pour montrer que la mouture est un art compliqué, délicat, et qui ajoute nécessairement au prix du blé une dépense proportionnée à la qualité de farine qu'on veut obtenir.

« M. Mège-Mouriès simplifie la mouture en la réduisant à un seul passage sous les meules et à un seul blutage. Il extrait ainsi du grain trois produits seulement : la *fleur de farine* avec les *gruaux blancs*, dans la proportion de 73 0/0 en moyenne ; les *gruaux bis*, dans la proportion de 15 0/0, et les *sons petits*, *moyens* et *gros*, dans la proportion de 12 0/0.

« Les avantages de cette simplification dans la mouture sont certainement sensibles pour ceux qui donnent à moudre à façon, et ils diminuent les premiers frais. Mais, pour les obtenir, sacrifiera-t-on quelque chose de la qualité, de la valeur nutritive, même de l'aspect et du goût du pain blanc ? Pour répondre à cette question, il faut arriver au point capital de la découverte scientifique de M. Mège-Mouriès.

« Les parties qui forment le grain de blé sont composées de principes immédiats divers. Le cœur du grain est constitué essentiellement par le gluten et l'amidon. Autour de l'amidon à la partie la plus externe du grain et sous sa double enveloppe existent de grandes cellules qui renferment de la caséine végétale, et un nouveau principe découvert par M. Mège-Mouriès, nommé par lui *céréaline*. C'est cette couche de grandes cellules adhérentes aux cellules voisines où se trouve l'amidon, que l'enveloppe péricarpienne entraîne quand on brise le grain.

« La céréaline, la caséine végétale et le gluten, trois substances azotées, peuvent jouer le rôle de *ferment*, rôle aussi facile à constater que difficile à expliquer. De ces trois ferments, la céréaline est le plus énergique ; elle possède, en outre, entre autres propriétés, celle d'altérer le gluten, en réagissant sur lui, et de donner alors naissance à de l'ammoniaque et à une matière brune particulière.

« Lorsqu'on abandonne à elle-même, durant sept ou huit heures, une portion de pâte formée de quantités convenables de farine et d'eau, les principes azotés que nous venons de nommer prennent, sous l'influence de l'air et de l'eau, cette singulière propriété de se comporter comme ferments, c'est-à-dire d'agir sur le grain, de manière à transformer l'amidon en dextrine, celle-ci en glucose, celui-ci en alcool et en acide carbonique. On obtient plus rapidement le même effet, ou l'on en soutient l'énergie à l'aide de la levure.

« A ce premier degré de fermentation, qui est la fermentation alcoolique, le gaz acide carbonique distend la pâte, en soulève les parties comme il soulève le liquide dans la bouteille d'eau de Seltz ou de Champagne, y creuse des vides, l'allège, en un mot, la fait lever. Si le gaz acide carbonique se développait en trop grande quantité, il tourmenterait la pâte à l'excès, triompherait de la ténacité du gluten, et alors romprait la couche superficielle qui sera la croûte dans le pain cuit.

« Mais si la fermentation alcoolique doit être tenue dans de justes limites, il faut cependant qu'elle l'emporte sur la fermentation acide ou lactique, quand on veut obtenir du pain blanc de bonne qualité. Or, la *céréaline*, ce ferment puissant découvert par M. Mège-Mouriès, a précisément pour effet, quand il abonde, d'amener la fermentation acide et de la faire prédominer sur la fermentation alcoolique.

« La conséquence immédiate de cette prédominance, c'est d'altérer le gluten, de produire de l'ammoniaque et la matière brune que nous avons indiquée tout à l'heure. Par suite de la diminution et de l'altération du gluten, les matières solubles, telles que la dextrine et la glucose, restent en plus grande quantité, puisqu'elles ne trouvent pas de ferment propre à leur faire subir la fermentation alcoolique.

« Ainsi s'expliquent les couleurs et les propriétés différentes du pain bis et du pain blanc. La farine qui donne le pain bis renferme, avons-nous dit, tous les principes immédiats du grain de blé ; elle garde donc cette couche de grandes cellules où la céréaline existe tout entière : toutes les conséquences de la présence de la céréaline se produisent donc. Le pain bis prend sa couleur particulière ; les principes solubles en excès laissent la mie de ce pain sans fermeté, lui communiquent un état poisseux particulier et la rendent impropre à se bien *tremper* pour la confection des soupes.

« Dans la farine du pain blanc, au contraire, la céréaline a été complètement ou presque complètement éliminée avec le son ; elle ne peut donc produire ni la coloration brune, ni le dégagement d'ammoniaque, ni les caractères physiques que présente le pain bis.

« Toutefois, même avec la farine de pain blanc, même après l'enlèvement du son, on peut obtenir un pain coloré, quand le levain est trop acide ; ce levain agit alors à l'instar de la céréaline.

« Ainsi la coloration du pain bis, qu'on avait jusqu'ici attribuée à la présence du son, ne se rattache à celui-ci qu'autant qu'il introduit la céréaline dans la farine, et elle est fondamentalement la conséquence de l'altération plus ou moins profonde du gluten.

« Qu'y a-t-il donc à faire pour tirer du grain

de blé toute la partie farineuse qu'il contient, et pour en tirer la plus grande quantité possible de pain blanc? Appliquer le procédé de préparation de la pâte imaginé par M. Mège-Mouriès et fondé sur ces prémisses. Voici en quoi consiste ce procédé :

« On laisse fermenter de la levure et de la glucose dans de l'eau. Après douze heures environ, on délaie dans cette eau des gruaux bis, second produit de la mouture de M. Mège-Mouriès, et on les soumet à une fermentation alcoolique. Le poids de l'eau employée est égal à quatre fois le poids des gruaux bis. Six ou huit heures après, on ajoute de l'eau et l'on passe le liquide fermenté au tamis de soie ou d'argent. Le liquide obtenu de ce tamisage sert à réduire en pâte la farine blanche, le premier produit de la mouture. Comme à l'ordinaire, cette pâte est mise dans des pannetons où elle fermente; puis on enfourne.

« La levure et la glucose, ajoutées à l'eau des gruaux bis, ont pour effet de neutraliser la céréaline, ou tout au moins de paralyser la plus grande partie de son activité acide, par conséquent de préserver le gluten de toute altération et de conserver au pain sa couleur blanche.

« Le tamisage de l'eau de gruau sépare le son que les gruaux bis avaient introduit dans la préparation, et ne laisse rien perdre de la farine.

« Le mélange de l'eau fermentée et du dépôt des gruaux bis à la farine blanche convertit en pâte la totalité de la partie farineuse du grain, en produisant incessamment une quantité de ferment qui maintient dans la masse le mouvement régulier de la fermentation alcoolique, sans altération, ni modification, ni perte du gluten. Aussi le pain ainsi préparé est-il extrêmement léger.

« Cette manière de préparer la pâte est bien plus simple que la méthode ancienne : elle supprime la nécessité d'obtenir le *levain de chef*, le *levain de première*, le *levain de deuxième*, le *levain de tout point*, série délicate d'opérations où l'art du boulanger échoue quelquefois.

« Mais le résultat capital du nouveau procédé, c'est de tirer de 100 parties de blé 86 à 88 de farine propre à faire du pain blanc, au lieu de 70 à 74 qu'on en obtient par l'ancienne méthode. C'est pour un même blé, de donner un rendement en pain blanc qui dépasse de 17 à 20 0/0 le rendement ordinaire.

« Le pain nouveau, exposé à l'air chaud après la cuisson, ne perd pas plus d'eau que le pain obtenu par les procédés anciens ; il est plus léger, d'une sapidité un peu plus accusée, d'un goût plus agréable, d'une salubrité complète. Durant six mois, on en a fait un usage quotidien à l'orphelinat de Saint-Charles, qui se compose d'une centaine d'enfants de deux à neuf ans et de quinze sœurs ; on lui a reconnu toutes les qualités que nous venons d'énumérer ; M. Hamon, curé de Saint-Sulpice, supérieur de cet orphelinat, et le Dr Blatin, médecin administrateur du même établissement, ont attesté les faits dans des certificats authentiques. Un collège de Paris a nourri ses pensionnaires de ce pain pendant trois mois.

« La valeur du procédé et les avantages qu'il présente sur l'ancien, relativement au rendement, ont été constatés dans des expériences comparatives instituées à Scipion, à la boulangerie des hospices de Paris. Ce nouveau procédé de panification n'est donc pas à l'état de simple projet : il a la sanction de l'expérience.

« Nous n'avons parlé que du pain blanc, parce qu'il est le seul qui offre des difficultés de préparation et pour lequel il soit important de simplifier les procédés et d'augmenter le rendement en farine, afin de répondre aux besoins des populations des grandes villes. Mais la nouvelle méthode vient encore modifier heureusement la confection du pain bis. Que faut-il faire pour obtenir ce pain ? Supprimer tout simplement le tamisage de l'eau des *gruaux bis* ; et alors même le pain, quoique retenant la quantité de son qui donne au pain préparé par l'ancien procédé sa couleur *bise* caractéristique, prend un aspect très voisin de celui du pain blanc. La céréaline, en effet, se trouve en partie neutralisée par l'eau fermentée, à laquelle la levure et la glucose ont été préalablement mêlées. Et, si nous avons réussi à faire comprendre la théorie de la panification telle que nous la présentent les travaux si originaux de M. Mège-Mouriès, on verra que ce n'est pas seulement la couleur de l'ancien pain bis qui se trouve ainsi améliorée ; les qualités de ce pain se rapprochent en même temps des qualités du pain blanc en proportion de la quantité de céréaline neutralisée. Dans les campagnes, et partout où se consomme le pain bis, le nouveau procédé est donc appelé à produire des résultats aussi importants que dans les villes.

« On admet généralement l'opinion que le *pain bis* est, d'une manière absolue, plus nourrissant que le pain blanc, parce qu'il garde toutes les substances que renferme le son, et, en particulier, la matière azotée. Même en supposant que la farine qui sert à préparer le pain bis, contînt, avant la préparation de la pâte, plus de matière azotée que la farine blanche, on ne pourrait en conclure une supériorité de valeur nutritive en faveur du pain bis ; car c'est précisément dans ce pain que l'action de la céréaline se manifeste avec énergie, que les principes azotés peuvent s'altérer et donner des produits qui ne sont rien moins que nutritifs, de l'ammoniaque entre autres.

« Nous n'avons pas la pensée de faire ressortir ici tout ce que les recherches de M. Mège-Mouriès ont d'intéressant et de nouveau au point de vue de la science ; nous essayons seulement de faire sentir le lien qui rattache ses découvertes scientifiques aux applications les plus utiles. C'est cette filiation logique qui caractérise les travaux de l'inventeur et provoque l'attention des hommes pratiques.

« Quelques chiffres permettront d'apprécier quelle pourrait être une des conséquences de la substitution du nouveau procédé à l'ancien. Nous avons vu que le rendement en pain obtenu d'une quantité donnée de blé, par la nouvelle méthode, dépasse de 17 à 20 0/0, ou d'environ un cinquième, le rendement que donne la méthode ancienne, dans des conditions parfaitement identiques. Or, la consommation annuelle de la France s'élève, en moyenne, de 100 à 110 millions d'hectolitres de grains. Admettons que la fabrication du pain blanc n'emploie que la moitié seulement de cette quantité ; le bénéfice qui résulterait de l'application du nouveau moyen de panification serait de dix millions d'hectolitres environ. C'est la quantité que nous avons demandée à l'importation dans la crise de 1846 à 1847.

« Bien d'autres conséquences pourraient être tirées ; elles se présenteront aux réflexions des hommes que préoccupe le problème de l'alimentation publique, et nous croyons que ce nouveau procédé mérite leur attention. On se passionne souvent pour des nouveautés qui en valent moins la peine. »

Instruction pratique. — L'Académie des Sciences, la Société centrale d'agriculture ayant accueilli favorablement les nouveaux procédés de mouture et de panification de M. Mège-Mouriès, le ministre de l'agriculture, du commerce et des travaux publics jugea à propos de nommer une commission qui, après avoir soumis ces procédés à un examen très sérieux et avoir provoqué des améliorations, a enfin rédigé un rapport très favorable que nous ne pouvons insérer dans nos colonnes à raison de son étendue, mais qu'elle a fait suivre d'une instruction pratique pour faciliter l'application de ce procédé, instruction que nous nous empressons de reproduire intégralement.

« *Mouture.* — Il n'y a rien à changer à l'installation des moulins actuels, ni aucune modification à apporter à la disposition des meules, des appareils de nettoyage ou des bluteries. Le travail de la mouture est seulement simplifié. Ainsi, lorsque le grain a été broyé sous la meule et que les bluteries ont séparé les différentes parties de la boulange, le meunier n'a plus à reprendre qu'une portion des gruaux blancs et les fait repasser une seule fois sous la meule. Tous les autres produits sont obtenus d'un seul jet, et il n'y a plus à y retoucher. On réunit, après la mouture, de la manière ci-après indiquée, les différents produits, dont voici moyennement les proportions relatives :

Farine de première qualité, savoir :

Farine de fleur ou farine de blé.	50 0/0	70 0/0
Premiers gruaux rémoulus . .	20 0/0	
Gruaux blancs		7
Gruaux bis		5
Total des produits panifiables.		82 0/0
Sons (gros et petits)		16,5
Déchet		1.5
Poids égal à celui du blé mis en mouture		100.0

« Parmi ces produits, les farines premières à 70 0/0 de blutage (farine de fleur et premiers gruaux repassés), les gruaux blancs et les gruaux bis doivent entrer dans la panification, et sont vendus à la boulangerie ; mais il est nécessaire de maintenir ces produits séparés, parce qu'ils doivent être employés d'une manière distincte pour la fabrication du pain. La meunerie n'aura d'ailleurs à vendre, en dehors des produits destinés à la boulangerie, que les 16,5 de sons, gros et petits.

« *Panification.* — Pour faire le pain blanc, on prend la farine de première qualité (à 70 0/0), les gruaux blancs et les gruaux bis ; on met de côté les sons divers, gros et petits.

« Il est essentiel de laisser, comme cela se pratique, du reste, dans la boulangerie ordinaire, reposer la farine et les gruaux pendant un mois au moins après la mouture ; cette précaution est particulièrement indispensable pour les gruaux blancs et bis.

« Pour rendre plus facilement saisissables les explications relatives au travail de la panification, on suppose une boulangerie dans laquelle on fait huit fournées de pain et où l'on cuit cinq sacs de farine par jour, ou 785 kilogrammes. Les farines employées à la fabrication du pain, d'après le nouveau procédé, devront se composer ainsi :

Farine 1re ordinaire, blutée à 70 0/0 environ, un peu moins de 4 sacs 1/2, soit	670kg
Gruaux blancs	70
Gruaux bis	45
	785kg

« Ces produits sont employés séparément de la manière suivante :

« Le levain chef, le premier, le deuxième levains et le levain de tous points sont faits exclusivement avec de la farine première, à 70 o/o. Le pétrissage a lieu dans les conditions ordinaires.

« Les gruaux blancs sont introduits en nature dans le travail, au moment du pétrissage de chaque fournée.

« Les gruaux bis sont soumis à un tamisage par la voie humide, qui a pour but de séparer le son de la farine, et dont voici la description :

« A une heure de l'après-midi en été, à onze heures et demie du matin en hiver, on verse 90 litres d'eau dans un vase en fer-blanc d'une contenance de 300 litres environ. Sur cette eau on étend régulièrement et avec soin les 45 kilogrammes de gruaux bis et on laisse ces gruaux s'imprégner d'eau sans les remuer ni les toucher.

« Au bout d'une heure en été, et deux heures et demie en hiver, on laisse tomber 135 litres d'eau à l'aide d'un robinet ; à mesure que l'eau descend dans les gruaux imbibés, on les remue avec une sorte de spatule semblable à un râteau et ayant la largeur du vase. Cette agitation dure un quart d'heure environ, après quoi l'on sépare le son de la farine, ainsi qu'il suit :

« A l'intérieur du vase est adapté un tube en caoutchouc qui, sortant par le fond, s'élève et s'abaisse à volonté ; au-dessous de ce tube on trouve un tamis métallique du n° 50, et au-dessous du tamis un second vase pouvant contenir 250 litres au moins. Ce vase soutient, à l'aide de deux traverses en bois, le tamis qui doit se mouvoir librement.

« Quand le mélange de l'eau et des gruaux bis est fait comme il vient d'être dit, le son tombe peu à peu à la partie inférieure du liquide, et, à mesure que cette séparation se fait, on tire le tube de caoutchouc sur le tamis ; alors le liquide, débarrassé de la plus grande partie du son, tombe sur ce tamis et de là dans le vase. Le tamis retient le son restant, et une secousse régulière non seulement facilite le passage du liquide chargé de farine, mais encore force le son resté sur la toile à gagner une échancrure du tamis, formée d'une petite gouttière de fer-blanc qui conduit le son dans un sac.

« Quand tout le liquide farineux est passé, on remet sur le dépôt de son resté dans le vase supérieur 75 litres d'eau pour épuiser tout à fait ce dernier : on abaisse encore le tube qu'on avait relevé et on recommence le tamisage, en ayant soin, cette fois, de laisser couler avec l'eau farineuse tout le son qui est reçu dans le sac. Ce son humide constitue un bon aliment pour les animaux, et peut être vendu pour cet usage.

« On laisse le liquide farineux au repos, et, à six heures du soir, on le trouve divisé en deux parties ; l'une inférieure, chargée de farine ; l'autre, qui n'est que de l'eau un peu jaunie. On rejette la moitié de ce liquide à l'aide d'une ouverture pratiquée dans le vase qui le contient.

« La partie farineuse restante est destinée à servir, avec l'eau ordinaire, au pétrissage des fournées.

Il est préférable d'employer ce liquide avec l'eau ordinaire, afin de pouvoir régler plus aisément la marche du travail et obtenir la température convenable.

« La quantité de liquide approximativement nécessaire pour chaque fournée est environ 15 litres. Il est bon, pour faciliter les opérations. de se servir de seaux ayant cette contenance, et d'employer un vase dont la capacité, au-dessous de l'ouverture par laquelle s'écoule l'eau rejetée, représente autant de fois 15 litres que l'on doit faire de fournées.

« A six heures, on débouche l'ouverture du vase, et l'excès d'eau s'écoule. A ce moment, les levains préparés par les procédés ordinaires sont prêts et l'on commence. Il importe, dans le nouveau procédé, de ne pas se servir de levains qui soient trop avancés ; en termes techniques, il faut qu'ils soient *jeunes*.

« Lorsque le levain de tout point est prêt, il est divisé en deux parties : la première (environ les 3/5 du levain), mélangée avec de la farine ordinaire (à 70 0/0), et de l'eau, sert de levain de tout point pour la deuxième fournée ; ce levain est pétri séparément par un premier ouvrier ; la deuxième partie du levain de tout point (2/5 environ), est destinée à former la pâte de la première fournée. Pour la préparer, un second ouvrier ajoute au levain 15 litres d'eau farineuse provenant du tamisage des gruaux bis, et dans laquelle on a mis fondre le sel nécessaire à 600 grammes, puis la quantité d'eau froide ou tiède nécessaire pour la fournée. Il délaye son levain et met sa farine ordinaire (à 70 o/o), comme d'habitude. Seulement, après la prémière *frase*, il ajoute, au lieu de farine, une mesure contenant 9 kilogrammes de gruaux blancs, il termine la pâte, et toutes les autres opérations se font comme dans le travail ordinaire.

« A la seconde fournée, on divise encore le levain en deux parties : l'une sert à faire le levain pour la troisième fournée ; l'autre sert à faire la pâte, comme on l'a dit pour la première fournée ; les opérations se succèdent ainsi jusqu'à la fin.

« Le boulanger doit s'arranger de manière à ce que la pâte et le levain soient pétris séparément par deux ouvriers travaillant simultanément à chaque extrémité du pétrin.

« Toutes les quantités respectives d'eau, de farine et de gruau se rapportent à une fabrication évaluée par hypothèse à 5 sacs de farine par jour ; on doit les augmenter ou les diminuer en ayant soin de conserver les mêmes proportions lorsque la fabrication réelle excède 5 sacs ou est inférieure à ce chiffre.

« Dans les pays où l'on s'attache moins qu'à Paris à la blancheur du pain, on peut supprimer le tamisage humide des gruaux bis. Dans ce cas, on fait, comme il est indiqué ci-dessus, des levains indépendants avec de la farine blanche ordinaire à 70 o/o, et l'on introduit les gruaux blancs et bis en nature au moment du pétrissage des fournées. La proportion des gruaux à employer varie suivant la nuance du pain en usage dans le pays ou dans les établissements où il doit être consommé.

« A Paris, on pourrait aussi supprimer l'opération du tamisage humide, mais on devrait alors éliminer de la panification la plus grande partie des gruaux bis. Il importe, toutefois, de faire remarquer que l'extraction pourrait être, dans ce cas, poussée plus ou moins loin, suivant qu'on ferait usage de blé blanc ou de blé roux. »

On peut, dans le procédé de M. Mège-Mouriès pour le lavage des gruaux bis, employer des appareils très variés. Par exemple, plusieurs tamis superposés et de tissus différents, celui à mailles plus larges placé dessus.

PROCÉDÉ DE PANIFICATION DE M. DAUGLISH, OU PAIN AÉRÉ.

On a proposé divers moyens pour éviter ou supprimer la fermentation panaire. La plupart reposent sur la formation d'un gaz propre à donner de la légèreté à la pâte au moyen de certains sels qu'on mélange à cette pâte, tels que le bicarbonate de soude avec l'acide tartrique ou l'acide chlorhydrique ou le carbonate d'ammoniaque qui se volatilise au four. Ce dernier sel est, dit-on, encore aujourd'hui en usage dans la fabrication du biscuit et dans les boulangeries de l'armée en Angleterre. Le principe posé par M. Liebig, qu'on doit éviter d'introduire, à raison de leur impureté possible, les produits chimiques dans les aliments, et, mieux encore, l'expérience que M. Vogel a fait connaître, et qui démontre que le pain ainsi préparé est bien moins léger que celui préparé à la manière ordinaire, ont considérablement limité l'emploi de ce moyen.

Une méthode pour donner au pain toute la légèreté désirable et qui paraît exempte des inconvénients signalés ci-dessus est celle qui a été décrite en 1856 par M. Dauglish, et appliquée pour la première fois dans la ville de Carlisle. Depuis, on a établi à Portsmouth et à Londres des boulangeries qui ont fabriqué par ce moyen de grandes quantités de pain de bonne qualité et sapide sans fermentation.

Le principe de M. Dauglish est fort simple, il consiste à donner naissance au gaz qui doit donner la légèreté au pain, non pas au sein de la pâte, mais à l'introduire tout préparé dans celle-ci. A cet effet, il fait choix de l'acide carbonique à raison de son coefficient élevé d'absorption, il en sature l'eau sous une forte pression, mélange cette eau à la farine, puis supprime la pression au moyen de quoi l'acide carbonique se dégage par un pétrissage soutenu. On a représenté, dans la fig. 51, la disposition de l'appareil employé pour cet objet.

A, sphère creuse en tôle posée sur un bâti B, B où s'opère le mélange de la farine, de l'eau et du sel, et qui joue ainsi le rôle du pétrin. Cette sphère peut avoir un diamètre de 1 mètre environ, et doit pouvoir résister à une pression de 20 atmosphères. Une ouverture supérieure sert à introduire la farine et le sel, et une autre, inférieure, pour évacuer la pâte. Ces ouvertures doivent fermer hermétiquement. Par le centre de cette sphère passe un arbre pourvu de bras pour le mélange de la pâte, arbre que met en mouvement un système de

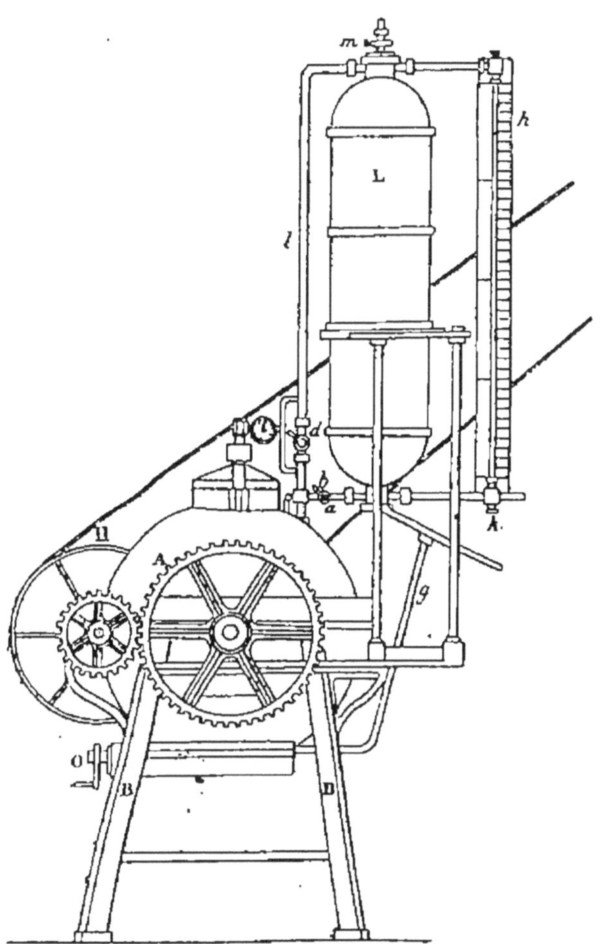

Fig. 51. — Appareil Dauglish.

roues dentées qui, par l'entremise d'une courroie H, est mis en mouvement par une machine à vapeur ; L, vase en cuivre étamé, en communication avec le pétrin ou sphère au mélange A dans le bas par le tube *a* et dans le haut par le tube *l*, tubes qui peuvent être fermés par les robinets *b* et *d*. Le vase ou gazomètre L est, de plus, en rapport par le robinet *m* avec un réservoir à eau. Dans le bas, un tube *k*, qui traverse une rosette, débouche aussi dans le gazomètre, et communique aussi avec le générateur du gaz.

Voici quelle est la marche de l'opération : Le gazomètre est rempli d'acide carbonique qu'on produit avec la craie et l'acide chlorhydrique. Des expériences faites dans le but de se procurer cet acide par la calcination de la craie dans des cornues en fer ou en terre en présence de la vapeur d'eau, n'ont donné que de mauvais résultats et ont fait éclater les vases. Maintenant, par le robinet *m* on introduit dans le vase L 90 à 100 litres d'eau. En même temps, on mélange dans le vase A 1^{kg}, 50 à 2 kilogrammes de sel par sac de farine, puis on le ferme hermétiquement. Alors on raréfie l'air dans les deux capacités, puis on sature l'eau de L d'acide carbonique sous une pression de 14 atmosphères. Cet acide arrive par la rondelle du tuyau *k*, et tout ce qui s'en échappe s'élance au-dessus de la colonne d'eau du gazomètre L par le robinet *d*, dans le pétrin A. Il en résulte que les deux capacités sont simultanément chargées d'une atmosphère condensée et d'acide carbonique, et que l'eau en est saturée. Dès que la pression a atteint 14 atmosphères, on ouvre le robinet *b* et on laisse couler dans le pétrin la quantité d'eau nécessaire au pétrissage. L'arbre du pétrin est alors mis en mouvement, la pression s'abaisse peu à peu jusqu'à

7 atmosphères, et l'acide carbonique qui se dégage ouvre la pâte et la rend poreuse au moment où elle se forme. Au bout de 4 à 6 minutes, on ouvre le robinet O et la pâte tenace, mais légère s'écoule sous l'action de la pression intérieure dans des pannetons en étain ou en osier. Une tige courbe qu'on introduit dans la capacité du pétrin, qu'on n'a pas représentée dans la figure, et qu'on met en contact avec ses parois, sert à détacher les dernières portions de pâte qui y sont restées adhérentes.

Le poids ordinaire des pains anglais dit *Half quatern Loaf* est de 2 livres anglaises (0 ^{kg}, 907). On prend pour les tourner dans les panneton 0 ^{kg}, 920 de pâte. Ces pains sont renversés sur des cadres en fer disposés les uns à côté des autres sur le bord d'un four de construction particulière. Lorsque la pâte entre dans le four, elle est à une très basse température, d'abord parce qu'on a employé de l'eau froide au pétrissage, et ensuite parce que le gaz en se dégageant entraîne de la chaleur. Cette température est d'environ 25° C. au-dessous de celle de la pâte ordinaire à faire le pain. Elle se gonfle donc avec plus de lenteur au four que celle du pain ordinaire, et exige qu'on apporte plus d'attention parce que la croûte supérieure ne se forme que dans les derniers moments de l'opération. Ces précautions permettent, en même temps, d'évaporer l'eau de la pâte avec plus de rapidité, et par conséquent, d'opérer la cuisson en moins de temps que d'habitude. A cet effet, M. Dauglish a construit un four auquel il donne le nom de four à sole mobile, qui consiste, en effet, en une sole composée de plaques en tôle assemblées à charnières sur lesquelles on dépose le pain et qui constituent une nappe sans fin, tournant sur des poulies et dont on peut régler à volonté la vitesse. Ces plaques sont chauffées par dessous et il n'y a que dans la partie postérieure du four que celui-ci est chauffé aussi dans la partie supérieure. La pâte tournée, mise à l'une des extrémités de la chaîne, parcourt toute la longueur du four qui est de 12 mètres en une demi-heure et est enlevée toute cuite et à l'état de pain à l'autre extrémité.

Parmi les avantages du procédé de M. Dauglisch l'un de ceux qui frappent le plus est l'extrême propreté des manipulations et leur rapidité à dater du moment où la farine quitte le moulin, jusqu'à celui où le pain cuit sort du four. Le contact des mains n'intervient en aucune façon. Les cinq heures que dure la fermentation et les trois heures qu'exigent le pétrissage et la cuisson ordinaires d'un sac de farine sont réduits en tout ici à une heure et demie. L'indépendance du procédé des éventualités de la température extérieure et de la qualité de la farine et de la levure ou des levains, permettent de fabriquer, dans toutes les circonstances, un produit égal et toujours le même. Une autre considération à laquelle il convient aussi d'avoir égard, c'est qu'on évite ainsi la formation des produits secondaires de la fermentation, tels que l'acide acétique, l'acide butyrique et ceux de la transformation du gluten. La farine humide renferme souvent, comme on sait, des corps azotés métamorphosés qui, à la fermentation, lui communiquent une couleur brune et s'opposent souvent à ce que la pâte soit bien levée. Suivant M. Mège-Mouriès, il existe dans le son une matière analogue à la diastase, c'est-à-dire la céréaline qui est le point de départ de ce changement; et, d'après M. Chevreul, ce changement peut encore survenir même quand on a dépouillé avec soin le froment de son enveloppe extérieure. C'est à ce changement que les boulangers ont cherché souvent à s'opposer par un mélange d'alun dont M. Liebig a en partie expliqué les effets.

Le gluten est soluble dans l'acide acétique et l'acide lactique, et l'alun jouit de la propriété de le rendre de nouveau insoluble. Le procédé Dauglish permet donc d'utiliser les farines de qualité inférieure, sans que le pain perde lui-même de ses propriétés, et de cette manière, l'emploi de l'alun n'a plus d'objet. Un autre avantage plus direct encore pour l'industrie de la boulangerie, c'est qu'il substitue le travail des machines à celui à bras, qu'il abrège la durée des opérations, qu'il supprime les travaux de nuit et fait disparaître ainsi les causes de plusieurs affections graves.

Enfin, sous le rapport économique, ce procédé mérite d'autant mieux qu'on le prenne en considération, qu'il résout une importante question chimique, à savoir celle de la perte du poids de la farine par la fermentation.

Les indications qui précèdent sont fondées sur deux méthodes expérimentales différentes : 1° sur le dosage de l'alcool qui se forme pendant la fermentation, suivant M. Graham ; 2° sur des expériences de M. Heeren relatives au rendement dans une cuisson conduite avec toute l'attention possible. Une troisième méthode, basée sur la recherche du rapport entre les éléments gazeux et ceux solides du pain, a conduit à une conclusion erronée, parce qu'on n'a pas tenu compte de l'acide carbonique qui se dégage de la pâte. M. Dauglish nous donne un exemple de la grande quantité de gaz qui se dégage par ce seul fait que pour donner, par son procédé, à une pâte de biscuit qui contient de la matière grasse, autant de porosité qu'à une pâte de pain, il suffit d'employer moitié moins de gaz qu'à l'ordinaire ; la matière grasse s'oppose, jusqu'à un certain point, au dégagement du gaz, et il en est de même des matières glutineuses, comme par exemple la farine bouillie.

Le sel marin communique à la farine cette même propriété mais à un degré moindre, et une trop grande proportion de sel l'annule, ainsi que me l'a assuré un boulanger expérimenté, parce qu'il s'oppose au dégagement de l'acide carbonique, tandis que le pain non salé permet librement le dégagement, et par conséquent, s'affaisse ensuite sur lui-même. Le rapport entre les portions gazeuses et celles solides du pain est, dit-on, comme 2 est à 1, mais ce rapport est évalué trop bas, et les considérations suivantes, fondées sur les expériences de M. Dauglish, conduisent à un résultat plus certain.

Le pétrin de M. Dauglish a une capacité de 10 bushels ou 3^{hl},635, quand on y manipule et mélange 3 1/2 bushels ($1^{hl},272$) de farine avec de l'eau, la pâte n'y occupe plus que la moitié de ce volume primitif. Transformée en une pâte poreuse par l'acide carbonique, elle remplit à peu près tout le pétrin. 1 1/2 de farine et d'eau forment donc 10 de pâte dans laquelle, par conséquent, une partie de substance solide est mélangée à 5 parties de gaz. Dans le four, le pain Dauglish prend le double du volume de la pâte, et l'on ne s'écartera pas sensiblement de la réalité en appliquant ce rapport au pain fabriqué par voie de fermentation, ce qui conduit au résultat suivant, d'accord d'ailleurs avec ceux empruntés à d'autres sources.

La proportion moyenne d'eau contenue dans une miche de pain de 2 kilogrammes s'élève en poids à 42,5 o/o ; ce pain renferme donc $0^{kg},850$ d'eau et $1^{kg},150$ de substance solide ; 30 grammes de cette dernière sont des matières inorganiques, et $1^{kg},120$ de l'amidon et du gluten. Un pain de 2 kilogrammes, forme anglaise, occupe un volume de $0^{m},24 \times 0^{m},13 \times 0^{m},13$ ou $4^{dmq},056$ et 9/10 de ce volume ou $3^{dmq},650$ sont des gaz dont toutefois la moitié seule ou $1^{dmq},825$ est de l'acide carbonique qui provient de la fermentation. Or, $1^{dmq},825$ d'acide carbonique pèse $3^{gr},625$, et comme un équivalent de sucre de raisin (198) donne naissance à 4 équivalents d'acide carbonique (88), les $3^{gr},625$ d'acide carbonique correspondent donc à $8^{gr},185$ de sucre ou à peine 1 o/o de la quantité d'amidon ou de gluten employés. Suivant M. Graham, cette perte s'élèverait de 0,7 à 2,1 o/o, et d'après les évaluations de M. Heeren à 1 ou 1,5 o/o de farine en charge. C'est cette perte par la fermentation et en même temps celle en farine qui se perd par la volatilisation dans des capacités ouvertes, qui représente économiquement la plus-value que fournit le procédé Dauglish. Depuis plusieurs années il lui a donné, dit-il, 11 o/o d'excédent, mais ce nombre est évidemment trop élevé. Le temps proportionnellement court, peut-être trop court que le pain reste dans le four, peut bien y laisser plus d'eau qu'il n'en entre ordinairement dans le pain, et plus surtout qu'il n'en entre avec les perfectionnements apportés aujourd'hui à cette industrie.

Les données les plus récentes de M. Dauglish sont, du reste, d'accord avec les suppositions précédentes. Par conséquent, un sac de farine de 280 livres anglaises ou 127 kilogrammes fournit 192 pains de 2 livres (0^{kg},907) ou 174 kilogrammes de pain. Or, d'après les renseignements précis, l'ancien procédé ne fournit que de 188 à 190 pains (170 1/2 ou 172 kilogrammes de pain) par sac de farine. Il en résulte donc que le procédé Dauglish ne produit qu'une plus-value de 1 à 2,1 o/o. Quoique à cette économie s'ajoute celle du temps et de la dépense de force, le prix de ce pain est un peu plus élevé encore aujourd'hui que celui du pain ordinaire. La saveur de l'*aerated bread* plaît, d'ailleurs, à la plupart des consommateurs ; il n'a aucun goût acide et paraît même un peu fade quand on ne combat pas ce goût insipide par une plus forte addition de sel. Sous le rapport diététique, on ne peut généralement que le recommander. Les adversaires allèguent qu'il est indispensable pour la digestion que les grains d'amidon aient été rompus par la fermentation, et que la matière extractive qui en provient facilite le travail de l'estomac, assertions, du reste, qui, dans tous les cas, n'ont pas été démontrées par l'expérience.

La fabrication de ce pain, à Londres, est aujourd'hui très considérable, elle se propage beaucoup en Angleterre et plusieurs villes d'Allemagne, Berlin entre autres, l'ont adopté avec succès.

Il s'est formé à Berlin, sous le nom de Boulangerie salubre, un grand établissement où l'on fabrique le pain d'après le procédé de panification de M. Dauglish. Voici sur cet établissement quelques détails que nous empruntons au *Bulletin de la Société d'encouragement de Berlin* :

La machine dont on se sert pour cet objet est vue en élévation par devant dans la figure 52, en élévation de côté dans la figure 53, et en plan dans la figure 54. La figure 55 représente la disposition particulière de l'appareil de pétrissage.

Sur la plaque de fondation A s'élève un bâti qui se compose de deux flasques en fonte B et B' sur la partie antérieure desquelles est disposée une machine à vapeur. Cette machine, qui est de la force de six chevaux, met en état de rotation, au moyen d'une bielle D et de la manivelle Q, un arbre principal E disposé au milieu de la plaque de fondation A, et, par conséquent aussi, les poulies à courroie F, M, R et U calées dessus ainsi que l'excentrique *e* et la poulie à gorge *r*. L'ex-

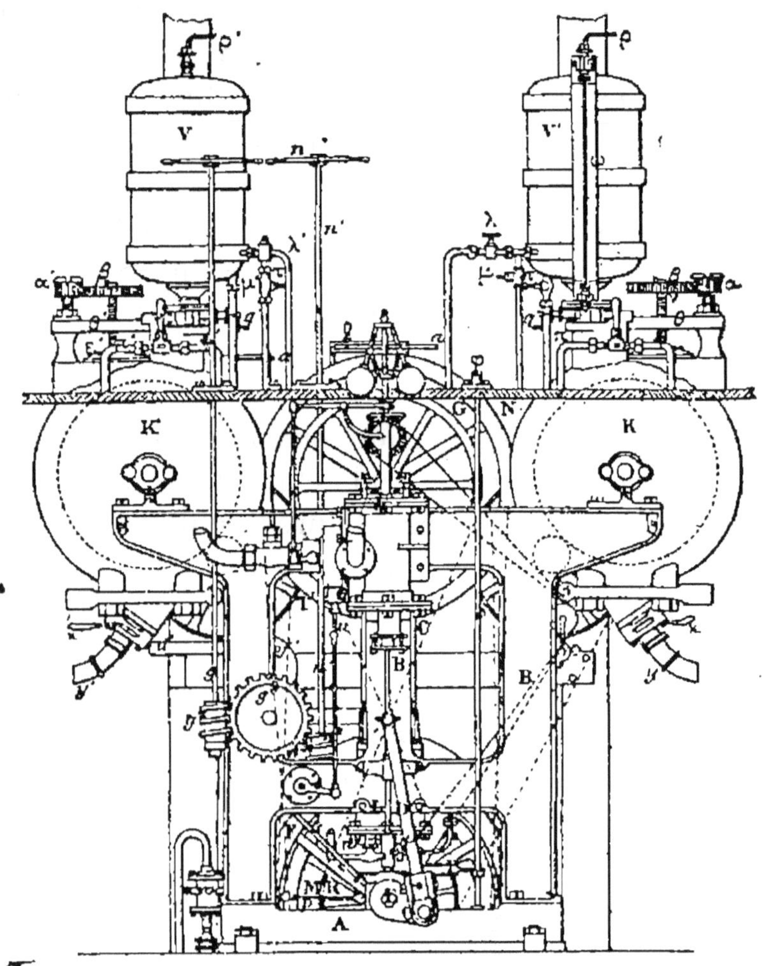

Fig. 52. — Appareil industriel système Dauglish (Élévation par devant).

centrique *e* commande, par la bielle *p*, la pompe alimentaire *w*, et par celle *s* et le levier coudé *t* la tige *u* du tiroir de distribution de la machine à vapeur. C'est aussi par la poulie à gorge r que le régulateur est mis en jeu. Entre les flasques B et

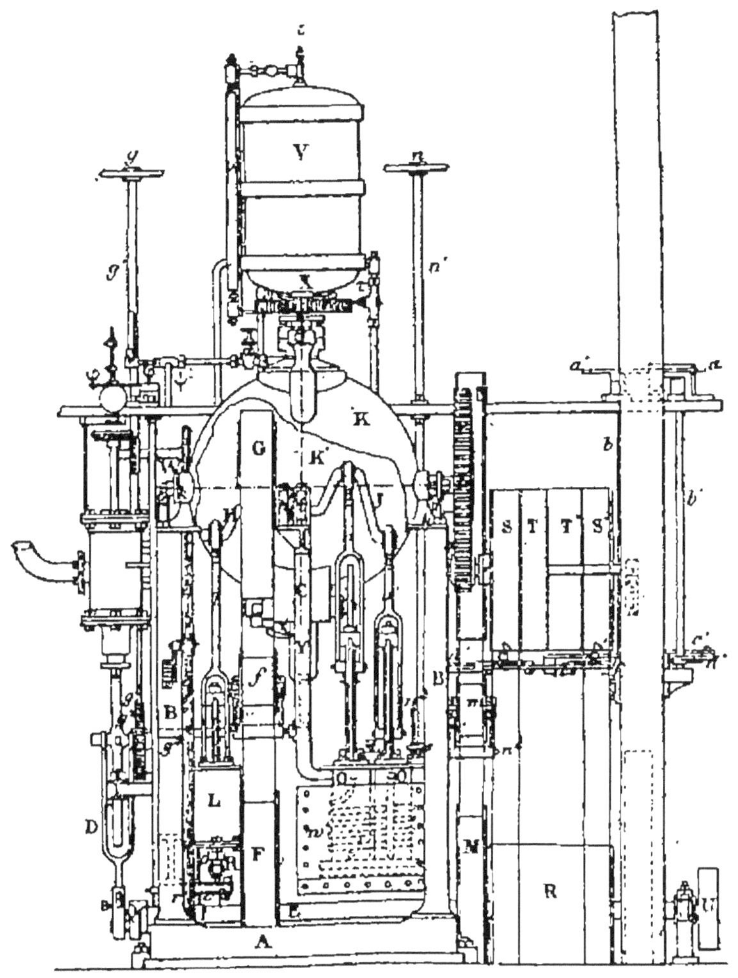

Fig. 53. — Même appareil (Coupe transversale).

B' sont arrêtés et assujettis les deux globes creux ou pétrins en fonte K et K' au moyen des patins k, k'. Ces globes K et K' portent entre eux une pièce en fonte C en forme de T, qui complète le bâti principal, et qui, sur sa face supérieure, reçoit les deux paliers *h'* et *i'*.

Au-dessus de l'arbre moteur E, et parallèlement à lui, sont disposés dans la verticale deux

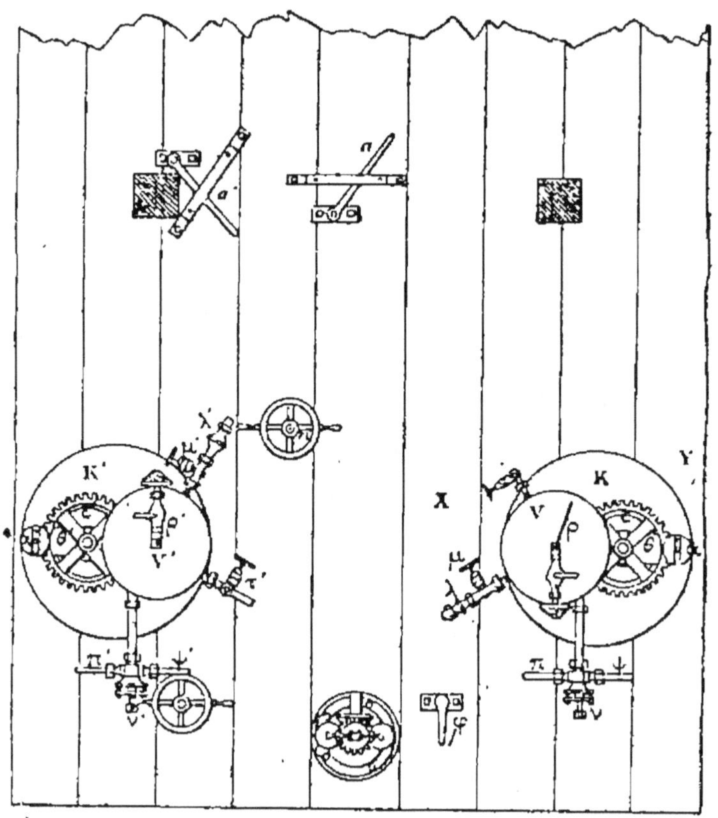

Fig. 54. — Même appareil (Plan).

arbres coudés H et J, qui tournent respectivement sur les paliers *h* et *h' i* et *i'*. L'arbre H est commandé par la poulie G, qui elle-même est mise en état de rotation par une courroie passant sur la poulie F ; il manœuvre, par la bielle *l*, la pompe à air L. L'arbre à double coude J est mis en mouvement par la poulie M, qui commande, par le moyen d'une courroie, la poulie N, puis cette

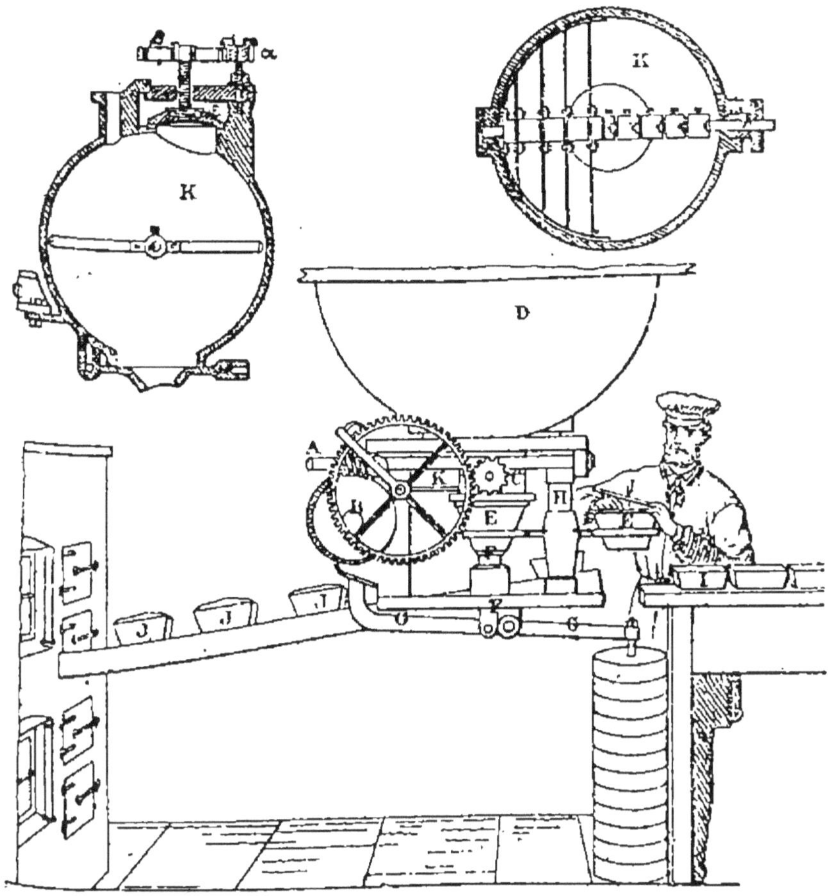

Fig. 55. — Pétrin Dauglish et R. L. Howard. Disposition particulière du pétrisseur.

poulie M, à l'aide des bielles *o* et *o'*, fait fonctionner les pompes à acide carbonique O et O'. La course, tant à l'aller qu'au retour des pompes L, O et O', s'opère de façon qu'au moyen de poulies de tension *f* et *m* les courroies pressent et se relâchent sur les poulies F et M. Le mouvement de ces poulies de tension f et m est déterminé par les roues à poignée g et n, c'est-à-dire qu'en faisant tourner celles-ci, on met en action les tiges g^1 et n^1, les vis sans fin g^2 et n^2 et les roues héliçoïdes g^3 et n^3. Sur les arbres g^4 et n^4 de ces roues héliçoïdes reposent les leviers à fourchette du premier genre f' et m' qui portent les poulies de tension f et m.

Le cylindre des pompes à acide carbonique O et O' ainsi que les tuyaux d'introduction et d'écoulement de cet acide, sont disposés dans une bâche w' remplie d'eau froide, afin de pouvoir employer cet acide à la plus basse température possible.

A travers le globe K (et la même chose a lieu pour celui K') passe un arbre horizontal v pénétrant à l'intérieur de ce globe qui remplit, à proprement parler, les fonctions de pétrin. Cet arbre, qui est armé de 16 lames ou couteaux pour découper et pétrir la pâte, et dont on voit la structure dans la figure 55 sort à travers une boîte à étoupes et porte à son extrémité une roue P. Dans cette roue P qui a 75 dents avec pas de 35 millimètres, engrène un pignon x de 12 ailes, et sur le bout d'arbre de celui-ci sont enfilées les poulies à courroie S et T, dont celle T est fixe, tandis que celle S est folle.

Ces poulies sont commandées par le tambour R. L'embrayage et le débrayage s'opèrent au moyen du levier a, qui commande à la fois la tige b, et la manivelle c et la bielle d et le guide-courroie δ,

La poulie U à l'extrémité de l'arbre principal E sert à la transmission du mouvement à un agitateur dans l'appareil à produire l'acide carbonique au moyen de la craie et de l'acide sulfurique.

Au-dessus des globes K et K', et assujettis entre eux, se trouvent les deux récipients ou cylindres en cuivre V et V' qui contiennent l'eau nécessaire à la préparation de la pâte et dans lesquels on amène l'acide carbonique. Ces récipients V et V', ainsi que les globes K et K'. doivent nécessairement, pendant le travail, être fermés hermétiquement.

Afin d'apprendre à connaître les divers tubes et les robinets dont ceux-ci sont armés qui débouchent dans les récipients V et V', il est nécessaire de considérer avec un peu plus d'attention la marche de l'opération.

On commence d'abord par introduire la farine dans le globe K ; ce globe a donc besoin d'être ouvert en un point de sa surface. Cette ouverture s'opère en faisant tourner au moyen d'un levier du second genre le pignon α, et par suite la roue β, calée sur la tige filetée γ, laquelle, à son extrémité postérieure, porte le tampon ou couvercle ε, tandis que son écrou se trouve placé dans la traverse θ, qui peut tourner autour du pied droit η.

Dès que le couvercle ε est soulevé au-dessus de la gouttière de l'orifice de la sphère, on le fait tourner avec la traverse θ et la roue β sur le côté, et par l'ouverture qu'il démasque ainsi, on introduit la farine dans le globe. La chose opérée, l'ouverture est refermée en faisant presser de nouveau le couvercle ε par la tige filetée dans la gouttière de laquelle on a versé préalablement un peu d'eau.

Maintenant il s'agit de remplir le cylindre d'eau. A cet effet on ouvre d'abord le robinet λ, par lequel arrive l'eau pure d'un réservoir alimenté par une conduite d'eau de la ville, puis le robinet μ qui fournit de l'eau salée.

Aussitôt qu'on a introduit la quantité d'eau suffisante dans le récipient V, ce qu'on peut constater en observant un tube de niveau d'eau ω qui est pourvu d'une échelle, on ferme les robinets λ et μ, puis on opère le vide dans le récipient V. On fait pour cet objet, tourner le levier ν vers la gauche d'un angle de 90°, c'est-à-dire du côté du tuyau π et en tournant la roue *g*, on fait presser la poulie de tension *f* sur la courroie des poulies F et G, au moyen de quoi la pompe à air L est mise en action,

Dès que le vide a été effectué au degré suffisant, ce que l'on constate au moyen d'un manomètre qui communique avec le récipient V par un tube ρ, le levier ν est ramené à sa première position et on pompe l'acide carbonique dans le récipient en ouvrant le robinet τ et en tournant la roue *n*, on met en mouvement les pompes à acide carbonique Θ et Θ'. Cet acide carbonique est conservé en provision dans un gazomètre placé sur le toit de l'établissement.

Aussitôt que l'eau est suffisamment saturée d'acide carbonique, saturation qu'on constate à l'aide d'un manomètre, on ferme le robinet τ, on arrête le jeu des pompes à acide carbonique O et O' et on fait couler l'eau ainsi chargée de cet acide dans le globe K en ouvrant le robinet q. Cela fait, on ferme le robinet q, puis en tournant le levier a, on met en état de circulation dans le globe l'arbre p avec les lames dont il est armé, et on opère ainsi le pétrissage de la pâte.

L'acide carbonique en excès qui se trouve encore dans le cylindre V est remonté dans le récipient par la pompe à air L, chose qui s'opère en tournant d'abord le levier v de 90° à droite, c'est-à-dire du côté du tube ψ, puis par le mouvement du levier ρ, le robinet R' sur la pompe à air qu'on met alors en activité ainsi qu'on l'a exprimé plus haut.

Après avoir ainsi pétri la pâte pendant un quart d'heure, on arrête le mouvement de l'arbre p et on procède à la vidange du globe par l'entonnoir y. On rabat la poignée z, ce qui ouvre dans cet entonnoir un orifice par lequel la pâte refoulée par l'acide carbonique qui presse à l'intérieur de la sphère s'écoule dans un panneton en bois qu'on tient dessous, panneton qui, à son intérieur, est recouvert d'une toile.

Une fois la forme chargée et pleine, le levier z est relevé, la pâte est coupée avec un couteau en avant de l'entonnoir et pesée avec la forme sur une balance, et on en règle le poids en ajoutant ou enlevant de la matière, puis la forme est culbutée et la pâte versée dans une forme en métal, qu'on introduit immédiatement dans le four.

Pour vider le globe et charrier les pâtes dans le

four, il faut en tout de cinq à neuf ouvriers. En travaillant alternativement avec les pétrins K et K' on fabrique en moyenne par jour 800 pains. Le contenu d'un pétrin en pâte suffit, terme moyen, pour faire 75 pains.

Il s'est aussi formé à Londres une compagnie pour la fabrication du pain dit aéré, qui a constaté quelques faits relatifs à ce mode de fabrication et tenté d'apporter quelques améliorations dans les appareils.

D'abord on a reconnu qu'il fallait une pression à l'intérieur des globes de 6 1/2 à 7 atmosphères, pour qu'il y ait mélange complet entre l'eau et la farine, afin que la pâte se forme. Mais sous une pareille pression, cette pâte s'échappe avec violence dès qu'on ouvre le robinet de décharge, et, pour modérer son écoulement et donner le temps de la recevoir dans des boîtes ou des paniers, et de la découper suivant les longueurs voulues, il faut que les orifices par lesquels elle s'écoule soient très petits, que ce ne soient que de simples fentes par lesquelles la pâte compacte s'échappe, quand on ouvre le robinet, avec une vitesse qu'on estime être de 65 kilomètres à l'heure.

On a constaté, dès l'origine des travaux, que cette vitesse considérable et la dilatation subite et presque explosive de la pâte au sortir du globe. nuisaient de plusieurs manières à la qualité du pain, que d'abord elle lui donnait, dans sa structure, plutôt l'aspect de la crème fouettée que celle du pain fermenté. On a remarqué aussi une sorte de disposition des molécules à s'étendre en couches horizontales et un certain feuilleté qu'on ne devrait pas y rencontrer. Cette disposition ne paraît pas, au premier abord, entraîner des conséquences fâcheuses, et cependant on a reconnu que la saveur et autres qualités agréables du pain dépendaient en grande partie de sa structure intérieure. La même farine peut faire un pain insipide ou agréable, suivant que la structure de la mie se rapproche plus ou moins de celle du rayon à miel des abeilles, c'est-à-dire est criblée de cellules régulières, enveloppées de parois semblables à du papier fort ou du carton.

En second lieu, une grande partie de la pression sous laquelle la pâte se trouvait à l'intérieur, se perdait à la sortie, et cette pâte s'échappait dans l'air à l'état déchiré, et avec une structure tellement irrégulière qu'on avait été obligé de charger avec une bien plus forte proportion de gaz qu'il n'est nécessaire et qu'on ne devrait en employer. Formée dans ces conditions, on a observé que la pâte levait jusqu'à un certain point, puis qu'elle retombait parce que les bulles de gaz, dilatées outre mesure, ne peuvent se maintenir, et d'un autre côté que, si on diminuait la pression, la pâte ne levait plus suffisamment pour rendre le pain marchand.

Ces défauts étaient encore augmentés par la nécessité de peser les pâtes pour en faire des pains de poids normal ; car si le pain était trop lourd, il fallait y retrancher de la pâte, et en ajouter si le poids était trop faible. Les pains avaient donc besoin d'être reçus dans des boîtes en bois, d'un poids exact, coupés et tournés dans les boîtes où on les soumettait à la cuisson. Toutes ces manipulations tendaient à rompre les vésicules de la pâte et à faire un pain lourd et peu sapide.

Il est en effet nécessaire de faire remarquer que dans le cas des pâtes fermentées, lorsque le pain a été tourné et même qu'il a été introduit dans le four, la pâte conserve par elle-même la propriété de générer des gaz, et que la chaleur exaltant, au commencement de l'enfournement, cette fermentation, le pain continue à lever pendant la cuisson. Il n'en est pas de même avec le pain dit aéré : une fois que la pâte a quitté la machine, il n'est plus possible d'y développer ou d'y introduire plus de gaz qu'elle n'en contient déjà ; le pain, il est vrai, se gonfle dans le four, mais cet accroissement de volume est uniquement dû à la dilatation du gaz sous l'influence d'une température plus élevée, et du dégagement d'une portion, en vapeur, de l'eau qu'il renferme encore. De façon que toute opération, tout travail qu'on fait subir à la pâte, une fois qu'elle a quitté la machine, détermine une perte absolue de volume et de qualité.

On a bien contesté l'influence de quelques-unes de ces circonstances et prétendu d'abord que la structure feuilletée interne du pain, ou sa disposition en couches horizontales régulières, se retrouvait aussi dans le pain fermenté, et que, loin d'être nuisible, elle ajoutait au contraire à sa saveur et à sa qualité ; que, du reste, si le pain aéré ordinaire présentait une structure irrégulière, le pain aéré fait d'après les nouveaux procédés, dont il sera question, est en tout semblable au pain fermenté. En second lieu, que le gonflement du pain dans le four était plutôt dû aux gaz que l'eau abandonne, qu'à cette eau elle-même chargée de gaz. Enfin, que le robinet mesureur de l'appareil perfectionné ne fournissait réellement que de la pâte non dilatée ou levée dans les formes. La dilatation ne commençait que lorsqu'un excentrique portant le n° 2 pressait un levier, qui déchargeait la forme de la pression d'un poids, et par conséquent rendait libre la pression à l'intérieur de la pâte.

Quoi qu'il en soit, dans une nouvelle patente, prise en commun par MM. Dauglish et R.-L. Howard, de l'établissement de MM. Hayward, Tyler et Cie, constructeurs de l'appareil, on a cherché à racheter ces désavantages par plusieurs dispositions mécaniques, au moyen desquelles on mesure et pèse la pâte avant sa dilatation et avant que le pain soit introduit dans la forme où il doit être cuit. La texture, suivant les inventeurs, reste alors semblable à celle d'une pâte où la fermentation n'a pas encore commencé, et cette pâte peut se dilater et lever graduellement, d'une manière analogue au travail qui s'opère sous l'influence des levains.

Dans la plus grande des machines pour cet objet, construites pour la Compagnie du pain aéré de Londres, on a ajouté deux pistons pleins, d'un diamètre environ de 0^m^25, qui s'élèvent alternativement dans des chambres étanches, et compriment ainsi l'air, au point de produire une pression égale à celle qui règne à l'intérieur des globes ou pétrins. Dans le haut de chacune de ces chambres est le robinet à pâte, construit de manière à en mesurer une quantité suffisante pour faire un pain, et disposé de façon à livrer, par une action automatique, le pain, exactement au moment où le piston commence sa descente ou course en retour, et où la pression dans la chambre commence à se détendre. A mesure que le piston descend, cette pression diminue, en donnant au pain la faculté de lever graduellement, jusqu'au moment où il arrive à l'air libre. Les formes vides sont appliquées sur la tête des pistons avant qu'ils commencent à remonter, et celles chargées sont enlevées quand ils arrivent au bas de leur course. Ainsi soulagée graduellement de la pression intérieure, et débarrassée de ce déchirement qui avait lieu dans l'ancienne manière d'extraction des pains, la pâte continue à lever pendant longtemps, et ne cesse de gonfler que quand elle est restée quelque temps dans le four.

Cet appareil fonctionne, dit-on, avec une grande célérité, et fait une énorme quantité de travail, mais il est d'une construction dispendieuse, et la Compagnie propose, pour les besoins généraux, de le remplacer par un autre appareil plus simple, d'un prix moins élevé, fonctionnant avec plus de lenteur, mais exigeant un peu plus de main-d'œuvre, et qui est en activité à la boulangerie de cette Compagnie, dans Beech Street, Barbican, à Londres.

Dans cet appareil, qui est représenté dans la figure 55, le pétrin ou mélangeur en fonte D a la forme globuleuse ordinaire, seulement on y a supprimé le robinet à pâte de l'ancien système, et on l'a remplacé par une autre disposition, attachée à la partie inférieure de ce pétrin.

A est un arbre commandé au moyen d'une courroie par l'arbre principal de la machine ou autrement. Cet arbre porte une vis sans fin, qui mène une roue héliçoïde calée sur l'arbre avec l'excentrique B. Sur cet arbre sont trois excentriques; l'un de ceux-ci soulève un levier à déclic, qui fait mouvoir la grande roue dentée en avant qui manœuvre le robinet C. La levée de cet excentrique est disposée de manière à faire tourner cette roue, d'une étendue suffisante pour faire virer exactement d'un demi-tour le robinet. Un autre excentrique agit sur le levier G, à l'autre extrémité duquel est attaché un poids d'environ 1.000 kilogrammes. Enfin, un troisième excentrique ouvre un robinet à ressort pour introduire à travers le tuyau K une pression d'air qui règne dans un condenseur fortement chargé dans une des boîtes E en fonte et au nombre de deux, une à chacune des extrémités d'une barre, qu'on fait tourner à la main autour d'une colonne H qui sert de point de centre.

Le robinet mesureur C est renfermé dans une boîte en bronze au bas de laquelle est une rondelle en caoutchouc qui s'ajuste sur le sommet de la boîte E. F est un piston qui transmet la pression d'un poids agissant sur le levier G, sur le fond de la boîte en en pressant le haut sur le caoutchouc.

I, I, formes vides pour recevoir la pâte, J, J, les pains se rendant au four pour y être cuits.

L'ouvrier place une forme dans une des boîtes I, la fait tourner et l'amène exactement sous le robinet mesureur C; la révolution de l'arbre B fait, par le second excentrique, tomber le poids du levier G, ce qui fait que le piston F presse la boîte E sur la rondelle de caoutchouc avec assez de force pour maintenir la pression requise. Dans cet état, le troisième excentrique ouvre le robinet d'air qui introduit une pression suffisante dans la boîte E. Alors le premier excentrique fait exécuter un demi-tour au robinet mesureur, et décharge exactement un pain en pâte pétrie dans la forme. L'excentrique n° 2 rabat le levier G, débarrasse la boîte E de la pression du poids et par conséquent y laisse pénétrer l'air à la pression ordinaire ; à mesure que cet effet a lieu, la pâte commence à lever, mais si doucement et si aisément, qu'elle double encore de volume après avoir été introduite dans le four.

Ces perfectionnements qui, à ce qu'on déclare, ne nuisent en rien aux principes spécifiques du système de fabrication du pain aéré, ont apporté, comme on le voit, des modifications assez profondes dans le mécanisme de l'appareil, et le pain lève avec une telle régularité qu'on ne perd rien de la pression. Enfin, on a remarqué qu'on n'avait plus besoin que d'une fraction de la pression nécessaire auparavant, ce qui a permis de simplifier l'appareil et d'en modérer le prix.

Sans entrer dans une discussion sur la nature et la saveur, l'aspect et autres propriétés du pain dit aéré et une comparaison de ce pain avec celui fabriqué au moyen des levains, sans chercher à établir des rapprochements entre le mode de fabrication du pain en Angleterre et celui qu'on suit en France, pour produire nos pains légers, d'un aspect et d'une saveur agréables, on peut voir déjà, par la description ci-dessus, que le nouveau mode pour faire ce pain n'est peut-être pas encore arrivé à l'état de fabrication courante ; que le grand appareil de la Compagnie anglaise et celui monté à Berlin, sont compliqués, d'un prix très élevé, et peut-être d'un service difficile et probablement interrompu par des chômages provenant de dérangements survenus dans quelques-uns des nombreux organes dont ils se composent.

Quant à l'appareil plus simple représenté dans la fig. 55, on aperçoit à première vue qu'il ne serait pas facile de l'adapter à la fabrication des pains en France, et en particulier dans les grandes villes, où l'on n'a pas l'habitude des pains massifs anglais et où on préfère des pains tournés très longs et souvent très minces, pour la fabrication desquels la pâte aérée perdrait, pendant la tourne, une portion notable de son gaz avant d'être introduite dans le four. Cette machine s'appliquerait avec plus d'avantage à la fabrication des pains ronds bis ou de ménage, seulement il faudrait probablement les diviser en pains plus petits, parce que la difficulté de maintenir des assemblages étanches et sans diminution de pression, augmenterait en raison de la dimension ou étendue superficielle des boîtes dans lesquelles on moule la pâte qui sort du robinet de distribution.

PROCÉDÉ A L'ACIDE CHLORHYDRIQUE ET AU BICARBONATE DE SOUDE, PAR M. J. LIEBIG.

M. J. Liebig a proposé un mode de fabrication du pain qui, par sa nouveauté, a donné lieu à une controverse dont il est inutile de rappeler ici les phases, nous contentant de décrire le mode définitif de fabrication que ce chimiste a adopté et qu'il a fait appliquer en grand à Munich, dans la boulangerie de M. Massa.

Dans cette boulangerie, on prend pour 100 kilogrammes de farine dite noire (*Schwarzmehl*) un kilogramme de bicarbonate de soude, 4^{kg},25 d'acide chlorhydrique du poids spécifique de 1,063 ; 1^{kg},75 à 2 kilogrammes de sel commun et 79 à 80 litres d'eau. Avec la farine ordinaire, cette quantité d'eau ne doit pas dépasser pour 100 kilogrammes 70 à 72 litres. La proportion de la soude à l'acide chlorhydrique est choisie de façon à ce que 5 grammes de bicarbonate soient neutralisés exactement par 33 centimètres cubes d'acide. Le pain doit avoir une légère réaction acide.

La farine est d'abord mélangée avec le bicarbonate de soude, le sel dissous dans l'eau, et c'est avec cette eau salée qu'on fait la pâte. On met de côté, avant le pétrissage, un cinquième de cette farine mélangée au bicarbonate de soude.

Dans cette pâte ainsi préparée, on ajoute par petites portions et on pétrit l'acide chlorhydrique, on y ajoute la farine qu'on avait mise en réserve, on tourne les pains, et avant d'enfourner, on laisse en repos pendant une demi-heure ou trois quarts d'heure. La pâte lève aussitôt, le pain devient léger et poreux, et à partir de ce point c'est l'affaire du boulanger de régler la température qui convient et qui, suivant l'expérience, doit être modérée si on veut obtenir de très beaux pains; dans tous les cas, ce pain doit rester plus longtemps au four que celui ordinaire.

On appelle à Munich farine noire, celle qui renferme toutes les parties du grain et qui se compose d'un mélange de deux parties de seigle et d'une de froment. On moud ces deux grains ensemble comme celui du froment, à l'exception qu'on y retient le gruau et le son sur la meule jusqu'à ce que le tout soit rendu aussi fin que la farine ordinaire. On n'en sépare même pas 5 à 6 o/o que produisent les balles du froment.

Le *Schrotbrod* se prépare avec un mélange de farine noire et un poids égal ou moitié moindre de gros gruau. Ce pain est plus léger et d'un aspect plus flatteur que celui ci-dessus.

Le rendement ordinaire en *Schwarzbrod* est de 138 à 140 kilogrammes de pain pour 100 kilogrammes de farine.

Avec la méthode chimique ci-dessus, on obtient en moyenne 150 kilogrammes de pain, c'est-à-dire de 5 à 7 pains de 2 kilogrammes de plus qu'avec la farine ordinaire.

Par l'addition de 1 à 4 litres de vinaigre ordinaire par 100 kilogrammes de farine et une diminution correspondante d'eau, on obtient un pain qui a la saveur du pain de boulanger bavarois : si on délaie dans ce vinaigre de 250 à 500 grammes de fromage maigre ancien, le pain a la saveur de celui appelé en Bavière pain de paysan (*Bauernbrod*).

Suivant M. Liebig, le pain ainsi préparé sans levain ou sans levure dispense de la fermentation, il utilise la totalité du gruau, est au moins aussi bon que le pain anglais dit aéré ; on ne décompose ou ne détruit pas dans sa préparation par la fermentation une portion de la matière, on y profite des phosphates contenus dans les sons et on obtient dès lors un pain plus nourrissant, plus sapide et en même temps plus léger.

M. Pusher, de Nuremberg, a apporté une modification importante à ce procédé, en remplaçant l'acide chlorhydrique par le sel ammoniac. Ce sel et le bicarbonate de soude donnent, en effet, du sel marin et du bicarbonate d'ammoniaque qui se décompose à la chaleur du four du boulanger, de façon que l'acide carbonique et aussi l'ammoniaque contribuent à faire lever la masse pâteuse. L'effet devient plus prononcé, et surtout on évite l'emploi de l'acide chlorhydrique que tout le monde ne sait pas amener au poids spécifique convenable. D'après ce procédé, il faut employer 4 grammes de sel ammoniac par 500 grammes de mouture qui sont mélangés à 5 grammes de bicarbonate de soude et à 10 grammes de sel commun suivant la formule de M. Liebig; enfin, ce sel ammoniac est à un prix un peu inférieur à celui de l'acide chlorhydrique.

PANIFICATION PAR LES POUDRES BOULANGÈRES. (PROCÉDÉ DE M. HORSFORD)

Il y a un très grand intérêt dans les localités éloignées des centres populeux, pour le service de la marine et des armées et dans les campagnes, à posséder un moyen de fabriquer un pain salubre qu'on peut préparer en très peu de temps et propre à remplacer le pain qu'on produit généralement par le procédé dit de fermentation.

Il y a déjà longtemps qu'on a fait des essais de ce genre, et le pain aéré de Dauglish et le procédé Liebig ne sont que des tentatives nouvelles dans cette direction.

Il est présumable qu'un mélange de lait aigri et de bicarbonate de potasse ou de soude a été le premier moyen qu'on ait employé pour produire du pain léger par réaction chimique. Plus tard on a remplacé ces sels par des acides et des sels acides, ou bien on a combiné les sels alcalins avec les acides et les sels acides : tel est le procédé Liebig dont il a été question précédemment. Mais chacun de ces procédés a donné lieu à des objections, ou a révélé des inconvénients. L'emploi de l'acide chlorhydrique, très rationnel sous ce rapport qu'il forme avec le bicarbonate de soude, du sel de cuisine, et de l'acide carbonique, offre de sérieuses difficultés provenant de son état liquide et de son action corrosive.

La crème de tartre, permanente et inaltérable à l'air, possède l'avantage d'une action moins rapide qu'aucune des autres substances ; étant presque insoluble dans l'eau froide, elle ne décompose le bicarbonate de soude qu'à l'aide de la chaleur. De plus, elle produit un développement plus graduel et plus uniforme d'acide carbonique, et la réaction ne commence qu'après que la pâte a été convenablement pétrie et mise au four. La petite quantité de ce sel qui pourrait d'ailleurs échapper à la décomposition, n'exercerait aucun effet fâcheux sur la saveur du pain.

Quant à l'alun, dont l'action sous plusieurs rapports se rapproche de celle de la crème de tartre, et qu'on y substitue quelquefois frauduleusement, son emploi est extrêmement répréhensible à cause des qualités indigestes du pain préparé avec son intervention et des effets fâcheux qui résultent de son emploi en excès même assez peu considérable.

Il ne faut pas confondre cet usage de l'alun pour le dégagement de l'acide carbonique des bicarbonates alcalins, où il agit comme sel acide et où il se transforme en alumine libre ou du moins en sous-sulfate d'alumine insoluble, avec son emploi encore plus répréhensible (signalé assez fréquemment par les chimistes experts) comme correctif de farines avariées, où il agit en communiquant plus de fermeté et d'élasticité à un gluten déjà en partie altéré et corrompu, mais où l'alun en nature se retrouve presque entièrement dans le pain.

Il ne paraît pas que l'acide tartrique, qu'on a employé très largement dans ces dernières années, possède aucun mérite particulier, sauf celui d'être moins souvent falsifié et de pouvoir être conservé indéfiniment et expédié sous forme pulvérulente. Sous plusieurs rapports il est inférieur, quant au mode d'action, à la crème de tartre.

L'emploi de ces substances, dans les fermes et habitations isolées de l'Amérique, se faisait depuis longtemps d'une manière empirique et les dosages étaient sujets à bien des variations, puisqu'ils s'opéraient le plus souvent avec des poids et mesures arbitraires ; c'était donc un véritable perfectionnement lorsqu'on commença à préparer d'avance des mélanges en proportions atomiques, mélanges qui furent vendus dans le commerce sous le nom de *poudres-levure* (*yeast powers*), et que nous appelons poudres boulangères. Cette nouvelle industrie a pris en fort peu de temps un développement énorme, quoique ces poudres soient vendues généralement sans aucune indication de leur composition et que cette dernière soit masquée très fréquemment par des mélanges avec de la farine ou du son.

Il serait difficile de donner une idée des quantités énormes de ces poudres consommées dans les Etats-Unis. Sans nul doute, cette consommation est une des causes principales du prix élevé actuel de l'acide tartrique.

Un sel plus économique a été proposé par M. Horsford dans l'emploi du phosphate acide de chaux qu'il prépare par les procédés connus, en décomposant les os calcinés par l'acide sulfurique, lixiviant le sulfate de chaux, évaporant la solution de phosphate acide jusqu'à consistance de sirop épais, en ajoutant vers la fin un peu d'os calcinés en poudre. On laisse refroidir et on y incorpore de la farine de blé et de la fécule de pommes de terre. On chauffe le mélange doucement, pour le rendre solide et cassant ; on le pulvérise, on le tamise et on l'emballe, soit seul, soit après l'avoir mélangé avec son équivalent de bicarbonate de soude. Quelquefois on fait aussi immédiatement le mélange de farine avec le biphosphate de chaux, le bicarbonate de soude et le sel de cuisine, de manière à ce qu'on n'ait qu'à ajouter la quantité convenable d'eau pour faire la pâte, la pétrir et la mettre au four.

M. Horsford assure que son procédé, outre l'économie, présente encore l'avantage de restituer les phosphates naturels du blé, qu'on enlève en majeure partie avec le son, en préparant la fleur de farine. L'expérience seule peut décider si l'ingestion fréquente de petites quantités de tartrates ou lactates alcalins dans l'organisme peut exercer une influence nuisible comme on l'a fréquemment proclamé, malgré l'existence de ces mêmes sels dans beaucoup de fruits.

M. Horsford insiste sur les avantages résultant de l'uniformité du produit, de la rapidité et de la facile exécution du procédé, qui dispense de l'emploi d'ouvriers expérimentés ; sur l'économie réalisée par la conservation des parties constituantes de la farine, qui se perdent par volatilisation dans le procédé par fermentation, et sur l'absence des organismes de la levure, qu'il suppose devoir conserver leur vitalité même dans le pain après la cuisson, et exercer une influence nuisible sur l'appareil digestif très impressionnable des personnes délicates ou débiles.

Quoi qu'il en soit, c'est une question encore très controversée que celle de savoir s'il est possible d'obtenir un pain *non fermenté*, qui soit d'aussi bonne qualité que le pain fermenté convenablement préparé.

M. Horsford fait usage de deux poudres boulangères qui se composent, celle dite alcaline, de bicarbonate de soude, et celle appelée acide, de triphosphate acide de chaux. On comprend qu'en réunissant ces deux poudres, il doit se dégager de l'acide carbonique qui, en restant dans la pâte, donne au pain la même légèreté que lui procure la fermentation panaire au moyen des levains de pâte ou de la levure de bière.

Mais tout en adoptant l'emploi de ces poudres, on a cherché à en faire une application plus avantageuse, sous le point de vue de la qualité du pain qu'on fabrique par ce procédé.

Voici d'abord la manière dont M. Kerner propose de préparer la pâte, quand on veut se borner simplement à faire un essai avec les poudres Horsford.

On mélange intimement $2^{kg},50$ de farine avec

60 grammes d'alcali en poudre, au moyen d'un tamis, et avec cette farine et 60 grammes de poudre acide qu'on a fait dissoudre dans 1 litre 1/2 d'eau, on fait une pâte qu'il n'est pas nécessaire de pétrir longtemps ; ordinairement on y ajoute encore 300 grammes d'eau, pour que le tout forme un poids de 1.800 grammes d'eau. On abandonne pendant une demi-heure au repos, on humecte d'eau au pinceau et on enfourne.

Si, dès l'origine, on ajoute les deux poudres à la farine, le pain, suivant M. Kerner, n'est plus aussi léger que par le procédé indiqué.

Si on prépare deux pâtes, l'une avec la poudre alcaline, l'autre avec la poudre acide, ainsi qu'une instruction le recommande, il est difficile de combiner intimement le mélange, sans le secours d'un pétrin. Le pain est marbré de raies brunes et n'a plus une saveur aussi agréable. Mais il est plus léger que par le procédé qu'on a recommandé, et par conséquent, ce mode sera probablement préféré par les boulangers.

La société centrale pour le commerce et l'industrie du Wurtemberg a adressé au commencement de 1869 des quantités variables des poudres boulangères de Horsford à 70 établissements de Wurtemberg, afin qu'ils en fissent l'essai, avec prière d'en communiquer les résultats. Jusqu'à l'époque où cet article a été rédigé, il était arrivé 24 rapports, auxquels ont pris part 30 personnes, boulangers, pâtissiers, ménagères, administrateurs, etc., dont plusieurs ont multiplié les expériences. Ainsi, avec 50 kilogrammes de farine, on a préparé et obtenu en pain :

	Avec du levain	Avec les poudres boulangères		Pour 100
A Stuttgard, farine de 1re qualité. .	67^kg^.50	72^kg^	en plus	8 1/2
A Aalen, farine du pays	72. 50	75	—	5
A Aalen, farine de Hongrie. . . .	75. 00	82	—	14
A Heidenheim, farine de Hongrie .	72 à 73	80	—	14

Plusieurs rapports, et surtout ceux où les expériences ont été faites avec le plus de soin, sont d'accord sur ce point, que si on met de côté la propriété alimentaire plus marquée du pain préparé de cette manière, ainsi que l'avantage bien constaté que les farines bises livrent un pain plus blanc, la fabrication du pain, quand la farine est à bas prix, revient plus cher que celle aux levains ou à la levure.

D'un autre côté, beaucoup de praticiens ont considéré leurs expériences comme parfaitement satisfaisantes, bien réussies, et que le produit n'est en aucun point inférieur à celui fabriqué par les procédés usités dans leur localité ; que le pain est plus nourrissant, plus substantiel, surtout quand on fait usage des farines les plus bises. Ils considèrent d'ailleurs ce nouveau pain, non seulement comme très mangeable, mais aussi comme bien levé et savoureux.

L'un des rapports les plus détaillés est celui de

M. C. Gutscher, de Stuttgard, qui a trouvé constamment un débit à un prix plus élevé du pain préparé par la nouvelle méthode, et considère surtout comme des avantages que, dans la fabrication, on n'éprouve aucune perte de temps pour faire lever le pain ; qu'il n'en résulte jamais un pain à saveur acide et d'un goût de levain ; que la fabrication de la pâte n'est plus soumise à l'influence de la température, qu'on peut se servir de l'eau froide ou de l'eau chaude, et que le pain est plus clair et plus ambré.

D'autres rapporteurs insistent également sur l'économie du temps, la simplicité, la sûreté et la rapidité de ce mode de fabrication du pain. Ils estiment que la plus-value en poids est de 5 à 14 o/o, comparativement aux procédés usités jusqu'à présent, sans omettre la plus grande propriété nutritive, avantages qui, pris ensemble, paraissent compenser les frais plus élevés de la manutention par les poudres boulangères comparée à celle aux levains et à la levure, si même ils ne le sont pas par l'augmentation du poids.

C'est d'après ces motifs et surtout par la rapidité de la fabrication et de la production d'un pain plus nourrissant, que plusieurs sociétés considèrent cette invention comme précieuse aux époques de cherté du grain, mais, en outre, font ressortir les avantages du procédé nouveau dans un temps de disette ou dans un moment où surviennent tout à coup de grands besoins, puisqu'il permet de préparer en deux heures un excellent pain.

Du reste, le procédé demande de la ponctualité et des soins, et, suivant l'un des rapporteurs les plus compétents, il exige absolument des balances et des tamis. Plusieurs d'entre eux donnent la préférence au mode dans lequel on prépare des solutions particulières avec le sel alcalin et avec la poudre acide, puis avec chacune de ces solutions et de la farine des pâtes distinctes, mais où on fait ensuite un mélange parfaitement intime de ces pâtes. Sans le mélange soigné de celles-ci, le pain pourrait être marbré et perdrait ainsi de son aspect flatteur.

PROCÉDÉ DE M. WIMMER

M. Wimmer a proposé en 1869 de préparer une pâte et une poudre boulangères par les procédés ci-après :

Pour préparer la pâte, on prend 20 parties de farine de pois moulue fine qu'on mélange à autant de sucre de raisin solide, et on broie ce mélange avec 15 parties de tartre et 5 parties de phosphate d'ammoniaque, et enfin on pétrit le tout avec 40 parties de levure en pâte. La pâte qu'on obtient ainsi est facile à diviser, mais reste constamment humide ; sa force comme ferment se développe aussitôt qu'on la délaie dans l'eau tiède et avec la farine.

Quant à la poudre, pour la préparer, on pétrit ensemble, pour en faire une pâte, 50 parties de levure en pâte, 15 parties de farine de pois, 10 parties de potasse purifiée, 5 parties de tartrate de chaux et 5 parties de phosphate d'ammoniaque ; on lamine cette pâte, on en fait sécher les feuillets à l'air pour la pulvériser aussitôt en la broyant avec 5 parties de sucre de raisin. Cette poudre se conserve ainsi longtemps sans perdre de son énergie fermentescible.

Fabrication des perphosphates. — Peut-être lira-t-on ici avec intérêt quelques détails donnés par M. J.-H. Johnson sur la fabrication des perphosphates qui font la base des poudres boulangères.

Pour préparer les perphosphates, on prend 55 hectolitres d'eau auxquels on ajoute 50 kilogrammes d'acide sulfurique du commerce, puis, toujours en agitant, 70 kilogrammes d'os calcinés en continuant à brasser vivement 16 à 18 heures ; le tout est alors décanté dans un vase approprié et le résidu lavé. Le résultat est un perphosphate de chaux liquide où on a soustrait les 7/9 de la chaux au phosphate primitif qui est exempt d'un excès d'acide phosphorique et comparativement de sulfate de chaux.

Cet extrait est concentré, et à mesure que l'évaporation fait des progrès, on mélange à la solution des os calcinés, broyés finement, dans la proportion de 1 kilogramme pour chaque 10 litres du liquide marquant 25° Baumé. Si la liqueur n'est pas arrivée au degré de concentration, on ajoute une quantité d'os en raison inverse de son degré, par exemple : 45 grammes par 10 litres pour chaque degré Baumé, et la concentration se poursuit jusqu'à ce qu'on cesse de sentir de la poudre d'os entre le pouce et l'index, et que la liqueur prenne une consistance visqueuse comme une crème.

La combinaison essentielle produite à ce point de l'opération, est un corps blanc et cristallisable composé de chaux et d'acide phosphorique qui, par le refroidissement, se prend en masse et peut être exposé indéfiniment à l'air atmosphérique et à la température ordinaire sans en attirer l'humidité.

Quand la liqueur a pris cette consistance visqueuse et crémeuse dont il a été question ci-dessus, on l'enlève du feu, on l'étend avec un peu d'eau amidonnée qu'on rend telle par une addition d'amidon qu'on fait bouillir, et on agite de temps à autre, pendant plusieurs heures, afin de prévenir l'agrégation des groupes cristallins. Quand le tout est refroidi, on ajoute par chaque degré Baumé, des 10 litres à l'origine, 700 grammes de fécule de pommes de terre, sèche et bien lavée, qu'on incorpore intimement avec addition d'eau si la chose est nécessaire, jusqu'à ce qu'on n'aperçoive plus de grain sec d'amidon. La masse est alors étendue sur une aire, en pâtons d'un volume de 5 à 6 décimètres cubes, dans une étuve modérément chaude, pendant plusieurs jours. Dès qu'elle est suffisamment sèche pour s'émietter, on la granule en la faisant passer à travers un tamis à mailles de 5 à 6 millimètres, puis on l'expose à un courant d'air d'une température graduée de 45° à 75°. Enfin, lorsqu'elle est complètement sèche, on la pulvérise, et, en cet état, elle est propre à divers usages.

On obtient de cette manière un perphosphate de chaux qui, sur 100 parties, neutralise 21 parties de soude hydratée. Si le phosphate est plus fort, il faudra moins de fécule.

On prépare aussi trois autres perphosphates et perphosphates doubles dont les propriétés ressemblent beaucoup à celles du perphosphate de chaux, et où la chaux est remplacée en partie par la soude, la potasse ou la magnésie. Pour préparer ces perphosphates doubles, on ajoute à l'extrait des os calcinés traités par l'acide sulfurique et l'eau, comme il a été dit précédemment, pour chaque degré Baumé et par litre :

Soude hydratée.	6gr.53
Potasse hydratée	9. 20
Carbonate de magnésie hydratée. . .	8. 16

Ou des quantités équivalentes de carbonate de soude ou de potasse ou de magnésie caustique, et on concentre jusqu'à formation de nombreux petits cristaux fins, état sous lequel la liqueur visqueuse se prend en masse par le refroidissement et le repos. A dater de ce point, on traite chacune de ces préparations par l'eau amidonnée et l'amidon sec ou autre matière amylacée, et on fait sécher à une température graduée comme pour le perphosphate de chaux.

Le perphosphate double de magnésie et de chaux est un peu plus soluble que le perphosphate de chaux, et les composés correspondants de soude et de potasse sont plus solubles que celui de magnésie, ce qui leur donne la propriété de neutraliser plus promptement les alcalis et de décomposer plus rapidement les carbonates alcalins que ne peut le faire le perphosphate de chaux.

Ces perphosphates sont employés dans la préparation d'une farine pour faire le pain qui lève seule, en tamisant intimement ensemble $1^{kg},660$ de carbonate de soude sec, $3^{kg},700$ de perphosphate dissous dans l'eau et 190 kilogrammes de farine de froment.

On peut aussi s'en servir pour faire ce qu'on appelle un levain en poudre ou poudre de levure pour la boulangerie, en mélangeant intimement du perphosphate et du bicarbonate de soude récemment et complètement séchés dans la proportion de 20 parties du premier pour 9 du second.

On propose également de préparer des paquets contenant des quantités équivalentes de soude et de perphosphate pour des poids donnés de farine, par exemple pour 10 kilogrammes (1).

(1) Le *Recueil des Brevets d'invention* contient encore quelques autres procédés de panification, entre autres : le procédé de M. Cram, t. LII, p. 355 ; celui de MM. Najac et Fournal, t. LIII, p. 138 ; celui de MM. Rivière et Sainte-Preuve, t. LV, p. 116 ; celui de M. Country, t. LX, p. 120, etc.

CHAPITRE V

Des pétrins.

ÉTUDE DU PÉTRIN ORDINAIRE

Le pétrin employé dans la majorité des boulangeries de Paris et du reste de la France, pour la préparation à bras de la pâte, est une longue auge en bois (*fig.* 56), reposant par quatre pieds

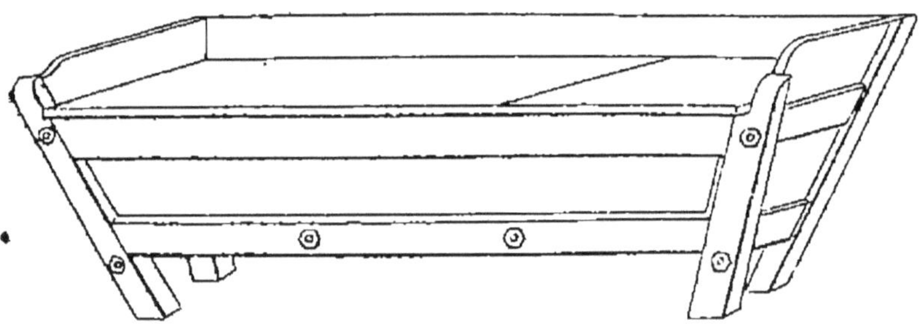

Fig. 56. — Pétrin ordinaire en bois.

au moins sur le sol du fournil ; cette auge, dont le fond est rectangulaire, a ordinairement en section verticale, la forme d'un trapèze ; parfois, cependant, cette auge est rectangulaire ou demi-circulaire en coupe verticale. Cette auge est fermée en dessus par un couvercle plat appelé *tour*, formé d'une ou de plusieurs parties dans la longueur ; ces tours sont agencés pour pivoter contre une des faces longitudinales du pétrin et permettre ainsi, en les soulevant presque verticalement, d'accéder dans l'auge. L'auge est divisée dans sa longueur par des planches mobiles appelées planches à fontaine.

Un bon pétrin doit être confectionné en bois de chêne de premier choix, très dur et bien sec, sans nœuds ni gerçures. Il doit avoir une largeur intérieure, au fond, d'environ 40 centimètres et de 70 centimètres à la hauteur du couvercle ; la profondeur intérieure de l'auge doit être de 50 centimètres et le vide au-dessous du fond du pétrin doit être de 30 centimètres, de manière que le bord du devant du pétrin soit à 85 centimètres du sol. La face longitudinale arrière du pétrin contre laquelle pivote le couvercle, s'élève à 70 centimètres environ du fond de l'auge.

Le corps du pétrin doit être confectionné en doublettes de chêne rainées, collées et assemblées avec des clés et chevillées. Des dosserets en chêne doivent être placés derrière et sur les bouts, ils sont alors rainés et collés en haut des doublettes formant le corps. Le fond du pétrin doit être en chêne rainé collé par parties, dont le fil du bois en travers entre, de chaque bout, dans les rainures de profondeur appelées « jables » faites dans le bas des doublettes du corps et serrées par des boulons en fer rond avec cales en bois correspondant à la pente des parois. Les pieds doivent être fabriqués en membrures de chêne assemblées avec les bouts au moyen de rainures et languettes, et fixées par des boulons noyés et calés dans l'épaisseur des doublettes des bouts.

Les tours doivent être fabriqués en bois de chêne

rainé, collé et assemblé sur la largeur avec des clés chevillées et, au bout, avec des tenons entrant dans les mortaises pratiquées dans les emboîtures de chaque bout. Chaque tour repose d'une part sur des tasseaux attachés sur la face longitudinale arrière du pétrin et sur le bord de la face longitudinale avant.

Les planches à fontaine qui servent à diviser l'auge d'une manière amovible dans sa longueur sont des planches en chêne ayant la section trapézoïdale, rectangulaire ou demi-circulaire de l'auge: elles sont rainées, collées et assemblées à clé, à queue d'aronde sur chaque face, et ces clés vont du haut en bas de la planche à fontaine.

L'auge du pétrin sert à la fois de récipient pour contenir : la farine qui doit être employée à chaque fournée ; la pâte en fermentation, constituant le levain, que l'on maintient dans l'un des bouts du pétrin à l'aide d'une des planches à fontaine, et la pâte travaillée prête à être tournée ou façonnée dans la forme des pains à produire que l'on maintient à l'autre bout du pétrin.

Pendant le pétrissage, toute la longueur du pétrin peut être utilisée, attendu que la pâte constituant le levain, et la farine, sont alors en mélange avec l'eau dans toute l'auge, ce n'est qu'à la fin du pétrissage, au moment nommé *mise en planches*, que l'ouvrier pétrisseur ou geindre, établit ses planches à fontaine, une à chaque bout, pour pouvoir isoler dans ces tronçons de l'auge, d'un côté, la pâte qu'il va abandonner momentanément à la fermentation et qui servira de levain pour la fournée suivante. L'intervalle entre ces deux planches constitue le logement récepteur de la farine nécessaire pour la fournée suivante.

Le couvercle ou tour le plus grand sert, non seulement de couvercle pour protéger la pâte et la farine que renferme l'auge, mais de table, sur laquelle l'ouvrier tourne ou façonne à la main les divers pâtons préalablement pesés autant que possible. Le petit tour, dont la longueur est ordinairement limitée à la grandeur de la mise en planche de la pâte à façonner, permet d'extraire aisément cette pâte pour la peser.

L'ouvrier pétrisseur se déplace dans la longueur du pétrin du côté le moins élevé de l'auge, et, à l'aide des deux bras, il mélange d'abord le levain avec l'eau, puis avec la farine ; ensuite il effectue les diverses phases du pétrissage, aérant et étirant la pâte en ne travaillant que la quantité de pâte qui se trouve en face de lui, dans l'auge, de manière à produire le maximum d'effet utile avec le minimum d'effort. Cette division du travail permet à l'ouvrier de réaliser le pétrissage complet et parfait dans un temps relativement faible et sans excéder ses forces ; tandis que la même quantité de farine et de levain ne peut être pétrie par des moyens mécaniques et pendant un temps approximativement le même sans entraîner une plus grande dépense de force.

DES PÉTRINS MÉCANIQUES.

Depuis longtemps, on avait reconnu l'imperfection et le peu de certitude que l'on a d'amener à bien une opération de pétrissage à la main, parce qu'on rencontre des variations dans la force des ouvriers qui y sont employés, et que ceux-ci apportent dans leur travail un soin ainsi qu'une attention plus ou moins marqués. L'art de la boulangerie réclamait donc des machines propres à suppléer au travail de l'homme, et à donner une marche constante et des résultats identiques. Ce sont ces machines, aujourd'hui très multipliées, auxquelles on a donné le nom de pétrins mécaniques, et dont nous allons essayer de donner une description.

Avant de nous engager dans ces descriptions, nous devons dire qu'il s'est élevé une discussion assez grave entre les praticiens, discussion dans laquelle les inventeurs de pétrins ont adopté l'une ou l'autre des deux opinions qui ont fait le sujet de la controverse.

Les uns ont soutenu que dans le pétrissage le repos de la pâte était une chose nécessaire à sa bonne préparation. Les autres ont prétendu, au contraire, qu'il fallait une très grande activité dans sa préparation.

Dans son ouvrage sur la préparation du pain, publié en 1767, Malouin s'exprimait ainsi :

« Il faut observer que pour faire du bon pain, il est plus à propos de donner 5 à 6 tours à la pâte que 4. On la divise avec le plus de vitesse qu'il est possible, et on l'agite dans les bras de toute sa force en la jetant d'un bout du pétrin à l'autre.

« On ne doit pas craindre que pendant ce travail la pâte fermente dans les mains du pétrisseur, s'il agit avec la vivacité nécessaire qui prévient le mouvement de la fermentation. La pâte ne peut entrer ainsi en levain dans les mains de celui qui pétrit, comme le disent pour s'excuser ceux qui ne travaillent pas assez la pâte.

« En un mot, on ne saurait trop le recommander, on doit, pour bien pétrir, travailler beaucoup la pâte avec vitesse et force ; il ne faut, dans le commencement, que de la légèreté et de la promptitude, mais à la fin il faut de la vitesse et de la force, et toujours de la vitesse surtout.

« Cette agitation (le va-et-vient de droite à gauche et de gauche à droite), forme dans la pâte, qui a acquis beaucoup de liaison, des bulles remplies d'air qu'on y renferme par ces mouvements. Une partie de cet air pénètre la pâte, la sèche et y forme, à l'aide de la chaleur développée, de la fermentation et de la cuisson, tous ces petits trous qu'on voit dans le pain lorsque la pâte a été bien travaillée. Plus on renferme d'air dans la pâte, plus la turgescence est forte. D'ailleurs, plus on travaille la pâte, plus on y fait entrer d'eau, puisque l'eau pénètre plus intimement la farine à force de pétrir. »

Parmentier a partagé cette opinion, et dit en parlant de la frase :

« L'opération du pétrissage, connue sous le nom de frase, doit être exécutée dans tous les temps avec vivacité et célérité, c'est-à-dire qu'à chaque fois qu'on introduit de la farine dans le liquide pour en préparer la pâte, le pétrisseur puisse sans relâche opérer cette combinaison le plus intimement possible.

« Enfin, si l'on veut que la contre-frase soit faite avec la plus grande perfection possible, on donne jusqu'à 4 tours à la pâte en la découpant en dessus et en dessous à plusieurs reprises, parce que la pâte, pour être pétrie, doit être maniée continuellement et rapidement. »

Plusieurs autres praticiens, avons-nous dit, et Rollet entre autres, auteur d'un excellent ouvrage publié en 1847 sur la meunerie et la boulangerie, ne jugeaient pas qu'il fût absolument nécessaire d'agiter la pâte avec force, de la battre et de lui faire éprouver l'action d'une certaine pression. On dépense, en effet, beaucoup de force pour ce battage. On court le risque de voir la pâte lever pendant qu'on la travaille, et d'ailleurs c'est une des opérations les plus malpropres et les plus longues de la panification qu'on doit chercher à abréger et à simplifier.

Nous décrirons, par la suite, des pétrins dans la structure desquels les inventeurs ont adopté, les uns le principe du repos, d'autres celui d'une manipulation active et rapide qui semble avoir prévalu.

On a cherché à classer les pétrins sous divers chefs, et les classifications qu'on avait proposées reposaient principalement sur les caractères suivants : la huche était horizontale ou verticale, rectangulaire, cylindrique, hémisphérique, fixe, oscillante ou mobile, ouverte ou fermée ; les appareils de pétrissage étaient des bras ou des lames fixés sur un arbre vertical ou horizontal, ou bien cet arbre était armé de filets d'hélice, de ramasseurs, de châssis fixes ou voyageurs, etc.

Ces classifications pouvaient être utiles au temps où l'on ne connaissait qu'un petit nombre de pétrins d'une construction simple, et d'ailleurs elles avaient l'inconvénient de ne pas être rigoureusement systématiques. Aujourd'hui que le nombre des appareils connus de ce genre a beaucoup augmenté, et qu'on en invente chaque jour de nouveaux auxquels on s'efforce de donner des caractères propres et distincts, ces classifications deviennent à peu près sans objet et nous renonçons à les faire connaître. Dans la revue que nous allons faire des principaux pétrins, nous préférons, autant que la chose sera possible, adopter l'ordre chronologique de ces inventions, ordre qui permettra d'ailleurs au lecteur de suivre les progrès successifs qu'elles ont réalisés ou plutôt les tentatives qui ont été faites pour les appliquer plus avantageusement au service qu'on en attend.

Les premières machines de ce genre qui ont été construites présentaient de graves défauts auxquels on a remédié peu à peu. Elles exigeaient d'ailleurs une dépense trop considérable de force, et les manipulations auxquelles les mélanges d'eau et de farine étaient soumis se confondaient en une seule opération au lieu de cinq dont se compose le pétrissage.

Ces considérations, du reste, n'ont pas arrêté les inventeurs, et, depuis quelques années, on a fait connaître un grand nombre de machines propres à exécuter mécaniquement le pétrissage, dont quelques-unes, d'ailleurs fort ingénieuses, méritaient d'être adoptées ou sont déjà en activité dans quelques établissements de Paris ou des principales villes de France, et qu'il est indispensable, dans un ouvrage de la nature de celui-ci, de passer en revue, en accordant même les honneurs d'une description un peu étendue aux appareils qui ont reçu des applications spéciales, ou qui paraissent le mieux remplir le but.

Pétrin Lembert ou Lembertine. — J.-B. Lembert, boulanger de Paris, conçut, en 1796, l'idée de construire un pétrin qui fût propre à exécuter l'opération du pétrissage. Il travaillait en silence à la confection de cet appareil, lorsque la Société d'Encouragement pour l'industrie nationale, dans sa séance du 8 août 1810, proposa un prix de 1.500 francs pour une machine ou des machines qui, prenant la pâte après qu'elle est frasée, l'amènent, par les soins des pétrisseurs, mais sans efforts pénibles de leur part, à l'état le plus parfait de pâte ferme, battante ou molle, à volonté. Désirant répondre à cet honorable appel, Lembert présenta au concours la machine qu'il avait inventée, et les expériences qui furent tentées par la Commission de la Société d'Encouragement, et postérieurement par la Société d'Agriculture de Lyon, la Société d'Emulation de Rouen, la Commission des Secours publics d'Amiens, etc., furent si satisfaisantes, que le prix lui fut décerné en 1811. Depuis cette époque, son utilité a été généralement reconnue, quoique son usage ne se soit pas très étendu.

Description de la Lembertine. — Cette machine est remarquable par sa simplicité, l'économie et la facilité dans la construction, la manœuvre et la réparation..

Elle se compose d'une caisse quadrilatère en bois, supportée, dans le sens de son axe, au moyen de deux tourillons, sur des jumelles ; à l'un de ces tourillons est fixée une roue d'engrenage, de quarante-huit ou soixante dents, qui engrène dans une lanterne à cinq ou sept fuseaux, commandée par une manivelle, au moyen de laquelle on imprime à la caisse un mouvement de rotation, régularisé par un volant, et dont la résistance n'excède pas la force continue d'un adolescent.

La caisse du pétrin a, selon la quantité de pâte qu'on veut obtenir, savoir : pour les pétrins de première classe 50 centimètres en tous sens, sur 3 mètres de long, pour 290 à 340 kilogrammes de pâte. En diminuant la caisse de 15 millimètres sur chacune des trois faces du prisme régulier, la longueur doit être augmentée de 30 centimètres.

Pour les pétrins de seconde classe, 16 décimètres de long, sur 45 centimètres de hauteur en tous sens, pour 95 à 145 kilogrammes de pâte.

Et pour les pétrins de troisième classe, 80 centimètres de long, sur 40 centimètres de haut en tous sens pour 40 à 50 kilogrammes de pâte.

On peut au moyen d'un ais ou cloison, fixé à volonté par trois vis de pression, ne se servir que de la partie du pétrin dont on a présentement besoin pour faire si peu de pâte que l'on veut, et préparer les levains de première, de seconde et de tout point ; et comme la dernière fournée n'exige que la moitié de la première, puisqu'il ne faut plus de levain, l'on place la cloison précitée à une distance raisonnable, afin que la pâte soit assez ramassée pour présenter une masse de 25 à 30 centimètres d'épaisseur, et pouvoir la faire aussi promptement et mieux que lorsqu'elle est placée dans toute la longueur du pétrin.

La caisse est soutenue, 1° par trois embrasures ou bandes de fer, formant équerre, qui l'entourent et portent des charnières ; 2° par des boulons d'assemblage ; 3° et rendue immobile par un crochet fixé à la traverse antérieure et inférieure du châssis, et qui entre dans sa gâche adhérente à l'embrasure du milieu, à la partie également inférieure et antérieure de la caisse.

Le couvercle de la Lembertine ferme hermétiquement l'intérieur du pétrin, et se fixe à la caisse, tantôt au moyen d'une espagnolette, dont la main est arrêtée par un verrou, tantôt au moyen de moufles à clavettes, établies tant à la caisse qu'au couvercle, sur les extrémités des embrasures.

Emploi de la Lembertine. — Pour faire la pâte qui doit servir à fabriquer le pain, il faut, comme il est d'usage dans l'art du boulanger, faire les levains de première, de seconde, et celui de *tout point,* le plus important de tous, puisqu'il doit être employé immédiatement au pétrissage, et que son degré d'apprêt influe puissamment sur la bonté du pain qui va en résulter. Ce dernier est mis en fontaine jusqu'au moment où l'on veut donner le mouvement à la Lembertine.

Cette opération terminée, on coule l'eau et on délaie la pâte avec les bras : ensuite on verse dessus, au plus les trois quarts de la farine nécessaire à la fournée, que l'on étend également sur la surface de ce délayage ; on ferme ensuite le pétrin et on lui donne, pendant cinq à six minutes, le mouvement de rotation, afin d'opérer le mélange de l'eau et de la farine, et de le rendre plus intime. Après quoi il faut maintenir pendant quelques secondes le fond de la Lembertine en dessus, pour que le délayage de levain s'en détache entièrement, et l'on imprime aussitôt après à la caisse son mouvement de rotation, pendant environ 20 à 25 minutes. Ce temps écoulé, l'on ouvre le pétrin pour le ratisser, réunir en une seule masse la pâte adhérente au couvercle et aux côtés, et la mettre *sur couche*.

En ajoutant deux ou trois fois de la farine, la pâte sera plus sèche et plus allongée, ou, en d'autres termes, aura plus de corps et le pain plus de qualité. Mais il est bon d'observer que chaque mouvement de rotation doit être limité à 6 ou 7 tours par minute, et la durée totale de l'agitation ne pas être moindre de 25 à 30 minutes, ni excéder 40 à 45 dans un grand pétrin. Si l'on est allé au delà, et que la pâte soit trop ferme, l'on peut bassiner, c'est-à-dire ajouter de l'eau, découper et faire ensuite le mouvement de rotation 12 à 15 minutes ; la pâte deviendra plus unie et plus propre à la fabrication du bon pain.

Avantages de la Lembertine. — La force d'un adolescent étant plus que suffisante pour imprimer et soutenir le mouvement d'un pétrin d'une grande dimension, surtout si la Lembertine est bien proportionnée dans le volume des rouages et de la lanterne, il en résulte une économie de bras qui sera d'autant plus sensible dans les manutentions, que deux manœuvres, sans aucune connaissance en boulangerie, peuvent faire la pâte de seize à dix-huit fournées, servir les garçons pour mettre au four, fendre le bois dans les temps de repos, et autres labeurs qui n'exigent aucun apprentissage.

L'adoption de la Lembertine a promis beaucoup d'autres avantages, que lors de son apparition, on a pu résumer aux suivants :

1° De rendre la profession de boulanger moins pénible et d'offrir aux ouvriers les moyens de travailler dans les plus fortes boutiques jusqu'à 60 ans et plus, tandis que le pétrissage excède la force ordinaire d'un homme de quarante à cinquante ans, terme au delà duquel on voit assez souvent ceux de ces individus dont la conduite n'est pas régulière, ou dont la bonne volonté n'est pas favorisée, devenir, avec un corps exténué, inutiles et même à charge à la société ;

2° D'éviter aux garçons boulangers l'aspiration d'une grande quantité de farine qui les rend asthmatiques de très bonne heure : inconvénient inséparable du pétrin ouvert où l'on travaille à bras ;

3° Donner la facilité, dans un temps de guerre, dans un moment de pénurie de bras, de pouvoir remplacer une partie des boulangers par des hommes de peine, ou par un manège qu'une chute d'eau, qu'un cheval animerait ;

4° D'avoir un pain d'une qualité supérieure, toujours uniforme, puisqu'elle cesse de dépendre du plus ou moins de force, du plus ou moins de paresse du geindre. Cet avantage est surtout sensible dans les fortes maisons bourgeoises, dans les fermes où l'on sait qu'il faut des filles très robustes pour pétrir le pain. La nécessité de s'en procurer n'existant plus, il s'ensuivra que beaucoup de particuliers, hors des grandes villes, feront faire le pain chez eux, et profiteront de l'économie que l'adoption de la Lembertine doit nécessairement procurer ;

5° De pouvoir pétrir pendant l'hiver avec de l'eau peu chaude ; ce qui, d'après les bons principes de l'art, contribue à la beauté et à la bonté du pain ;

6° D'éviter la perte de la farine, occasionnée par le mouvement que l'ouvrier lui donne en frasant à l'air libre ;

7° D'assurer, enfin, que le premier comestible, celui de toutes les classes de la société et de la majeure partie des peuples de l'un et de l'autre hémisphère, ne sera plus désormais arrosé de la sueur de ceux qui le préparent ; qu'il sera exempt des malpropretés que la négligence, l'excès de fatigue et l'état des personnes peuvent y laisser introduire par le pétrissage à bras, ou par celui qui se fait à l'aide des pieds. Chacun sait que la propreté, si essentielle dans toutes les circonstances de la vie, n'est pas toujours la première loi de ceux qui sont voués à la préparation de nos aliments.

De la construction de la Lembertine. — Pour construire une Lembertine, il faut choisir, comme pour les pétrins ordinaires, un bois dur, qui ne soit ni poreux ni filandreux. Le noyer est préférable ; après lui, le poirier, le chêne, le hêtre ; viennent ensuite l'érable et le peuplier, que les Allemands emploient plus particulièrement.

Les pétrins mobiles de première classe, destinés à contenir de 290 à 340 kilogrammes de pâte, doivent avoir $0^{m3},6885$, et être construits dans les dimensions indiquées plus haut, et selon les détails compris dans les figures ci-après. Cette espèce convient plus particulièrement aux boulangeries.

Les pétrins mobiles, au-dessous de 95 kilogrammes de pâte, n'ont pas, à la rigueur, besoin du volant *r* ; si cependant on le conserve, il suffit qu'il soit en bois, c'est-à-dire qu'il faut supprimer le cercle en fer x adapté à ce volant dans les pétrins de première classe. Cette seconde espèce de pétrin mobile a $0^{m3},3428$, et convient aux grandes fermes.

Un particulier, dont les besoins n'excèdent pas 15 à 20 kilogrammes de pâte, doit se pourvoir seulement d'une caisse de 80 centimètres de profondeur, ou $0^{m3},1199$. Un petit pignon de cinq à sept dents, avec une roue de 25 à 30 centimètres de diamètre, donneront assez de puissance pour faire mouvoir cette troisième espèce de Lembertine par un enfant de dix à douze ans.

Explication des figures de la Lembertine.

Fig. 57. — Profil sur la longueur de la Lembertine. A, vue générale.

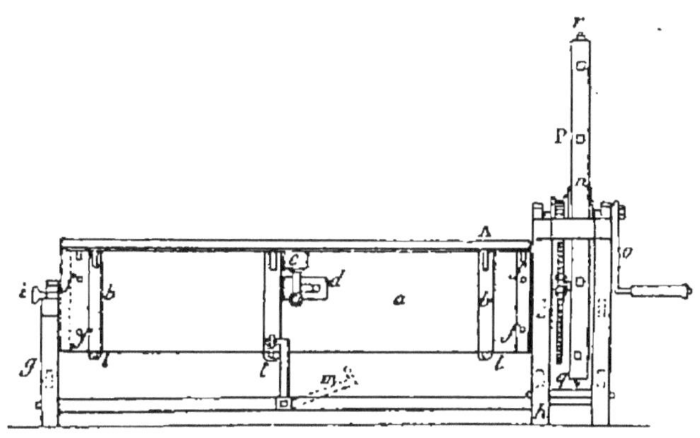

Fig. 57. — Pétrin, dit Lembertine. (Vue générale).

Fig. 58. — Profil sur la largeur. A, vue des petites jumelles ; B, vue des grandes jumelles.

Fig. 59. — B, coupe d'une partie de la Lembertine et de son couvercle, pour l'intelligence de la fermeture de l'espagnolette.

A, fermeture nouvelle, dite à *clavettes* ; B, coupe d'une partie de la Lembertine et de son couvercle, pour l'intelligence de la fermeture à clavettes.

Assemblage de l'engrenage et du volant sur les jumelles.

Développement de la roue d'engrenage et de sa lanterne.

A, assemblage des tourillons dans le pétrin et les boîtes ; B, profils développés des boîtes.

A, ais, ou cloison garnie de ses trois vis de

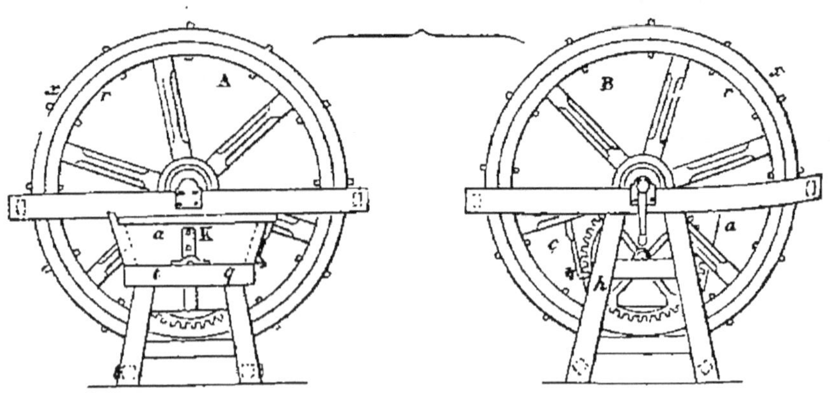

Fig. 58. — Coupe transversale.

pression ; au moyen de cette cloison on diminue la longueur de la Lembertine ; B, son profil.

Détails. — *a*, caisse de la Lembertine, ou pétrin mobile ; *b*, embrasures ou bandes de fer qui l'entourent et reçoivent les crochets de l'espagnolette ; *c*, espagnolette ; *d*, verrou qui arrête la main de l'espagnolette ; *e*, couvercle du pétrin avec feuillure, dans laquelle est placée une languette de buffle destinée à assurer la fermeture hermétique du couvercle ; *f*, boulon d'assemblage du pétrin ; *g*, petite jumelle ; *h*, grandes jumelles ; *i*, tourillons qui portent la Lembertine ; *k*, boîtes destinées à recevoir les tourillons ; *l*, vis qui serrent les bandes de fer *b* ; *m*, crochet destiné à fixer la Lembertine ; *n*, arbre auquel est fixée la manivelle ; *o*, manivelle ; *p*, lanterne à 5 ou 7 fuseaux, qu'on peut recouvrir d'un chapiteau ou boîte en bois, pour empêcher le contact de la farine avec les corps huileux dont on graisse les fuseaux et les tourillons ; *q*, roue d'engrenage à 48 ou 60 dents ; *r*, volant recouvert d'un cercle de fer coulé,

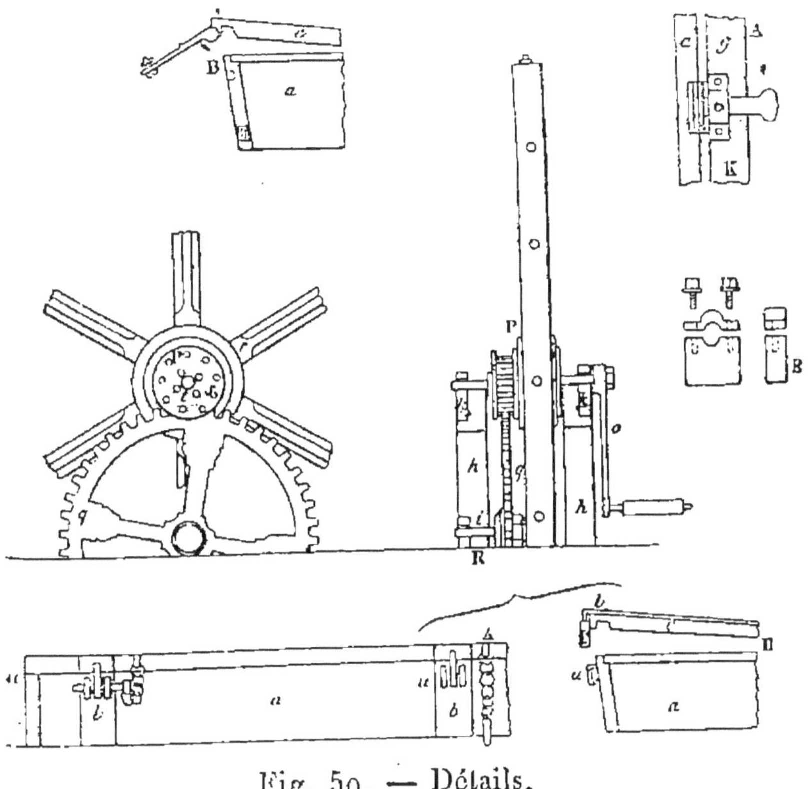

Fig. 59. — Détails.

de 54 à 68 millimètres d'épaisseur, sur 81 millimètres de large, dans lequel on pratique six trous pour recevoir six boulons avec leurs écrous et le fixer solidement sur le volant en bois ; *s*, quatre boulons d'assemblage de deux plates-formes de la lanterne ; *t*, vis et écrous qui fixent les boîtes sur les bras de jumelles ; *u*, moufles destinés à recevoir les clavettes ; *v*, clavettes ; *x*, cercle de fer superposé au volant *r* ; *y*, vis de pression au moyen desquelles on fixe dans l'intérieur du pétrin un ais ou cloison.

Expériences sur l'utilité de la Lembertine.

« Nous avons été témoins, dit un rapport de la Société d'Agriculture de Lyon, d'une expérience de panification au pétrin tournant inventé par M. Lembert, boulanger à Paris. M. Barre a fait fabriquer cette machine ; il l'a fait agir en présence d'un grand nombre de membres de la Société d'Agriculture de Lyon, auxquels s'étaient joints plusieurs administrateurs des hospices et d'autres amis éclairés du bien public. La manipulation a été exécutée par M. Perronnet, boulanger. Voici le procédé employé et le résultat obtenu :

« Le 20 avril 1812, sur le soir, on a pris 1 kilogramme de levain de chef, qu'on a mêlé avec 6 kilogrammes de belle farine et 3^{kg},33 d'eau ; ce qui a donné un levain d'environ 10 kilogrammes.

« Le lendemain, à quatre heures du matin, on a mis ce levain dans le pétrin tournant, avec 8 kilogrammes de farine, et 6 kilogrammes et demi d'eau tiède, un peu salée. L'eau a été versée la première ; on a mis ensuite le levain et la farine : le tout pesait environ 25 kilogrammes.

« Le pétrin ayant été fermé, on lui a donné un mouvement de va-et-vient pendant cinq minutes ; ce mouvement a opéré un mélange suffisant pour que l'eau ne pût sortir par les joints du couvercle pendant le mouvement de la rotation. Ce mouvement a eu lieu un moment après ; il a duré 16 minutes, et la pâte s'est trouvée pétrie convenablement. On l'a laissée reposer dans le pétrin pendant un quart d'heure ; ensuite on a fait trois pains, deux gros et un petit ; on les a enfournés deux heures et demie après : les gros sont demeurés au four une heure un quart ; le petit trois quarts d'heure. Tout chauds, ils pesaient ensemble environ 20 kilogrammes.

« Ainsi le poids de la farine employée est au poids du pain comme 100 est à 135 : résultat absolument semblable à celui qu'on obtient d'une bonne panification par les procédés ordinaires. Ce pain a été trouvé fort bon. »

Pétrin Boland. — Le pétrisseur de M. Boland (*fig.* 60) est une des machines les plus recommandables de ce genre, et les principes raisonnés sur lesquels il est fondé lui assurent un rang distingué dans l'art du boulanger. Pour comprendre ces principes et se faire une idée du mérite de la machine, nous ne pouvons mieux faire que de citer l'extrait de fort bonnes observations que l'auteur a publiées sur l'application de la mécanique à la boulangerie et où l'on trouve une description complète de son appareil et de la manière dont on le fait fonctionner.

« L'art de préparer le pain, dit l'habile praticien que nous venons de citer, tout simple et tout matériel qu'il paraisse généralement, n'en est pas moins soumis à l'accomplissement de certains phénomèmes de décomposition dont le hasard, peut-être, a fait faire originairement l'application, mais sur lesquels la science a formulé des règles

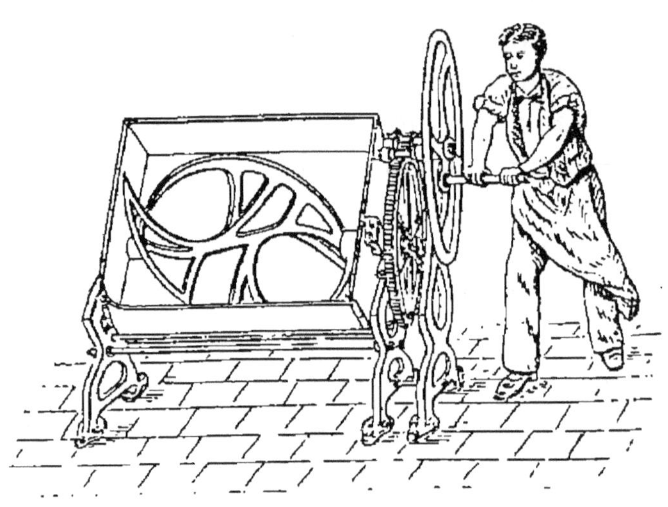

Fig. 60. — Pétrin Boland.

et des théories que le praticien doit observer avec intelligence s'il veut diriger, ou tout au moins suivre le mouvement capricieux de la fermentation dont le développement sert de base à la panification.

« Or, le pétrissage n'est pas un unique mélange d'eau et de farine pratiqué indifféremment et sans règle; c'est, au contraire, une opération raisonnée pour l'exécution de laquelle la force musculaire de l'homme doit obéir à l'impulsion de son intelligence.

« Cette opération ne consiste cependant qu'à préparer le gluten de la farine à atteindre son maximum de dilatation, sous l'influence de la fermentation qui d'abord le soulève, puis, sous l'empire de la chaleur, le développe complètement.

« A part l'étude de la fermentation, toute autre connaissance deviendrait, pour ainsi dire, superflue, si les farines jouissaient toutes, au même degré, de propriétés expansibles : dans ce cas, un pétrissage uniforme et régulier suffirait au développement du gluten qu'elles contiennent ; mais cette substance varie de quantité suivant la nature de son origine, et de qualité selon le système et la régularité des moyens employés pour la conversion du blé en farine.

« Il en résulte que, dans le premier cas, le pétrissage, quelque parfait qu'il soit, est impuissant à donner au pain le même développement que produirait une plus grande quantité de gluten, à qualité égale d'ailleurs; et dans le second cas, à moins que le gluten ne se trouve en partie désorganisé, un pétrissage prolongé peut bien rétablir sa cohésion et le ramener à un bon état d'élasticité, mais c'est toujours aux dépens de la fermentation dont il suspend momentanément la marche, à moins, cependant, que celle-ci n'ait été réglée d'avance avec soin pour être à l'abri de l'influence de ce supplément de travail.

« Il serait donc important de toujours s'assurer, par une analyse simple et facile à exécuter, de la nature et des proportions des corps dont la farine est composée, avant de la livrer à la manipulation des ouvriers, quoique ceux-ci sachent ordinairement bien en apprécier la valeur, sans avoir recours à d'autres moyens que l'habitude routinière.

« Un simple mélange d'eau et de farine pratiqué indifféremment et sans ordre peut réunir et souder ensemble toutes les molécules de gluten ; mais celui-ci ne se forme en membrane élastique qu'autant qu'il est soulevé et étiré régulièrement. C'est ce qui constitue le pétrissage.

« Un mouvement uniforme, plus ou moins prolongé, suivant la nature de la farine et le degré de fermentation du levain, devrait, par conséquent, suffire à l'accomplissement de cette opération, si les forces de l'homme ne restaient souvent impuissantes à surmonter les difficultés qu'elle présente.

« Le pétrissage, à bras d'homme, tel qu'on le pratique ordinairement en boulangerie, n'a pas cette simplicité d'exécution à laquelle on ne pourrait le réduire sans l'intervention des forces mécaniques.

« Pour arriver à une combinaison complète de tous les éléments qui entrent dans la composition de la pâte, l'homme a été obligé de se créer des moyens d'exécution en rapport avec ses forces physiques : ils consistent à diviser la matière en autant de parties qu'il en peut soulever, pour les réunir ensuite en masse ; à la diviser et la réunir de nouveau jusqu'à l'entier achèvement du pétrissage.

« Celui-ci est composé ordinairement de quatre opérations successives auxquelles la pratique a donné les noms de *délayage*, *frasage*, *contre-frasage* et *pâtonage*.

« Quoique le délayage ne soit qu'un simple

mélange d'eau et de levain, cette opération exige du praticien une étude attentive d'observations, non pas sur les moyens d'exécution, mais sur la nature des phénomènes qui se sont produits dans la fermentation du levain. Si celle-ci a passé son premier degré de réaction, la fermentation panaire, l'alcool qui s'est formé se transforme en acide acétique, lequel décompose le gluten, le désagrège et le rend impropre à la panification, en détruisant son élasticité. Dans ce cas, il faut se hâter de délayer complètement le levain dans une eau à la température de l'atmosphère intérieure de la localité où le travail s'effectue, afin d'en écarter toutes les molécules, et d'isoler de cette manière celles qui sont déjà corrompues de celles qui pourraient le devenir.

« Dans le cas contraire, un simple déchirement du levain suffit pour dissoudre seulement l'acide carbonique enfermé dans ses cellules, et qui est si utile comme force expansive au développement de la pâte : dans cette circonstance, la température de l'eau doit être plus élevée que dans le cas précédent.

« C'est par cette double raison que le délayage est indispensable, et que vouloir s'en affranchir, en mettant immédiatement l'eau, le levain et la farine, est une faute capitale contre les règles de la panification.

« Le frasage a pour but de réunir la farine au levain délayé. Un ouvrier, rigoureux observateur des règles de la boulangerie, doit diviser en trois fois et en trois mélanges successifs la farine qu'il a à sa disposition, afin d'obtenir un mélange complet, uniforme et d'une densité convenable à l'espèce de pain qu'il veut fabriquer.

« Il arrive souvent qu'un pétrisseur vigoureux, dans le but d'abréger et de simplifier son travail, ne fait qu'un tirage de farine et un mélange au lieu de trois ; qu'il dépasse quelquefois, pour ne pas être obligé d'y revenir, la proportion de farine nécessaire à la densité de la pâte.

« Si au moins, et dans le cas où la fermentation le permettrait, ce dernier réparait les mauvais effets de son imprévoyance en ajoutant, après le pétrissage à peu près achevé, la quantité d'eau nécessaire à la farine qu'il a employée de trop, la panification n'en serait que plus parfaite, et le pain plus léger ; mais l'ouvrier recule toujours devant cette opération appelée, en terme de pratique, *bassinage*, parce qu'elle augmenterait ses fatigues et accuserait une infraction à des règles qu'il ne doit pas ignorer.

« Le bassinage ne se pratique plus aujourd'hui que sur une petite quantité de pâte et pour une seule sorte de pains dits *à café*.

« Il résulte de cette simple opération, en apparence toute matérielle, que l'intelligence de tel homme faiblement constitué l'emporte souvent sur la force musculaire de tel autre qui ne sait pas la diriger par la réflexion.

« Le frasage est le complément de l'opération précédente ; il sert à répandre également le germe fermentatif dans toutes les parties fermentescibles de la pâte, en faisant absorber à la farine toute l'eau dont chacune de ses molécules a besoin, soit pour leur combinaison, soit pour leur simple mélange.

« Lorsque le gluten n'a perdu aucune de ses propriétés élastiques, c'est à l'aide du frasage que la cohésion se manifeste énergiquement. La pâte s'allonge sous les efforts du pétrisseur ; bientôt son impuissance l'oblige de diviser la masse par parties, pour les travailler séparément avec plus de facilité en les découpant avec les mains seulement, dessus et dessous, et en les battant sur le fond du pétrin, afin d'y faire pénétrer le plus d'air possible.

« En terme de pratique, cette dernière opération se nomme *pâtonage*.

« Ainsi, avec des forces supérieures à celles que l'homme peut déployer, il serait facile de réduire le pétrissage à deux opérations successives et rigoureusement indispensables, le délayage et l'étirage.

« La mécanique appliquée à la boulangerie a été longtemps à l'état de préjugé défavorable ; c'est qu'aussi tous les appareils qu'on avait inventés jusqu'à ce jour s'écartaient des règles théoriques et pratiques les plus ordinaires de l'art.

« Quelques boulangers ont pensé, sans se renfermer trop exclusivement dans des usages routiniers, comme on les en accuse trop légèrement, que les bras de l'homme communiquaient à la pâte une chaleur que le fer, au contraire, devait retirer. D'autres, on peut dire les ignorants, convaincus, d'ailleurs, par l'opinion d'un savant, auquel le mérite, généralement reconnu, donne une certaine autorité populaire, ont cru que les sécrétions ammoniacales, quelquefois acides, qui s'échappent du corps de l'homme par l'action pénible du pétrissage, étaient favorables au développement de la fermentation.

« Heureusement pour la salubrité que ces suppositions révoltantes ne se trouvent confirmées par aucune théorie ni par aucun fait examinés sérieusement ; mais elles ont contribué puissamment à entraver les progrès de la boulangerie.

« D'un autre côté, les mécaniciens, étrangers à tous ces scrupules, mais aussi à toutes les règles de la panification, ont créé des machines à remuer et mélanger seulement la matière, sans consulter l'expérience du boulanger sur les principes de son art.

« La *Lembertine*, pétrin mécanique inventé en 1811, par Lembert, boulanger à Paris, est la première tentative d'une application qui aurait pu faire sortir la boulangerie de ses prétendues habitudes routinières, si Lembert, qui avait cependant une connaissance profonde de son art, en eût observé les règles dans son œuvre ; mais s'il a, par l'autorité de son expérience, inculqué une erreur dangereuse, celle de la suppression du délayage, il a du moins donné le signal important des améliorations.

« La lembertine est simplement un pétrin quadrangulaire en bois, s'ouvrant et se fermant à volonté, tournant horizontalement sur son axe, au moyen d'un volant à manivelle, d'un pignon et d'une roue d'engrenage.

« Dans cet appareil, le levain, l'eau et la farine, mis en même temps, sans un délayage préparatoire des deux premières matières, s'unissent, sans le concours de l'air, cependant si nécessaire au développement de la fermentation, par l'effet du propre poids de la masse qui n'est agitée que dans un sens horizontal. En un mot, c'est un mélange, même imparfait, et non un pétrissage comme Lembert le comprenait si bien.

« Plusieurs années après la création de la lembertine dont on ne fit qu'une application éphémère et qu'on relégua, comme souvenir seulement de cette découverte, au Conservatoire des arts et métiers, plusieurs autres appareils furent mis en pratique sans plus de succès, et abandonnés presque aussitôt, parce que, comme toujours, en boulangerie, l'observation des règles de la panification était sacrifiée au génie de la mécanique.

« Cependant, un autre boulanger de Paris, Fontaine, non moins habile praticien que Lembert, et saisissant avec intelligence la seule imperfection du pétrin de ce dernier, le reprit il y a quelques années, et y ajouta intérieurement un pétrisseur fixe dont Lembert avait cru pouvoir se dispenser sans violer les règles de l'art. Son extrême simplicité réalise parfaitement la condition si importante du déplacement, en tous sens, de toutes les parties de la pâte.

« Ce pétrisseur consistait uniquement en deux barres de bois placées en diagonale du haut en bas de la partie inférieure du pétrin, et se croisant sans se toucher : elles pouvaient être retirées, sans embarras, après le pétrissage.

« C'est cette ingénieuse machine, remarquable par sa simplicité, que les frères Mouchot, fondateurs de l'intéressante boulangerie aérotherme de Montrouge, ont mise exclusivement en pratique dans leur établissement en y substituant, peut-être à tort, aux barres de bois qu'avait imaginées Fontaine, des dents de fer fixées à demeure et perpendiculairement à la paroi supérieure du pétrin.

« Quoique cet appareil fût longtemps le seul qui témoignât de l'application réelle de la mécanique en boulangerie, plusieurs objections sérieuses mettent encore en doute sa perfection.

« La première consiste dans la suppression du délayage, que ni Fontaine ni les frères Mouchot n'ont rétabli. La nécessité impérieuse de le pratiquer est cependant suffisamment démontrée par l'expérience, la théorie et l'autorité incontestable de Parmentier et de Malouin.

« La seconde est le pétrissage pratiqué en vase clos. L'exacte fermeture empêche, il est vrai, l'eau de s'en échapper, mais aussi l'air d'y pénétrer ; cependant celui-ci est indispensable non seulement à la fermentation, mais encore à la panification.

« La fermentation ne peut s'établir sans le concours de l'air, auquel elle emprunte son oxygène pour former l'acide carbonique, cette puissance expansible qui donne au pain la légèreté qui en caractérise la perfection.

« Le pétrissage introduit l'air et le retient dans les pores de la pâte que la fermentation a préparée, et leur conserve la forme cellulaire qu'une nouvelle production d'acide carbonique agrandit pendant la fermentation et à la force expansive duquel l'air prête son concours.

« D'ailleurs, c'est un principe reconnu par la science ; et jusqu'à ce que des phénomènes imprévus ne viennent en modifier la théorie, nous devons respecter son autorité.

« Beaucoup d'autres appareils ont été créés et abandonnés aussitôt après leur application ; ils n'ont servi qu'à prolonger la défiance du praticien et à justifier sa répulsion.

« C'est en étudiant, avec le secours de l'expérience pratique, les avantages et les imperfections des moyens d'exécution de toutes les machines à pétrir inventées jusqu'à ce jour, en acceptant les uns, repoussant les autres et modifiant l'ensemble, qu'on devait arriver, par des combinaisons simples, à la solution d'un problème qui intéresse également les ouvriers boulangers et les consommateurs.

« Affranchi de toutes les difficultés qui entravaient sa marche, le travail deviendra plus facile et moins accablant pour l'ouvrier, sans diminuer l'importance des fonctions de ce dernier. D'un autre côté, le pétrissage, par la mécanique, du premier des aliments, en conservant aux divers éléments qui le composent leurs propriétés originaires, aura, de plus, l'avantage de faire disparaître l'invincible répugnance qu'éprouvent les consommateurs pour tout objet alimentaire préparé avec les mains.

« Dans l'espoir d'atteindre ce perfectionnement, et comme conséquence des observations précédentes, sans me préoccuper, d'ailleurs, trop exclusivement des moyens mécaniques propres à son mouvement, j'ai créé un pétrisseur dont les fonctions se rapprochent, autant que possible, de celles des bras de l'homme, et à l'aide duquel les règles de la panification sont observées rigoureusement, quoique la manipulation se trouve réduite à sa plus simple expression.

« Voici la description de cet appareil :

« Sur les deux extrémités d'un pétrin demi-cylindrique, est placé un arbre hexagonal en fonte tournant dans des coussinets fixés extérieurement pour éviter l'épanchement des huiles dans la pâte ; sa rotation, qui doit être rigoureusement de six tours à la minute, le moins, pour les pâtes *fermes* et de dix tours pour les pâtes *douces*, a lieu au moyen d'un pignon, d'une roue d'engrenage et d'un volant à manivelle. On pourrait, s'il est besoin pour augmenter la force en diminuant la vitesse, ajouter une roue communiquant le mouvement au pignon. A chaque extrémité de l'arbre, dans l'intérieur du pétrin, s'élèvent à l'une et s'abaissent à l'autre perpendiculairement deux lames en fer formant rayons ; ces deux lames ne sont pas fixées carrément à l'arbre, elles obliquent en sens inverse l'une de l'autre dans la direction de deux autres lames courbées et chantournées en section de spirale. Ces dernières partent de l'extrémité supérieure des lames perpendiculaires auxquelles elles sont liées et reviennent se fixer à l'arbre vers leur base.

« Ces courbes sont spiralées de manière qu'une partie de l'une parcourt la moitié de la paroi intérieure du pétrin avant de se joindre à l'arbre, et l'autre, la seconde moitié, en ramenant la pâte l'une vers l'autre.

« Quatre rayons courbés, deux dans la direction d'une des lames perpendiculaires et deux dans celle de l'autre, tous les quatre chantournés vers l'arbre sur lequel ils sont répartis également sur un plateau en spirale, unissent l'arbre aux courbes spiralées.

« J'insiste sur une observation à laquelle j'attache beaucoup d'importance parce qu'elle résume les idées généralement adoptées sur la théorie du pétrissage et sur la force qu'il faut raisonnablement dépenser pour le pratiquer avec avantage.

« La pâte ne doit toujours être que soulevée, allongée et étirée, mais jamais déchirée et macérée ; elle doit être aussi alternativement déplacée.

« Le pâtonage, que les ouvriers habiles exécutent avec une certaine satisfaction comme le résultat d'un pétrissage parfait, n'en témoigne pas moins de leur impuissance, puisqu'ils ne peuvent le pratiquer que par parties. Un étirage général de la pâte produit exactement les mêmes effets.

« Cependant, le mouvement constant et général de la pâte ne serait-il pas une des principales causes pour lesquelles le pétrissage mécanique n'avait pas obtenu le succès qu'on en attendait ?

« En effet, dans le pétrissage à bras d'homme, la fermentation n'est jamais interrompue qu'un instant et partiellement. Le pâton, ou la partie de pâte que l'ouvrier manipule, reprend, au sortir de ses mains, la vie intestine que le travail avait suspendue un moment, tandis que, par la mécanique, l'agitation continuelle de la pâte prolonge son engourdissement : c'est pourquoi on est obligé de la laisser reposer, ou rentrer en levain, avant de lui donner la forme du pain.

« Ainsi, voilà les conditions essentielles auxquelles peut se réduire le pétrissage, et que j'ai cherché à prendre pour règle dans mon pétrisseur, le délayage, le frasage ou étirage par un mouvement successif.

« On remarquera que toutes les parties agissantes de ce pétrisseur plongent de flanc et successivement dans la pâte pour en diminuer la résistance, se croisent en tous sens sans heurter le mouvement général, soulèvent, allongent et étirent la pâte, et produisent un déplacement rationnel auquel un mouvement déréglé qui occasionnerait le déchirement et la macération de la pâte ne peut être comparé. »

Explication des figures. — Fig. 61. — Le pétrisseur, vu en coupe longitudinale et verticale.

Fig. 62. — Le même, vu en plan.

Fig. 63. — Elévation latérale du côté du volant et élévation, vue du côté opposé au volant.

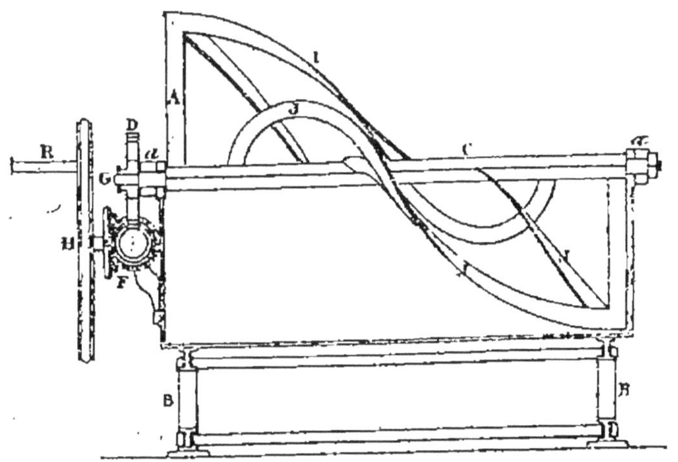

Fig. 61. — Pétrin Boland. (Coupe longitudinale).

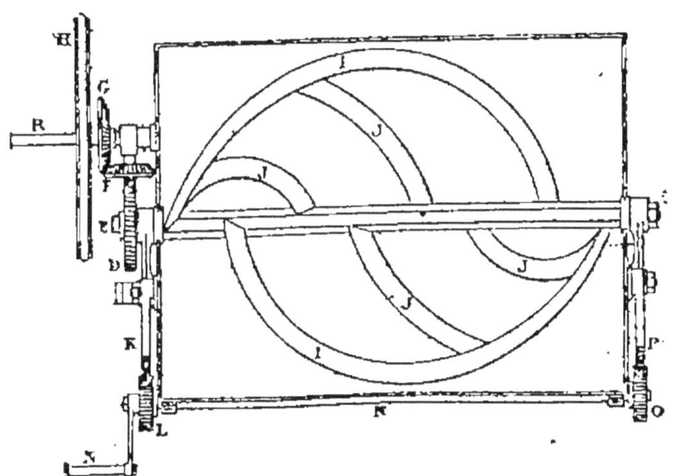

Fig. 62. — Vu en plan.

Les mêmes lettres indiquent les mêmes objets dans toutes les figures.

AA, lames de fer formant rayons attachées à

l'arbre moteur et faisant corps avec des lames de fer courbées en hélice. B, bâti portant le pétrin. C, arbre moteur reposant, par ses deux extrémités, sur les coussinets *a a*. D, roue dentée montée sur cet arbre et recevant son mouvement d'une vis sans fin E. F, roue d'angle fixée à l'extrémité de l'axe de la vis sans fin et dans laquelle engrène une autre roue d'angle G, sur l'axe de laquelle est monté un volant H, que l'ouvrier fait tourner à l'aide de la manivelle R : il imprime de cette manière le mouvement à deux fortes lames de

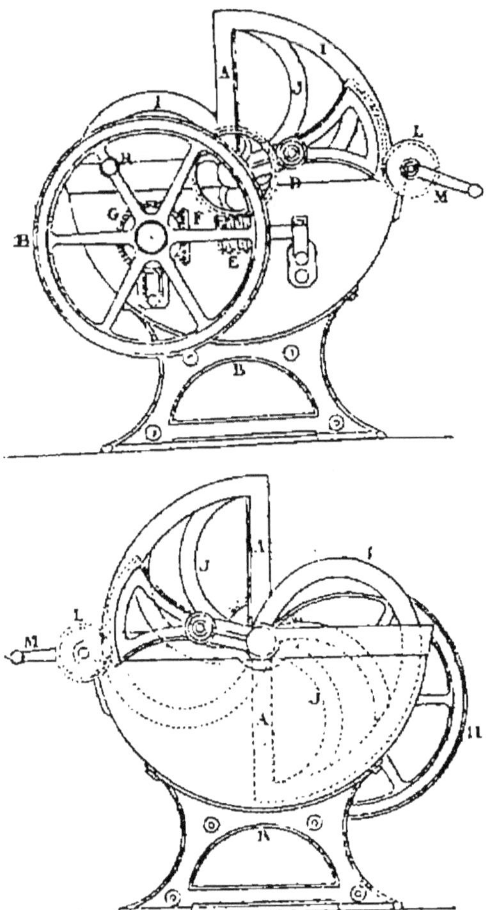

Fig. 63. — Élévation latérale.

fer II tournées en hélice et réunies à l'arbre C par deux rayons courbes J J. Ces deux lames, en tournant, travaillent la pâte contenue dans le pétrin, qui est ouvert en dessus, comme un pétrin ordinaire.

Lorsqu'il est nécessaire de relever l'assemblage

des lames pour retirer du pétrin la pâte suffisamment pétrie, on fait agir un secteur denté K, dont la queue est réunie aux tourillons de l'arbre C. Dans ce secteur engrène une roue dentée L, que l'ouvrier fait tourner par l'intermédiaire de la manivelle M. L'arbre N de cette roue porte à son autre extrémité une roue semblable O, engrenant dans un secteur denté P, qui relève l'arbre C par son tourillon opposé.

Cette dernière combinaison mécanique est remplacée aujourd'hui par un demi-engrenage à l'aide duquel le pétrin, qui est mobile, se renverse et répand, dans un récipient à roulettes placé à volonté dessous, toute la pâte ou la matière mélangée, car il est propre à toute espèce de mélange de matières sèches ou humides.

Pendant l'action du pétrissage et pour vider le pétrin, les ouvriers n'ont nullement besoin de mettre les mains à la matière.

Par le peu d'espace qu'il occupe, cet appareil peut être placé sans embarras dans un fourgon ou dans le moindre navire pour les expéditions de terre et de mer.

« On a vu, dans la description précédente de ce pétrisseur, qu'il est formé de huit lames en fer, droites ou courbées, de différentes manières et dans des directions opposées.

« Par un mouvement de rotation, toutes ces lames pénètrent successivement dans la pâte, qu'elles soulèvent et allongent sans la macérer.

« Les deux lames droites perpendiculaires à l'axe qui les unit toutes et les met en mouvement de rotation nettoient constamment les deux joues latérales du pétrin.

« Les deux grandes courbes qui partent de l'extrémité supérieure des lames perpendiculaires et se joignent à l'axe à son extrémité opposée forment, dans une partie, une section d'hélice à laquelle la moitié du pétrin est tangente ; elles parcourent, l'une après l'autre, toute la circonférence du pétrin, qu'elles nettoient constamment, et, dans l'autre partie, une section de spirale qui traverse la pâte en diagonale.

« Quatre autres courbes, en section de spirale aussi, sont placées sur l'axe, à égale distance, entre les lames perpendiculaires et la jonction des deux grandes courbes hélispiralées.

« Toutes ces lames courbes sont chantournées pour pénétrer dans la pâte sous un angle de 45 degrés.

« De sorte qu'on peut dire que ce pétrisseur est formé de deux systèmes de courbes en section d'hélice et de spirale, plongeant, l'un après l'autre et en sens contraire, par le même mouvement de rotation, dans la pâte qu'ils poussent alternativement d'une extrémité du pétrin vers l'autre en la soulevant et l'allongeant sans la macérer.

« La vitesse du pétrisseur doit être réglée invariablement à six tours à la minute.

« Trois tours suffisent au délayage.

« La farine doit être déposée en masse, sans être étendue, au milieu du pétrin, entre l'axe et le bord, du côté où les courbes plongent dans la pâte.

« L'ouvrier chargé de ratisser les lames pendant

le pétrissage, s'il y a lieu, doit se tenir placé du côté opposé pour éviter toute espèce d'accident.

« Le pétrissage, compris le nettoyage parfait, doit être terminé complètement en dix minutes au plus.

« La capacité du pétrin, sans comprendre l'appareil mécanique, est de 1 m, 30 sur 897 millimètres. On y peut pétrir facilement et sans aucune espèce d'embarras, avec le concours d'un homme, 300 kilogrammes de pâte.

« Dans le cas où les besoins du service exigeraient une plus forte quantité de pâte, on pourrait joindre, bout à bout, deux pétrisseurs sur le même axe; la capacité du pétrin serait la même en largeur, mais double en longueur.

« Il résulte de cette combinaison que huit bras en fer pénètrent dans la pâte six fois en une minute et en soulèvent 48 parties, et 480 parties pour le pétrissage complet.

« Il est évident que l'homme le plus robuste ne pourrait, sans être exténué, soulever et étirer, avec ses deux bras simultanément, la partie qu'ils peuvent embrasser, d'un corps aussi cohérent que la pâte, 120 fois en dix minutes.

« L'application du pétrissage mécanique à la boulangerie ne peut porter atteinte aux attributions des ouvriers boulangers, parce que le pétrissage ne résume pas la panification complète, et d'ailleurs il ne doit pas être abandonné aveuglément, sans surveillance et sans direction, aux mouvements d'une machine, quelque réguliers qu'ils soient; mais, au moins, l'humanité n'aura plus à se préoccuper de ces gémissements que poussent les pétrisseurs, et aucune objection de salubrité ne fera réfléchir, avec répugnance, le consommateur.

« Ainsi, dans l'état actuel de la boulangerie civile ou administrative, il ne faut pas espérer, de l'application de la mécanique *à bras d'homme* pour le pétrissage, d'autres avantages que la régularité invariable dans l'exécution de ce dernier, la propreté et la perfection de ses résultats, et surtout la supériorité de ses produits, sinon en rendement, du moins alimentaires ; car l'eau, dans la panification, contracte des propriétés alimentaires qui participent des éléments de la farine avec lesquels elle se mélange ou se combine.

« Mais l'eau ne peut se mélanger ou se combiner avec les différents corps qui composent la farine qu'autant qu'elle en a atteint et pénétré toutes les molécules ; et, comme celles-ci sont de nature et de proportion différentes suivant l'espèce de blé et la manière dont il a été converti en farine d'après le système de mouture, l'absorption de l'eau dans des pâtes d'une égale densité est aussi variable, en proportion, que celle que le pain a retenue après sa cuisson. C'est pourquoi il est difficile, pour ne pas dire impossible, à moins d'examiner par l'analyse la proportion et le caractère de gluten que la farine contient, d'en déterminer et d'en limiter, par avance, le rendement sur lequel la fermentation vient encore apporter des modifications.

« La faculté de se panifier que donne à la farine le système de mouture généralement pratiqué aujourd'hui a fait perdre aux ouvriers boulangers l'habitude du travail opiniâtre nécessaire au pétrissage des farines gruauteuses, comme on en rencontre quelquefois dans le commerce et comme sont ou devraient être toujours les farines réglementaires des manutentions militaires ; aussi ces dernières, dont les éléments, rebelles à la pénétration intime de l'eau, quoique conservés dans toute leur pureté, pourraient produire d'excellent pain, d'une nutrition beaucoup plus abondante si ces principes en étaient développés par une force mécanique supérieure à celle que l'homme peut déployer.

« Les avantages réels de la mécanique à la boulangerie consistent donc à compléter, régulariser et réduire par la force, à sa plus simple expression, un travail que ne peut accomplir parfaitement l'homme le mieux organisé.

« D'autres avantages résulteraient certainement de l'application de la vapeur comme force motrice, à une série de pétrisseurs mécaniques établis dans une boulangerie administrative. »

On vient de voir que, dans le pétrisseur Boland, les courbes venaient toutes aboutir à un arbre, mais cette disposition avait l'inconvénient que la pâte s'enroulait autour de cet arbre et y restait plus ou moins adhérente. M. Boland a donc jugé avantageux de supprimer cet arbre, ce qui a nécessité une nouvelle combinaison des lames au moyen de laquelle la pâte est soulevée, allongée et étirée, sans être déchirée et macérée tout en étant alternativement déplacée.

Le nouveau pétrisseur Boland (*fig.* 60) est construit sur trois modèles de grandeurs diverses : 1° pour les grands établissements qui fabriquent par pétrin 2.000 à 2.200 kilogrammes de pain par jour ; 2° pour les boulangeries ordinaires et contenant en moyenne 250 kilogrammes de pâte ; 3° pour les établissements plus petits ou les campagnes et travaillant de 80 à 150 kilogrammes de pâte.

Pétrin Rolland. — Le pétrin imaginé par M. Rolland est également une des machines les plus remarquables qu'on ait inventées pour pétrir la pâte, ce qui nous détermine à entrer à son égard dans quelques développements. Voici d'abord l'idée générale qu'on peut se former de cet appareil d'après un rapport fait à la Société d'encouragement :

« Dans une auge horizontale fixe ayant la forme d'un demi-cylindre et garnie en tôle étamée, se meut, par les moyens ordinaires, un axe sur lequel sont fixés, en sens inverse, deux systèmes de lames de même courbure, les unes fixées à la fois sur l'axe et la traverse extérieure, les autres, qui n'ont que la moitié de la longueur des premières, sur cette traverse seulement, alternant avec les premières, de telle sorte qu'une lame entière d'un côté de l'axe se trouve située en face d'une demi-lame du côté opposé. C'est là ce qui différencie le pétrin de M. Rolland de quelques autres avec lesquels il pourrait être confondu à la première inspection, et qui lui permet un meilleur travail des pâtes.

« Dans les pétrins où toutes les lames étaient fixées à la fois sur l'axe et le cadre, la pâte s'écoulait entre chacune d'elles comme entre les dents d'un peigne, pour être soulevée à nouveau dans la rotation du mécanisme et recommencer le même mouvement indéfiniment.

« Dans le pétrin de M. Rolland, en même temps que la pâte subit l'action que nous venons d'indiquer, elle est étirée par les demi-lames qui produisent l'action que détermine la main de l'homme dans le frasage et le contre-frasage, dont les effets sont si facilement appréciables quand on suit avec attention ce genre de travail, et qui s'exercent successivement sur les diverses portions de la pâte.

« Comme dans les autres pétrins mécaniques, il est facile d'opérer le *bassinage*, dont les bons effets sont connus ; plus que dans beaucoup d'entre eux, d'y pratiquer une autre opération, à laquelle les boulangers attachent beaucoup d'importance, le *soufflage* de la pâte.

« A tous les avantages que réalisaient déjà les pétrins mécaniques, celui de M. Rolland est venu en ajouter qui rendront plus acceptable le travail par machines. Son pétrin est d'un prix peu élevé, n'exige qu'une force mécanique peu considérable ; le nettoyage en est facile. »

Explication des figures. — Fig. 64. — Coupe longitudinale du pétrin perfectionné par M. Rolland et coupe transversale perpendiculaire à l'axe.

Fig. 65. — Vue en dessus montrant les lames en raccourci et vue latérale du côté des engrenages.

a, auge demi-cylindrique en bois doublée de tôle étamée, *b*, arbre horizontal reposant sur dés

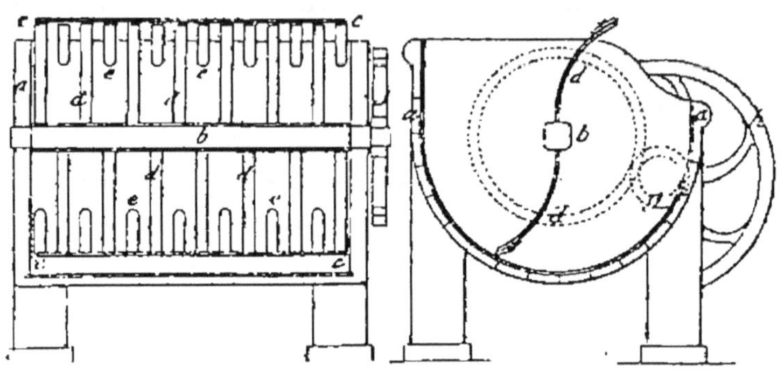

Fig. 64. — Pétrin Rolland (Coupes longitudinale et transversale).

coussinets adaptés à chacune des faces latérales, *c*, *c*, traverses parallèles à l'axe sur lesquelles viennent s'assembler alternativement, dans chaque cadre, les deux lames grandes et petites. *d*, *d*, grandes lames fixées d'un bout sur l'arbre *b* et de l'autre sur les traverses *c* ; leur courbure, favorable au soufflage de la pâte, est indiquée fig. 64 *e*, *e*, petites lames fixées seulement sur les traverses *c c*, et sans lesquelles l'étirage de la pâte ne se ferait qu'imparfaitement. *f*, grande roue dentée montée sur l'arbre *b*. *g*, pignon engrenant dans la roue précédente. *h*, volant portant une manivelle *i* au moyen de laquelle on fait fonctionner le pétrin.

M. Rolland a cru devoir faire ressortir lui-même ainsi qu'il suit, les avantages de son pétrin :

« Le pétrin Rolland, dit-il, est d'une grande

simplicité de construction. — Il se compose d'une auge demi-cylindrique en bois, doublée en tôle étamée, ou toute en tôle et fonte, avec un axe horizontal reposant sur chacune des faces latérales et muni de deux séries de lames courbes alternativement longues et courtes. Ces lames, perpendi-

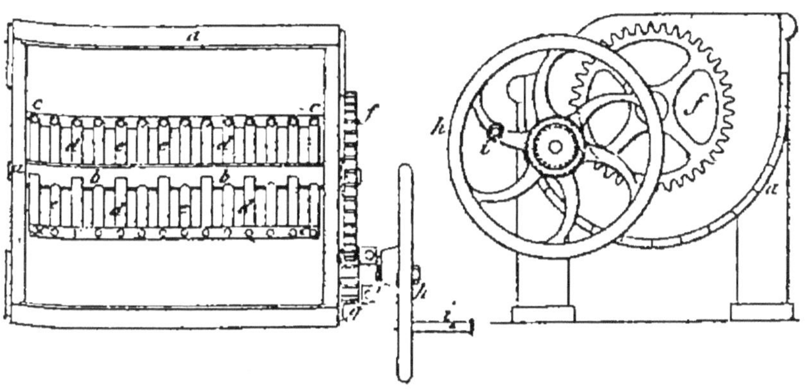

Fig. 65. — Plan et vue latérale.

culaires ou obliques à l'axe, forment deux cadres ou râteliers à claire-voie, dont la courbure est opposée et la disposition inversement symétrique. Le tout est mis en mouvement par deux engrenages, un volant et une manivelle, qu'un jeune ouvrier fait tourner sans effort.

« Le pétrin Rolland sert aussi bien à la préparation des levains qu'à la fabrication de la pâte ; son action est aussi prompte qu'efficace. En une demi-heure, il transforme plus d'un sac de farine en une pâte parfaitement homogène, parfaitement levée et aérée, sans pelotes ni grumeaux, ce que le pétrissage à bras ne produira jamais. Comme le mécanisme agit sur toutes les parties de la pâte en même temps, il s'ensuit que la quantité de farine se trouve promptement et suffisamment imprégnée d'eau, ce qui empêche l'évaporation et la perte d'une partie même minime de farine,

« La manivelle du pétrin exige peu de force, à peine celle d'un homme. Elle peut être tournée par un boulanger, par un simple manœuvre, ou bien par un moteur mécanique.

« 1° Le pétrin Rolland allège considérablement et peut même supprimer tout à fait les pratiques si abrutissantes du pétrissage ordinaire.

« 2° Diminution notable, et par l'emploi d'un moteur mécanique, suppression complète des efforts du pétrisseur.

« Absence de sueur.

« Absence d'évaporation de la farine.

« 3° Le pétrin Rolland donne la facilité, dans un moment de grève, dans un moment de pénurie de bras, en temps de guerre ou dans tout autre temps, de pouvoir remplacer une partie des boulangers par des hommes de peine ou par une force mécanique.

« 4° Ce pétrin rend les produits de la fabrication beaucoup plus propres et beaucoup plus salubres. Ces produits ne sont plus pénétrés de sueur et sont exempts de toutes les malpropretés que le pétrissage à bras et quelquefois le pétrissage des pieds peuvent y introduire. La pâte est parfaitement et uniformément travaillée, donne un pain toujours régulier et toujours uniforme dans sa qualité.

« Le succès du pétrissage mécanique est indépendant de la force, de la négligence, et même de la paresse de l'ouvrier.

« 5° Le pétrissage par le pétrin Rolland facilite la bonne tenue et la propreté de la boulangerie ; car il y a peu ou point d'évaporation, et de plus, l'ouvrier a du temps à consacrer à la mise en ordre, au nettoyage de la manutention.

« 6° Il évite la perte de la farine par le mouvement de l'ouvrier dans l'opération du *frasage*. De plus, comme l'action du pétrin mécanique porte à la fois et pendant toute la durée du pétrissage sur toute la masse de la pâte, à la différence du pétrissage à bras dans lequel les efforts du geindre ne portent à la fois que sur des portions de pâte de 20 à 30 kilogrammes au plus, il en résulte que le pétrissage mécanique offre un mélange beaucoup plus intime de l'eau avec la farine. Dans ces conditions chaque molécule de la farine absorbe exactement la quantité d'eau qui lui est nécessaire pour sa transformation en pâte. Ces deux causes réunies, l'absence d'évaporation et le mélange plus intime assurent un rendement un peu plus considérable par chaque sac de farine, tout en ajoutant à la qualité du pain. »

Dans un article publié dans le *Technologiste*, à propos des pétrins mécaniques qui ont figuré à l'Exposition universelle de 1855, le rapporteur s'exprime ainsi sur le pétrin de M. Rolland :

« La première question qu'on doit s'adresser à la vue de ce pétrin et de ceux du même genre, c'est de savoir s'il opère convenablement le délayage du levain. Il est permis d'en douter. Le levain est une masse compacte qu'il ne suffit pas d'agiter avec de l'eau pour le délayer, mais qu'il faut ouvrir et malaxer pour y faire pénétrer le liquide qui doit lui donner toute la fluidité convenable. Or, la disposition mécanique du pétrin Rolland et de ceux analogues ne paraît nullement propre à exécuter comme il faut ce travail, et la preuve c'est qu'après avoir fait tourner pendant quelques minutes, on est souvent obligé, dans ces sortes de pétrins, de compléter avec une spatule le mélange de l'eau et du levain.

« Le frasage offre moins de difficulté, et peut, dans ces appareils, s'opérer d'une manière plus satisfaisante et avec moins de perte de farine. Le levain quand il est bien délayé, s'y mélange plus aisément à la farine, et produit, quand le délayage a été bien fait une assez bonne frase.

« Le contre-frasage et le pâtonage dans les pétrins mécaniques se confondent avec le frasage, mais dans ces appareils, il n'y a pas ces déplacements partiels et intermittents, ces retournements, ces découpages, ces étirages partiels de la pâte qui complètent l'hydratation du gluten, l'étirent et l'ouvrent pour y emprisonner de l'air. Il n'y a qu'un simple battage, qui ne suffit pas pour préparer une pâte irréprochable.

« Le pétrin Rolland, comme tous les appareils du même genre, bat la pâte, la macère, la dessèche, lui donne une consistance très grande avant qu'elle soit faite, sans étirer le gluten en nappes, sans superposer celles-ci et ouvrir des voies ou des cellules au développement du gaz acide carbonique. Il y a battage plus ou moins complet des pâtes, mais non pas ce qu'on appelle contre-frasage et pâtonage en terme de métier, c'est-à-dire qu'on substitue une opération à d'autres, que l'expérience a montrées indispensables à la bonne fabrication du pain. »

Pétrin Deliry. — Le pétrin Deliry, qui a paru pour la première fois en 1855, a été successivement perfectionné et il a figuré avec distinction à l'Exposition universelle de 1855.

En jetant un coup d'œil sur la fig. 66 on se rendra aisément compte des dispositions générales de ce système.

L'appareil se compose d'un bassin circulaire en fonte à bords évasés monté sur un axe vertical reposant sur un pied ou sur un bâti également en fonte. On communique à ce bassin, qui roule sur galets, un mouvement continu de rotation au moyen d'une couronne dentée et d'un pignon calé sur l'arbre horizontal qui porte les poulies motrices qu'on voit dans la figure perspective.

L'intérieur de ce bassin est pourvu d'un pétrisseur ou fraseur qui se compose de deux ailes affectant grossièrement la forme d'une lyre et destiné à fraser la pâte et ensuite à la découper pendant tout le temps que dure le travail. Indépendamment du pétrisseur, il existe deux étireurs ou allongeurs qui ont la forme d'une hélice qu'on dispose tout près des ailes du pétrisseur pour souffler la pâte dans tous les sens et partie par partie. Tous ces organes se meuvent dans l'intérieur du bassin qui est mobile lui-même. Il résulte évidemment de cette dis-

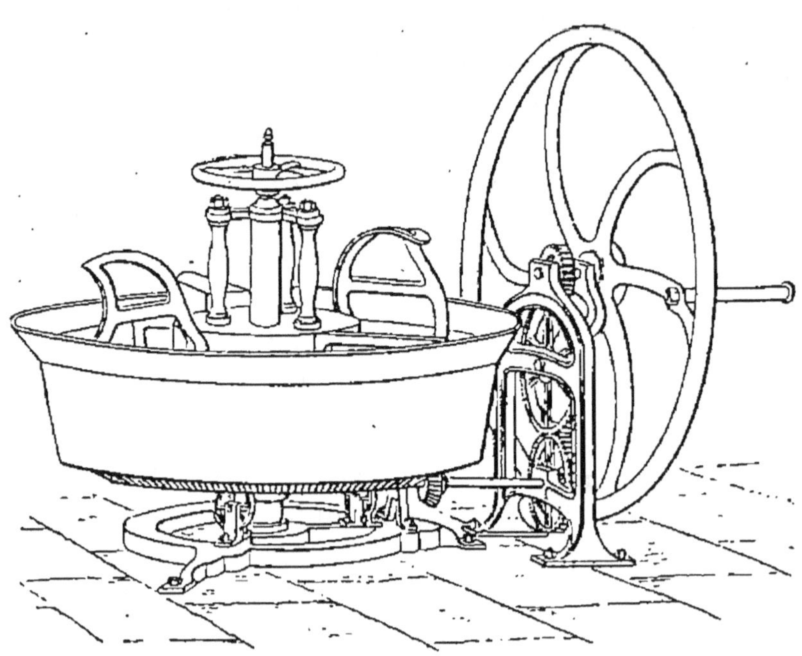

Fig. 66. — Pétrin Deliry.

position que le pétrissage est aussi complet qu'il est possible. Du reste, cette opération s'accomplit de la manière suivante :

On verse dans le bassin l'eau et le levain, puis on met le pétrin en marche, en faisant passer la courroie motrice de la poulie folle sur la poulie fixe. On embraie alors le fraseur, et lorsque le levain est bien délayé dans l'eau, on verse la farine et on embraie les deux étireurs.

En 12 ou 15 minutes au plus, la pâte est suffisamment pétrie, on fait remonter, au moyen du volant qu'on voit sur la figure, dans la partie supérieure, une vis qui est logée et joue dans l'arbre vertical. Cette vis, en tournant, enlève la calotte, ce qui dégage, en les faisant remonter, les trois pétrisseurs de la pâte. On retire alors le coupe-pâte que l'on remplace par un porte-balance pour peser la pâte dans le pétrin même, afin que l'ouvrier ne se déplace en aucune façon, le bassin continuant à tourner sur ses galets jusqu'à la fin du pesage.

Ce pétrin peut s'employer dans toutes les boulangeries civiles et militaires et être aussi bien utilisé pour la préparation des levains que pour la fabrication des pâtes. Son nettoyage est facile et sa manœuvre sans danger pour l'ouvrier ; enfin, son rendement est plus avantageux que celui qu'on obtient avec le pétrissage à bras.

Le modèle représenté a 1m,90 de diamètre et peut contenir 500 kilogrammes ; le modèle au-dessous a 1m,60 et peut contenir 250 kilogrammes ; enfin, un troisième modèle, plus simple, n'a que 1m,35 de diamètre et une contenance de 150 kilogrammes.

Pétrin Durvie. — Le système représenté dans la fig. 67 se compose d'une forte caisse cylindrique en bois dur, ouverte en partie sur le quart supérieur de sa surface convexe et traversée par un arbre en fer portant une double série d'ailettes légèrement recourbées.

Dans le grand modèle, le pétrin se trouve séparé sur sa longueur en deux compartiments inégaux : le plus petit, de $0^{m},60$ de long, sert à la préparation des levains ; le second, de $1^{m},25$, est consacré au pétrissage du pain. Le compartiment

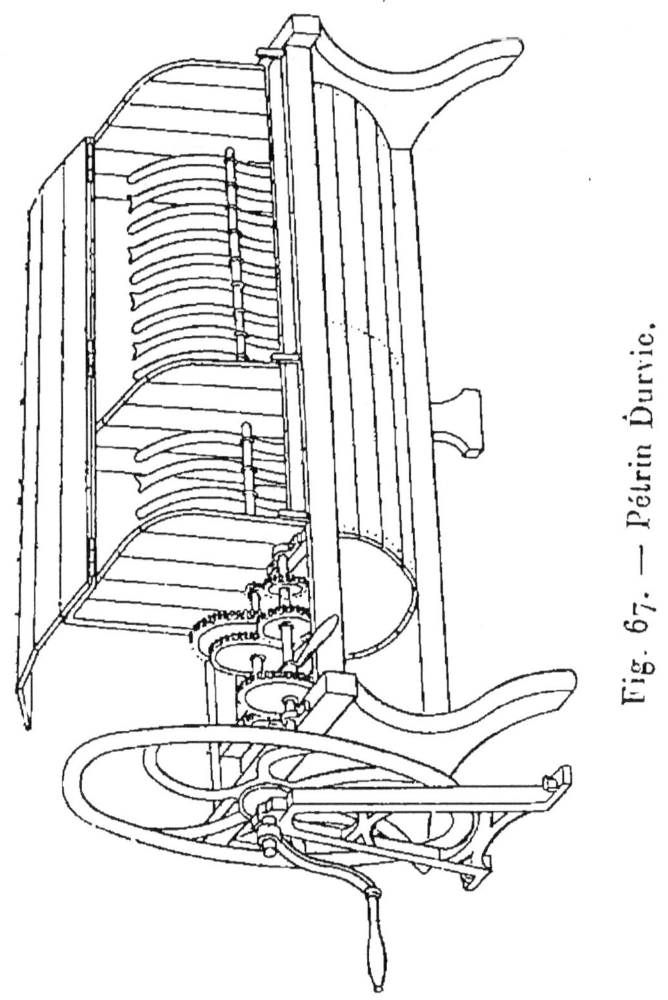

Fig. 67. — Pétrin Durvic.

destiné aux levains a 8 petites ailettes, dont 4 dans un sens et 4 dans l'autre ; les unes aussi larges à la base qu'à l'extrémité ($0^{m},05$) ; les autres s'élargissent au contraire de $0^{m},015$ à

0m,018. Le compartiment à pâte en compte 22, à savoir : 11 dans un sens et 11 dans l'autre, de mêmes dimensions. Le rayon de la caisse cylindrique est de 0m,40 à 0m,50.

Le mouvement est imprimé à tout l'appareil par une manivelle qu'un seul homme fait mouvoir, et qui donne l'impulsion à une série d'engrenages dont les diverses combinaisons augmentent ou ralentissent la vitesse des ailettes suivant la quantité et l'état de la pâte à travailler.

L'appareil représenté dans la figure est destiné à la fabrication des pâtes douces. Pour la préparation des pâtes bâtardes et fermes, M. Durvie emploie une traverse armée de contre-plaques et dont le rôle consiste à faire retomber à chaque tour la pâte au fond du pétrin.

La préparation du levain se fait également à l'aide de contre-lames, afin qu'il soit malaxé suffisamment.

Enfin la plaque pleine en tôle galvanisée des contre-lames sert à enlever la pâte du pétrin.

Cet appareil convient aux établissements qui n'ont qu'une consommation restreinte de pain ; il a les dimensions suivantes :

Longueur totale du bâti.	1m20
— de la cage cylindrique . .	0m90
Diamètre du cylindre.	0m60
Nombre d'ailettes	8
Poids	200kg
Hauteur	1m10

Pétrin Boucheron et Mazières. — Les organes de ce pétrin (*fig.* 68) dérivent du pétrin Deliry-Desboves, avec lequel il a beaucoup d'analogie.

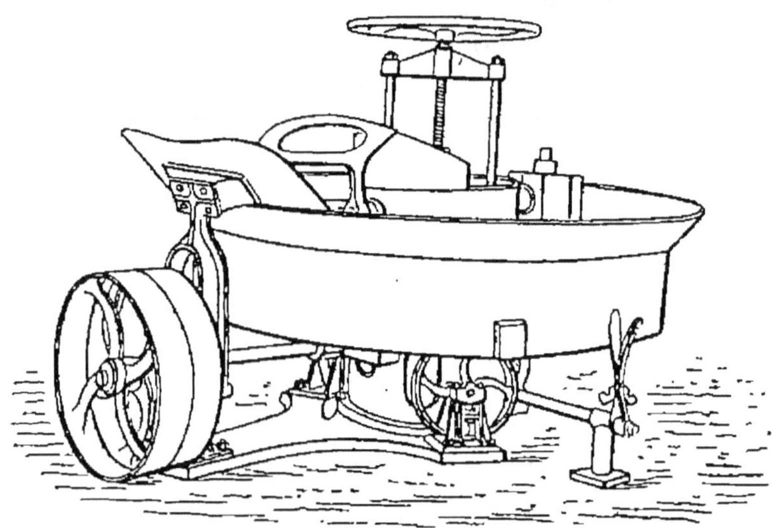

Fig. 68. — Pétrin Boucheron et Mazières.

Pétrin Mahot. — Ce pétrin (*fig.* 69), dont la cuve est en bois, a beaucoup d'analogie avec celui de Durvic, précédemment décrit.

Les pétrisseurs se relèvent et peuvent changer de vitesse.

Pétrin Vicars. — Le pétrin de Vicars est du genre de ceux où les outils de pétrissage sont comme dans certains malaxeurs pour l'argile, disposés en rayons et en hélice sur un axe ou arbre vertical ; mais ici on remarque deux axes de ce genre, établis l'un près de l'autre, dans une huche en bois ordinaire, immobile, posée

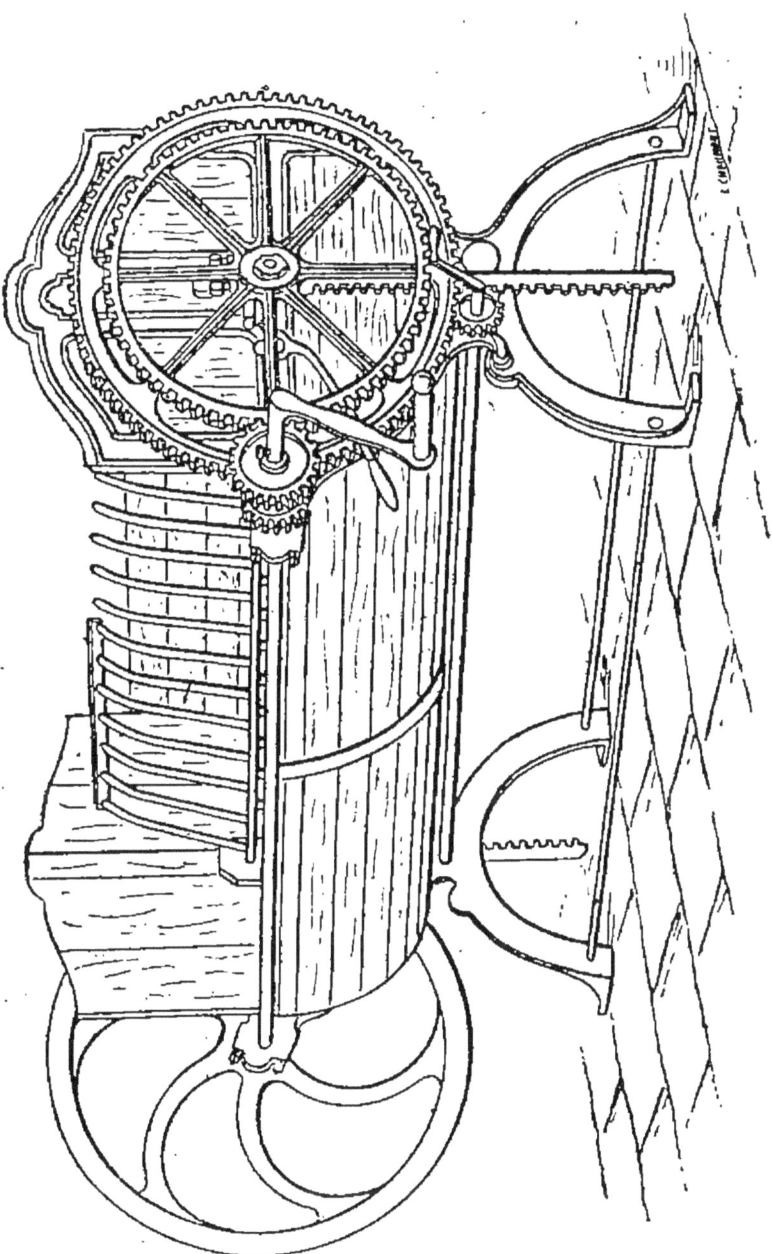

Fig. 69. — Pétrin E. Mahot.

debout et de forme ovale. Les deux axes verticaux tournent dans des directions contraires, de façon que les lames, disposées sur chacun d'eux, à des hauteurs différentes, passent, pendant le travail, l'une au-dessous de l'autre, et font ainsi que la pâte est toujours, par l'un des axes, poussée et pressée de haut en bas, tandis que par l'autre elle est en même temps remontée de bas en haut.

Dans un travail continu, les huches sont posées sur roulettes, pour pouvoir les faire circuler, et, à cet effet, les spirales du pétrissage sont enlevées après que le pétrissage a été terminé ; les huches sont éloignées et remplacées par d'autres. Voici, du reste, la marche du travail :

La farine, les levains (ordinairement de la levure de bière), le sel et l'eau sont versés dans la huche ovale en bois où l'on veut opérer, placée à distance de l'appareil de pétrissage, puis, pour donner, comme on dit, la première façon, cette huche est poussée sous cet appareil, où s'opère le mélange intime de toutes les matières dans un temps qui varie de 5 à 10 minutes. La pâte dans la huche est éloignée de la machine et abandonnée pendant 6 à 8 heures, suivant les circonstances, à la fermentation ; puis, on ramène la huche avec la pâte une seconde fois sous l'appareil pétrisseur (après toutefois y avoir ajouté une certaine quantité de farine et d'eau), et on travaille cette pâte une seconde fois, travail qui n'exige qu'environ 6 à 8 minutes.

Après avoir éloigné une seconde fois la huche de

la machine, on laisse la masse lever au point convenable pendant 2 ou 3 heures, alors on la tourne et on la prépare à être introduite dans le four.

Pétrin Lecart. — Ce pétrin en bois (*fig.* 70)

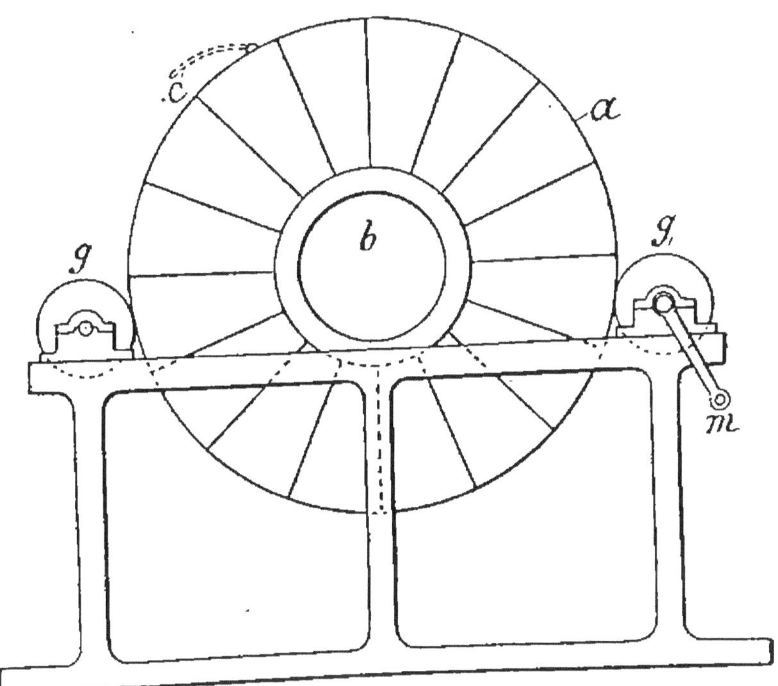

Fig. 70. — Pétrin Lecart.

affectait la forme d'une grande roue creuse *a*, sorte de grand tonneau ayant environ $1^m,50$ de diamètre et $0^m,40$ de largeur, dont les fonds étaient percés au centre d'un trou circulaire *b* de $0^m,60$ de diamètre ; une ouverture *c*, pratiquée dans la paroi cylindrique, permettait d'effectuer la vidange de ce tonneau, qui tournait sur place sur quatre galets *g*, dont deux étaient mis en mouvement par une manivelle *m*.

L'eau et le levain mis dans ce tonneau se délayaient par suite du barbotage résultant de la rotation du tonneau, il en était de même de l'eau additionnée de farine ; dès que cette pâte épaississait, elle se collait à la paroi intérieure et s'y agrippait pour s'élever même presque au sommet du pétrin d'où elle retombait en lames minces en présence de l'air qui passait au travers des ouvertures *b* du tonneau. Dès que la pâte avait absorbé toute l'eau, il suffisait de la saupoudrer de farine pour l'empêcher d'adhérer aux parois, et la pâte roulait sur elle-même, restant constamment dans le fond du tonneau. Le frasage et le soufflage étaient ainsi réalisés comme par les bras de l'homme, sans le secours des bras malaxeurs. Le pain produit par ce pétrin était très bien fabriqué, bien aéré et tout à fait appétissant. Au lieu de le faire rouler sur place, sur galets, l'ouvrier aurait pu se borner à le rouler devant lui sur le sol, et il aurait certainement obtenu les mêmes résultats. Après le pétrissage, la pâte était évacuée par la porte *c* dans une auge ou dans une corbeille sous le pétrin.

Ce pétrin n'a pas donné de meilleurs résultats que la Lembertine.

Pétrin Ligné. — Ce pétrisseur mécanique (*fig.* 71) peut s'adapter, sans grands frais, à tout pétrin de boulanger.

Cet appareil frase, souffle et allonge la pâte

exactement comme l'ouvrier peut le faire, et 10 minutes suffisent pour pétrir sans fatigue une fournée de 100 pains de 2 kilogrammes.

La quantité de levain à employer est la même que dans le travail à bras ; l'eau doit être coulée moins chaude et le pain est plus blanc et de plus belle apparence.

Un souffleur fait pénétrer l'air dans la pâte et la rend plus légère ; une disposition spéciale du mouvement alternatif l'allonge par petites quantités et la rend ainsi plus souple et plus moelleuse.

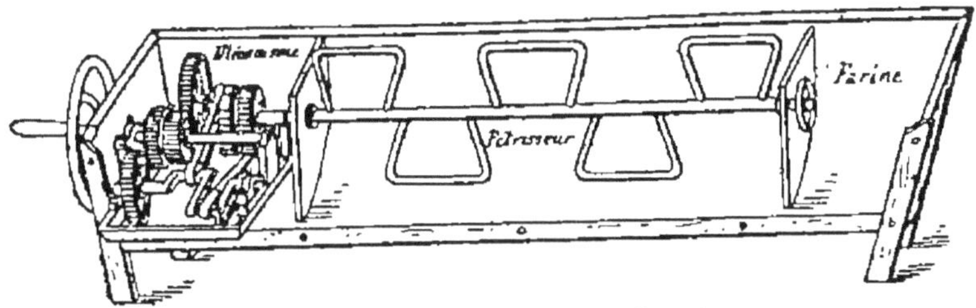

Fig. 71. — Pétrin Ligné.

Lorsque le pétrissage est terminé, on retire le pétrisseur mobile sans toucher au mécanisme et on place la pâte dans le bout du pétrin, près de la farine.

Pétrin Hignette. — Ce pétrin (*fig.* 72) est à cuve tournante en bois. Il se compose d'une cuve en bois A et d'un découpeur-souffleur, le tout produit par un seul malaxeur B.

Description.

Tout l'appareil repose solidement sur le sol par

l'intermédiaire d'un cadre en charpente P, portant en son centre, sur une traverse, la crapaudine H, qui reçoit l'extrémité inférieure de l'arbre vertical I. de la cuve tournante en bois A.

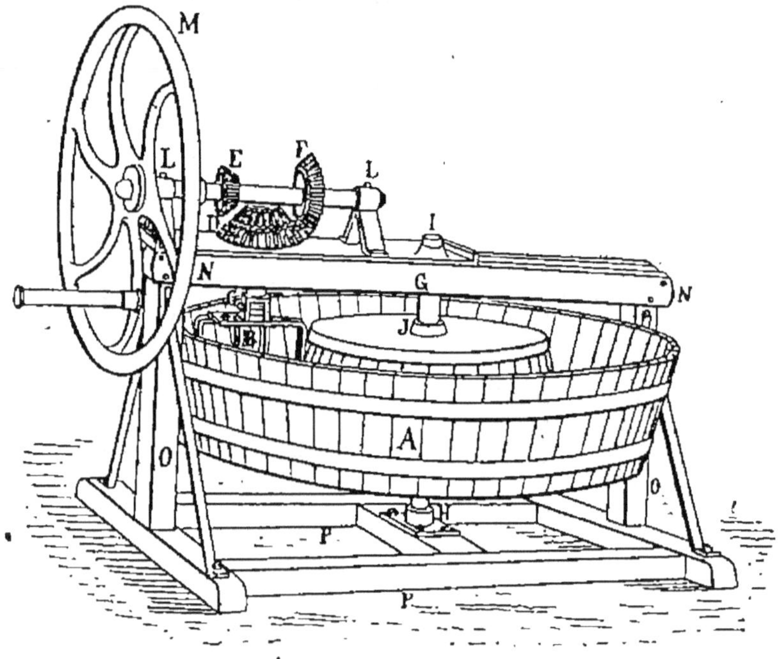

Fig. 72. — Pétrin Hignette.

A Cuve en bois.
B Fraseur.
C Articulation du fraseur.
D Pignon d'angle et roue d'angle.
E Pignon commandant la petite vitesse.
F Pignon commandant la grande vitesse.
G Bâti en bois.
H Crapaudine.
I Plaque ou guide de l'arbre vertical.
J Arbre vertical tournant avec la cuve.
L Paliers supports de l'arbre horizontal.
M Volant.
N Longrines du haut.
O Montants des côtés.
P Longrines du bas.

Un bâti O, également en bois, arc-bouté sur les madriers P, supporte l'axe horizontal moteur L, ainsi qu'une traverse N, dans laquelle sont pris, en G, la partie supérieure de l'arbre de la cuve tournante, et en C, l'arbre du malaxeur B, qui est animé d'un mouvement de rotation sur lui-même, par le moyen de l'engrenage D. On peut à volonté faire varier la vitesse de ce malaxeur en engrenant le pignon D avec E ou avec F. La rotation de la cuve se produit naturellement par la seule action du malaxeur B, sur la pâte adhérente aux parois. Le mouvement est donné par la manivelle.

Pétrin Purel. — Le *pétrin* que présente M. Purel est tout à fait nouveau, d'une grande simplicité et répond parfaitement aux exigences de la boulangerie. Il peut convenir surtout pour les grands établissements où le travail est continu et pour de grandes quantités, quoiqu'il conserve toutes ses qualités pour les boulangeries de moyenne importance.

L'ensemble de l'appareil (*fig.* 73) se compose de trois parties bien distinctes ;

1° D'un pétrin en bois A de forme prismatique, comme le pétrin ordinaire, reposant sur châssis manœuvrant par les roues D sur des rails disposés à cet effet.

2° D'une machine à pétrir verticale fixe F, consolidée d'un côté par un pied en fonte E, et appuyant sa face opposée au mur. La machine à pétrir ne possède que deux lames, une grande B et une petite C, pour opérer le pétrissage ; ces lames sont disposées de telle sorte que l'une d'elles, la grande lame B, effleure constamment les bords du pétrin sur toute sa hauteur, tandis qu'elle se trouve elle-même effleurée par l'autre, la petite lame C, qui tourne en sens inverse. La disposition des lames et leur degré de vitesse relative à la force motrice, permettent d'effectuer un travail rapide, préparant la pâte dans les meilleures conditions possibles. Le pétrissage du levain se fait de la même façon.

3° D'une trémie d'alimentation P fixée au plafond de la boulangerie et recevant la farine de l'étage supérieur. A sa base, se trouve un cylindre tamiseur S, mû par la machine à pétrir, qui tamise la farine et la fait descendre à volonté dans les lames en mouvement.

Les avantages que présente ce nouveau pétrin sont nombreux et faciles à énumérer.

Les lames, disposées comme les bras de l'ouvrier, donnent un travail très vigoureux, découpent la pâte en l'allongeant et la soufflent en quelque sorte, à cause de leur marche en sens contraire, l'une des lames jetant continuellement la pâte dans le sillon creusé par l'autre.

La farine est amenée à volonté et tamisée pendant le travail ; par ce moyen, le rendement est sensiblement augmenté et la qualité est meilleure. On évite aussi des pertes de temps pour tamiser la farine avant le travail, l'ouvrier n'étant plus dans l'obligation de quitter la machine pour verser la farine nécessaire ; il en

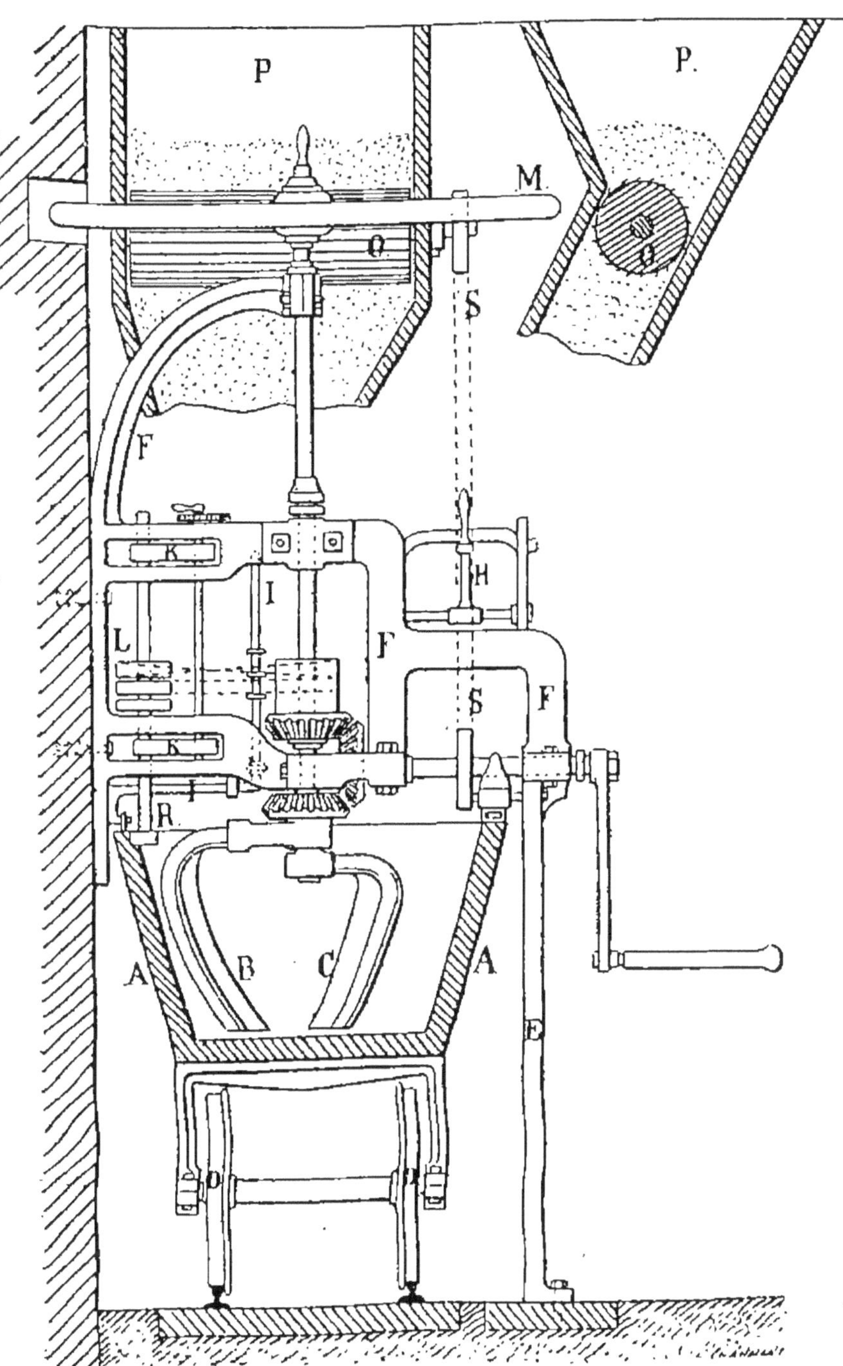

Fig. 73. — Pétrin Purel.

résulte également que la pâte n'est jamais bloquée.

Le pétrin en bois est le même que le pétrin ordinaire et peut servir sans aucun dérangement au même usage que celui-ci ; c'est un pétrin mixte, mobile ou fixe à volonté.

La pâte, dans le pétrin en bois, a l'avantage de ne pas se refroidir comme dans un pétrin en fer ou en fonte.

Le fer étant bon conducteur de calorique, la pâte perd sa chaleur beaucoup plus vite que dans le pétrin en bois : par conséquent, pour qu'elle puisse lever aussi vite, il faut couler l'eau plus chaude ou forcer en levain, et cela ne peut se faire qu'au détriment de la blancheur et de la qualité du pain.

Les lames ne tiennent pas de place, pour ainsi dire, et n'embarrassent pas le pétrin. Leur nettoyage est excessivement facile et rapide, puisqu'il ne s'agit que de deux lames de couteaux.

Avec le système Purel, on évite l'emploi d'un pétrin supplémentaire ou d'un récipient quelconque pour recevoir la pâte faite, puisqu'on peut la ramasser à un bout, comme dans le pétrin ordinaire, ce qui donne par conséquent moins de travail, moins d'embarras, évite le refroidissement et le nettoyage. On peut aussi travailler sur la longueur que l'on veut ; c'est un avantage incontestable de pouvoir, par exemple, faire les levains ou autre chose, quand même il y aurait de la pâte en planche à un bout du pétrin.

En résumé, le pétrin Purel reproduit exactement le travail des bras de l'ouvrier et donne une qualité supérieure de pâte : il présente, pour le travail, une économie sérieuse ; le nettoyage est des plus faciles, et on peut faire usage du pétrin, de la machine ou de la trémie, ensemble ou séparément, ces trois parties étant, à volonté, dépendantes ou indépendantes l'une de l'autre.

Pétrisseur mécanique à double effet (*système Dagry*). — Ce pétrisseur (*fig.* 74 et 75), peut s'adapter aisément sur tous les pétrins existants employés en boulangerie pour le pétrissage à la main, car au lieu d'être fixe et de s'adapter à demeure sur le pétrin, il peut être amovible et se fixer sur les bords opposés du pétrin ordinaire. Il glisse sur les bords du pétrin de manière à travailler la pâte progressivement, en se déplaçant automatiquement dans tout ou partie de la longueur de l'auge en roulant sur des rails métalliques adaptés sur les bords de l'auge.

Ce pétrisseur comprend : un fraseur *a* et un allongeur ou souffleur *b*. Ces deux organes travailleurs sont disposés dans des directions opposées ; ils sont montés sur un bâti commun pouvant basculer autour d'un axe *o* qui leur transmet le mouvement par l'intermédiaire de poulies *c* et de courroies ou de chaînes galles *d*, et par un système de roues dentées coniques *f* commandant les fraseurs *a*.

Les deux organes travailleurs sont entraînés au-dessus du pétrin de manière à agir successivement

Fig. 74. — Pétrin Dagry. (Elévation).

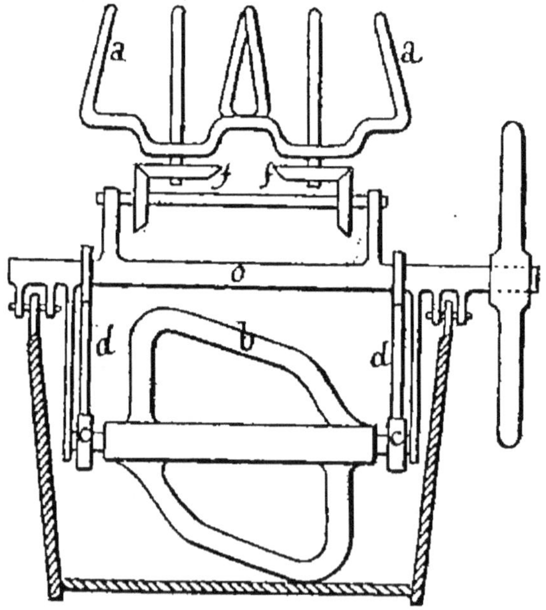

Fig. 75. — Coupe.

sur toutes les parties de la pâte qui s'y trouve contenue.

Les deux travailleurs peuvent aussi être disposés horizontalement, c'est-à-dire tout à fait en dehors du pétrin, de manière à pouvoir être aisément nettoyés et à permettre d'opérer entièrement la vidange du pétrin.

Le déplacement du pétrisseur et de ses organes sur les bords et dans l'intérieur du pétrin peut se faire à la main à l'aide d'un volant manivelle, ou mécaniquement par une poulie recevant l'effort nécessaire.

Ce pétrin rappelle celui de M. Purel et est plus perfectionné.

Pétrin aérifiant Dathis. — Le pétrin industriel (*fig.* 76 et 77), dont nous donnons ci-contre le dessin, se compose d'un récipient tournant autour d'un axe, de manière à présenter toutes les parties de la pâte qu'il renferme à l'action d'instruments pétrisseurs ayant la forme d'une fourchette, qui soulèvent constamment la pâte pour la fraser d'abord, la pétrir ensuite en l'étirant, l'aérant et la soufflant sans jamais la fouler. Ce mode d'opérer donne à la pâte une grande souplesse et une grande légèreté.

Les outils pétrisseurs sont fixés à l'extrémité de leviers au moyen de vis de réglage. Les leviers sont actionnés par des manivelles montées sur un arbre mis en mouvement, soit par une transmission, soit par une manivelle mue à bras d'homme.

La cuve, à double fond (dans lequel on peut

mettre, en hiver, de l'eau tiède pour réchauffer la pâte), avec les différentes pièces déterminant son mouvement, les volants et les manivelles commandant les outils pétrisseurs, forment un ensemble reposant sur un bâti en fonte.

La manœuvre du pétrin est des plus simples : on met dans le récipient du fond une certaine quantité d'eau tiède, afin de conserver une température convenable à la pâte qui sera pétrie dans le récipient du dessus.

Le levain, la farine, le liquide et les accessoires étant placés, on tourne doucement d'abord pour laisser à la farine le temps d'absorber le liquide ; puis on augmente la vitesse jusqu'à concurrence de 60 tours à la minute. Au bout de 10 minutes, on laisse reposer la pâte de 2 à 3 minutes et l'on continue le pétrissage pendant 10 autres minutes, à une vitesse de 80 tours ; l'opération est alors terminée.

Fonctionnement.

Pendant la frase, en introduisant par bout les fourchettes, qui piquent dans la masse, elles ne peuvent la fouler ; puis elles soulèvent la farine à mesure qu'elle s'humidifie ; elles divisent constamment les cellules de ferment et les font s'envelopper de toutes les molécules d'amidon qu'elles sont susceptibles d'attaquer, tout en commençant à étirer le gluten.

Pendant le pétrissage, aussitôt que la frase est terminée et que la pâte commence à se former,

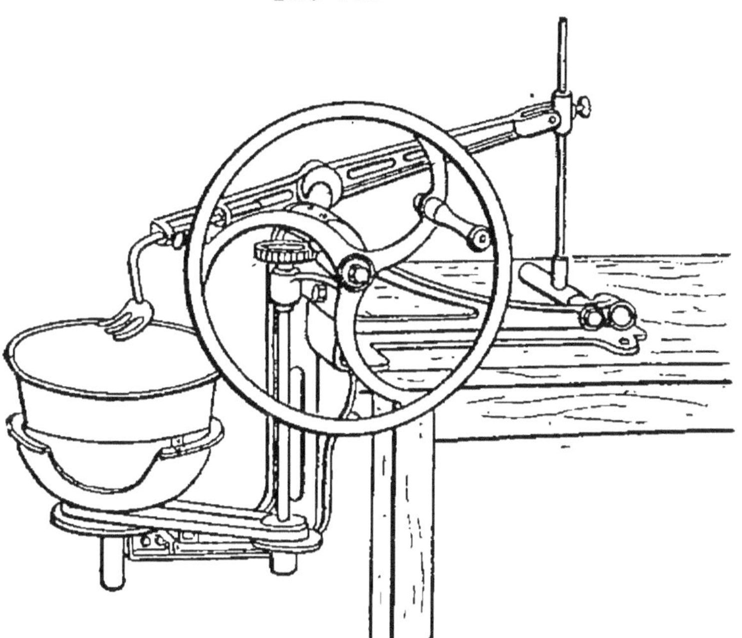

Fig. 76. — Pétrin à main Dathis.

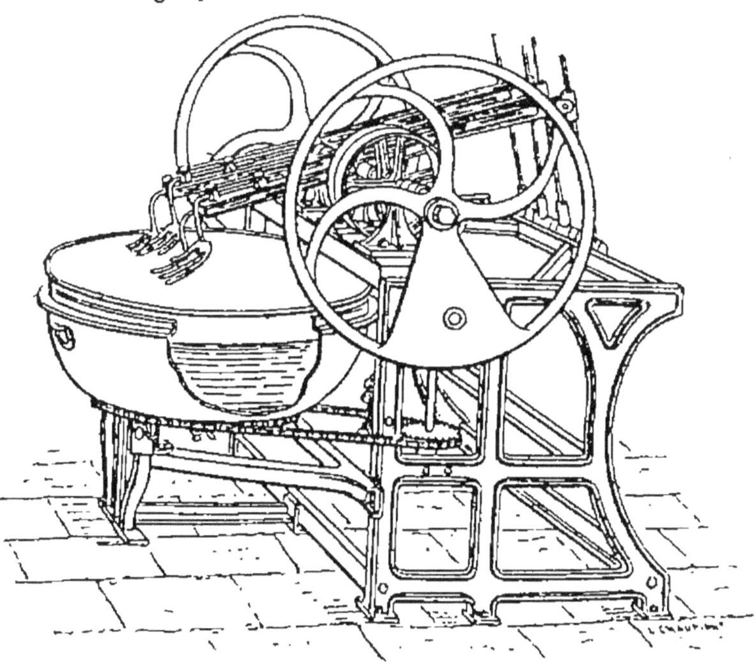

Fig. 77. — Pétrin Dathis actionné par moteur mécanique.

ces mêmes fourchettes pénètrent toujours dans cette dernière sans la fouler, la soulèvent par parties successives, la divisent, l'étirent à l'infini par capillarité, pour lui donner de la blancheur et du corps, en même temps qu'elles la soufflent, à chaque courbe qu'elles décrivent, en la faisant retomber pour emprisonner de l'air. Elles augmentent ainsi de volume et multiplient chaque fois les cellules contenant les gaz qui feront les yeux du pain, lequel pain sera d'autant plus léger que ces cellules seront plus nombreuses et plus développées.

Nous avons eu l'occasion de voir fonctionner cet appareil et nous avons remarqué que le pétrissage s'y fait d'une façon remarquable, et que les pâtes qu'il produit sont très bien rendues et très sèches.

Pétrin mécanique le « Progrès » (*système Guion, de Marseille*). — Ce pétrin mécanique, fort bien imaginé et construit, donne, dans la pratique, d'excellents résultats sur pâtes molles.

Nous donnons ci-contre (*fig.* 78 et 79), le plan et la coupe de cet appareil, ainsi que la légende explicative.

Fonctionnement.

Ce pétrin opère le travail complet du pétrissage; il pétrit le levain, le double lorsque c'est nécessaire, et le fond par ses propres moyens.

Voici comment se pratique l'opération du pétrissage de la pâte :

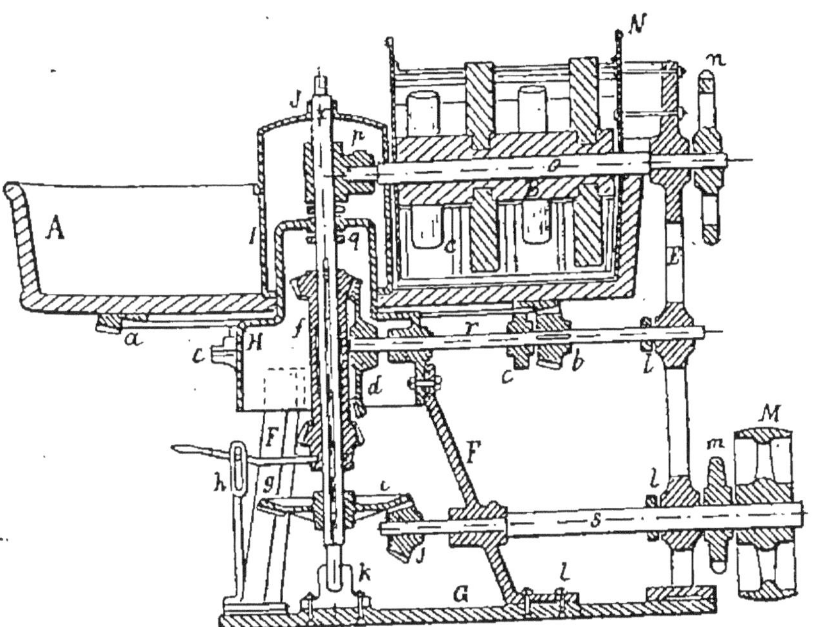

Fig. 78. — Pétrin Guiou. (Coupe).

A Cuve en bois de noyer cerclée en fer.

B Mélangeur de la pâte.

C Grille mobile réglant et coupant à l'entrée sous le mélangeur.

E Bâti en fonte relié à la plaque de fondation.

F Support en trois parties portant toute la machine.

G Plaque de fondation.

H Coupole portant coussinet et guidant la cuve.

I Cylindre protecteur empêchant la pâte de s'introduire dans le mouvement.

J Couvercle (sur ce couvercle est placé le compteur des tours).

M Poulie ou cône de commande suivant le cas.

N Garde-pâte en tôle.

a Couronne dentée fixée au pétrin.

b Pignon conduisant la roue *d*.

c Galet maintenant le pétrin horizontalement.

d Roue conduite par le pignon *f* et donnant le mouvement au pétrin.

f Pignon double changeant de marche, mobile sur l'arbre X.

g Griffe de changement de marche

h Guide du levier ou changement de marche.

i Roue clavetée sur l'arbre X.

j Pignon conduisant la roue *i*.
k Crapaudine support de l'arbre X.
l Bagues d'arrêt.
m Roue Vaucanson conduisant le mélangeur.
n Roue Vaucanson clavetée sur l'arbre *o* du mélangeur.
p Douille servant de coussinet à l'arbre *o*.
q Bague d'arrêt.
r Arbre commandant la cuve.
s Arbre principal commandant tout le mécanisme.
t Boulons de fixation.
u Garde-pâte en tôle.

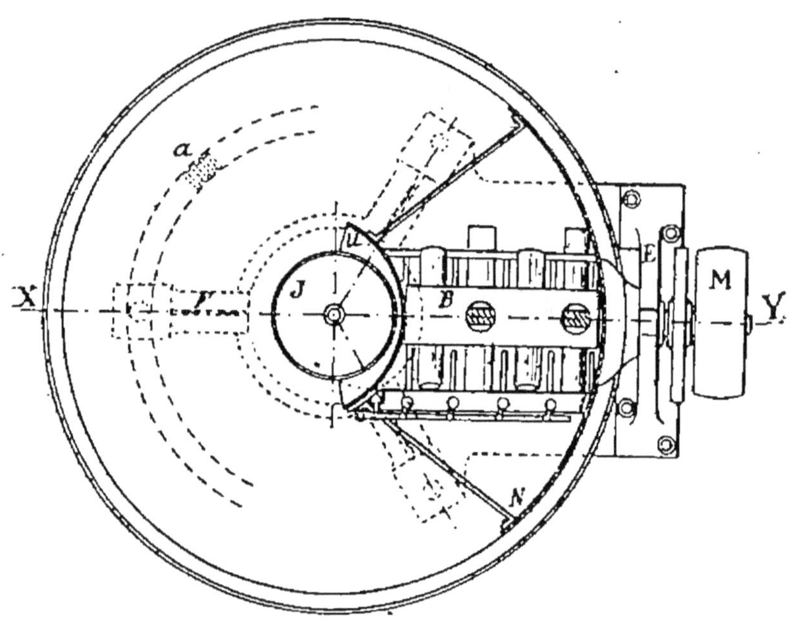

Fig. 79. — Pétrin Guiou. (Plan).

Lorsque le levain est en partie fondu dans la cuve, on verse dans celle-ci l'eau nécessaire à la quantité de farine qu'elle doit contenir, après y avoir préalablement fait dissoudre le sel. On ajoute la farine et l'on met en marche pour le frasage. Cette opération se fait en quelques minutes. Le pétrissage commence alors et dure environ 25 à

30 minutes, suivant la quantité et la fraîcheur du levain.

L'appareil est d'ailleurs muni d'un compteur de tours qui indique à l'ouvrier le nombre de tirées qu'a reçues la pâte, ce qui lui permet d'obtenir une panification toujours régulière.

L'ouvrier ne doit pas trop travailler la pâte ; il doit plutôt donner quelques tirées en moins pour éviter qu'elle soit trop gaillarde.

Le nombre de tirées, c'est-à-dire le nombre de tours faits par la cuve et enregistrés par le compteur, ne doit pas dépasser 25 ; la bonne moyenne est de 22 à 23 tours.

Le pétrissage étant terminé, on retire la pâte pour le pliage ; il n'est pas indispensable de nettoyer le malaxeur à chaque fournée ; on peut y laisser, sans danger, la pâte qui s'y trouve engagée jusqu'à la fournée suivante, qu'elle soit ou non rapprochée de la précédente. A la dernière fournée seulement, il est indispensable de bien nettoyer le malaxeur, afin de ne pas laisser sécher et durcir la pâte qui y est adhérente.

Pour cette opération, on enlèvela grille mobile, que l'on remet en place dèsque la pâte est enlevée, en ayant soin de bien la fixer.

L'appareil est muni de graisseurs automatiques, qu'il est bon de serrer chaque jour, au commencement du travail de la première fournée.

Ce pétrin, que nous avons vu fonctionner, fait un très bon travail.

Il étire fort bien la pâte, la souffle et l'aère convenablement, et la rend légère et très homogène.

Dans son travail, nous avons remarqué qu'à chaque tour que fait la cuve, la pâte subit un moment de repos qui est très favorable à son développement.

Le pétrissage est entièrement fait en 25 minutes et donne un excellent rendement, tout en n'exigeant que la force ordinaire d'un homme jusqu'à 50 kilogrammes de farine. Certains de ces appareils, contenant 150 kilogrammes de farine, ne demandent qu'un moteur de 3 à 4 chevaux de force.

En un mot, c'est un des meilleurs appareils de ce genre que nous ayons vus fonctionner.

Pétrin mécanique système A. Perrein (*dit pétrin chemin-de-fer*). — Ce pétrin mécanique (*fig.* 80), est à cuve longue, en bois, rectangulaire, à peu près comme les pétrins ordinaires, dont il a, du reste, les dimensions.

Il est mobile, monté sur quatre galets en fonte roulant sur des rails en fer dont les traverses doivent reposer sur des pierres, du béton ou des pièces de bois scellées dans le sol, au niveau du plancher du fournil.

Les traverses des rails étant solidement fixées sur les bases, six boulons relient sur eux les deux bâtis du pétrin. Les tampons se placent, un de chaque bout, à cheval sur les rails, afin de repousser légèrement le pétrin, lorsqu'il arrive à bout de course.

La cuve du pétrin est mue au moyen d'une cré-

Fig. 80. — Pétrin Perrein.

maillère qui y est adaptée longitudinalement au bas et sur le devant, et qui engrène avec une roue dentée calée sur un petit arbre transversal mis en mouvement par des roues dentées conjuguées et mues par le volant à manivelle, conduit, à volonté, à bras d'homme ou par un moteur, au moyen de poulies *ad hoc*. Un autre arbre transversal porte des travailleurs en forme d'hélice, qui coupent la pâte et la projettent contre les parois du pétrin, en lui faisant subir une manipulation qui se rapproche sensiblement du pétrissage à la main. D'après l'inventeur, ce pétrin réunirait les avantages suivants :

Il occupe, en longueur, la place de l'ancien pétrin en bois ;

Sa cuve, en bois, ne refroidit pas les pâtes ;

Son pétrissage est excellent ;

Un homme seul, peut pétrir les plus fortes fournées en moins de temps qu'il n'en faudrait pour pétrir à bras avec deux hommes en plus ;

Le pétrissage peut être fait par un simple manœuvre, le patron pouvant lui-même surveiller son travail ;

Le patron boulanger sera assuré d'un rendement maximum régulier tous les jours, ses ouvriers, pétrissant sans fatigue, n'ayant aucune raison de laisser la pâte inachevée.

Plus de cinquante pétrins de ce système sont en fonction dans le midi de la France et ont donné jusqu'à ce jour entière satisfaction à ceux qui l'emploient.

AVANTAGES ET DÉFAUTS DES PÉTRINS MÉCANIQUES

Les pétrins mécaniques, malgré le génie des inventeurs et le nombre toujours croissant de ces appareils, n'ont pas eu, jusqu'à présent, le succès qu'ils méritent, et il n'y a encore qu'un petit nombre de boulangers à Paris, ou dans d'autres localités, qui en fassent une application journalière et suivie. Ces machines à pétrir présentent cependant plusieurs avantages réels, surtout celles qui remplissent toutes les conditions d'un bon pétrissage ; mais, malheureusement, toutes celles qui ont été inventées jusqu'à présent ne paraissent pas présenter ce caractère d'une manière assez tranchée pour qu'on puisse en tout point blâmer la résistance que la pratique a mise jusqu'à ce jour à leur introduction. Il y aurait sans doute beaucoup à dire si l'on voulait traiter à fond cette question, qui cependant mériterait une discussion approfondie et un esprit dégagé de toute prévention, mais, dans un ouvrage de la nature de celui-ci, nous devons nous borner à quelques considérations qui ne feront qu'effleurer le sujet.

Si on examine avec bonne foi la question des pétrins mécaniques, il est incontestable que, par leur secours, les procédés de panification deviennent infiniment plus propres qu'ils n'ont été jusqu'à présent dans l'ancien mode, et qu'on évite par leur emploi les manipulations dégoûtantes qui accompagnent le pétrissage à bras, et dont nous ferons grâce à nos lecteurs de présenter le tableau. Il est inouï, en effet, qu'un aliment de première nécessité pour toutes les classes de la société, une substance qu'on consomme chaque jour, qu'on mélange avec toutes les matières alimentaires, soit encore aujourd'hui, dans un siècle où l'on se pique de la recherche du bien-être, et au foyer même de la civilisation actuelle, préparé d'une manière à exciter le plus profond dégoût, quand on est témoin des manipulations que sa fabrication exige actuellement.

C'est encore un fait reconnu vrai, que la profession de garçon boulanger épuise les forces de ceux qui l'exercent, et est, en même temps, nuisible à leur santé par l'altération qu'elle produit dans leurs organes respiratoires et les accidents funestes qui en sont la conséquence. Les pétrisseurs, ou pétrins mécaniques, remédient effectivement aux inconvénients que présente cette profession insalubre, et cet avantage seul suffirait pour compenser, aux yeux des hommes éclairés, les reproches multipliés qu'on a adressés aux pétrins mécaniques, puisqu'ils assainissent une profession dangereuse et dans laquelle viennent abréger leur vie, ou épuiser leur force, une foule considérable d'individus perdus dès lors pour la société, ou qui retombent à sa charge.

Les pétrins mécaniques évitent, dit-on, une perte assez notable de farine qui a lieu lors des opérations à l'air libre dans le pétrissage à bras ; le fait paraît exact, mais on n'a pas encore constaté d'une manière précise leurs avantages sous ce rapport.

Dans les fermes, dans les ménages, les pétrins mécaniques sont destinés à rendre de grands services, attendu qu'ils permettent d'obtenir un pain meilleur que celui que peuvent préparer les femmes généralement chargées de ce service, et dont les forces ne suffisent pas pour produire un bon pétrissage.

Dans les villes populeuses, ces appareils ont un mérite de plus, c'est de mettre l'autorité, les maîtres et la population, à l'abri des coalitions fréquentes des garçons boulangers, coalitions dangereuses, et qui pourraient avoir des conséquences très funestes.

Nous croyons aussi que les pétrins mécaniques sont très propres à faire des expériences concluantes sur les meilleurs procédés de panification, et que, sous ce rapport, ils sont destinés à conduire à des résultats pratiques qu'on n'a pu obtenir jusqu'ici, par des circonstances faciles à imaginer, du pétrissage à bras.

Les pétrins mécaniques, en se perfectionnant eux-mêmes, si on les adoptait généralement, seraient susceptibles d'améliorer un art qui nous intéresse tous à un haut degré, mais qui est resté stationnaire depuis bien des années, par la résistance des individus intéressés au maintien de cet état de choses ; et, en outre, ils pourraient soulager l'humanité d'un travail mécanique qu'on confierait à la force aveugle d'un moteur mécanique quelconque.

On conçoit encore que les pétrins mécaniques présentent beaucoup d'avantages dans la fabrication du pain sur une très grande échelle, comme pour les prisons, les hôpitaux, les armées, les brigades d'ouvriers, les marins, les soldats en campagne, où l'on est obligé d'agir sur des masses considérables, et où l'on ne recherche pas la délicatesse extrême qu'on demande à ce produit dans les villes.

Enfin, les pétrisseurs jouissent, suivant leurs partisans, de quelques avantages pratiques, qu'il convient de ne pas dédaigner. Par exemple, disent-ils, la qualité du pain dépend moins de l'habileté ou du caprice de l'ouvrier, elle est plus égale et plus uniforme, et le rendement d'une quantité donnée d'une certaine farine y est toujours identiquement le même : l'opération du pétrissage, en elle-même, s'y fait, assurent-ils, avec plus de rapidité que dans le pétrissage à bras et, en outre, il est plus facile de régulariser le service, et de marcher d'une manière continue, ce qui est à la fois avantageux et économique ; on peut pétrir à tel degré de fermeté qu'on désire, avec la plus grande précision, et, en hiver, avec des eaux moins chaudes que d'habitude, etc., etc.

D'un autre côté, les détracteurs des pétrins mécaniques ont élevé contre eux bien des griefs, dont plusieurs sont malheureusement fondés et appuyés par l'expérience et le raisonnement. Nous allons en passer quelques-uns en revue.

Si l'on considère les diverses opérations dont se compose le pétrissage, et dont l'expérience des siècles a constaté l'utilité et le besoin, il est bien certain que les pétrins mécaniques ne les exéculent pas toutes d'une manière aussi tranchée que le pétrissage à bras. Ainsi, avec les pétrisseurs mécaniques, la délayure est souvent très imparfaite. Le bassinage, qui a tant d'influence sur la qualité du pain, s'y opère assez facilement, mais il n'y a, en réalité, que le battement de la pâte qui, dans les pétrins mécaniques, ressemble au battement à bras, encore lui est-il inférieur, puisque les bons ouvriers, après avoir battu la pâte en masse, la battent ensuite en morceaux séparés, avant de la battre encore en masse et de la mettre au tour.

Ainsi donc, jusqu'à ce que de nouvelles expériences aient démontré que les diverses phases qui constituent le pétrissage à bras sont superflues, on pourra dire avec raison que les pétrins mécaniques actuels ne les exécutent qu'en partie, et, par conséquent, qu'ils ne remplissent pas toutes les conditions reconnues nécessaires dans cette opération.

Avec les pâtes douces et mêmes bâtardes, les pétrins mécaniques fonctionnent bien. En général, on leur a reproché d'exiger beaucoup plus de force que les pétrins ordinaires ; seulement, peut-être, la force nécessaire au pétrissage s'y trouve autrement répartie que dans le pétrissage à bras. Ce travail, d'ailleurs, devient de plus en plus laborieux, en s'exerçant sur toute la masse, à mesure que la pâte acquiert de la consistance, et non seulement le mouvement des pétrins devient très pénible à la fin de l'opération, mais, de plus, la pâte alors plus consistante, et qui aurait à cette époque besoin, pour acquérir une plus grande homogénéité, d'être battue plus fortement, n'éprouve plus qu'un battement insuffisant et qui la laisse creuse et inégale. Ce point, du reste, aurait besoin d'être éclairci par des expériences comparatives bien faites, attendu que tous les inventeurs ont prétendu que leurs pétrins exigeaient moins de force que ceux ordinaires, en assurant en même temps, toutefois, que le produit était identiquement le même.

Une autre prétention des inventeurs des pétrins mécaniques, c'est qu'avec leur secours, le pétrissage s'y fait plus promptement que par le pétrissage à bras. Cette prétention est repoussée par beaucoup de boulangers, qui affirment qu'un ouvrier habile pétrit au contraire une même masse de pâte en moins de temps qu'avec un pétrin mécanique. Quoi qu'il en soit, nous solliciterons encore à cet égard une série d'expériences comparatives avec les pétrins mécaniques de nouvelle invention, où l'on agirait sur une même farine, une même quantité de pâte, d'eau, de sel, de levain, et où on constaterait que pendant un travail suivi, les pâtes ont été amenées absolument au même degré de perfection par les deux modes de pétrissage. Alors, seulement, il sera permis de trancher la question.

Les pétrins mécaniques, les uns plus, les autres moins, sont en général difficiles à nettoyer, et c'est un défaut grave que les mécaniciens devront à l'avenir prendre en considération. Quelques-uns même présentent au nettoyage du danger pour l'ouvrier.

On leur a reproché, de plus, de refroidir la pâte, ce qui fait naître un obstacle au travail et à la levée parfaite de la matière ; mais en réalité, cette objection ne s'appliquerait qu'à quelques-uns d'entre eux seulement, et ne paraît pas, du reste, suffisamment démontrée.

On leur a aussi reproché, avec quelque fondement, d'exiger plus de levain que dans le travail à bras.

La pâte, divisée beaucoup trop par les bras, les croisillons, les barres, les hélices, etc., s'y dessèche au contact trop multiplié de l'air, et prend trop de consistance avant d'être suffisamment battue.

Beaucoup de formes de pétrins mécaniques ne peuvent même pas être transformées en pétrins à bras, quand quelques pièces viennent à être hors de service et à manquer tout à coup.

Dans plusieurs d'entre eux, on ne peut y préparer de première, et on n'y travaille qu'avec difficulté les levains de seconde.

Presque tous les pétrins mécaniques connus sont d'un prix très élevé, ce qui n'est pas un obstacle dans les grandes villes où la profession de boulanger est très lucrative, mais s'oppose à leur introduction dans les petites villes, les villages et les établissements ruraux.

Si le pétrissage de la pâte par pétrins mécaniques est au total plus propre, on leur a toutefois reproché de laisser subsister les corps étrangers, grossiers ou malpropres, qui pourraient se rencontrer dans la farine, et que l'ouvrier aperçoit et enlève dans le pétrissage à bras.

Enfin, dit-on, la main et le bras de l'ouvrier sont à la fois un thermomètre et un instrument propre à mesurer la densité et la ductilité de la pâte, et c'est par le secours de ces instruments qu'il arrive au point précis où sa pâte a la consistance, la douceur et toutes les qualités désirables dans un bon pétrissage, tandis que dans les pétrins mécaniques, tout est davantage subordonné au hasard ou au temps, et l'ouvrier perd ainsi ce tact pour juger la qualité du pain que peuvent seuls donner le maniement et le travail journalier à la main.

Pour notre compte, nous dirons, en terminant cet article, que nous sommes partisans zélés des pétrins mécaniques, mais que nous croyons que, s'ils ont rencontré jusqu'ici de si grands obstacles à leur introduction dans la pratique, c'est que beaucoup d'entre eux sont des inventions qui n'ont pas résolu le problème compliqué du pétrissage ; que d'autres ont approché davantage de cette solution mais sont encore loin de l'atteindre ; qu'il ne faudra pas s'en laisser imposer par le prix ou par la complication des appareils, quand il s'agira de remplir toutes les conditions mécaniques que l'expérience a considérées jusqu'à présent comme indispensables dans le pétrissage du pain ; et enfin qu'il conviendrait peut-être de diviser la question, c'est-à-dire, d'inventer des appareils différents qui ne feraient successivement qu'une ou deux des opérations dont se compose le pétrissage, et que, dans tous les cas, il ne faut pas songer à construire des pétrins mécaniques à *tout faire et propres à tous les services*; qu'il y aurait au contraire beaucoup d'avantage à établir de grands appareils simples et peu dispendieux pour les armées, les prisons et les grands services publics; des appareils perfectionnés pour les villes et les grands centres de civilisation, et enfin de petits pétrins mécaniques bien simples, d'un prix peu élevé, donnant toutefois des résultats satisfaisants, pour les fermes et les établissements ruraux. C'est, nous croyons, à cette condition, qu'on atteindra le but proposé plus sûrement qu'on a pu le faire jusqu'à présent dans cette question d'intérêt et de salubrité publique.

Du reste, nous ferons remarquer que dans la construction des pétrins, on s'est copié plus ou moins les uns les autres, et qu'on paraît n'avoir pas songé qu'il existe d'autres moyens mécaniques qui pourraient peut-être être mis en usage pour opérer le pétrissage du pain.

Sous le rapport de la salubrité et de la santé des ouvriers, le pétrissage à la mécanique l'emporte de beaucoup sur le pétrissage à bras; le nombre des ouvriers reste le même, seulement leur travail devient moins pénible, mais un peu plus assidu.

LES NOUVEAUX PÉTRINS MÉCANIQUES

Depuis 1898, date de la dernière édition de cet ouvrage, de nouveaux pétrins mécaniques, plus ou moins perfectionnés ont été créés et nous allons les décrire ci-après.

Pour plus de clarté, nous avons groupé les pétrins qui ont quelque ressemblance entre eux, soit par leur forme, soit par leur mécanisme, afin que la comparaison se fasse sur des appareils ayant de mêmes rapports.

A cet effet, ces appareils sont classés en quatre sections.

La 1re Section réunit les pétrins les plus connus par l'ancienneté de leur forme, sous la dénomination de Pétrins à auge demi-cylindrique, en bois ou en fer, avec arbre horizontal ou sans arbre.

La 2e Section comprend :

Les Pétrins à cuve hémisphérique, tournante, à bras pétrisseurs basculant (Type Dathis).

La 3e Section :

Les pétrins à cuve circulaire à fond plat (Type Deliry).

La 4e Section :

Les pétrins à cuve rectangulaire et à fond cylindrique avec pétrisseurs à chariot. (Type Perrein).

Nota : Nous ne donnons ci-après que les principaux appareils qui ont été l'objet de Brevets, et admis dans la boulangerie depuis 1898 jusqu'à ce jour ; car il nous été impossible de décrire et donner le dessin des 148 pétrins présentés et dont la plus grande partie n'a pas été admise dans la pratique.

Le véritable essor du pétrin mécanique n'eut lieu qu'à la suite des Expositions spéciales de ces appareils, en février 1907 et juin 1908 à Paris.

Depuis cette époque un nombre relativement considérable a été l'objet de brevets d'invention et nous n'avons pu songer à donner la description que d'un certain nombre d'entre eux, et encore, parmi ces derniers, avons-nous dû choisir ceux qui, dans l'ensemble de leur construction nous ont paru se rapprocher le plus des conditions élaborées par les Comités d'organisation de ces expositions.

Conditions que doit remplir un bon pétrin mécaniqua. — Le pétrin mécanique doit être d'une construction robuste, d'un mécanisme très simple, principalement en ce qui concerne les organes en contact avec la pâte ;

D'un nettoyage et d'un entretien facile ;

Le graissage devra être établi de façon à ce que l'huile à ce destinée ne puisse souiller la pâte.

Comme fonctionnement :

La vitesse devra être relativement lente, afin de permettre à la farine d'absorber suffisamment d'eau ;

Le pétrissage ne devrait se faire que sur une partie à la fois, pendant que les autres parties maintiennent la fermentation en cours ;

Le frasage, ou mélange de la farine avec l'eau devra être fait de manière à ce que la farine ne soit pas foulée, afin que les molécules d'amidon ne puissent se coller les unes aux autres, sans emmagasiner les ferments ;

L'étirage devra se faire plus lentement encore

que le frasage, afin de laisser au gluten le temps nécessaire à son imbibition d'eau ;

Le soufflage se fera en même temps que l'étirage, afin de produire le développement successif des cellules du levain en leur faisant emmagasiner de l'air, les divisant ainsi à l'infini, de façon à ce qu'elles agissent sur toutes les molécules de la farine, en leur faisant subir la *fermentation panaire*.

1re SECTION

Pétrins à auges demi-cylindriques, en bois ou en fer, avec un arbre horizontal ou sans arbre.

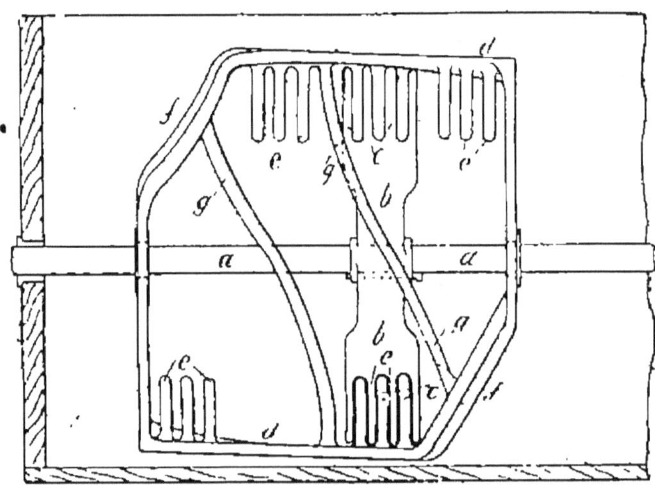

Fig. 81.

Pétrisseur mécanique à hélice combinée, avec dents travaillantes sur les deux organes (*Havel-Delattre*) (*fig.* 81). — Sur l'arbre moteur *a* de cet appareil est clavetée une lame *b* formant à chaque extrémité une surface gauche présentant des dents *c*. Le cadre *d* du pétrisseur est également gauche et présente des séries de broches *e*, dirigées vers l'intérieur, et deux côtés inclinés *f* sur l'un desquels vient, à chaque fin de course du pétrisseur s'appuyer la lame *b* pour entraîner ce dernier dans son mouvement de rotation ; les dents de la lame *b* passent entre les broches *e* du cadre *d* dont les côtés latéraux sont percés pour le passage de l'arbre *a* avec un jeu suffisant, afin de permettre au cadre de glisser le long de l'arbre, sous l'action de la lame *b*.

Pétrisseur mécanique à ailettes mobiles (*Damerval*) (*fig.* 82). — Ce pétrisseur est animé d'un

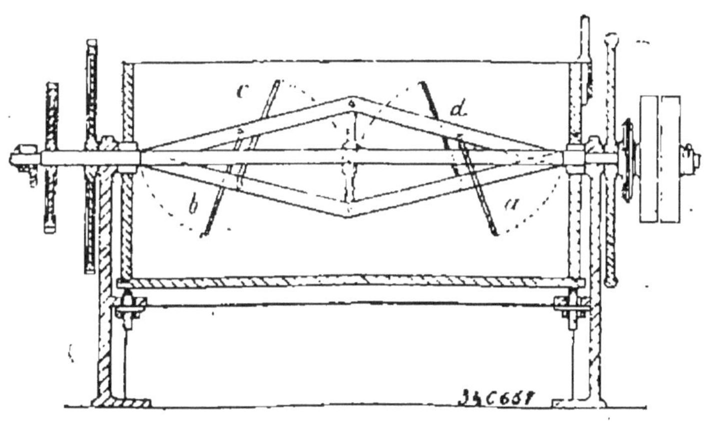

Fig. 82.

mouvement rotatif en avant et en arrière, et fonctionne dans une cuve demi-cylindrique. Les ailettes latérales à l'arbre du centre de la cuve sont mobiles, et des bras perpendiculaires audit arbre s'ouvrent latéralement, en se plaçant obliquement à la ligne d'axe centrale quand le pétrisseur tourne en avant pour la première opération du mélange, et elles se ferment automatiquement en se plaçant parallèlement à l'arbre, quand le pétrisseur tourne en arrière pour la deuxième opération du pétrissage.

Pétrin démontable et transportable (*Mahot*) (*fig.* 83). — Ce pétrin, à changement de marche

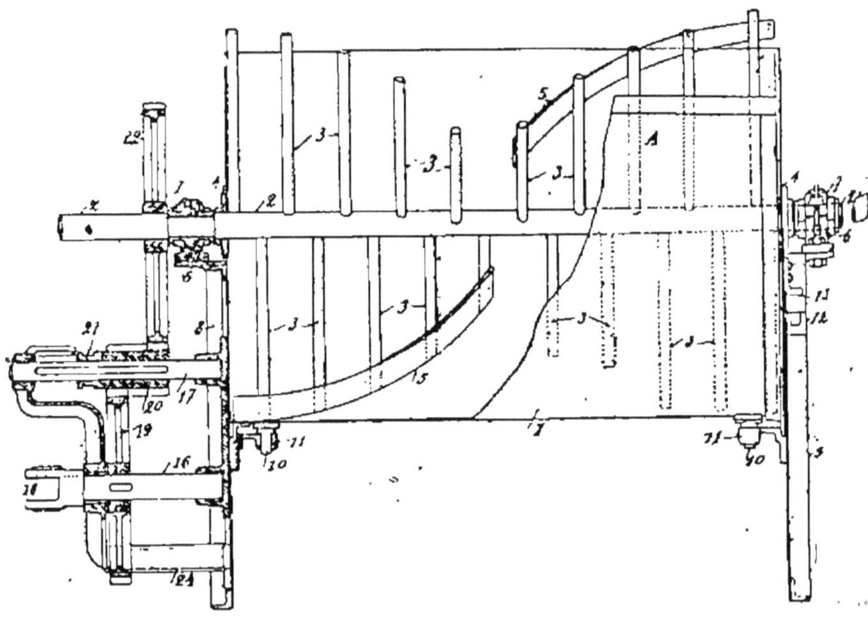

Fig. 83.

des organes pétrisseurs, est formé d'une cuve 1 traversée dans sa longueur par un arbre 2, sur la périphérie duquel sont fixés en hélice quatre groupes de bras 3 dont deux sont reliés près de leur extrémité par une lame 5, qui affleure par son bord externe la paroi de la cuve, en vue de ramasser et relever la pâte. Des broches 10 logées dans des crapaudines 11 et des pattes avec broches 12 pouvant s'encastrer dans des crapaudines 13 assujetties sur les parties latérales supérieures des pieds 8 et 9, permettent de rendre amovible la liaison de la cuve 1 et des pieds verticaux 8 et 9.

Perfectionnements aux pétrins et mélangeurs (*Rolland*) (*fig.* 84). — Ce système de pétrisseur se

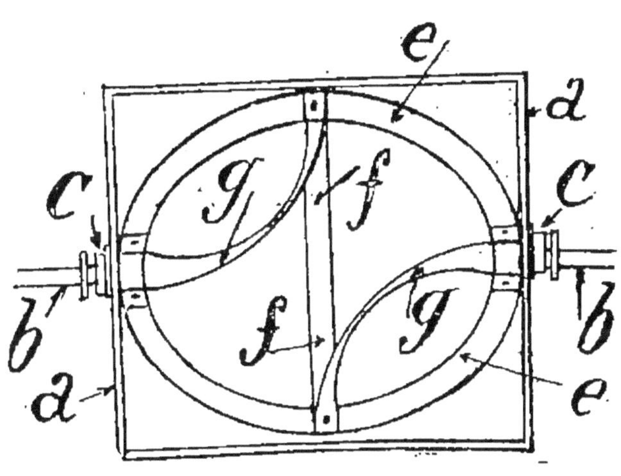

Fig. 84.

compose d'une caisse *a* à fond cylindrique traversée dans l'axe de sa partie cylindrique par un arbre horizontal rotatif *b* portant des palettes fixées sur lui. Un anneau ovale *e* est fixé dans la caisse aux deux extrémités des bras : un fer plat *f* est réuni à l'anneau et chaque axe *b* est également réuni au fer *f* par un fer *g* courbé en demi-cercle.

Pétrisseur pour pétrin mécanique (*Focken*) (*fig.* 85). — Ce dispositif de pétrisseur figuré soulevé de la cuve *g*, est constitué par une pièce

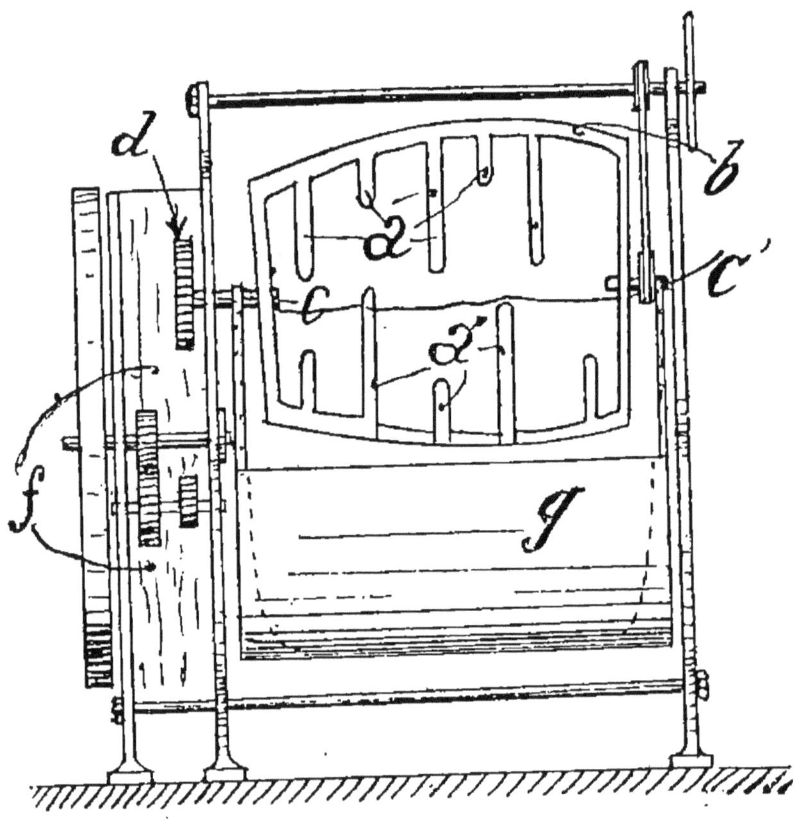

Fig. 85.

en fer forgé comportant un cadre hélicoïdal *b* muni de bras *a* dont la direction se confond avec l'hélice formée par le cadre ; ces bras sont de deux longueurs et relevés à leur extrémité en dehors de l'hélice. Sur deux tronçons d'arbres *cc'* est calée une roue dentée *d* qui reçoit le mouvement au moyen d'une série d'engrenages protégés par un tablier *f*.

Pétrin mécanique (*Geoffrin*) (*fig.* 86). — Ce

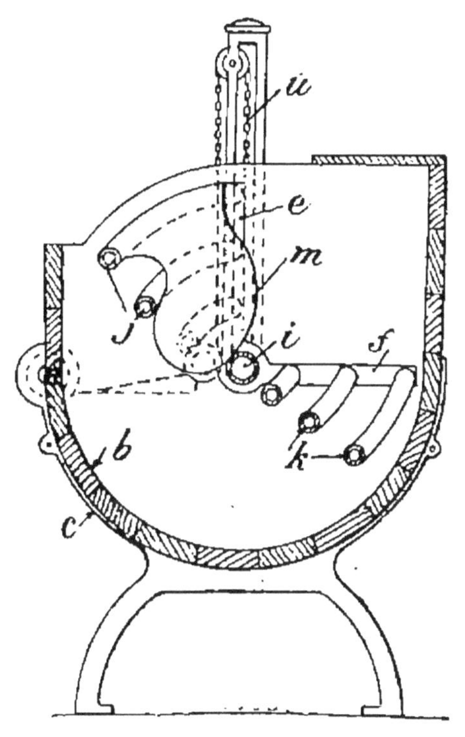

Fig. 86.

système de pétrin se distingue par un organe de pétrissage constitué par deux équerres *e f*, montées aux extrémités d'un arbre commun *i*, ces équerres à 90° étant calées de façon que les branches *e f* de l'une soient dirigées parallèlement et en sens inverse des branches de l'autre. Les branches perpendiculaires l'une à l'autre de ces deux équerres servent d'attaches à des tubes malaxeurs *j k* courbés et équidistants ; sur ces tubes se fixent deux lames *m* en forme de versoir de charrue ayant leurs concavités tournées l'une vers l'autre ; ces lames sont montées diagonalement aux extrémités de l'organe de pétrissage. Des chaînes *u* permettent de sortir le système pétrisseur hors de la cuve *b*.

Pétrin mécanique (*Mérand et Chrétin*) (*fig.* 87). — Ce pétrin est à bras ou au moteur ; il com-

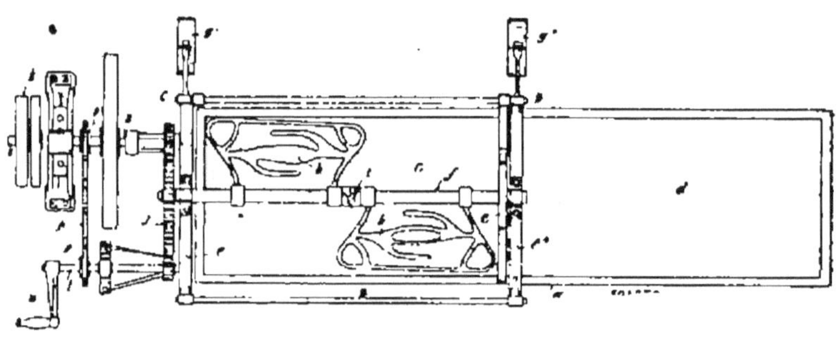

Fig. 87.

prend sa cuve *a* divisée en deux parties *c* et *d* au moyen d'une planche mobile *e* dite étanche. La partie *c* est réservée au pétrissage ; celle *d*, recouverte, reçoit la pâte à sa sortie du pétrissage pour opérer sa fermentation. L'arbre *f* portant les deux pétrisseurs *h* et une hélice *i* est actionné par la roue d'engrenage *j*. Des contrepoids g^1, g^2 facilitent l'oscillation du mécanisme autour de l'axe C D.

Pétrin mécanique pouvant conserver le levain (*Christofleau*) (*fig.* 88). — Ce pétrin transportable est construit pour pouvoir être renversé dans un pétrin ordinaire, il comprend ; la cuve *a* avec couvercle *i* dont le rebord plonge dans une rainure *m* hydraulique, étanche à l'air ; un cadre batteur *c* à barreaux *d* avec axes de rotation *c'*

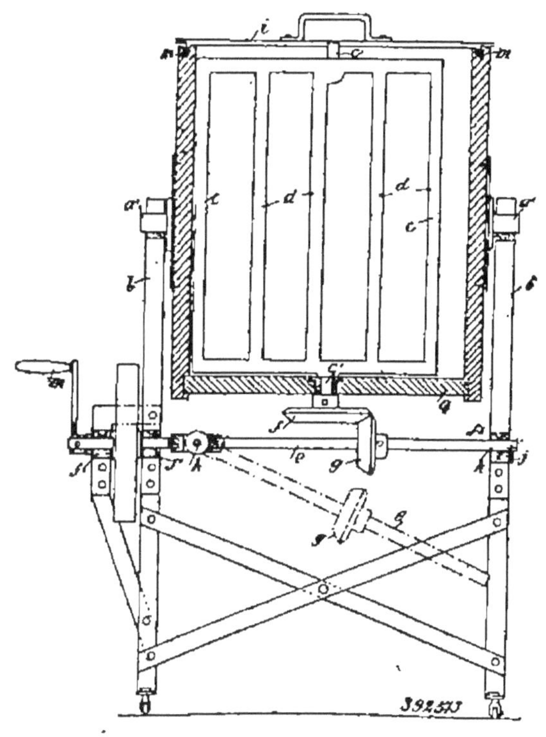

Fig. 88.

animés d'un mouvement de rotation par les pignons *f*, *g* ; un arbre moteur *e* articulé en *h* pour permettre à la cuve de pivoter.

Pétrin mécanique (*Lefebvre*) (*fig.* 89). — Ce pétrin se caractérise par un système de pétrisseurs 6, 7 disposés concentriquement et entre les-

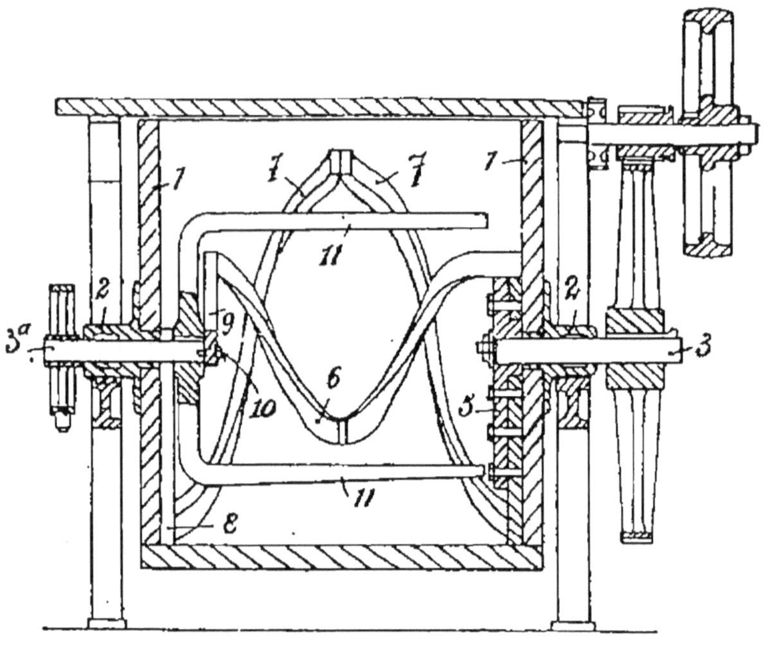

Fig. 89.

quels peut circuler un autre pétrisseur à fourche 11, à une vitesse égale à celle à laquelle la pâte est entraînée par les deux premiers ou à une vitesse décroissante pouvant aller jusqu'à l'immobilité ; la cuve est munie de tourillons 2 traversés par des axes 3 et 3^a; sur l'axe 3 est clavetée une pièce 5 qui porte l'un des pétrisseurs lesquels sont dirigés en sens inverse l'un de l'autre ; à l'autre extrémité le pétrisseur 7 présente un bras radial 8 articulé sur l'axe 3^a et le pétrisseur 6 un bras radial 9 articulé sur le collet de la vis 10 en prise avec l'axe 3^a.

Pétrin hygiénique (*Ollion*) (*fig.* 90).— Ce pétrin est confectionné avec des plaques, soit en

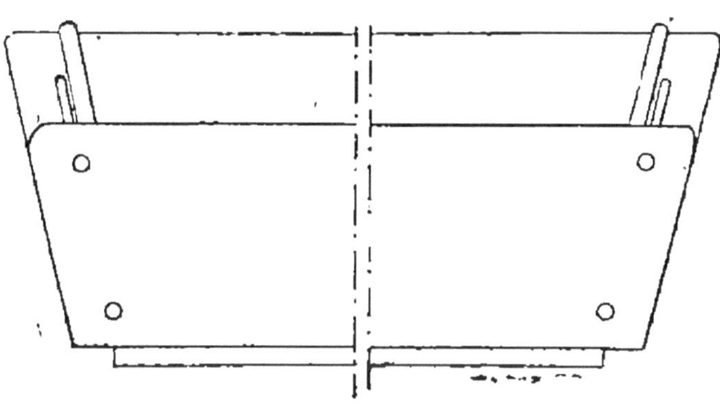

Fig. 90.

marbre, soit en pierre dure, enchâssées les unes dans les autres, ayant une certaine épaisseur et boulonnées aux extrémités.

2e SECTION

Pétrins à cuve hémisphérique, tournante, à bras pétrisseurs basculants. (*Type Dathis*).

Machine à pétrir (*Société Werner et Pfleiderer*) (*fig.* 91). — Cette machine se caractérise par la facilité de l'enlèvement du réservoir 12, sans déplacer le pétrisseur dont l'extrémité décrit pendant le pétrissage une courbe dans le

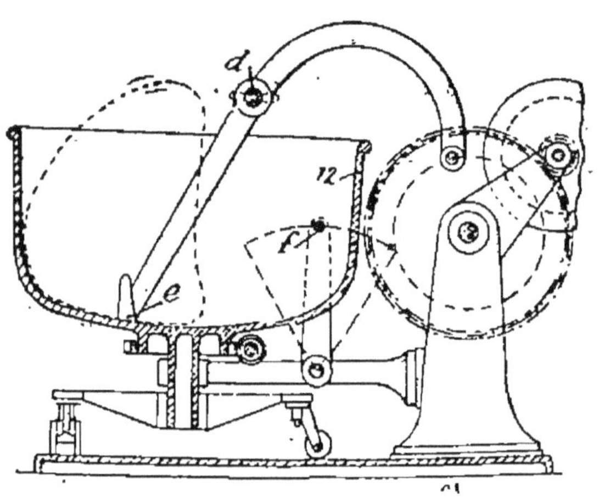

Fig. 91.

point le plus haut de laquelle il sort complètement au-dessus du bord du réservoir à pâte, et permet son enlèvement sans déplacer le pétrisseur, dont l'extrémité *e* passe d'abord près du fond du réservoir, puis monte lentement vers l'arrière ; le pétrisseur est relié rigidement à un guide par un étrier *d*, surpassant le réservoir 12, dont les axes d'oscillation sont situés en partie dans le profil d'élévation du réservoir.

Pétrin mécanique (*Lamoureux*) (*fig.* 92). —

Ce dispositif de pétrin est formé d'une hélice *a* de pétrissage ayant une forme telle qu'elle entraîne dans son mouvement la cuve *e* qui tourne

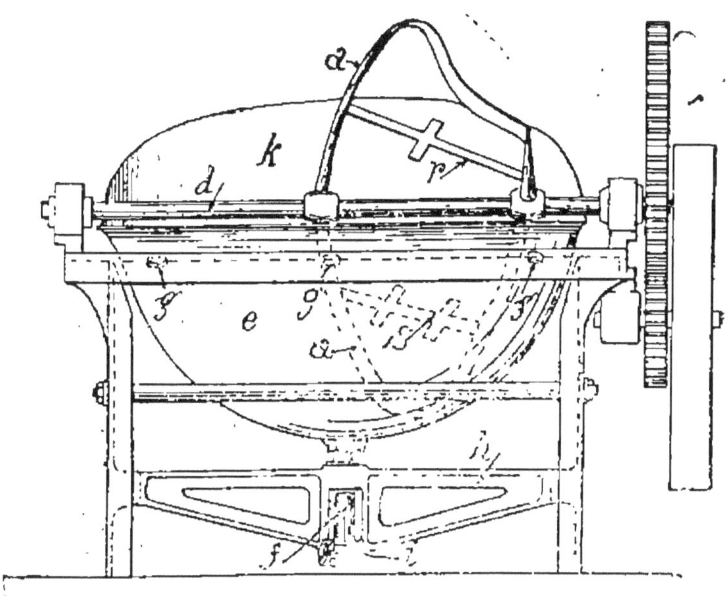

Fig. 92.

sur son pivot *f* ; ce mouvement est facilité par une série de galets *g* et une couronne de billes *i* au pivot. Une bavette mobile *k* empêche la farine de tomber au commencement du pétrissage.

Pétrin mécanique (*Fairwather*) (*fig.* 93). — Cette disposition de pétrin se caractérise par son dispositif de commande ; par la constitution de la paroi en contact avec la pâte à travailler ; le roulement à billes 27 disposé entre la crapaudine 6 et le moyeu 7 supportant la cuve 8 ; les galets 24, 25 disposés sous la cuve et l'embrayage

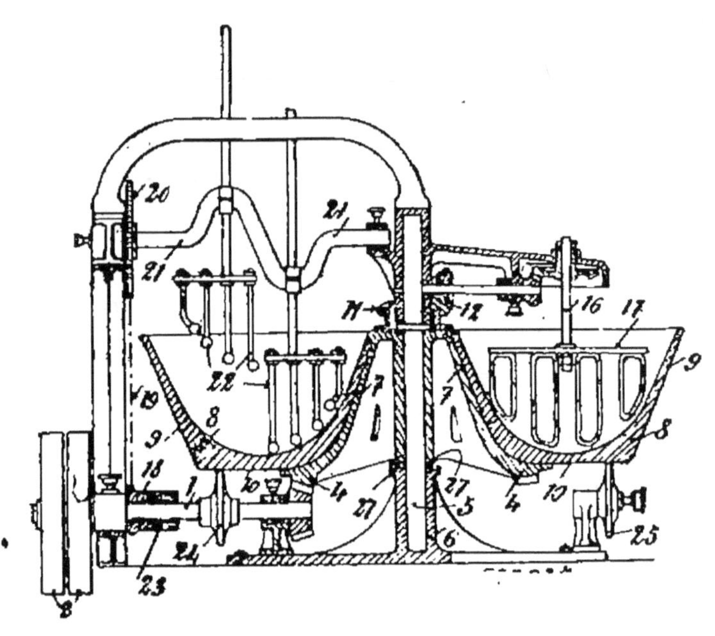

Fig. 93.

23 disposé sous l'arbre de commande 1 pour pouvoir embrayer facultativement les fourches 22 actionnées par un arbre coudé 21. La cuve 8 est formée d'une couche intérieure de ciment protégée extérieurement par des tôles 9 et 10 ; 11, 12, 18, 19. 20, organes de commande ; le fraseur 17 muni d'un mouvement de rotation sur lui-même est porté par l'arbre 16.

Amélioration aux pétrins mécaniques (*E. Lidon*) (*fig.* 94). — Ce pétrin est muni d'une cuve hémisphérique *a* dans laquelle se déplace un bras pétrisseur, mû par une commande convenable entraînant un parallélogramme. Un côté de celui-ci oscille autour d'un point et

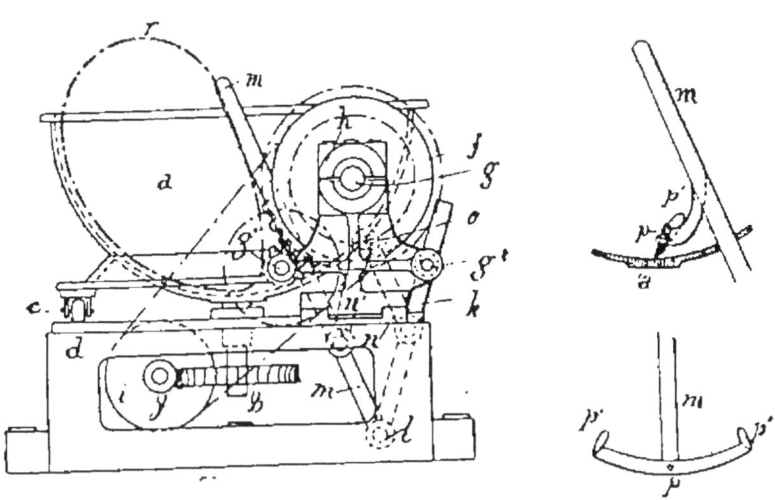

Fig. 94.

un de ses sommets exécute une circonférence, de sorte que ce pétrisseur parcourt une courbe réalisant les différentes phases de pétrissage, frasage, etc,

La cuve *a* tourne sur l'axe *b* reposant par des galets *c* sur le bâti *d* ; le mouvement reçu par l'arbre *g'* est transmis, par un engrenage à chevrons, à l'arbre *g*, tournant dans le palier *h* et portant le volant *f*, Celui-ci commande la cuve *a* par la vis sans fin *j* la poulie *i*, solidaire de son axe et la poulie *l*.

Le parallélogramme est formé : par le levier *k* oscillant autour de g_2 ; par les bielles *n* et *n'* s'articulant en *o* sur le bouton de manivelle du volant *f* et, par le bras pétrisseur *m* contre-coudé pour pénétrer dans la cuve. Il est terminé par un malaxeur, constitué par un fer plat *p* muni de deux crochets *p'*.

Ce malaxeur parcourt une courbe fermée *r* ; il chemine lentement en montant et brusquement en descendant, de façon à rejeter la pâte en nappe et à lui faire englober une grande quantité d'air.

On peut disposer dans la cuve *a* une cuve plus petite pour le travail des pâtes molles, en utilisant le même pétrisseur parcourant la même courbe.

Dans une addition à son brevet, l'inventeur indique deux moyens pour rendre la cuve amovible et déplaçable :

1° L'arbre vertical autour duquel pivote la cuve, porte à l'endroit où il se réunit à elle, une croix mâle qui vient s'emboîter exactement dans une croix femelle creusée sous la cuve.

2° Le bâti est formé d'une partie fixe portant le mécanisme du bras pétrisseur et d'une partie mobile portant la cuve, son axe et celui de la vis sans fin qui la commande. Cette partie montée sur galets, porte des encoches où s'enfoncent des saillies de la partie fixe. On complète la fixation par un système de crochets.

La vis sans fin est embrayée par un plateau que

porte un axe placé dans son prolongement. Ce plateau porte des trous où s'enfoncent des goujons solidaires d'un plateau coulissant sur l'axe de la vis, lesquels goujons sont pressés vers l'extérieur par un ressort.

Pétrin mécanique (*P. Theureau*). — Ce pétrin mécanique (*fig.* 95) est caractérisé par :

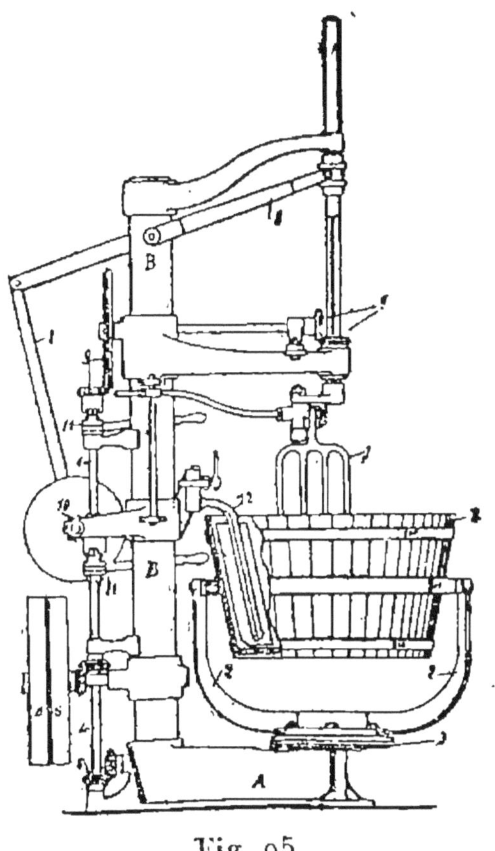

Fig. 95.

Un socle A avec montant vertical cylindrique B. Une cuve tronconique 1, portée par un arceau 2, au bas duquel se trouve une roue d'angle 3, qui reçoit son mouvement de l'arbre 4, par l'intermédiaire des roues d'angles 5, commandées par l'une des poulies 6.

Un peigne 7 à dents courbes, manœuvré par les leviers et engrenages 8, 9, et 10, en reçoit deux mouvements : un vertical alternatif et un rotatif, en manœuvrant les embrayages 11.

La rotation de la cuve combinée avec les mouvements de va-et-vient du peigne, réalisent le pétrissage complet de la pâte.

Un racloir amovible 12 sert à détacher la pâte qui adhère au pourtour interne de la cuve.

Perfectionnements aux pétrins mécaniques (*Lips*) (*fig.* 96). — Cette machine à pétrir et brasser la pâte comporte deux bras pétrisseurs 15 affectant la forme de levier à deux bras, ils sont tourillonnés sur les boutons 16 de manivelles au moyen d'un manchon 14 reliant les deux bras de leviers 17. Les bras 15 et 15' sont munis à leurs extrémités inférieures de doigts pétrisseurs qui plongent dans la pâte dans le mouvement de descente des bras ; une bielle 18 articulée aux montants 17 et actionnée par une came 22, 23 fait tourner les pétrisseurs autour des boutons de manivelles 16 ; ces cames sont constituées par des disques à rainures courbes calés sur des arbres reliés entre eux par les engrenages 10 portant les boutons de manivelles. La cuve 4 tourne dans un support 2 tourillonné à l'aide d'un pivot 3 portant une roue à rochet 30

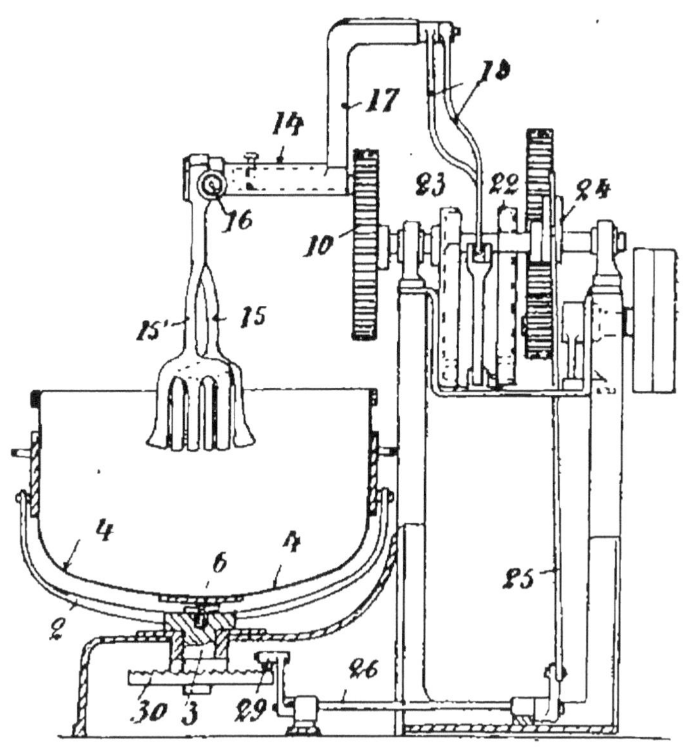

Fig. 96.

dans laquelle s'engage un cliquet 29 commandé au moyen des tringles 25, 26.

Machine à pétrir (*Kustner*) (*fig.* 97). — Ce pétrisseur est commandé par un mécanisme lui imprimant un mouvement produisant une aération ou un soufflage de la pâte et pouvant être réglé suivant la pâte à pétrir ; dans ce but le pétrisseur *a* est porté par un étrier *b* dont les extrémités sont pivotées en *b'* sur un tourillon porté par une des roues dentées *c* montées sur des tourillons fixes portés par les deux côtés *d* du bâti. *e* est l'arbre moteur ; des coulisses *f* où sont engagés des tourillons sont fixées sur les côtés

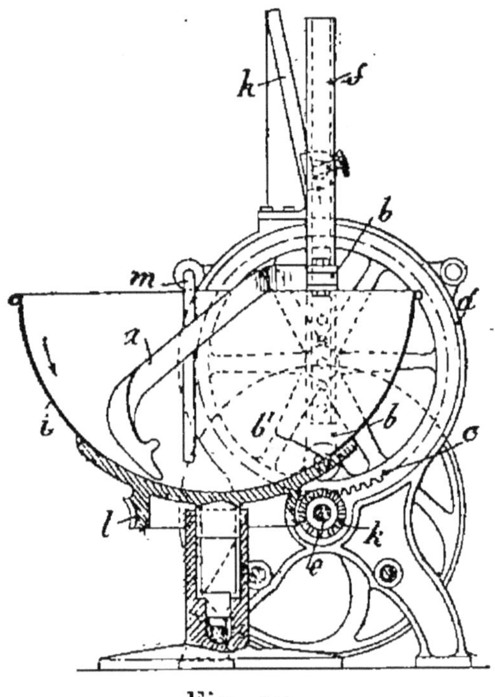

Fig. 97.

de l'étrier, ces tourillons, portés par des chariots, peuvent se déplacer le long de guides fixes *h*. Lorsque l'arbre *e* tourne, les roues *c* entraînent les extrémités de l'étrier *b* tandis que les coulisses *f* glissent sur les tourillons ; l'extrémité du pétrisseur décrit alors une courbe dont la forme dépend de la position des chariots. Une vis sans fin *k* engrenant avec la roue *l* sert à la rotation du pétrin sur lui-même, *m* est un racloir.

Pétrin à bras pétrisseur réglable (*Joham et Ludwig Fey*) (*fig.* 98). — L'invention concerne une machine à pétrir dans laquelle le bras pétrisseur *h* est mis en mouvement par l'intermédiaire de son support *g* au moyen de deux manivelles *d*, *e* tournant en sens inverse, elles son

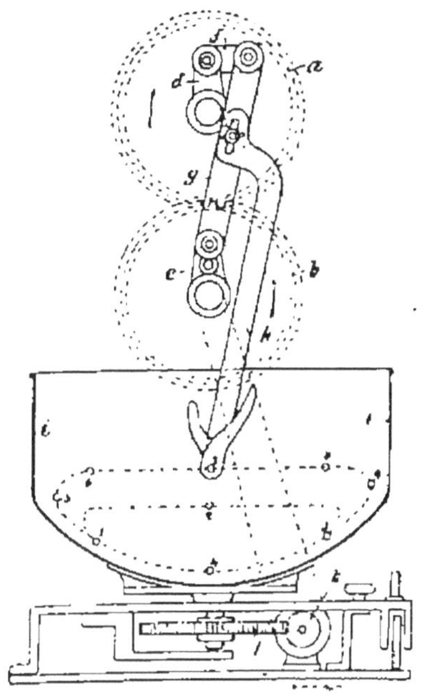

Fig. 98.

reliées entre elles par deux engrenages *a*, *b*, une bielle *f* et le support *g* du pétrisseur ; ce support est déplaçable ou réglable sur la manivelle *e* et le pétrisseur peut être réglé sur son support. Lors de petits parcours le pétrisseur est déplacé vers le bas et la manivelle *e* est raccourcie de façon correspondante (courbe 1, 2, 3, 4) ; le réglage est inverse pour effectuer de grands parcours (courbe 1, 5, 6, 7, 8, 9, 3, 4). L'auge *i* peut être fixe ou mobile, dans l'exemple, elle est mise en rotation par une commande par vis *k*, *l*.

Pétrin mécanique (*Jouy*) (*fig.* 99). — Les caractéristiques de ce pétrin portent sur la combinaison de la cuve *a* et de deux organes amo-

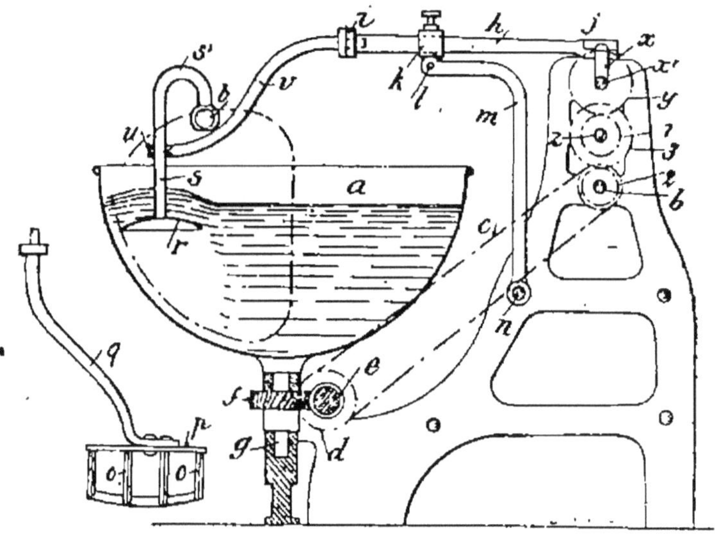

Fig. 99.

vibles, c'est-à-dire le fraseur et le souffleur ; la cuve est mise en rotation lente par les organes de commande *b*, *c*, *d*, *e*, *f*, pendant qu'un levier *h* reçoit le fraseur, puis le souffleur, leur donne un mouvement de monte et baisse dans la cuve. Le fraseur comporte des couteaux *o* et le souffleur est constitué par une tôle bombée *r* surmontée d'un tube *s* avec clapet *t* de rentrée d'air. *x* 1, 2, 3, commandes du levier *h*.

Dispositif mécanique de commande du pétrisseur et de la cuve pour pétrins (*Blot*) (*fig.* 100). — Ce dispositif de commande se caractérise par

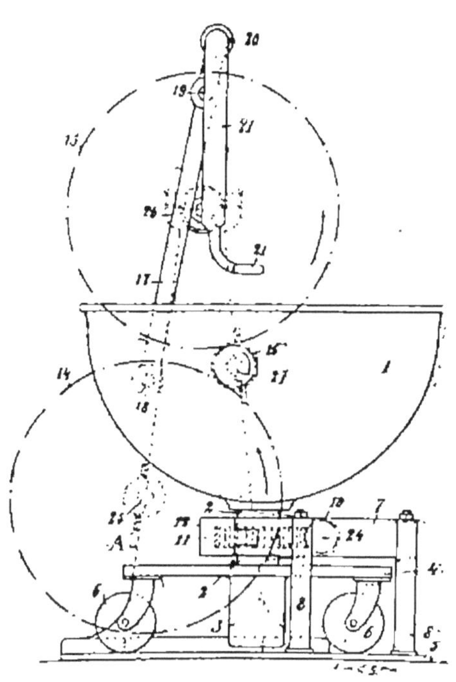

Fig. 100

un système de deux plateaux 14, 15, dentés et verticaux engrenant avec un pignon commandé 16 intercalé entre eux; la rotation en sens inverse de ces plateaux détermine le déplacement d'une bielle 17 ayant une de ses extrémités fixée à chacun d'eux et son mouvement étant transmis.

au pétrisseur 21, l'obligeant à monter et à descendre pendant qu'il oscille dans un plan vertical de la cuve 1. Le mouvement de rotation de la cuve étant produit simultanément par un jeu de deux poulies, actionnant l'arbre 24 d'une vis sans fin 10 puis la roue hélicoïdale 11.

Pétrin mécanique (*Société Decarcin et C*[ie]) (*fig.* 101). — Ce pétrin se caractérise par la disposition du bras pétrisseur 1 constitué par

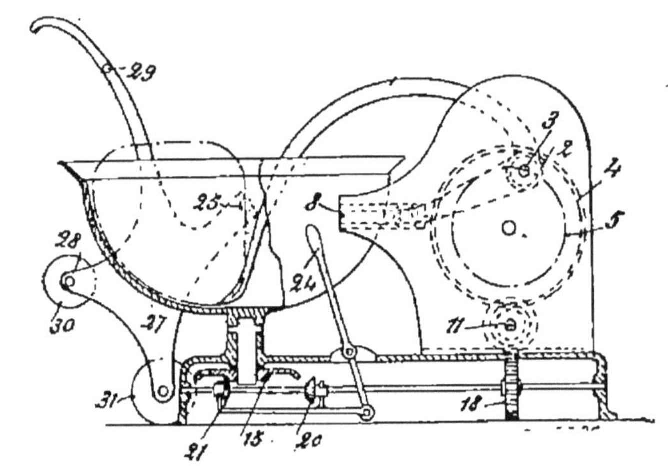

Fig. 101.

un levier dont le point de puissance est entraîné par excentrique ou manivelle, suivant un cercle 5 et le point d'appui décrit une ligne droite ou courbe suivant une glissière 8 de forme appropriée, de manière que le point de résistance décrive une courbe voulue spéciale, dans un réservoir approprié. Les organes de commande 15, 20, 21, 24 de la cuve permettent de la faire tourner dans les deux sens, à des vitesses différentes, ou de la rendre folle sur son pivot. Un chariot avec galets 30, 31 permet de sortir la cuve.

Machine à mélanger et pétrir (*Mme Blum*) (*fig.* 102). — Cette machine se compose d'un bras pétrisseur *a* oscillant, ajusté dans un cous-

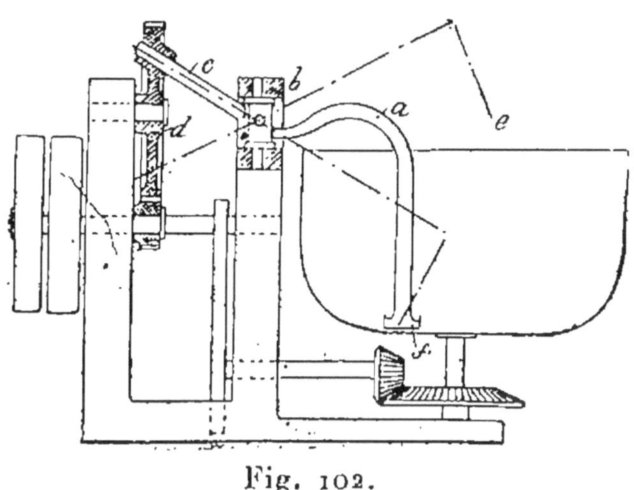

Fig. 102.

sinet *b* et dont l'extrémité *c* est tourillonnée obliquement dans une roue dentée *d*. L'extrémité antérieure du bras pétrisseur *a* décrit donc, de ce fait, un cercle dans le pétrin et se meut en même temps de l'avant *e* à l'arrière *f* et vice versa.

Procédé et machine pour travailler les pâtes de boulangerie (*Aeschbach*) (*fig.* 103). — Ce procédé se caractérise en ce que la pâte est d'abord divisée et mélangée dans une première phase de travail par les deux ailes *d* et *g* à dents *f*, *h* et est ensuite étirée et pétrie dans une seconde phase par une seule aile *d*. Le bras *c* de l'aile *g* porte une

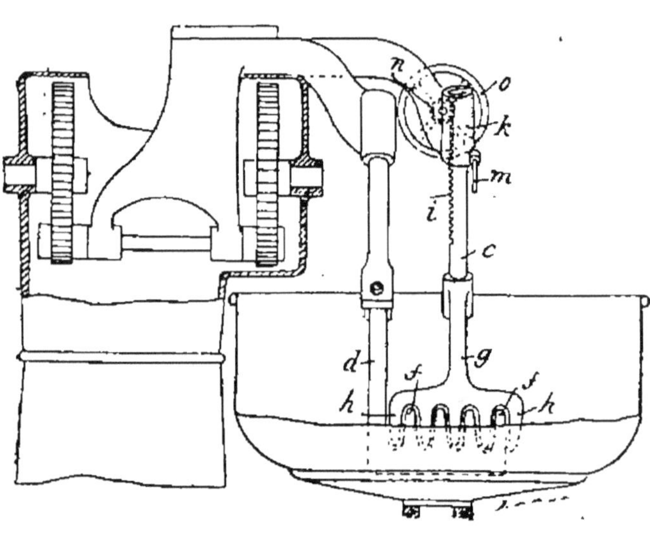

Fig. 103.

denture *i* et est supporté dans une douille *k* dans laquelle il coulisse et y est bloqué par une vis *m* ; une roue dentée *n* engrenant avec la denture *i* permet de soulever l'aile *g* au moyen du volant *o* et de diminuer ainsi le travail de découpage graduellement jusqu'à n'avoir par la suite que l'aile *d*. Ces bras qui décrivent des ellipses qui se coupent peuvent être enlevés et remplacés par d'autres outils.

Pétrin malaxeur (*fig.* 104). — Ce dispositif de pétrin est caractérisé par une pièce d'assemblage *m* portant d'une part un guide *i* oscillant vers le haut et vers le bas et, d'autre part, dans son prolongement, le bras pétrisseur, elle est assemblée par un tourillon *o* de manivelle à une roue *g*, qui est disposée dans une ouverture de la boîte *c* et

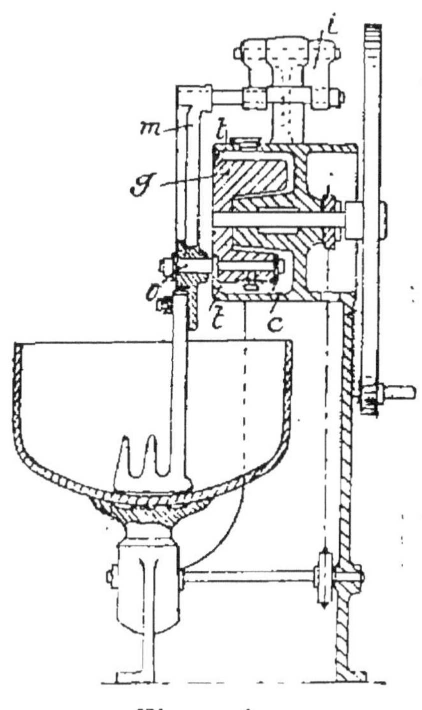

Fig. 104.

possède à sa périphérie, ainsi que le tourillon *o*, un rebord d'égouttement *t* pour le lubrifiant ; ces rebords se trouvant en dedans de l'ouverture de la boîte afin que le lubrifiant s'égoutte à l'intérieur de cette boîte.

Pétrin mécanique (*Bigné*) (*fig.* 105). — Ce pétrin comporte un mécanisme agissant sur le bras pétrisseur de manière à lui faire décrire une courbe circonférence dans la cuve animée d'un mouvement de rotation lent et continu ; un pignon 2 fait tourner la roue 3 qui porte une manivelle 4, dont le bouton 5 fait décrire à l'extré-

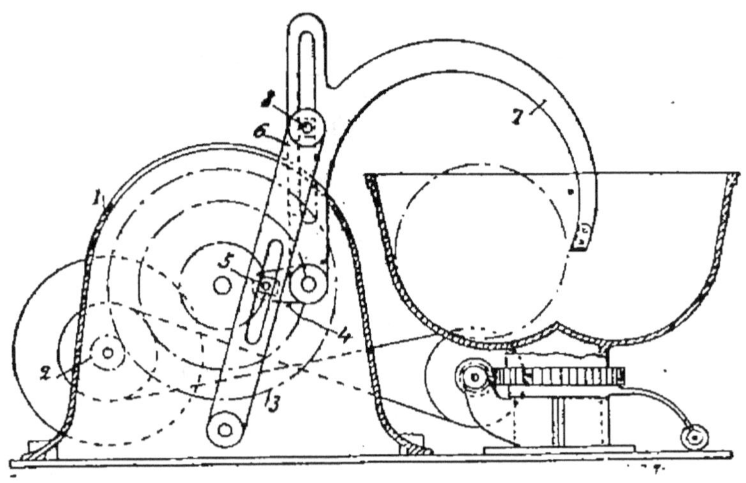

Fig. 105.

mité d'un levier 6 une course égale au diamètre de giration de la manivelle ; sur cette dernière est articulé le travailleur 7 dont le bras vertical porte une rainure dans laquelle glisse un coulisseau 8 du levier 6 ; la manivelle et le coulisseau maintenant le bras vertical l'obligent à se déplacer parallèlement à lui-même, son extrémité recourbée décrivant une circonférence.

Pétrin mécanique (*C. A. J. et H. Roger*). — Ce pétrin (*fig.* 106 et 106 *bis*) est plus spécialement caractérisé par le dispositif original du fraseur.

Au début de l'opération ce fraseur, plongé

dans la cuve, fonctionne en même temps que les deux bras allongeurs. Ceux-ci, passant sous le fraseur assurent le mélange de toute la masse et, au fur et à mesure que la pâte prend du corps, créent sous le fraseur, un vide important dans le-

Fig. 106.

quel l'air est appelé en même temps que dans les vides produits par la rotation inverse des deux cadres du fraseur, cette disposition produit une aération parfaite et énergique.

Lorsque l'on juge l'opération de la première frase terminée, on enlève le fraseur de l'intérieur de la cuve, par la manœuvre d'un simple levier ; ce mouvement donne le débrayage automatique du dit fraseur qui se trouve alors dans la position de repos, sans aucune autre précaution.

Le pétrissage est continué par l'action des bras seuls, dont les mouvements combinés assurent un fort allongement de la pâte, sans compression de celle-ci, et ils sortent à la partie opposée à quelque distance de la paroi, de façon à enlever une assez forte quantité de pâte qui a été prise en dessous.

La rotation de la cuve assure le travail successif de toutes les parties de la masse.

Fig. 106 (*bis*).

L'opération terminée, les bras sont arrêtés dans une position telle, que tout le mécanisme se trouve en dehors de la cuve, ce qui facilite l'enlèvement de la pâte, et au besoin, permet de rouler la cuve en un endroit quelconque, avec la plus grande facilité.

Dans cette section, nous ajoutons un type spécial qui mérite d'y être placé, bien que la cuve ne soit pas tournante, mais ayant les bras pétrisseurs basculants.

Ce type, tout d'abord présenté par M. Poignant, a été modifié par la maison Hummel, ainsi que l'indiquent les dessins ci-joints :

Pétrin mécanique (*Poignant*). — Ce pétrin

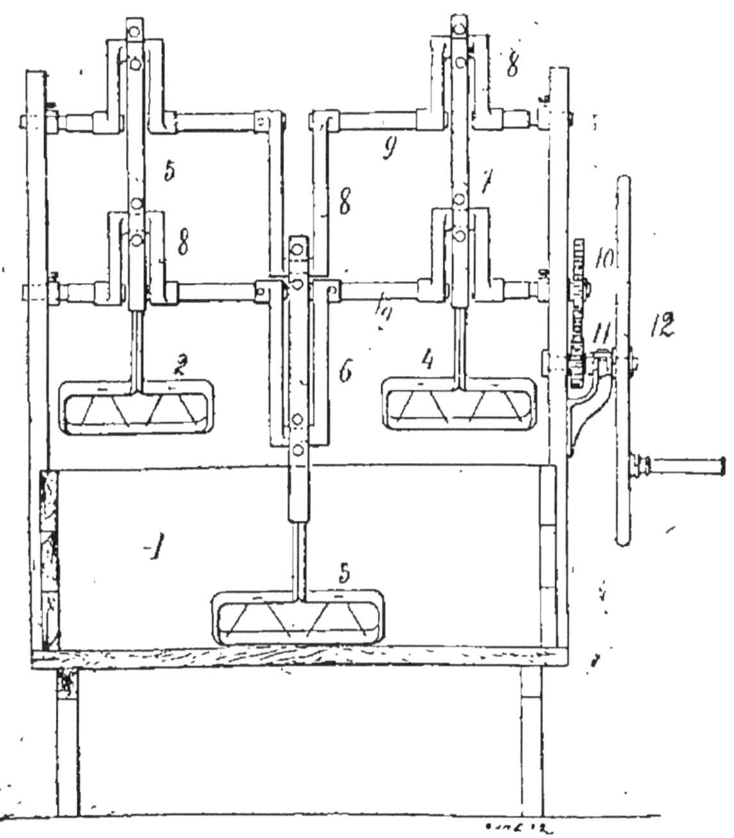

Fig. 107.

mécanique (*fig.* 107) se compose de trois pétrisseurs 2,3,4, dont les tiges 5,6,7 sont articulées dans des manivelles 8, montées elles-mêmes sur des axes *9*. Ces pétrisseurs sont actionnés par un train d'engrenages composé d'une roue *10*, engrenant avec un pignon denté *11*, commandé par une manivelle *12*, ou une poulie.

Pétrin « Alexandre » (*Hummel et Cie*) (*fig.* 108 et 109). — Grâce au mouvement ovoïde des bras

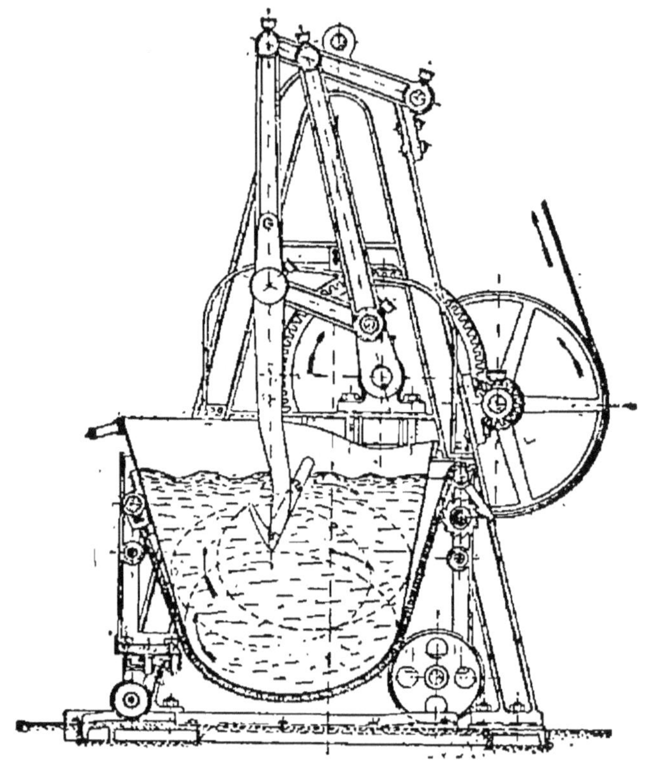

Fig. 108.

pétrisseurs reproduisant mécaniquement le travail manuel, et à la disposition spéciale de la cuve qui épouse exactement le mouvement des bras, ce qui fait un mélange absolument homogène, les trois phases indispensables pour obtenir une pâte à pain de bonne qualité, s'accomplissent dans de très bonnes conditions.

Le frasage s'exécute très rapidement.

Fig. 109.

L'allongement et le soufflage de la pâte se font continuellement, pendant toute la durée de l'opération qui est de 6 à 8 minutes.

Pour sortir la pâte, les deux bras pétrisseurs se relèvent, dégageant ainsi la cuve qui est montée sur chariot et se relève à volonté, et, pour en faciliter la vidange, cette cuve est renversable.

La cuve et les bras sont fortement étamés, la pâte n'y adhère pas et le nettoyage est facile.

3e SECTION

Pétrins à cuve circulaire et à fond plat (*Type Deliry*).

Pétrin mécanique (*Bugaud*) (*fig.* 110). — Ce

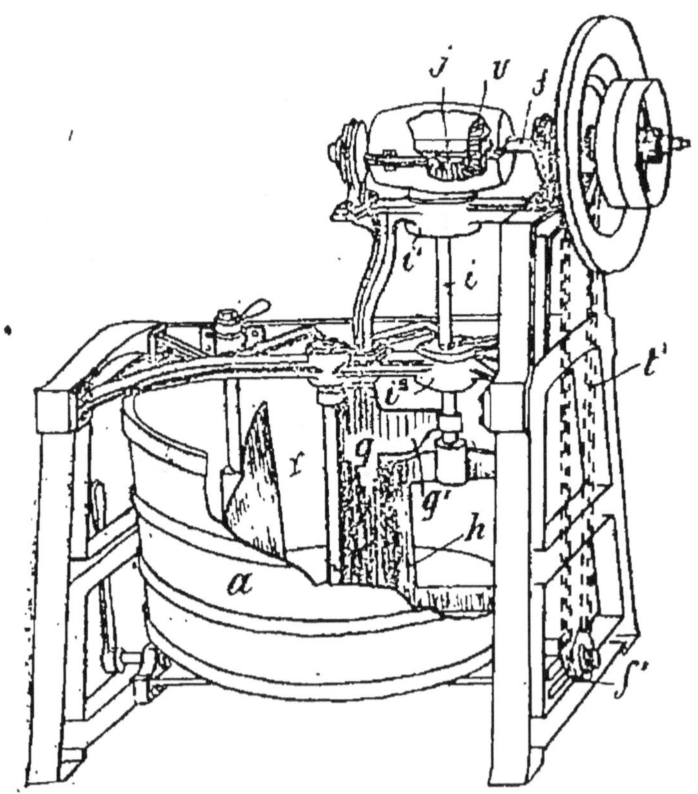

Fig. 110.

pétrin est caractérisé par une cuve *a*, tournant à une vitesse de rotation lente, par un malaxeur à axe vertical *h*, travaillant sur une portion de la surface de la cuve et tournant à une grande vitesse par rapport à la vitesse de la cuve *a*, et dans le même sens qu'elle ; par une lame verticale immobile *q* interposée entre l'axe de la cuve et le malaxeur et une lame fixe *r* en forme de versoir placée contre la paroi de la cuve du pétrin. La lame fixe verticale *q* constitue un barrage entre l'axe de la cuve et le malaxeur ; elle présente un prolongement horizontal *q'* au-dessus du malaxeur *h*.

Pétrin mécanique (*Michel et Paulet fils*) (*fig.* 111). — Ce pétrin à mouvement lent se

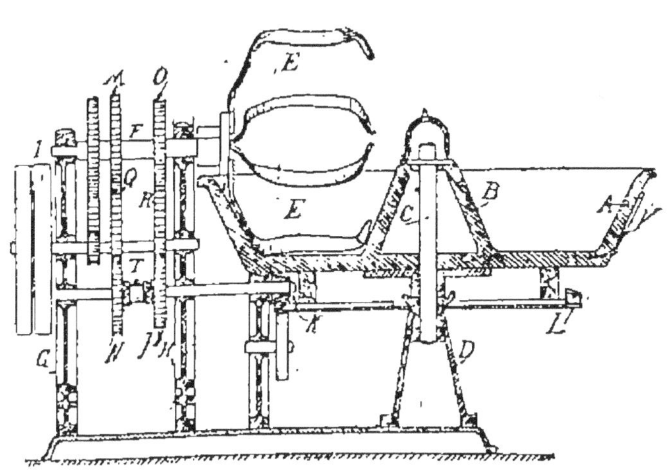

Fig. 111.

compose d'une cuve *A* évasée munie en son milieu d'un tronc de cône *B* reposant par un axe *C* sur un support *D* ; des pétrisseurs *E* ayant le même profil que celui de la cuve fixés à l'arbre tournant *F* porté par les chaises *G*, *H*. Le mouvement reçu du moteur par la poulie fixe *I* est transmis à la cuve par le pignon *K* qui engrène avec la couronne *L* et aux pétrisseurs par les roues *M*, *N*, *O*, *P* formant changement de vitesse au moyen des chaînes Vaucanson *G*, *R*. Un thermomètre *V* indique la température exacte pendant le pétrissage.

Pétrin à cuve circulaire (*Mahot*) (*fig.* 112). — Ce pétrin à cuve circulaire fixe 1 se caractérise en ce que cette cuve, montée sur roues 2, est indépendante du mouvement dont elle peut être éloignée afin d'en extraire la pâte. Le mécanisme est porté par un bâti fixe et actionne, ensemble ou séparément, un fraseur et un pétrisseur ramasseur-souffleur, ces deux organes peuvent être aisément dégagés de la cuve 1 pour permettre d'enlever celle-ci et la remplacer par une autre, ou d'en extraire la pâte, puis la ramener à nouveau avec une nouvelle quantité de pâte à travailler. Le souffleur est animé d'un mouvement continu et sa partie inférieure recourbée 42 en forme de croix descend dans le milieu de la cuve, se déplace presque horizontalement dans le fond pour prendre une brassée de pâte qu'elle enlève, pour l'aérer, et qu'elle laisse ensuite retomber d'un mouvement plus rapide.

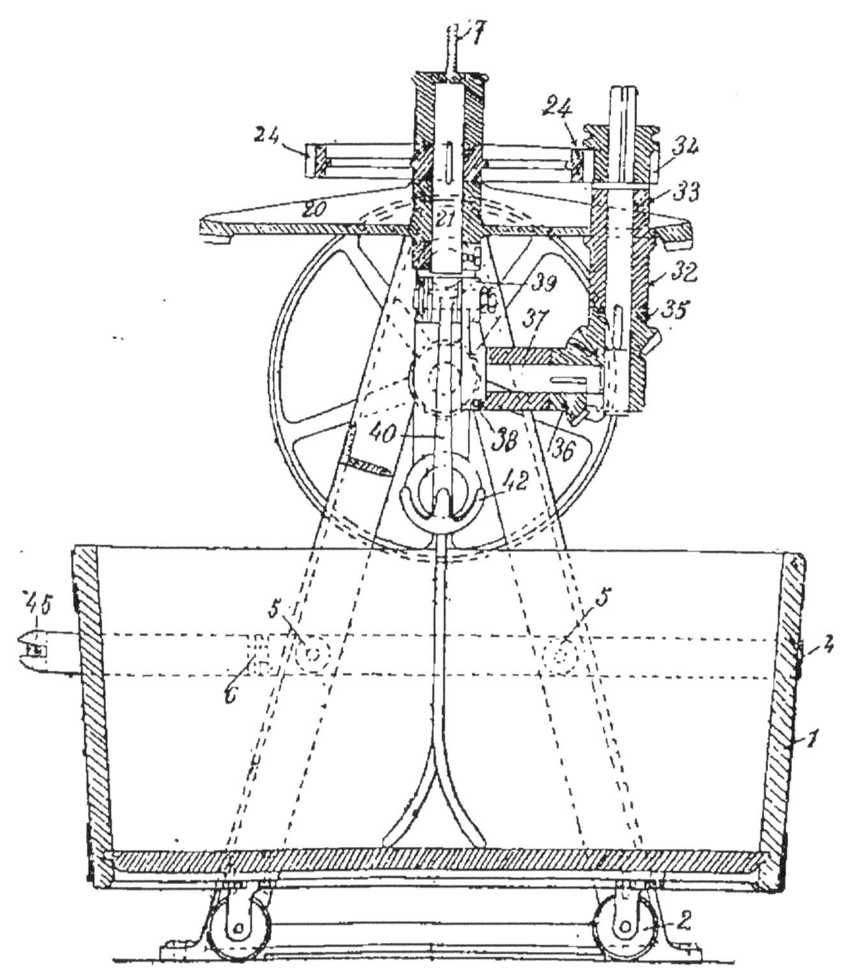

Fig 112.

Appareil pour soulever et redresser le ruban de pâte dans les pétrins à caisse tournante (*Barbaris*) (*fig.* 113). — Cet appareil comprend une caisse tournante 1 montée sur un pivot 2 muni à la partie supérieure d'une traverse 3 sur laquelle est fixé un bras 4 ; sur ce dernier est monté l'appareil pour le renversement de la pâte lequel consiste en un guide 6 sur lequel glisse un bloc 7, présentant une rainure à queue d'aronde, tandis que sur son côté opposé il forme

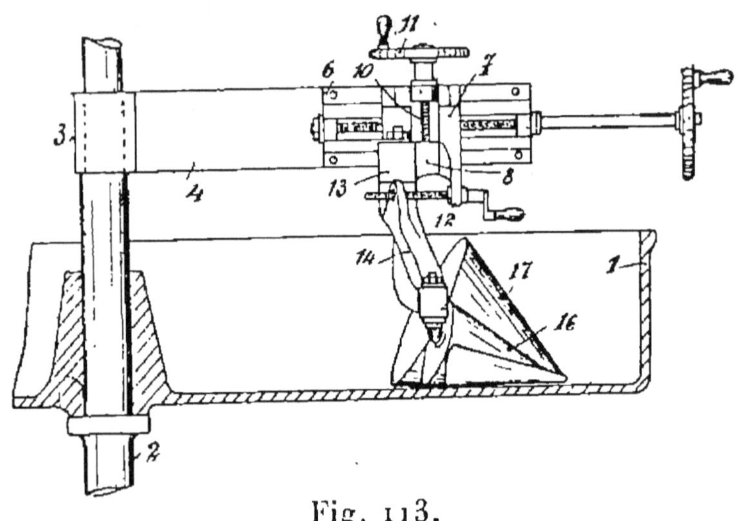

Fig. 113.

une coulisse dans laquelle peut glisser une pièce 8 qui, à l'aide de la manette 11 commandant une vis 10, peut être soulevée ou abaissée et avec elle tout l'appareil. La pièce 8 présente deux bras 12, 13 et 14 où sont montés des rouleaux 16, 17 rotatifs coniques soulevant et portant le ruban de pâte.

Pétrin allongeur et souffleur (*Michon et Passerat*) (*fig.* 114). — Ce pétrin comporte une cuve tournante 1, à moyeu conique excentré 5 et à section latérale verticale 6, se combinant avec un fraseur 7 à palettes hélicoïdales 24, fixées dans l'ouverture de son cadre, et avec un allongeur 18 disposés respectivement dans les parties de la cuve à sections de passage minimum et maximum; ledit allongeur est constitué soit par deux bras articulés 17 et 17[1] et palettes mobiles 18 se res-

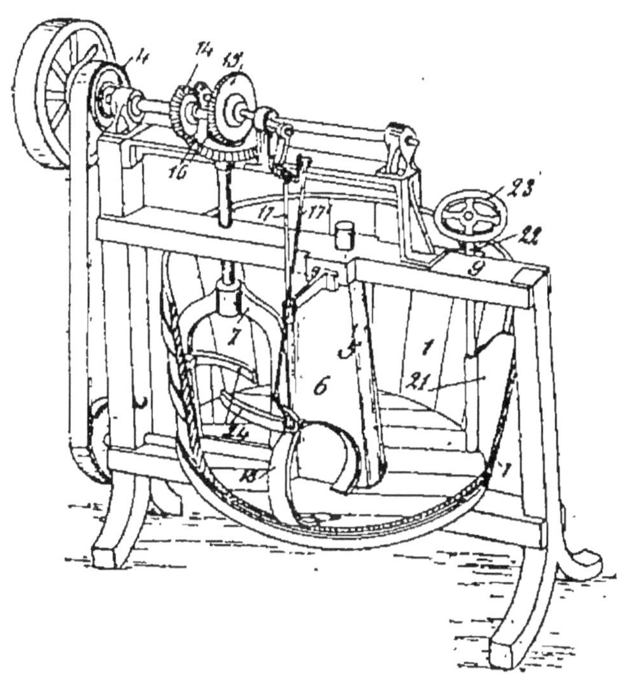

Fig. 114.

serrant automatiquement à la façon de ciseaux, soit par un bras unique à palettes fixes, recevant un mouvement alternatif d'élévation et de descente. Un sommier 9 supporte les organes de transmission, 4, 15, 16, et un racloir 21 est monté sur un arbre 22 muni d'un volant de manœuvre 23.

Pétrin mécanique (*Péter*) (*fig.* 115). — Ce genre de pétrin comporte une auge circulaire *a* tournant sur un arbre fixe *b* et dans laquelle travaillent deux mélangeurs *rr'* ayant deux ailes *a'*, *b'* formant un *s* ; son bord inférieur est muni d'une courroie dentée *d* qui engrène avec un pignon *e*, monté sur un axe *f*, recevant son mouvement de rotation de l'arbre *g* au moyen des engrenages *h* et *i*. Les mélangeurs sont actionnés par

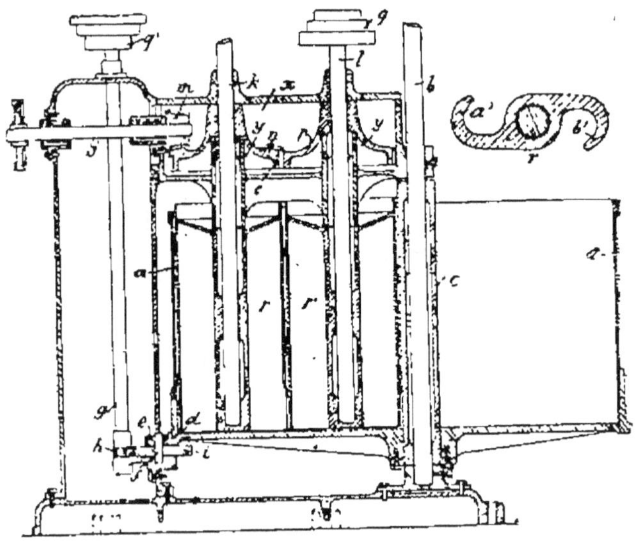

Fig. 115.

les roues *o*, *p* situées dans un carter *x* et calées sur les arbres *k*, *l* portant des poulies à cônes *q*, *q'* ; les roues *o*, *p* reçoivent leur mouvement des pignons *m*, *n* et de l'arbre moteur *j*.

4e SECTION

Pétrins à cuve rectangulaire, à fond cylindrique, avec pétrisseurs à chariot (*Type Perrein*).

Pétrin mécanique (*Chaigne*) (*fig.* 116). — Ce pétrin est constitué par une caisse en bois 1; à une extrémité, un plateau 2 reçoit deux supports-paliers 3, 4 portant les axes 5, 6, 7 du mécanisme de transmission du mouvement; ce mécanisme comprend une série d'engrenages ayant pour but d'obtenir des vitesses différentes par l'intermé-

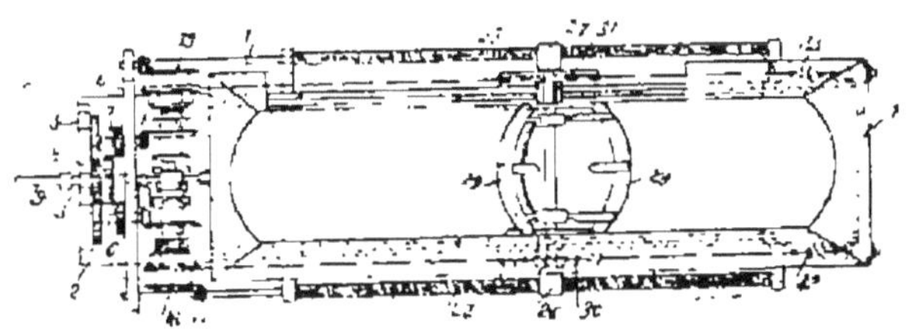

Fig. 116.

diaire de la double roue dentée 8, qui reçoit son mouvement par la manivelle 9. En agissant sur cette dernière, on transmet au travailleur 29 un mouvement de translation grâce aux écrous 26, 27 qui glissent le long des vis 22 et 23; ce travailleur est en même temps animé d'un mouvement de rotation par les chaînes galle 18, 19. Arrivé au bout de sa course, le travailleur revient par un mouvement de rotation inverse.

Pétrin mécanique à deux vis accouplées muni partout de coussinets à rouleaux (*Société Perrein et fils*) (*fig.* 117). — Ce pétrin se compose d'une cuve rectangulaire *a* avec fonds arrondis, de deux hélices *b* en croix clavetées en sens contraire; d'un arbre *c* porteur des hélices tournant tantôt à droite et tantôt à gauche ; d'une vis *d* transportant les hélices d'une extrémité à l'autre ; d'une vis sans fin engrenant avec une roue hélicoïdale ; d'un

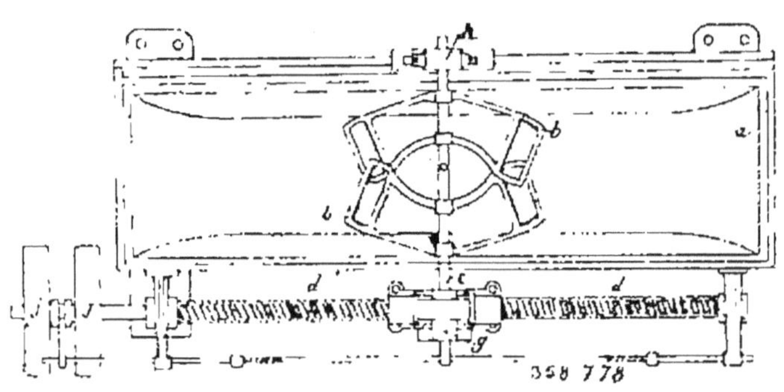

Fig. 117.

carter *g* taraudé au pas de la vis *d* ; d'un coussinet *h* ; de deux poulies *j* et de quatre supports.

Pétrin mécanique (*Plachy*) (*fig.* 118). — Ce

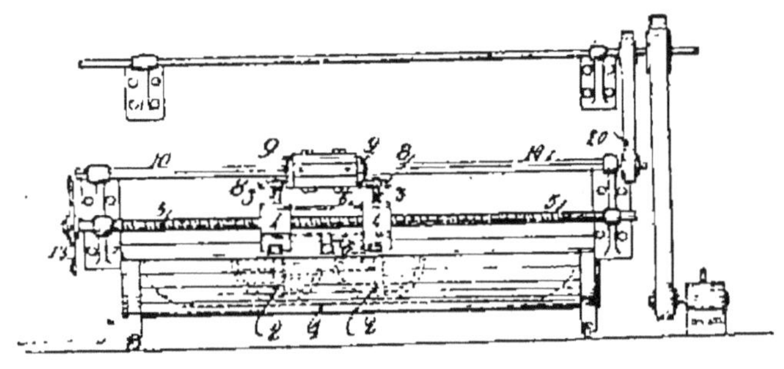

Fig. 118.

dispositif de pétrin comporte des pétrisseurs tournant et voyageant dans la pâte. La cuve 1 épouse à ses extrémités la forme des pétrisseurs 2, ceux-ci sont assemblés, chacun par son axe, à un arbre vertical 3 tournant dans un bloc 4 pouvant se déplacer horizontalement sur une vis 5 ; chacun des arbres 3 porte une roue d'angle 8 engrenant avec un pignon 9 fixé sur un arbre carré 10 actionné par la poulie 20 ; les blocs sont déplacés au moyen d'un volant à manette 13. Les pétrisseurs sont formés par un anneau demi-circulaire sur les parois internes duquel sont assujettis des boulons disposés horizontalement sur le même plan vertical.

Pétrin mécanique (*Société A. et J. Cornet*) (*fig.* 119). — Dans cet agencement de pétrin, la cuve *b* voyage automatiquement sur rails pour

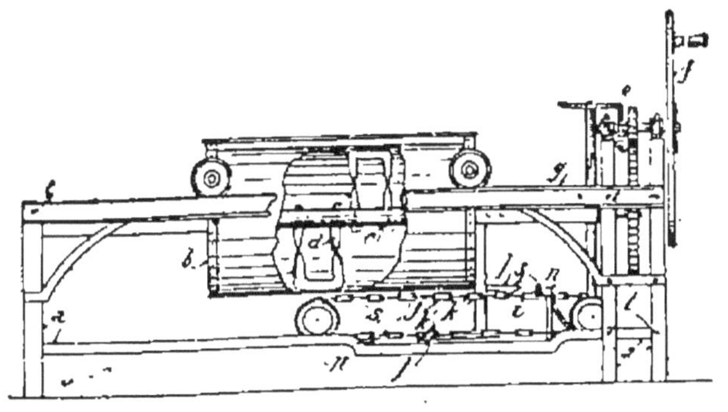

Fig. 119

que les pétrisseurs *d* agissent sur toute la pâte. Le mouvement mécanique se compose des engrenages *c*, du volant *f*, d'un rail fixe *g* et d'un mobile, d'un changement de marche *i*, par chaine sans fin *j* avec maillons différents *kk'* et crochets arrêtoirs *n* ; *l* déclanchement.

Pétrin mécanique (*Perrein père et fils*) (*fig.* 120). — Ce système de pétrin comprend une cuve fixe *a* rectangulaire et deux hélices ou pétrisseurs *b*, *b'*, de même forme mais clavetées en

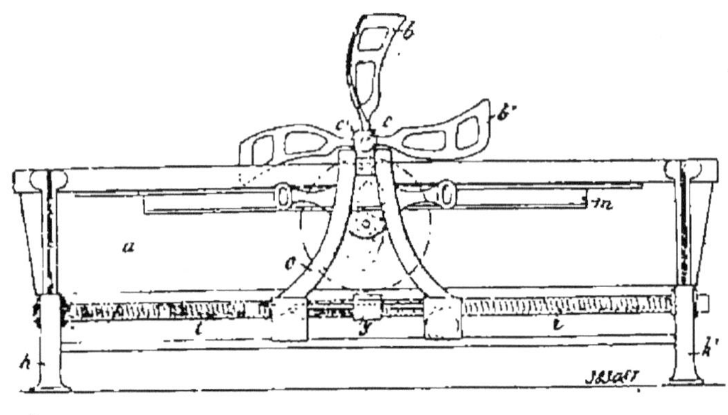

Fig. 120.

sens contraire, pour produire une sorte de croix, sur l'arbre *c*. Une vis *i* sert à faire avancer le chariot *e* des pétrisseurs dans un sens ou dans l'autre suivant qu'elle tourne à droite ou à gauche ; la vis *i* ainsi que l'ensemble du mécanisme sont supportés dans le bâti *h*, *h'*. Une crémaillère *m* est fixée à la cuve du pétrin.

Pétrin mécanique (*Vazille*) (*fig.* 121). — Ce pétrin est caractérisé par l'indépendance des mouvements de rotation et de translation des palettes *a a'* épousant la forme de l'intérieur de la cuve *b*, et fixées en croix sur l'arbre transversal *c* qui tourne au-dessus de la cuve le long de laquelle il peut se déplacer parallèlement à lui-même. L'une des palettes, *a'*, est dentelée pour déchirer la pâte ; un inverseur *r* fixé à l'extrémité de la cuve et composé d'un cylindre *s* en bois permet un changement de marche électrique : des balais *t t'*, *u u'* s'appuient sur deux anneaux du cylindre *s* qui

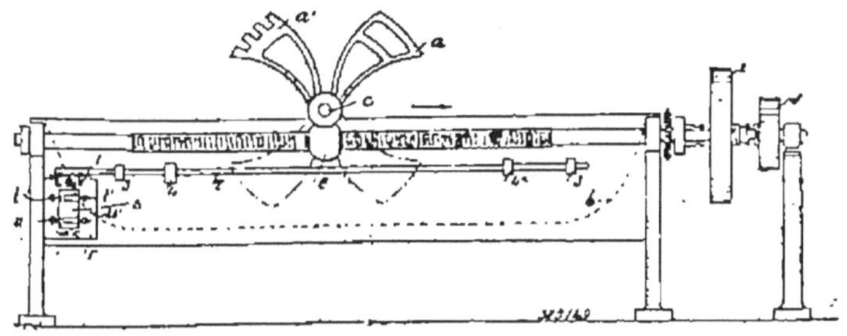

Fig. 121.

communiquent intérieurement, de sorte que le courant arrivant en *t* peut se rendre au moteur par *t'* ou par *u'*, tandis que le courant arrivant par *u* se rendra au moteur par *u'* ou *t'*. Le courant change ainsi de sens dans le moteur suivant la position du cylindre *s*..

Appareil mécanique pour la fabrication du pain, s'adaptant à tous les pétrins (*Charles*) (*fig.* 122). — Cet appareil, indépendant du pétrin, consiste en un chariot *a* et un malaxeur *b* ; sa stabilité est obtenue au moyen d'un tube glissière en fer *c* soutenu par deux supports *d*, *e* et d'un patin griffe *f* s'appuyant sur le bord du pétrin *g*. Le chariot est actionné au moyen d'une

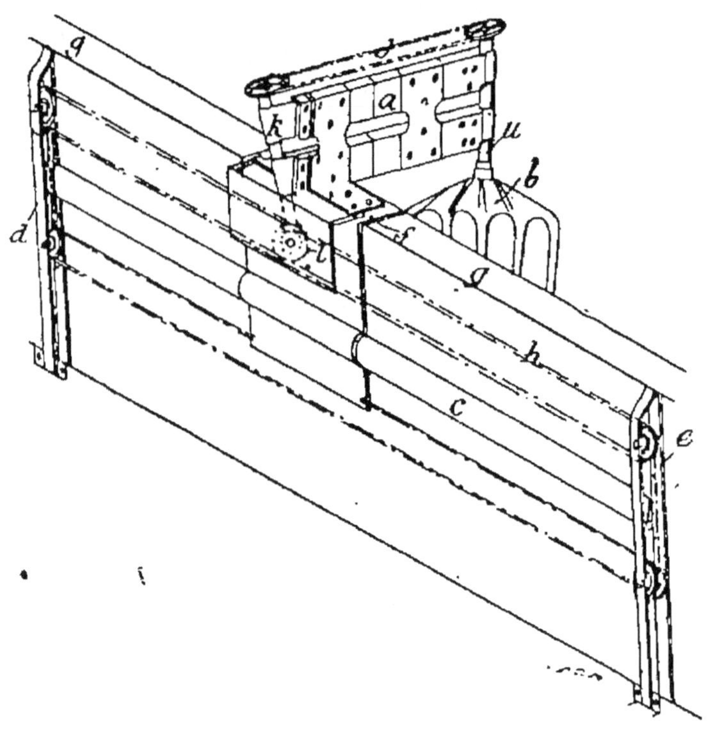

Fig. 122.

chaîne *h* et le malaxeur *b* tourne verticalement au moyen de deux chaînes, la chaîne *j* actionne un petit arbre *k* muni d'un engrenage conique *l* lequel fait fonctionner l'arbre *u* qui actionne le malaxeur *b*.

Dans la séance du 14 mai 1900, à la *Société nationale d'Agriculture*, M. Ringelmann indique les résultats des essais comparatifs de pétrins mécaniques organisés par le Syndicat de la Boulangerie de Paris. Quatorze machines françaises et étrangères ont pris part à ce concours.

Pour chaque pétrissée, les quantités travaillées étaient ainsi fixées : farine, 110 kilogrammes ; levure, 1 kg, 10 ; sel, 1 kg, 65 ; eau, 60 kilogrammes. Les experts avaient choisi le travail sur levure pour avoir des résultats tout à fait comparables (ce dont on ne pouvait pas être certain avec le travail sur levain) et pour obtenir une pâte ferme la plus difficile à préparer.

Les essais ont montré que le travail mécanique nécessaire à un pétrin quelconque part d'un minimum au début de l'opération, augmente plus ou moins rapidement suivant les systèmes, pour atteindre un maximum, après lequel il reste stationnaire ou diminue légèrement jusqu'à la fin de la pétrissée.

La pâte produite aux essais était estimée plus ou moins belle suivant les pétrins. Mais, contrairement à ses prévisions, la Commission des boulangers n'a pu établir des différences relatives à la qualité du pain, et sa conclusion a été que les quatorze pétrins essayés donnaient tous du beau et bon pain. Sous ce rapport, le classement des machines pourrait s'effectuer uniquement d'après la dépense d'énergie nécessitée par l'opération, car, en définitive, ce qu'on cherche, ce n'est pas tant de fabriquer une belle pâte que d'obtenir du bon pain. Cependant, d'autres considérations doivent intervenir, telles que la commodité du travail, la facilité pour sortir la pâte de la cuve et pour nettoyer les organes pétrisseurs, le bruit occasionné par la machine, les risques d'accidents qui augmentent lorsque les organes pétrisseurs doivent être gardés ou raclés au coupe-pâte pendant leur mouvement, la facilité de préparer les levains, les détails de construction, l'encombrement, le prix du pétrin.

Les pétrins, considérés par les experts comme excellents sous tous les rapports, exigent de 41.000 à 55.000 kilogrammètres utiles pour préparer 172 kg, 75 de pâte ferme. Mais, d'après le rendement en pain des quatorze machines essayées, on peut conclure qu'il suffit de 20.000 kilogrammètres pour préparer 172 kg, 75 de pâte.

En travail soutenu pendant toute une journée, à raison de 45 minutes utiles par heure, M. Ringelmann estime qu'un ouvrier, de force ordinaire, donne à la manivelle 6 kilogrammètres par seconde lorsqu'il est payé à la journée et 10 à 11 kilogrammètres par seconde lorsqu'il est payé à la tâche. Or, le geindre ne travaille jamais au pétrin pendant 360 à 400 minutes par journée, comme l'homme travaillant à la manivelle ; ce dernier fournit donc journellement un travail mécanique utilisable plus élevé que celui demandé au geindre.

Lorsque les pétrins mécaniques sont actionnés par des moteurs électriques, comme à Paris, les frais d'énergie pour les machines considérées comme excellentes varient, par pétrissée donnant 172 kilogrammes de pâte ferme, de 6 centimes à

8 centimes. Le pétrin mécanique effectue donc l'ouvrage à un prix bien plus faible que l'opération manuelle, tout en demandant beaucoup moins de temps et en donnant complète satisfaction au point de vue de l'hygiène publique.

TABLE DES MATIÈRES

CONTENUES DANS LE TOME PREMIER

FIN DE LA TABLE DU TOME PREMIER

SAINT-AMAND (CHER). — IMPRIMERIE BUSSIÈRE.

www.ingramcontent.com/pod-product-compliance
Lightning Source LLC
LaVergne TN
LVHW010120230826
846091LV00001BA/95